IPA-IAO
Forschung und Praxis

Band T 13

Berichte aus dem
Fraunhofer-Institut für Produktionstechnik
und Automatisierung (IPA), Stuttgart,
Fraunhofer-Institut für Arbeitswirtschaft
und Organisation (IAO), Stuttgart, und
Institut für Industrielle Fertigung und
Fabrikbetrieb der Universität Stuttgart

Herausgeber: H. J. Warnecke und H.-J. Bullinger

Nutzen, Wirkungen, Kosten von CIM-Realisierungen

21. IPA-Arbeitstagung
5./6. September 1989 in Stuttgart

Herausgegeben von H. J. Warnecke

Springer-Verlag
Berlin Heidelberg New York
London Paris Tokyo Hong Kong 1989

Dr.-Ing. Dr.h.c. Dr.-Ing. E.h. H.J. Warnecke
o. Professor an der Universität Stuttgart
Fraunhofer-Institut für Produktionstechnik und Automatisierung (IPA), Stuttgart

Dr.-Ing. habil. H.-J. Bullinger
o. Professor an der Universität Stuttgart
Fraunhofer-Institut für Arbeitswirtschaft und Organisation (IAO), Stuttgart

ISBN-13: 978-3-540-51681-1   e-ISBN-13: 978-3-642-83941-2
DOI: 10.1007/978-3-642-83941-2

Dieses Werk ist urheberrechtlich geschützt. Die dadurch begründeten Rechte, insbesondere die der Übersetzung, des Nachdrucks, des Vortrags, der Entnahme von Abbildungen und Tabellen, der Funksendung, der Mikroverfilmung oder der Vervielfältigung auf anderen Wegen und der Speicherung in Datenverarbeitungsanlagen, bleiben, auch bei nur auszugsweiser Verwertung, vorbehalten. Eine Vervielfältigung dieses Werkes oder von Teilen dieses Werkes ist auch im Einzelfall nur in den Grenzen der gesetzlichen Bestimmungen des Urheberrechtsgesetzes der Bundesrepublik Deutschland vom 9. September 1965 in der Fassung vom 24. Juni 1985 zulässig. Sie ist grundsätzlich vergütungspflichtig. Zuwiderhandlungen unterliegen den Strafbestimmungen des Urheberrechtsgesetzes.

© Springer-Verlag, Berlin, Heidelberg 1989

Die Wiedergabe von Gebrauchsnamen, Handelsnamen, Warenbezeichnungen usw. in diesem Werk berechtigt auch ohne besondere Kennzeichnung nicht zu der Annahme, daß solche Namen im Sinne der Warenzeichen- und Markenschutz-Gesetzgebung als frei zu betrachten wären und daher von jedermann benutzt werden dürften.

Sollte in diesem Werk direkt oder indirekt auf Gesetze, Vorschriften oder Richtlinien (z. B. DIN, VDI, VDE) Bezug genommen oder aus ihnen zitiert worden sein, so kann der Verlag keine Gewähr für Richtigkeit, Vollständigkeit oder Aktualität übernehmen. Es empfiehlt sich, gegebenenfalls für die eigenen Arbeiten die vollständigen Vorschriften oder Richtlinien in der jeweils gültigen Fassung hinzuzuziehen.

Gesamtherstellung: Copydruck GmbH, Heimsheim
2362/3020-543210

VORWORT

In den letzten Jahren wurden in zahlreichen Veröffentlichungen CIM-Konzeptionen sowie Ansätze für CIM-Realisierungen vorgestellt. Oft klang dabei das Leitmotiv an: „Die Anwendung von CIM-Techniken führt zur Lösung vieler Unternehmensprobleme". Daß sich diese Annahme so pauschal nicht bewahrheiten läßt, das zeigen heute, insbesondere in bezug auf CIM-Standardisierungsbemühungen, vorliegende Erfahrungsberichte.

Häufig wurden die Fragen diskutiert: „WAS IST CIM?" und „WIE IST CIM technisch, in jüngster Zeit auch organisatorisch und personell ZU REALISIEREN?" Fundierte Antworten auf die Frage: WOZU, WESHALB CIM realisieren? waren kaum zu erhalten, obwohl dieses Thema „Ziele und Nutzen von CIM" eigentlich bei jedem Projektbeginn zu untersuchen ist. Begründet wurde die WAS-WIE-Einstellung mit der Erkenntnis, daß sich mit den bekannten Wirtschaftlichkeitsrechenverfahren CIM sowieso nicht „rechnen" ließe.

Selbstverständlich ist nicht zu verkennen, daß eine exakte allgemeingültige Quantifizierung des CIM-Nutzens kaum möglich sein wird, da letztendlich die Verfügbarkeit von Informationen im vorhinein zu bewerten wäre. Dennoch ist es in bezug auf den erzielbaren Unternehmenserfolg notwendig, weiterhin zu versuchen, den quantifizierbaren Beitrag von CIM-Realisierungen am Betriebsergebnis aufzuzeigen.

Ziel dieser Tagung ist es, mit den Tagungsteilnehmern anhand der Vorträge von CIM-Projektbeteiligten sowie Wissenschaftlern theoretische und praktische Erkenntnisse zum Thema „Nutzen, Wirkungen und Kosten bei CIM-Realisierungen" zu diskutieren. Letztendlich sollten die Tagungsteilnehmer für Ihre weiteren Arbeiten auf diesem Gebiet übertragbare Anregungen erhalten.

Die Arbeitstagung richtet sich an alle Entscheidungsträger von Produktionsunternehmen, die sich mit der Planung, Realisierung und dem Einsatz von CIM-Systemen und deren Komponenten befassen. Unter dem Integrationsgesichtspunkt sind somit die Fach- und Führungskräfte aller betrieblichen Fachdisziplinen willkommen.

INHALT

Wirkungen und Wirkungsketten bei CIM-Realisierungen   9
H. J. Warnecke, Prof. Dr.-Ing. Dr. h. c. Dr.-Ing. E. h., Leiter des Fraunhofer-Instituts für Produktionstechnik und Automatisierung (IPA), Stuttgart. Geschäftsführender Direktor des Instituts für Industrielle Fertigung und Fabrikbetrieb (IFF) der Universität Stuttgart
H. F. Jacobi, Dipl.-Ing., Abteilungsleiter im Bereich Unternehmensplanung und Unternehmenssteuerung IPA, Stuttgart

CAD/CAM-Einsatz bei der Entwicklung von Elektrowerkzeugen — Nutzen, Wirkungen —   57
E. Hettesheimer, Dr.-Ing., Abteilungsleitung „Techn. Datenverarbeitung" Robert Bosch GmbH, Leinfelden-Echterdingen

CAD/CAM — Eine Zwischenbilanz   77
R. Eckrodt, Dipl.-Ing., Fachbereichsleiter Produktionsplanung PKW Mercedes-Benz AG, Stuttgart

CIM-Wirtschaftlichkeit aus „Controller-Sicht"   131
P. Horváth, Prof. Dr. rer. pol., Inhaber des Lehrstuhls Controlling an der Universität Stuttgart und Geschäftsführer der IFUA — Institut für Unternehmensanalysen GmbH in Stuttgart

CICERO — Ein 8-Jahres-Konzept zur Realisierung von CIM bei der Firma Brose —   149
D. Schertel, Dipl.-Kfm., Mitglied der Geschäftsleitung, Material und Datenverarbeitung, Brose Fahrzeugteile GmbH & Co. KG, Coburg

Einbindung von CIM-Projekten in das strategische und operative Controlling   209
H. Friedrich, Praktischer Betriebswirt, stellvertretender Abteilungsleiter Betriebswirtschaft, Brose Fahrzeugteile GmbH & Co. KG, Coburg

Versuche zur Abschätzung der Vorteilhaftigkeit von CIM-Realisierungen — eine Bestandsaufnahme   231
P. Mertens, Prof. Dr., Inhaber des Lehrstuhls für Betriebswirtschaftslehre, insbesondere Wirtschaftsinformatik, und Leiter der Informatik Forschungsgruppe VIII (Computerunterstützte Informations- und Planungssysteme) der Universität Erlangen-Nürnberg
M. Schuhmann, Dr., Akademischer Rat am Lehrstuhl für Betriebswirtschaftslehre, insbesondere Wirtschaftsinformatik, der Universität Erlangen-Nürnberg

Wege zu CIM in einer Prozeßfabrik   269
R. Vielhaber, Bereichsleiter, Technische Informationssysteme Nationale Organisation Österr. Philips Industrie GmbH

Kostenstrukturen des CIM-Konzeptes und Erwartungen (Nutzen) in CIM: 291
M. Moor, Dr.-Ing., Abteilungsleiter Informationssysteme/Automation. Bildröhrenfabrik Lebring, Österr. Philips Industrie GmbH

Bank und Innovation   309
P. Kürn, Direktor, Leiter des Regionalbereiches Baden-Württemberg der Bayerischen Vereinsbank AG, Stuttgart

CIM — Am Beispiel des IBM-Werkes Mainz   345
M. Brendel, Leiter CIM und Logistik, IBM Deutschland GmbH, Werke Mainz/Berlin

CIM — Eine Strategie zur Erhaltung der Wettbewerbsfähigkeit   369
E. Sänger, Leiter der Planung, IBM Deutschland GmbH, Werke Mainz/Berlin

Wirkungen und Wirkungsketten bei CIM-Realisierungen

H. J. Warnecke
H. F. Jacobi

1   Einleitung

Der Erfolg eines Unternehmens in einer Periode wird mit der Aufstellung der Bilanz und der Gewinn- und Verlustrechnung ermittelt. Die Bilanz gibt zu einem Stichtag (Termin) Auskunft über die Vermögens- und Schuldensituation (Wert) des Unternehmens. Die Gewinn- und Verlustrechnung informiert durch die Gegenüberstellung von Ertrag und Aufwand über das Zustandekommen des Erfolges /1/.
Zugrundezulegende Beurteilungsgrößen sowohl für die Leistungsseite (Einnahmen, Erträge) als auch für die Kostenseite (Ausgaben, Aufwand) sind "Menge" und "Zeit" (Zeitspanne). Als Beispiele für die Leistungsseite kann die Menge verkaufter Erzeugnisse oder Erträge aus verkaufter Dienstleistung pro Zeiteinheit gelten - für die Kostenseite Löhne und Gehälter (Zeitbasis), Kauf und Verbrauch von Rohstoffen in derselben Periode (Mengenbasis) sowie Aufwand bei der Verarbeitung der Roh-, Hilfs- und Betriebsstoffe (Mengen-/Zeitbasis).

Das Zurückführen der unternehmensbezogenen Erfolgsrechnung auf die Grundgrößen **Zeit** und **Menge** eröffnet die Möglichkeit, diese Größen als Zielobjekt (Formalziele) des Handelns für die **gesamten** Unternehmensbereiche auszuweisen und in diesem Zusammenhang das Ausmaß der Zielerreichung (Erhöhung, Reduzierung etc.) festzulegen. Als weitere bestimmende Zielgrößen sind insbesondere im Verhältnis zu den Abnehmern der **Termin** der Erzeugnislieferung sowie die Erzeugnis**qualität** zu nennen, wobei sich die Erfüllung der

Qualitätsmerkmale letztendlich direkt auf die Menge (Gutmenge) und den Absatzpreis auswirkt. Zusammengefaßt ist von folgenden betrieblichen Grundbeurteilungsgrößen auszugehen:

o MENGE

- verbrauchte, umgeschlagene, ausgebrachte, umgesetzte
  Menge nach Länge, Fläche, Gewicht, Zahl etc.
- Anzahl der Prozesse, Vorgänge
- Bestandsmengen

o ZEIT (Zeitspanne, Termin)

- Arbeitszeit, Maschinen-Stunden, Schichtzeit, Kalenderzeit etc.
- Auftragstermin, Soll-Endtermin, Liefertermin etc.

o WERT

- Kostenarten
- Kalkulationswerte
- Bestandswerte (Lagerwerte)
- Umsatz (Erlös)

o QUALITÄT
  [f (Gutmenge)]

o SOZIALE EINSTELLUNG

o ARBEITSSICHERHEIT / UMWELTSCHUTZ

Am Beispiel der Beurteilungsgröße "Zeit" wird im Hinblick auf eine eindeutige Zielformulierung erkennbar, wie notwendig es ist, die unterschiedlichen Zeitabschnitte entsprechend zu strukturieren (Bild 1).

Überlagert wird diese Zeitbetrachtung durch die Angabe der Durchlaufzeit (DLZ). Die Durchlaufzeit ist nach REFA die Dauer, die ein Arbeitsgegenstand (Material, Fertigungsteil, Auftrag) für das Durchlaufen bestimmter Arbeitssysteme benötigt. Bezogen auf die o.g.

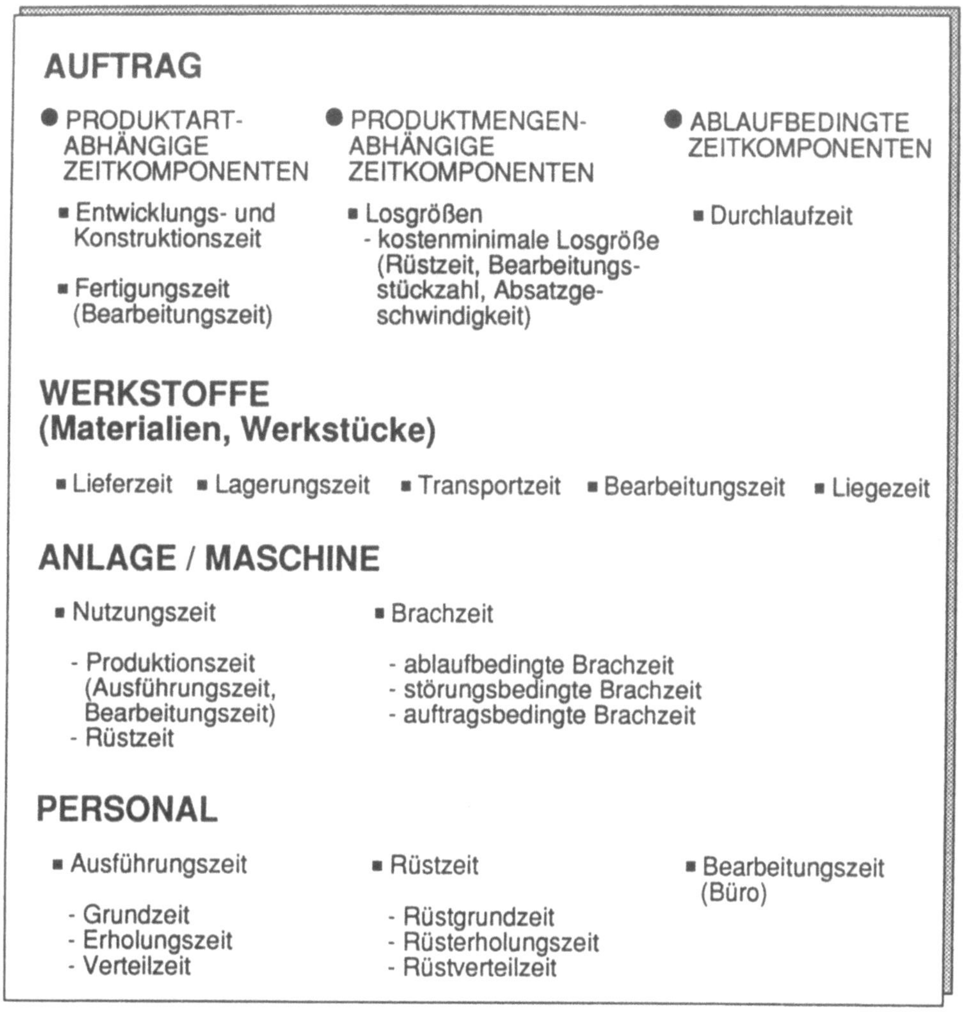

AUFTRAG

- PRODUKTART-ABHÄNGIGE ZEITKOMPONENTEN
  - Entwicklungs- und Konstruktionszeit
  - Fertigungszeit (Bearbeitungszeit)
- PRODUKTMENGEN-ABHÄNGIGE ZEITKOMPONENTEN
  - Losgrößen
    - kostenminimale Losgröße (Rüstzeit, Bearbeitungsstückzahl, Absatzgeschwindigkeit)
- ABLAUFBEDINGTE ZEITKOMPONENTEN
  - Durchlaufzeit

WERKSTOFFE (Materialien, Werkstücke)

- Lieferzeit
- Lagerungszeit
- Transportzeit
- Bearbeitungszeit
- Liegezeit

ANLAGE / MASCHINE

- Nutzungszeit
  - Produktionszeit (Ausführungszeit, Bearbeitungszeit)
  - Rüstzeit
- Brachzeit
  - ablaufbedingte Brachzeit
  - störungsbedingte Brachzeit
  - auftragsbedingte Brachzeit

PERSONAL

- Ausführungszeit
  - Grundzeit
  - Erholungszeit
  - Verteilzeit
- Rüstzeit
  - Rüstgrundzeit
  - Rüsterholungszeit
  - Rüstverteilzeit
- Bearbeitungszeit (Büro)

Bild 1: Unterschiedliche Zeitbeziehungen

Zeitstruktur beeinflussen unterschiedliche Komponenten die Durchlaufzeit, und es ist bei der üblichen Zielfestlegung "Durchlaufzeit reduzieren" klarzustellen, welche Zeitanteile wie zu verringern und welche Auswirkungen dabei zu erwarten sind.

Allgemein lassen sich Ziele nach dem Inhalt (z. B. Gewinn), Ausmaß (z. B. Maximierung) und Zeitbezug (z. B. kurzfristig) definieren.

Die o.g. Grundbeurteilungsgrößen können insbesondere unter dem Gesichtspunkt "Quantifizierbarkeit" auf die Unternehmensstruktur übertragen und als Zielfaktoren für die gesamten Fachbereiche angewendet werden (Bild 2).

Bei der Gestaltung der Analyse von Zielsystemen sind Zielwirksamkeitsbeziehungen zu beachten, die im wesentlichen durch die beiden Beziehungsgrundtypen **Zielkomplementarität** und **Zielkonkurrenz** verdeutlicht werden.

Die Zielkomplementarität beruht darauf, daß bei der Erfüllung eines Zieles gleichzeitig möglichst viele andere Ziele auf gleicher und/oder vor- bzw. nachgeordneter Ebene zumindest teilweise realisiert werden.

UNTERNEHMENSPOLITIK

UNTERNEHMENSZWECK	UNTERNEHMENSZIELE	UNTERNEHMENSGRUNDSÄTZE
• Erhaltung und erfolgreiche Weiterentwicklung der Unternehmung • Bestimmung - Art der Produkte - Einzusetzende Technologie - Abnehmergruppen - Soziale Verpflichtung	• Gewinn maximieren • Rentabilität erhöhen • Marktanteil erhöhen • Liquidität sichern	• Unabhängigkeit • Flexibilität

↓

BEREICHSZIELE

MARKETING/ VERTRIEB	ENTWICKLUNG/ KONSTRUKTION	FERTIGUNGS- PLANUNG	MATERIAL- WIRTSCHAFT	QUALITÄTS- SICHERUNG	FERTIGUNGS- STEUERUNG	INSTAND- HALTUNG	FINANZ- UND RECHNUNGSWESEN	PERSONALWESEN
• Deckungsbeitrag erreichen • Produktinnovationen initiieren • Absatzvorgaben realistisch ermitteln • Umsatz/Marktanteile halten, erhöhen • Liefertermine vereinbaren, überwachen • Qualitätsvereinbarungen vorschlagen, überwachen	• Innovationszeiten verkürzen (Neue Produkte, Produktionsverfahren) • Zeit zur Verbesserung der Produkte und Produktionsverfahren reduzieren • Termine einhalten • Funktionale Materialmenge reduzieren	• Senkung - der Fertigungslohn- und Hilfslohnkosten durch entsprechenden Arbeitskräfteeinsatz - der Betriebsmittelkosten durch wirksamen Einsatz u. optimaler Ausnutzung - der Zinskosten (Kapitalbindung) für Umlaufmaterial durch Reduzierung d. Fertigungsdurchlaufzeit - des Energieverbrauchs u. d. Hilfsstoffkosten für die Fertigung - der Raum- u. Flächenkosten durch materialflußgerechte Arbeitsstättenplanung - der Qualitätskosten - der Bearbeitungsverlustkosten durch Verringerung von Abfall, Ausschuß, Nacharbeit • Termine einhalten	• Kapitalbindung reduzieren • Liefertermin einhalten • Materialqualität verbessern • Lieferbereitschaft erhöhen (Beschaffungsmarketing) • Einkaufspreise (Material) minimieren	• Fehlerkosten reduzieren • Termine einhalten • Marktanteil erhalten, ausweiten	• Kapazitätsauslastung gewährleisten • Fertigungsdurchlaufzeit einhalten • Fertigungsendtermin, Menge einhalten • Vereinbarte Produktqualität abliefern	• Anzahl der technischen Störungen und Ausfälle sowie Störund Austallzeiten reduzieren • Funktionsfähigkeit gewährleisten • Sicherheits- und Umweltbestimmungen technisch einhalten	• Gesetzlich vorgeschriebene Regelungen einhalten (Bilanzen, Lohn u. Gehalt) • Überwachung gewährleisten - Vermögenssicherung - Ressourceneinsatz - Mißbräuche verhindern • Controlling verbessern - Planung - Koordinierung • Leistungsergebnisse darstellen u. vertreten	• Bereitstellung der benötigten Arbeitskräfte sichern • Leistungsfähigkeit der Mitarbeiter erhöhen • Leistungsbereitschaft der Mitarbeiter steigern • Materielle Verhältnisse der Arbeitnehmer verbessern • Organisationsentwicklung im Personalbereich verbessern
• Vertriebskosten senken	• Kosten für Forschungs-, Entwicklungs- und Konstruktionsleistungen senken	• Fertigungs- und Fertigungsgemeinkosten minimieren	• Material- und Materialgemeinkosten minimieren	• Fehlerverhütungs- und Prüfkosten minimieren	• Geplante Fertigungskosten einhalten	• Instandhaltungskosten minimieren	• Verwaltungsgemeinkosten verringern	• Verwaltungsgemeinkosten verringern

Bild 2: Unternehmens- und Fachbereichsziele

Zielkonkurrenzen ergeben sich, wenn die Zielerfüllung eines Zieles zur Nicht- (bzw. Negativ-)Erfüllung eines anderen Zieles führt. Diese Konkurrenzen müssen erkannt und aufgelöst werden, beispielsweise durch Unterdrückung, Gewichtung und/oder Modifikation bestimmter Ziele oder durch Übergang auf ein übergeordnetes, die Unterziele umfassendes Zielniveau /2/. Bekannte Beispiele für Zielkonkurrenz sind:

o Wachstum versus Rentabilität versus Liquidität

o hohe Lieferbereitschaft, hohe Materialqualität versus
   günstige Einstandspreise versus geringe Kapitalbindung

o Brachzeiten der Produktionsanlagen vermeiden versus
   Liegezeiten der Produkte vermeiden
   "Dilemma der Arbeitsablaufplanung".

Zielkonkurrenz und Zielkomplementarität sind sowohl fachbereichsintern (innerhalb und zwischen den Aufgabenbereichen) als auch fachbereichsübergreifend (extern) festzustellen. Interne Ziele dienen als Vorgabe für Zeit- und Mengenverbräuche sowie für die Termineinhaltung und Qualitätssicherung bei der jeweiligen Aufgabendurchführung in den Fachbereichen. Die Tätigkeiten zur internen Zielerreichung wirken sich darüber hinaus extern auf andere Fachbereiche des eigenen oder eines Fremdunternehmens aus. So beeinflußt beispielsweise der CAD-Einsatz in der Entwicklungs-/Konstruktionsabteilung zum einen den Zeitverbrauch für die Zeichnungserstellung und die Anzahl der Zeichnungen (intern), zum anderen wirkt sich ein geringer Zeitverbrauch und die Möglichkeit, eine große Anzahl von Zeichnungen zu erstellen und/oder die Komplexität der Zeichnungen zu erhöhen, auch auf die Aufgabenerfüllung der Fachbereiche Fertigungsplanung, Materialwirtschaft sowie Fertigung aus (externe Betrachtungsweise). Darüber hinaus wird mit dem CAD-Einsatz der Wert des Anlagevermögens verändert. Dieser zu behandelnde Vorgang beeinflußt wiederum die Aufgabenerfüllung des Finanz- und Rechnungswesens.

Diese Wirkungen sollen hier anhand der Grundbeurteilungsgrößen **Menge**, **Zeit (Termin)**, **Wert** sowie **Qualität** beispielhaft im Zusammenhang mit den Strukturierungsgesichtspunkten "Technik", "Organisation" und "Mitarbeiter" auf der einen Seite sowie der fachbereichsbezogenen Unternehmensstruktur auf der anderen Seite betrachtet werden (Bild 3). Denn nur wenn bekannt ist, welche Ziele im gesamten Unternehmen wie wirken, wird es möglich sein, von einer ergebnisbezogenen Grundlage zu einer bedarfsorientierte CIM-Realisierung zu kommen und dann für die jeweilige Zielerreichung die notwendigen Planungs-, Steuerungs- und Überwachungsinformationen bereitzustellen.

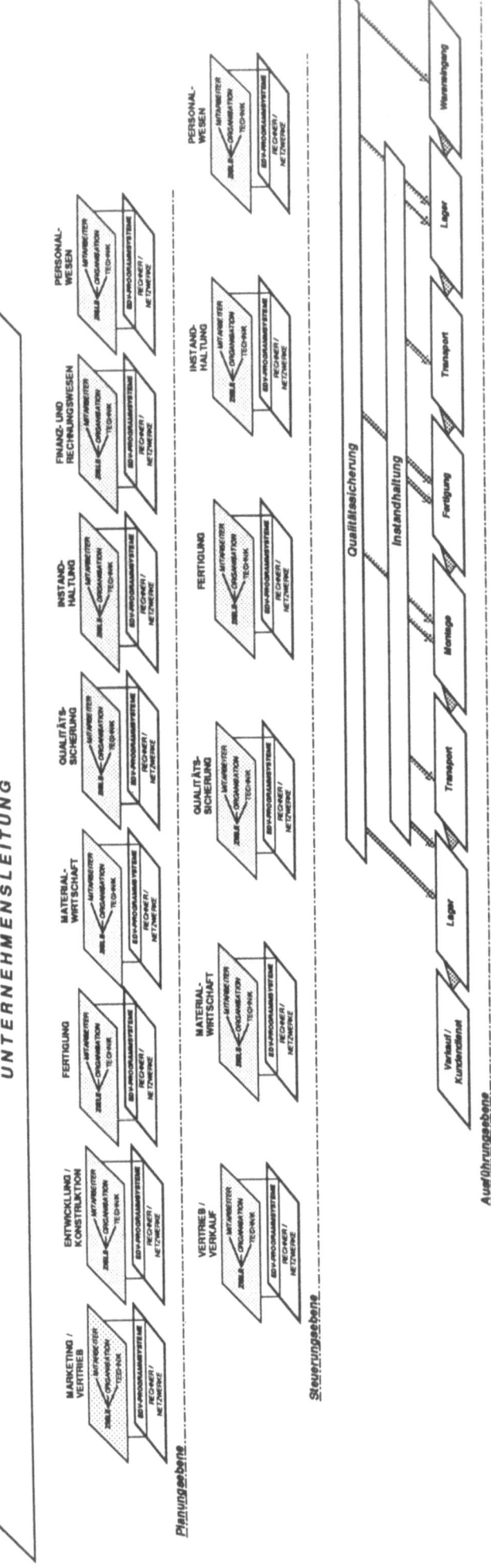

Bild 3: Fachbereiche in einer Ebenenstruktur

2 Zielwirkungen in ausgewählten Fachbereichen

2.1 Allgemeine Zusammenhänge

Im Duden wird der Begriff "Wirkung" wie folgt erläutert: ... durch eine verursachende Kraft bewirkte Veränderung und/oder bewirktes Ergebnis... Im Mittelpunkt der Ausführungen stehen die bei einer Zielverfolgung "bewirkten Veränderungen und/oder bewirkten Ergebnisse", die hier in Beziehung zu den Zielfaktoren Zeit, Termin, Menge, Wert sowie Qualität gesetzt werden, wobei als weitere Beziehungsstruktur die "Mitarbeiter, Organisation und Technik" zum Tragen kommen soll.

Die Zeit-, Mengen-, Wert- und Qualitätsziele stehen im Zusammenhang mit den in der Industrie bekannten Komponenten einer differenzierten Preiskalkulation pro Erzeugnis sowie mit den Bilanzstrukturwerten "Anlagevermögen" und "Umlaufvermögen". Mit der Preiskalkulation werden u. a. die Selbstkosten bestimmt. Der VDMA[1] hat im Jahr 1984 Durchschnittswerte der Selbstkostenanteile im Maschinenbau veröffentlicht (Bild 4). Danach werden der bereits seit langem bekannte relativ hohe Materialkostenanteil und die hohen Prozentangaben der Fertigungsgemeinkosten im Verhältnis zu den Fertigungslohnkosten bestätigt.

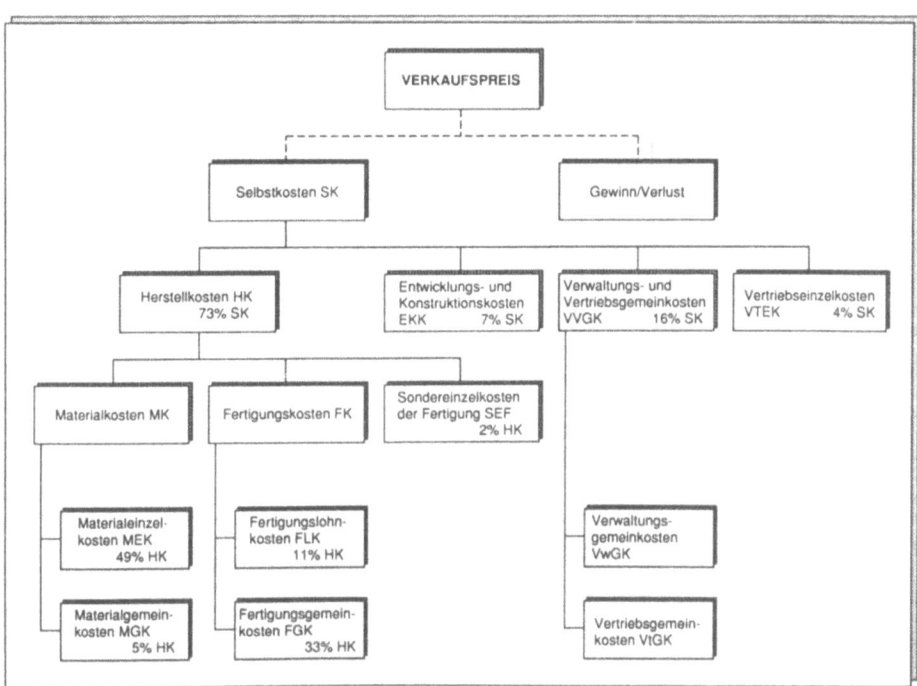

Bild 4: VDMA-Strukturierung der Produktpreisentstehung

---

[1] Verband Deutscher Maschinen- und Anlagenbau e.V. (VDMA)
Kostengliederung der Zuschlagskalkulation.

Wie die im Laufe des Leistungserstellungsprozesses anfallenden unterschiedlichen Kostenanteile den betrieblichen Funktionen zuzuordnen sind, wird als Beispiel im Bild 5 dargestellt.

Die bereits in Bild 2 angegebene Zielübersicht ist fachbereichsbezogen, hier mit den Schwerpunkten Vertrieb, Entwicklung/Konstruktion, Materialwirtschaft, Fertigungsplanung, Qualitätssicherung, Fertigungssteuerung/Fertigung sowie Instandhaltung zu detaillieren, um die zu verfolgenden Beobachtungs- und Beurteilungsgrößen (Ziele) zum einen "intern" zum anderen "extern" auf ihre Wirkungen hin zu untersuchen.

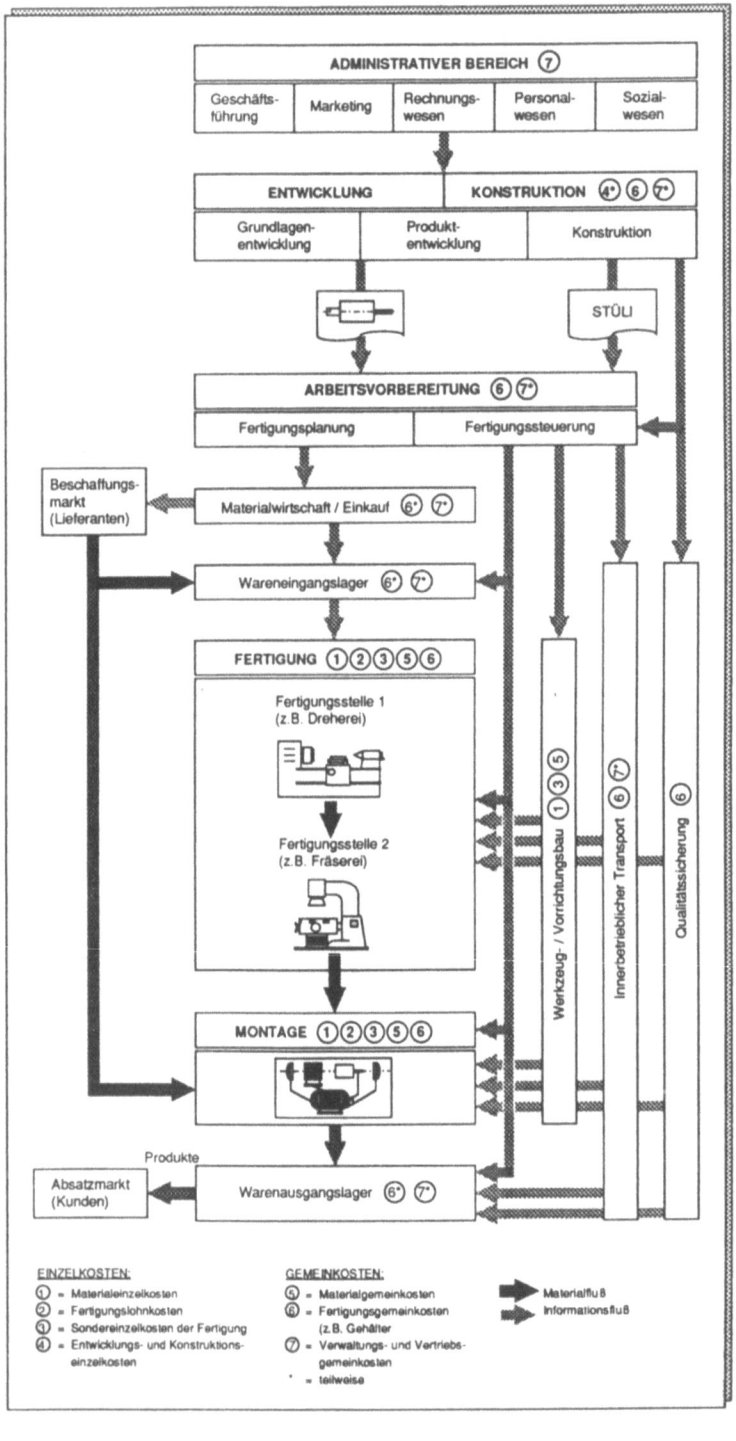

Bild 5: Zuordnung der Einzel- und Gemeinkosten im Produktionsablauf /3/

2.2 Zielwirkungen des Fachbereichs Marketing/Vertrieb

Die Marketing- bzw. Vertriebsfunktion steht am Anfang und am Ende des Gesamtauftragsdurchlaufs. Den Fachbereichszielen kommt deshalb eine besondere Bedeutung zu, denn letztendlich wird mit dem angestrebten bzw. tatsächlich erreichten Umsatz nach Menge und Preis darüber entschieden, ob sich das gewünschte Unternehmensergebnis einstellt oder nicht. Grundlage für die Zielausrichtung in einem Industriebetrieb sind die absatzpolitischen Gestaltungsmaßnahmen, die die wesentlichen Aktionsrichtungen dieses Fachbereiches deutlich machen. Die Abstimmung dieser unterschiedlichen Gestaltungsmaßnahmen erfolgt nach "Marketing-Mix-Gesichtspunkten". Im Marketing-Mix werden die absatzpolitischen Instrumente zusammengefaßt, wobei die Instrumente selbst konkrete Zielobjekte darstellen. Nach /4/ sind die absatzpolitischen Instrumente zu katalogisieren nach

1. Instrumente der Produkt- und Sortimentpolitik (**Produktmix**)
    o Produktqualität, Sortiment, Marke, Kundendienst

2. Instrumente der Distributionspolitik (**Distributionsmix**)
    o Absatzkanäle, Logistik (Lagerung, Transport, Lieferzeit)

3. Instrumente der Kontrahierungspolitik (**Kontrahierungsmix**)
    o Preis, Rabatte, Lieferungsbedingungen, Zahlungsbedingungen

4. Instrumente der Kommunikationspolitik (**Kommunikationsmix**)
    o Werbung, Persönlicher Verkauf, Verkaufsförderung, Öffentlichkeitsarbeit (Public Relations).

Die Planung des Marketing-Mixes geht in der Regel von mehreren Zielen aus, die sowohl komplementär als auch konfliktär wirken.
So unterstützen beispielsweise gute technische Qualität und Design sowie lieferzeit- und liefertermineinhaltende Distribution die Verkaufsförderung und Werbung, andererseits kann ein falscher zeitlicher Einsatz der Werbung zu Nachfrageeffekten führen, die der mengenmäßigen Erzeugnisprogrammplanung widersprechen (Erzeugung unbefriedigter Nachfrage, das heißt Fehlmengen oder Lagerproduktion).

In bezug auf die übergeordnete Unternehmensebene ist davon auszugehen, daß auch eine Umsatzsteigerung zum Gewinnziel in einem konkurrierenden Verhältnis stehen kann, wenn diese Steigerung nur durch Preissenkungen oder durch erhöhte Kosten (z. B. Marketingkosten) realisiert wird. Dabei sind Marketingkosten (Vertriebskosten) die Kosten, die aufgrund der Anstrengungen entstehen, einen potentiellen Käufer zum Kauf von Produkten des Unternehmens zu veranlassen sowie die Kosten der physischen Distribution (vgl. Herstellkostenanteil "Vertriebsgemein- und Vertriebssonderkosten).

Die gesamten betrieblichen Kostenbestandteile fließen in die Zielgröße "Gewinn" ein. Im Einzelfall sind jedoch nicht immer alle Kostenbestandteile (z. B. Fixkosten) entscheidungsrelevant. Die Zielgröße, die bei besonderen Entscheidungsproblemen zu beachten ist, wie bestimmte Produkte und/oder Gebiete stärker zu forcieren oder aufzugeben, ist der Deckungsbeitrag. Er unterscheidet sich vom Gewinnbegriff durch den Ansatz von Teilkosten anstelle der Vollkosten. Hebt man bei der Teilkostenbetrachtung auf die Trennbarkeit von Fixkosten und variablen Kosten ab, so läßt sich der (Perioden-)Deckungsbeitrag bei einem Produkt als Differenz zwischen produktbezogenem Umsatz und produktbezogenen variablen Kosten in der Periode definieren /5/.

Die marktgerichtete Zielgröße "Umsatz" setzt sich aus der Absatzmenge und dem Erlös pro Mengeneinheit zusammen. Die einzelnen Elemente, die zu dieser Zusammensetzung führen, werden in Bild 6 dargestellt.

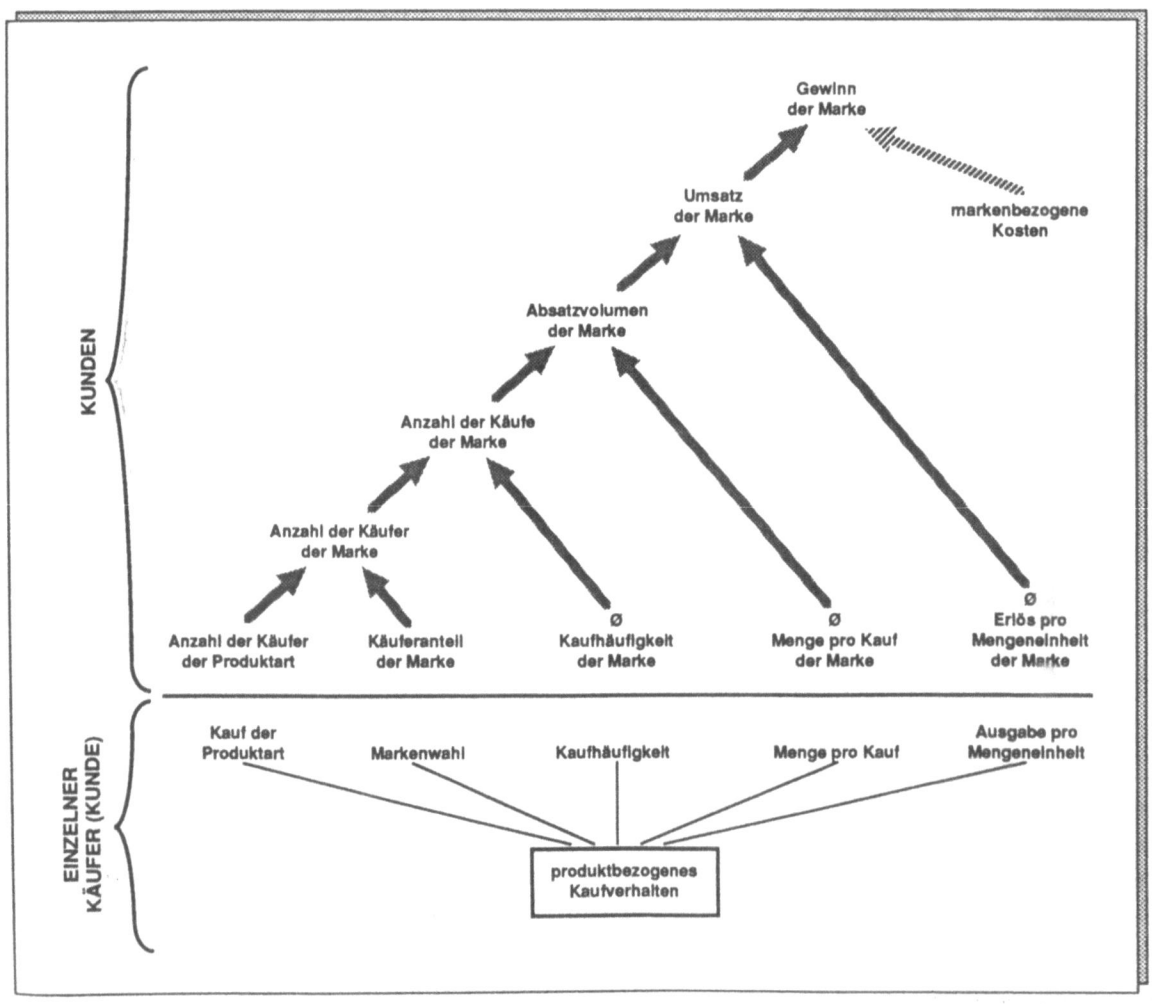

Bild 6: Beurteilungsgrößen des Kaufverhaltens als Marketing-Zielgröße /nach 5/

Ausgehend von diesen insgesamt hier nur angedeuteten Zusammenhängen lassen sich die Ziele des Fachbereiches "Marketing" nach den Grundbeurteilungsgrößen strukturieren sowie nach der Beziehungsart "Oberziele - Unterziele" (Bild 7). Dabei ist zu beachten, daß Unterziele, durch die vorgeordnete Ziele erfüllt werden, gleichzeitig Mittel der Zielerreichung sein können (Ziel - Mittel - Umschlag). So sind den in Bild 7 angegebenen Maximierungszielen die Unterziele

o Absatz realitätsnah prognostizieren,
o Lieferterminzusagen einhalten,
o Preis am Markt durchsetzen,
o verkaufsgerechte Produktqualität sichern

zuzuordnen. D. h., diese Unterziele wirken hier als "Mittel" zur Erreichung der angegebenen Maximierungsziele.

ZIELART		
INHALT	AUSMASS	ZEITBEZUG
• *Zeitziele* - Bearbeitungszeiten pro Vorgang (techn. Büro) • *Mengen- und Wertziele* - Kosten / Kostenbestandteile pro Produkt / Produktgruppe (Vertriebskosten)	* Minimieren * Nicht - Überschreiten eines Schwellenwertes * Reduzieren (um x%)	* kurz-, mittel-, langfristig * für (ab) bestimmte Zeiträume / bestimmten Zeitraum
- Umsatz / Marktanteil pro Produkt / Produktgruppe - Erfolg / Deckungsbeitrag pro Produkt / Produktgruppe - Anzahl Bearbeitungsvorgänge	* Maximieren * Nicht - Unterschreiten eines Schwellenwertes * Erhöhen (um x%)	
• *Terminziele* - Bearbeitungstermine (Büro) - Liefertermine • *Qualitätsziele* - Qualitätsvorgaben (Produkt)	* Nicht-Überschreiten/ Nicht-Unterschreiten eines Schwellenwertes	

Bild 7:   Zielübersicht "Marketing/Vertrieb"

Bezogen auf die Strukturierungsgesichtspunkte "Mitarbeiter, Organisation und Technik" lassen sich die Zielwirkungen anhand der Darstellung von Bild 8 beschreiben.

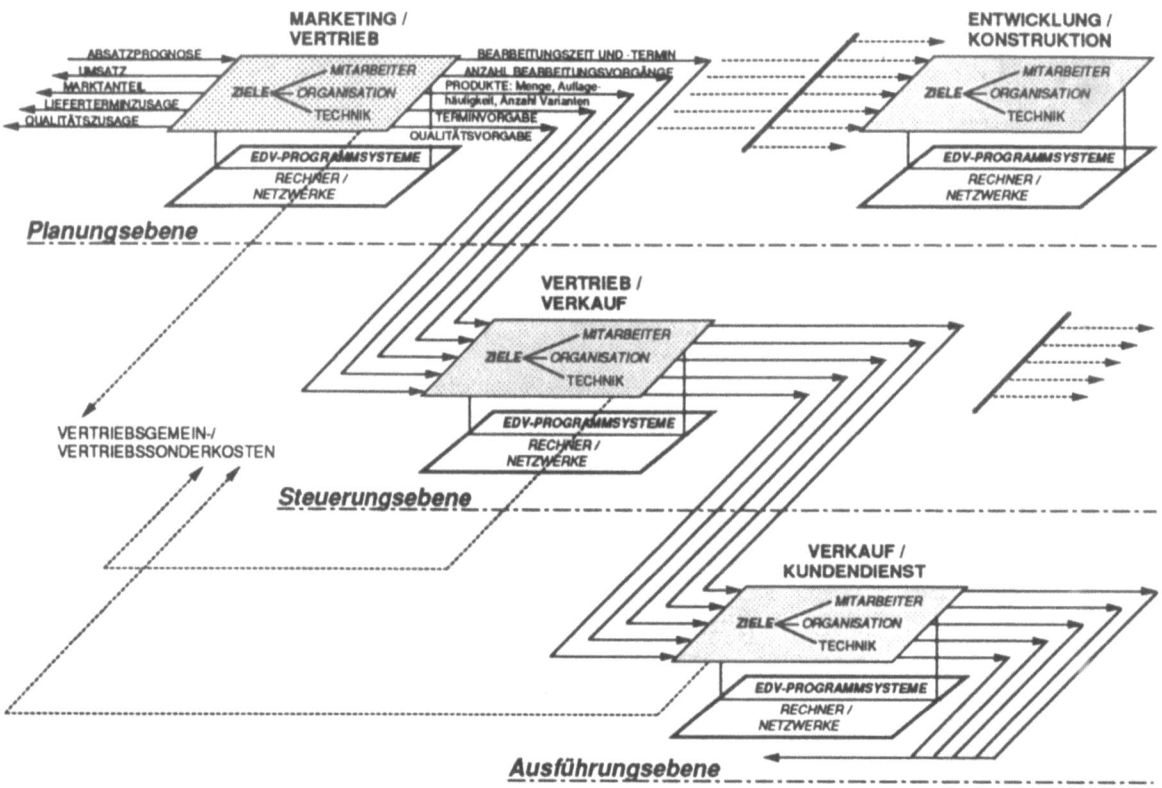

Bild 8:   Ziel-Ebenenzusammenhang "Marketing/Vertrieb"

Für die Mitarbeiter in der Planungsebene fallen Bearbeitungszeiten (VT_{BA}) an:

o Bei der Erstellung der Absatzprognose, Absatzplanung,

o Bei der Kundenanfrage- und Angebotsbearbeitung
(Fertigungsmöglichkeiten, Vorkalkulationswerte, Lieferzeiten etc.) sowie

o bei der Auftragsbearbeitung und -prüfung
(Terminprüfung, Deckungsbeitragsprüfung etc.).

Darüber hinaus sind die Bearbeitungstermine (VTE) einzuhalten.
Die Bearbeitungszeiten werden von

- der Leistungsfähigkeit und Leistungsbereitschaft der
Mitarbeiter,

- den aufbau- und ablauforganisatorischen Gegebenheiten
sowie

- den eingesetzten EDV-Systemen wesentlich beeinflußt.

Die EDV-Unterstützung wirkt sich zum einen durch die zielorientierte Anwendung entsprechender Methoden (Prognosemethoden, Kalkulationsmethoden, Preissimulation etc.), zum anderen durch die Handhabung umfangreicher Datenmengen zeitsparend aus. Zeitsparend bedeutet kurzfristig, daß bei gleichbleibender Personalkapazität die Anzahl der Bearbeitungsvorgänge erhöht werden kann (Produktivitätssteigerung), langfristig, daß die Vertriebsgemeinkosten gesenkt werden können.

Mit der Hinwendung zu den Mengen- und Wertzielen verbunden ist die Gliederung der Zielwirkungen nach unterschiedlichen Gesichtspunkten. Um den geplanten Umsatz, Marktanteil und Deckungsbeitrag in der Ausführungsebene beim Kunden zu realisieren, ist es einerseits notwendig, die Verkaufsförderung, Werbung, die Absatzmenge etc. entsprechend zu planen, andererseits den Verkauf und den Kundendienst in der Ausführungsebene durchzuführen. Es sind sowohl Planungs- als auch Ausführungsleistungen erforderlich, um die Umsatz-, Marktanteil- und Deckungsbeitragsziele zu erreichen.

In der Steuerungs- und Ausführungsebene sind im weiteren die in der Planungsebene getroffenen Annahmen zu realisieren, die beispielsweise unmittelbar die Absatzmenge, die Lieferzeiten und -termine sowie die Preisdurchsetzung und den Umsatz betreffen. Darüber hinaus gilt es in diesen Ebenen bei der Versanddisposition, Verkäufereinsatzsteuerung etc. auf Abweichungen gegenüber der Planungssituation (Störungen) kurzfristig zu reagieren.

Für die weiteren Ausführungen über die Zielwirkungen ist es deshalb erforderlich,

1. von einem **aufgabenbezogenen** und/oder **fachbereichsbezogenen Zielkonkurrenzverhalten** auszugehen
und

2. nach der **geplanten** Zielerreichung sowie den **Zielabweichungen** (Unterschreitung - Überschreitung) zu unterscheiden.

Zu lösen sind inbesondere infolge der Anwendung unterschiedlicher Marketinginstrumente (Marketing-Mix) die aufgabenbezogenen Zielkonflikte. Beispielsweise im Zusammenhang mit der

o Wirkung von alternativen Preishöhen auf die Absatzmenge,
o Wirkung von alternativen Werbebudgethöhen auf die Absatzmenge.

Die fachbereichsbezogenen Zielkonflikte werden später hinsichtlich ihrer Wirkungen insgesamt diskutiert.

Das Erreichen der Marketingziele entbindet nicht von einer Wirkungs-Ursachenanalyse, denn Soll-Ist-Identität kann auch durch falsche Vorgabewerte verursacht sein. Bei Zielabweichung, insbesondere bei negativer Abweichung, sind von den Wirkungen ausgehend die Ursachen zu hinterfragen. Beispielsweise kann ein Zurückbleiben des IST hinter dem SOLL in der Regel durch zwei Ursachen bedingt sein:

1. unzutreffende Zielvorgabe
   (Einflußgrößenanalyse nicht ausreichend etc.)

2. ungeeigneter Mitteleinsatz
   (Informationsmangel, Qualifikationsmangel etc.).

Es ist deshalb unerläßlich, grundsätzlich die von den Grundbeurteilungsgrößen ausgehenden Wirkungen darzustellen, um so einen bedarfsorientierten Mitteleinsatz (CIM-Realisierung) vornehmen zu können.

2.3 Zielwirkungen im Fachbereich Entwicklung/Konstruktion

Mit den Arbeiten des Entwicklers/Konstrukteurs werden in hohem Maße die Herstellkosten der Erzeugnisse und der Erzeugnisnutzen festgelegt (Bild 9). Dabei betragen die Kosten der Konstruktionsabteilung selbst im Mittel aller Maschinenbaufirmen nur rund ein Zehntel der von ihr festgelegten oder verantworteten Kosten. Ausnahmen bilden die Betriebsmittelkonstruktionen (z. B. Sondermaschinen), die ein Mehrfaches davon betragen können.

	KOSTENART	ZUORDENBAR AUF KOSTENTRÄGER	BEEINFLUSSBAR DURCH KONSTRUKTIVE MASSNAHMEN	BEEINFLUSSBAR FERNER DURCH
Materialkosten MK	Materialeinzelkosten MEK	ja	festigkeitsmässige Optimierung, weniger oder weniger hochwertiges Material / Kaufteile, Norm- statt Sonderkaufteile	Einkauf (Lieferant, Rabatt)
	Materialgemeinkosten MGK	nein	weniger Teilevielfalt durch Werksnormen	Materialwirtschaft Arbeitsvorbereitung
Fertigungskosten FK	Fertigungslohnkosten FLK		Ersatz von Handarbeit durch Maschinenarbeit Werkstoffe mit fertigen Oberflächen verwenden (Halbzeuge)	
	(Hauptzeitkosten)		weniger zu zerspanendes Aufmass	Arbeitsvorbereitung (Rationalisierung)
	(Nebenzeitkosten)	ja	weniger eng tolerierte Maße, weniger komplizierte Teile (weniger umspannen)	
	(Rüstzeitkosten)		weniger Arbeitsgänge, größere Lose durch Produktnormung	
	Fertigungsgemeinkosten FGK	nein	gemeinkostenintensive Arbeitsgänge vermeiden	
	Sondereinzelkosten der Fertigung SEF	ja	weniger Sonderwerkzeuge, Vorrichtungen	
	Entwicklungs- und Konstruktionskosten EKK	z.T. bei entsprechender Aufschreibung	Produktnormung (Teilefamilien, Baureihen, Baukästen), CAD, Rationalisierung des Konstruktions-Prozesses, Entwicklungskooperation	—
	Verwaltungs- und Vertriebsgemeinkosten VVGK	nein	Produktnormung, Produktdokumentation	Verwaltung und Vertrieb
	Vertriebseinzelkosten VTEK	ja	—	

Bild 9: Beeinflussung der Selbstkostenanteile /nach 3/

Neben den möglichen Kosteneinsparungen ergeben sich aufgrund von aktuellen Marktanforderungen neue Wirkungen hinsichtlich der Produktentwicklungszeiten. Je früher ein Unternehmen heute mit einem Produkt vor der Konkurrenz am Markt ist, desto eher amortisieren sich seine Produktentwicklungskosten /6/ (Bild 10).

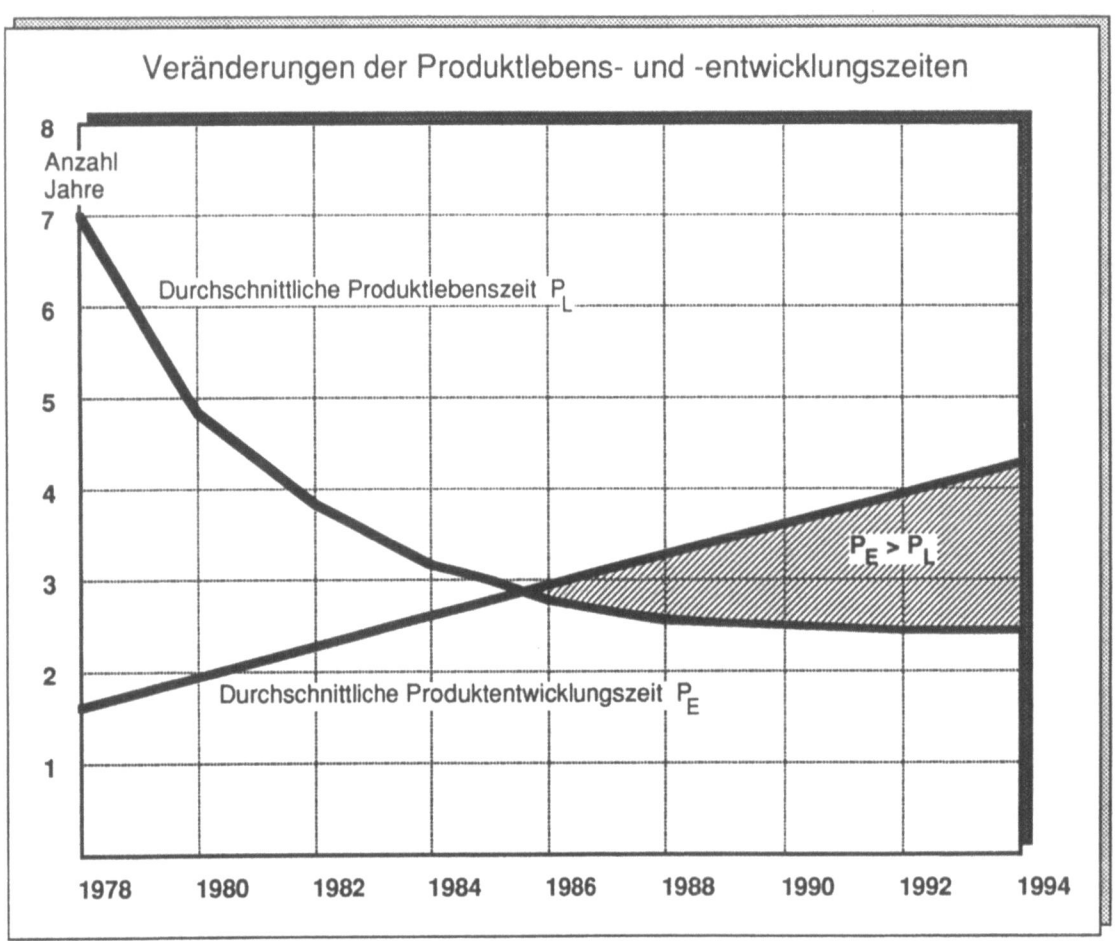

Bild 10: Veränderungen der Produktlebens- und -entwicklungszeiten /IBM, 6/

Zur Unterscheidung der verschiedenen Zustände beim Konstruktionsablauf ist von folgender Phaseneinteilung auszugehen:

    1 - Klären der Aufgabenstellung (Funktionsfindung)
    2 - Konzipieren (Prinziperarbeitung)
    3 - Entwerfen (Gestalten)
    4 - Ausarbeiten (Detaillierung).

In der Phase 1 sind im Rahmen der Produktfindung, in Phase 2 bei der Lösungsfindung die Teilaufgaben Suchen, Bewerten und Auswählen zu erfüllen. Das Entwerfen konkretisiert, führt zu den Teilaufgaben Gestalten, Berechnen und Bewerten. In der Phase 4 erfolgt dann die eigentliche Fertigungsunterlagenerstellung (Zeichnungen, Stücklisten etc.). Die sich im Konstruktionsprozeß einer Maschine ergebenen Such- und Entwicklungsfolgen werden beispielhaft in Bild 11 aufgezeigt.

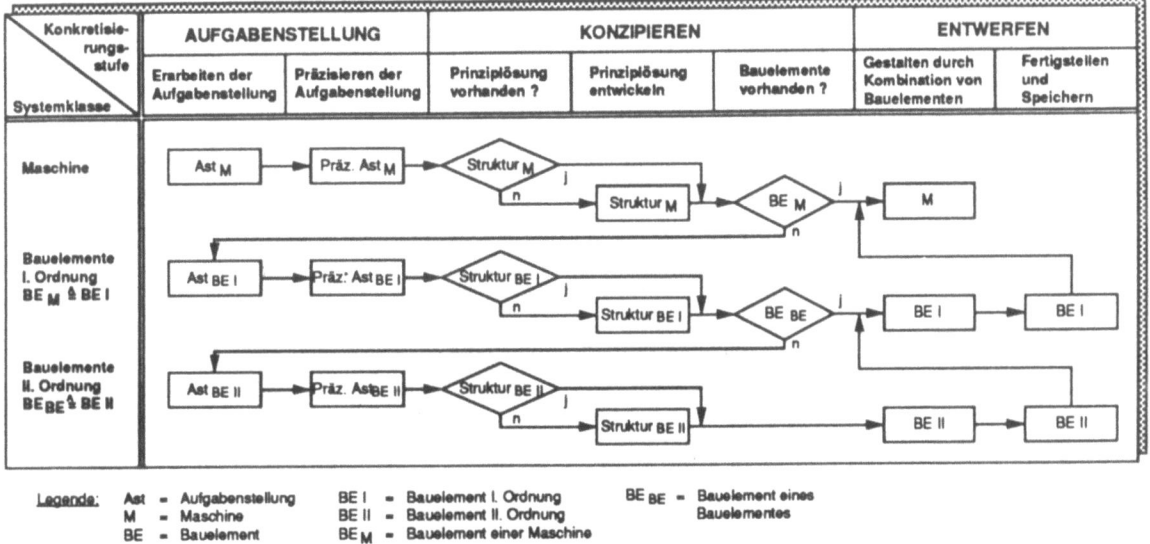

Bild 11: Such- und Entwicklungsvorgänge im Konstruktionsprozeß einer Maschine /nach 12/

Ausgehend von der Phaseneinteilung beim Konstruktionsablauf lassen sich weitere Teilaufgaben ableiten, wie die Durchführung technischer Berechnungen (Nachrechnungs-, Auslegungs- und Optimierungsprogramme), EDV-unterstützte Erstellung von Zeichnungen sowie die technische Dokumentation. Die Erfüllung der gesamten Aufgaben dieses Fachbereichs ist auszurichten an den in Bild 12 formulierten Zielen.

ZIELART		
INHALT	AUSMASS	ZEITBEZUG
• *Zeitziele* - Bearbeitungszeiten pro Vorgang (techn. Büro) - - Bei neuen Produkten, neuen Produktionsverfahren - - bei Produktverbesserungen, Verfahrensverbesserungen • *Mengen- und Wertziele* - Funktionale Materialmenge - Qualitätskosten - Entwicklungs- und Konstruktionskosten	* Minimieren * Nicht - Überschreiten eines Schwellenwertes * Reduzieren (um x%)	* kurz-, mittel-, langfristig
- Anzahl Innovationen	* Maximieren * Nicht - Unterschreiten eines Schwellenwertes * Erhöhen (um x%)	* für (ab) bestimmte Zeiträume / bestimmten Zeitraum
• *Terminziele* - Bearbeitungstermine (Büro) • *Qualitätsziele* - Qualitätswerte (Produkt)	* Nicht-Überschreiten Nicht-Unterschreiten eines Schwellenwertes	

Bild 12: Zielübersicht "Entwicklung/Konstruktion"

Die wesentlichen Wirkungen bei den Zielverfolgungen zeigen sich zum einen fachbereichsintern, indem die geplanten Bearbeitungszeiten und in Abhängigkeit davon, die Entwicklungs-/Konstruktionskosten periodenbezogen einzuhalten sowie langfristig zu verringern sind. Die Reduzierung der Teilemenge (Materialmenge) wirkt dabei unterstützend auf die Erreichung der Zeit- und Wertziele (Bild 13). Eine steigende Anzahl von Innovationen läßt andererseits die Bearbeitungszeiten insgesamt anwachsen (Zielkonflikt).

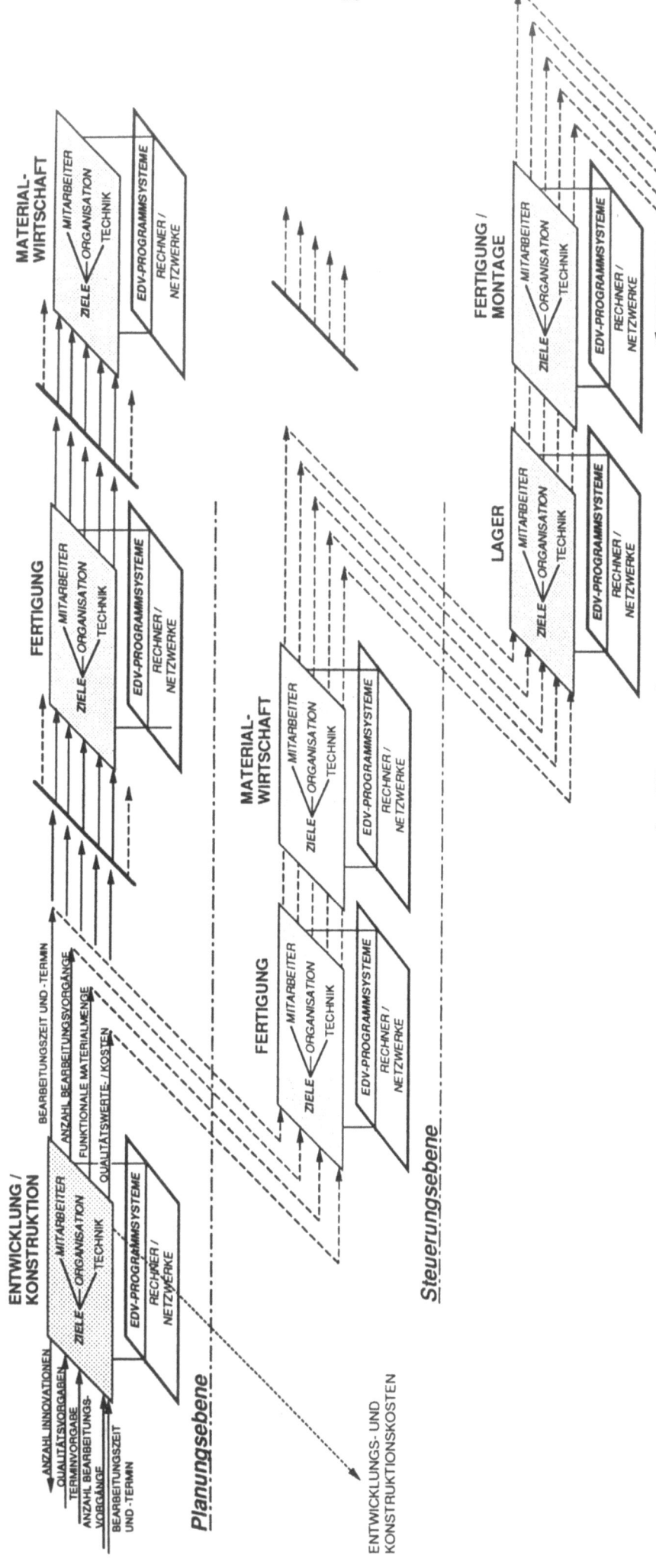

Bild 13: Ziel-Ebenenzusammenhang "Entwicklung/Konstruktion"

Zum anderen wirken fachbereichsextern die Zielsetzungen

- "Bearbeitungszeiten, Anlagen-/Maschinenzeiten einhalten, minimieren" als Elemente der Gesamtauftragsdurchlaufzeit auf die Zielerreichung der nachfolgenden Fachbereiche.

- "Funktionale Materialmenge reduzieren" als Führungsgrößen für die nachfolgenden Bereiche
(Konstruktionsqualität beeinflußt Fertigungsqualität und damit die Ausschuß- sowie Garantiekosten).

2.4 Zielwirkungen des Fachbereiches Fertigung

In Abstimmung mit den Fachbereichen "Marketing/Vertrieb", "Entwicklung/Konstruktion" sowie der "Unternehmensführung" ist das Produktionsprogramm festzulegen. Die Produktionsprogrammplanung dient im Rahmen der "Taktischen Planung" dem Fachbereich "Fertigung" als Auslösefunktion. Die Einzelfunktionen der Produktionsprogrammplanung gliedern sich in

- o Produktbedarf erfassen,
- o Produktionsprogramm erstellen,
- o Personalbedarf planen,
- o Kapazitätsbedarf planen,
- o Umsatz planen,
- o Belastungsabgleich,
- o Investitionen planen,
- o Fabrikplanung,
- o Entwicklungsplanung,
- o Produktionsprogramm verteilen,
- o Programmüberwachung.

Diese Funktionen sind in den Unternehmen unterschiedlichen Fachbereichen zugeordnet, so daß hier auf eine fachbereichsbezogene Zielwirkungsbetrachtung verzichtet wird. Auszugehen ist im Fachbereich "Fertigung" im weiteren von der "Fertigungsplanung".

2.4.1 Fertigungsplanung

Die Fertigungsplanung (Arbeitsplanung) umfaßt nach AWF/REFA alle **einmalig** zu tätigenden Maßnahmen, die sich auf die Gestaltung des Erzeugnisses, die Fertigungsvorbereitung (i.e. Sinne), die Planung von Betriebsmitteln und die Fertigungsfreigabe beziehen. Im einzelnen sind dabei **produktspezifisch** die

- o Erzeugnisse,
- o Arbeitsstätten,
- o Arbeitsmittel,
- o Arbeitszeit,
- o Bedarfe je Einheit,
- o Abläufe,

o Fristen,
o Arbeitskosten,
o Steuerdaten

zu planen. Bei diesem Planungsvorgang findet ein Transformationsprozeß statt. Informationen und Daten von den Fachbereichen Marketing/Vertrieb sowie Entwicklung/Konstruktion werden für die Aufgabenerfüllung der Materialwirtschaft, Fertigungssteuerung und Fertigung aufbereitet. Im Zusammenhang mit der Erfüllung dieser Aufgaben ist von den in Bild 14 angegebenen Zielen auszugehen, wobei, wie bereits bei den Ausführungen über den Fachbereich "Marketing/Vertrieb" angedeutet, die unterschiedlichen Betriebstypen das Zielausmaß beeinflussen. Beispielsweise hat der kundenauftragsbezogene Einzelfertiger vor der Angebotsabgabe eine Termin- und Kapazitätsplanung durchzuführen, die einen im Auftragsfall verbindlichen Liefertermin zum Ergebnis hat. Darüber hinaus beinhaltet die Auftragsdurchlaufzeit auch die Zeitanteile für Konstruktion, Fertigungsplanung und Beschaffung.

Bei der kundenanonymen Fertigung von Serien- und Massenerzeugnissen stehen Prognosen, die auf Marktanalysen basieren, als Grundlage für die Programmierung zur Verfügung. Wesentlicher Unterschied zum Einzelfertiger ist, daß Entwicklung, Konstruktion und Fertigungsplanung mit großem zeitlichen Vorlauf vor Markteinführung für ein neues Erzeugnis beginnen. Weiterhin wird bereits bei der Produktions-Systemplanung eine Kapazitätsplanung für den Ausgleich von Taktzeit- und Modell-Mix-Verlusten durchgeführt. Der Schwerpunkt für die laufenden Aufgaben der Termin-, Kapazitäts- und Mengenplanung liegt im Bereich der Materialwirtschaft, wobei es gilt, eine möglichst montagesynchrone Zulieferung von Fertigungs- und Einkaufsteilen zu erreichen. Bereits in der Phase der Fertigungsplanung werden bei einer Linien- und Fließfertigung, als Voraussetzung für eine hohe Produkivität, mittels Arbeitsstudien die Grundlagen für eine hohe Kapazitätsnutzung gelegt.

An der Übersicht in Bild 14 wird die Bedeutung der unterschiedlichen Zielverfolgungen der Fertigungsplanung ersichtlich. Intern wirken die personalbezogenen Bearbeitungszeiten pro Vorgang und die sich daraus ableitenden Gemeinkosten des Fertigungsplanungsbereiches sowie die einzuhaltenden Bearbeitungstermine. Extern wird der in der Bearbeitungszeit erzielbare Leistungsumfang des Fachbereiches zumindest qualitativ beschreibbar, indem sowohl die Zielart als auch das Zielausmaß mitarbeiter-, organisations- und technikbezogen vorzugeben und die Zielerreichung zu überwachen ist. Die Zielvorgaben wirken zunächst auf die Bereiche Materialwirtschaft, Fertigungssteuerung, Fertigungsausführung sowie Instandhaltung und deren Zielsetzungen (Bild 15). Dabei sind u. a. die bekannten Zielkonflikte zwischen maximaler Kapazitätsauslastung der Anlagen/Maschinen und minimaler Fertigungsdurchlaufzeit (geringes Umlaufvermögen) sowie Fertigungszeit versus Instandhaltungszeit im Fachbereich "Fertigungsplanung" im vorhinein zu lösen.

ZIELART		
INHALT	AUSMASS	ZEITBEZUG
Zeitziele - Kapazität "Anlage / Maschine" - Kapazität "Personal"	* Maximieren * Nicht - Unterschreiten eines Schwellenwertes * Erhöhen (um x%)	* kurz-, mittel-, langfristig * für (ab) bestimmte Zeiträume / bestimmten Zeitraum

- Bearbeitungszeiten pro Vorgang (techn. Büro)
  - - neue Produkte, Produktionsverfahren
  - - Produktverbesserungen, Verfahrensverbesserung
  - - Produktvarianten / Produktwiederholungen
 	
 - Rüstzeit (Anlage/Maschine/ Personal)
 	
 - Stückzeit
 	
 - Lagerungszeit
 - Brachzeit
 - Liegezeit
 - Transportzeit
 	
 - Qualitätsprüfzeit
 	
 Mengen- und Wertziele
 	
 - Fertigungslohn- u. Hilfskosten
 	
 - Betriebsmittelkosten
 	
 - Zinskosten (Umlaufvermögen)
 	
 - Energieverbrauch, Hilfsstoffkosten
 	
 - Raum- und Flächenkosten
 	
 - Qualitätssicherungskosten
 	
 - Bearbeitungsverlustkosten (Abfall, Ausschuß, Nacharbeit)
 	
 - Kosten des Fertigungsplanungsbereiches (Fertigungsgemeinkosten)
	* Minimieren
	
	 * Nicht - Überschreiten eines Schwellenwertes
	
	 * Reduzieren (um x%)	

- Ausbringungsmenge (Gutmenge)	* Nicht-Unterschreiten eines Schwellenwertes * Erhöhen (um x%)	
Terminziele - Bearbeitungstermine (techn. Büro) - Fertigungstermine, Ablieferungstermine	* Nicht-Überschreiten/ Nicht- Unterschreiten eines Schwellenwertes	
Qualitätsziele - Qualitätsvorgaben (Produkt/ Anlage/Maschine)		

Bild 14: Zielübersicht "Fertigungsplanung"

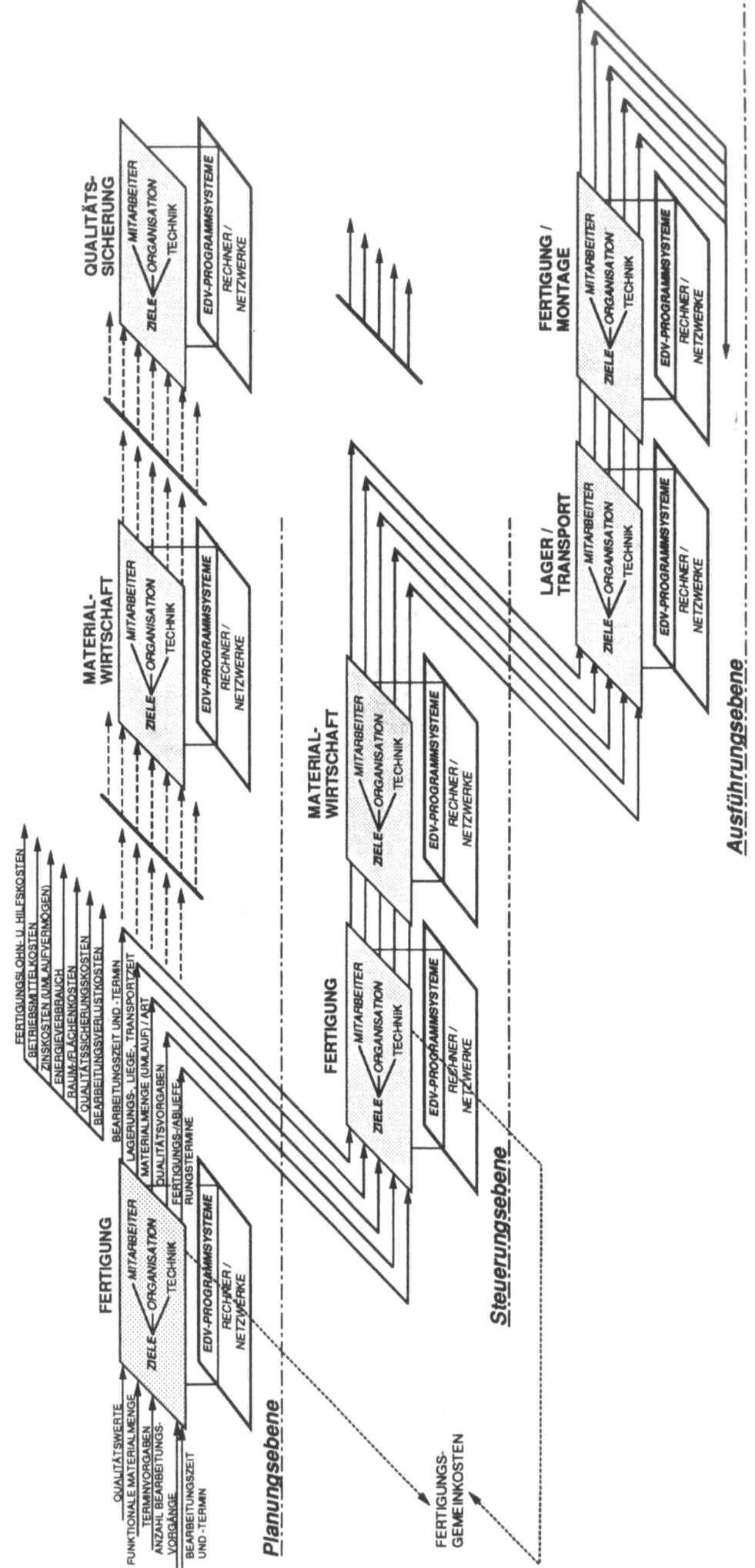

Bild 15: Ziel-Ebenenzusammenhang "Fertigungsplanung"

Zwei Beispiele, die weitergehende Wirkungen zeigen, verdeutlichen die Tragweite der Zielvorgaben:

Die Kapitalbindung (Umlaufmaterial) wird durch den Vertrieb (großes Erzeugnisspektrum - fertigen, lagern, transportieren), durch die Entwicklung/Konstruktion (hoher Materialanteil - fertigen, lagern, transportieren) durch die Fertigungsplanung (Fertigungsdurchlaufzeit, FERTIGUNGSTIEFE) beeinflußt. Wie deutsche Unternehmen im internationalen Vergleich hinsichtlich der FERTIGUNGSTIEFE abschneiden zeigt Bild 16.

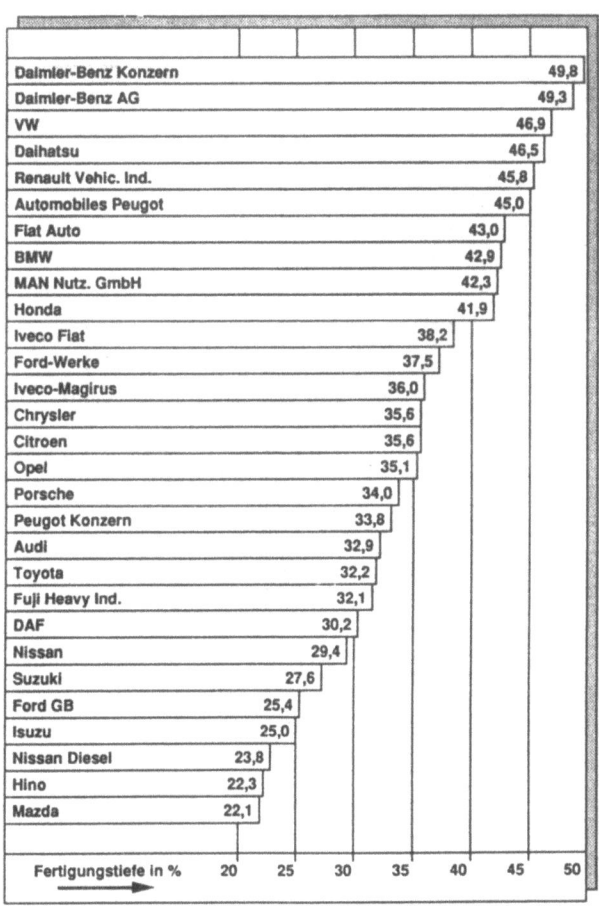

Bild 16: Fertigungstiefe in der Automobilindustrie
        (Quelle: Welt am Sonntag)

Das zweite Beispiel betrifft die Zielgröße "Raum- und Flächenkosten reduzieren" in besonderer Weise. Im Anlagenbau liegen den zu fertigenden Erzeugnissen kapazitätsbestimmende Abmessungen zugrunde, die eine Montage nach dem Baustellenprinzip notwendig machen. Nur durch die Einbringung des FLÄCHENBEDARFS als PLANUNGSGRÖSSE läßt sich der Montageablauf nach den Zielgrößen Ausführungszeit "Personal", Ausführungszeit "Betriebsmittel" sowie "Auftragstermineinhaltung" nahezu realitätsgerecht abbilden und optimieren /7/ (Bild 17).

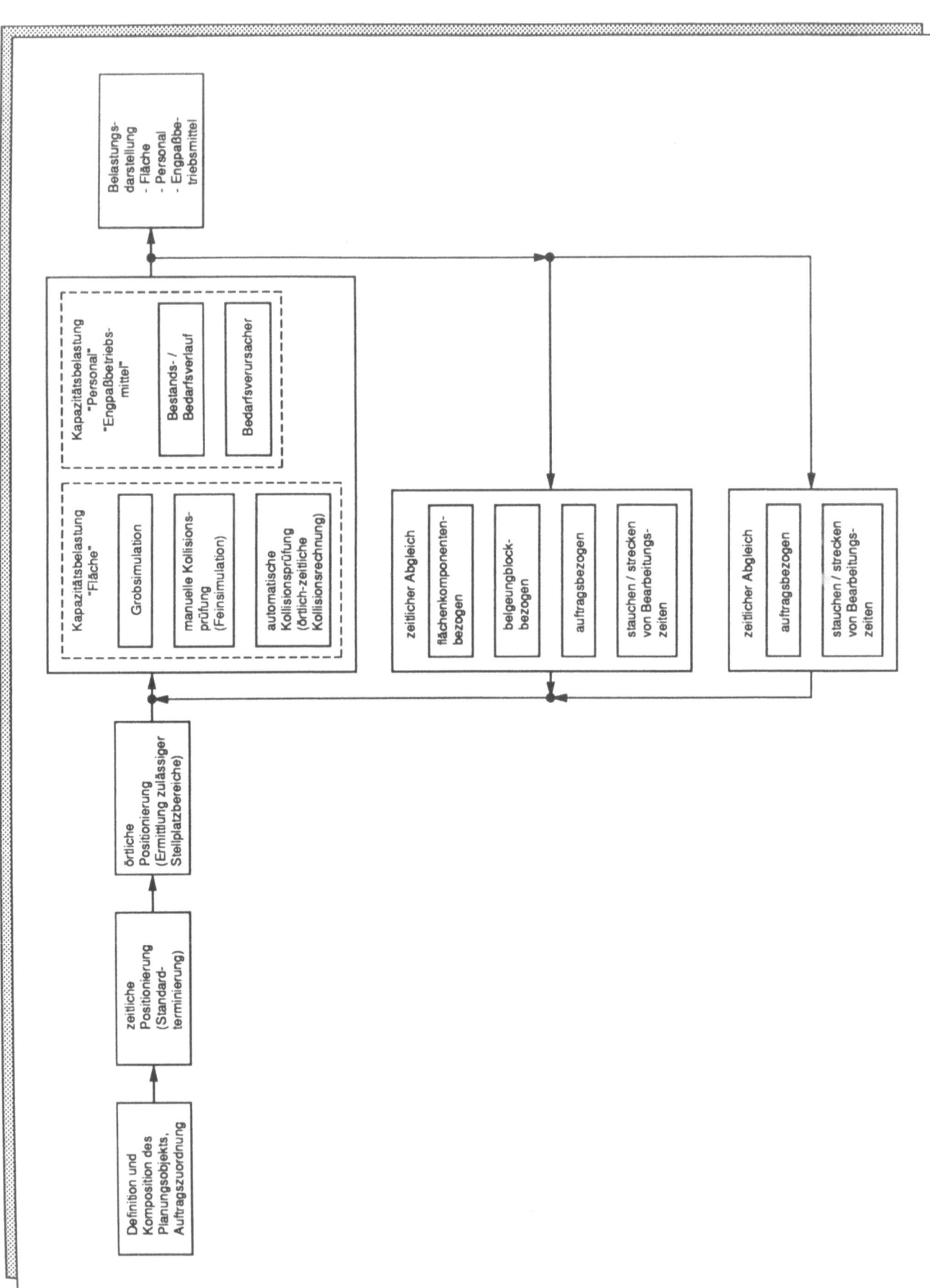

Bild 17: Methode zur örtlich-zeitlichen Einplanung eines Planungsobjektes

2.4.2 Fertigungssteuerung

Im Bereich "Fertigungssteuerung" ($\simeq$ PPS-Funktionen) ist der durch das Produktionsprogramm und/oder von der Fertigungsplanung für eine Periode grob vorgegebene Produktionsplan in ein detailliertes, mit konkreten Aufträgen und Terminen versehenes, in sich koordiniertes Arbeitsprogramm zu übersetzen. Die dabei zu erfüllenden Aufgaben der **auftragsspezifischen** Produktionssteuerung, die bekanntlich die PPS-Hauptfunktionen darstellen, lassen sich gliedern in

- o Produktionsprogrammplanung
- o Mengenplanung
- o Auftragsbildung
- o Termin- und Kapazitätsplanung
- o Auftragsveranlassung
- o Auftragsüberwachung.

In der Annahme, daß die Ziele in den der Fertigung/Montage vorgelagerten und/oder den begleitenden Fachbereichen erreicht werden, sollte im Teilbereich "Fertigungssteuerung", insbesondere bei der Serienfertigung davon ausgegangen werden, daß

- o im Fachbereich "Markteting/Vertrieb"
  der Absatz realitätsnah prognostiziert wird,

- o im Fachbereich "Entwicklung/Konstruktion"
  fertigungs- und montagegerechte Produkte, im Rahmen
  der Betriebsmittelkonstruktion zuverlässige Anlagen/
  Maschinen sowie Werkzeuge konstruiert werden,

- o vom Fachbereich "Fertigungsplanung"
  die passendeAnlage/Maschine investiert,
  der Personal- und Materialbedarf realitätsnah bestimmt,
  die Kosten richtig kalkuliert,
  der Ablauf (Zeit, Menge, Termin) optimiert wurde,

- o vom Fachbereich "Materialwirtschaft"
  das richtige Material bedarfsorientiert (Termin, Menge,
  Qualität) zur Verfügung gestellt wird etc.

Diese Annahme führt zu dem Schluß, daß im Fachbereich "Fertigungssteuerung" mit dem verbleibenden Freiheitsgrad "Personaleinsatz" die Fertigung/Montage "nur" noch abzuwickeln sei. In der betrieblichen Realität werden jedoch in den anderen Fachbereichen die auf den Fertigungsablauf wirkenden Ziele kaum erreicht, so daß bei der "Steuerung der Fertigung" in erster Linie auf die vielfältigen Zielabweichungen (Zeit, Termin, Menge, Qualität) reagiert und der Fertigungsprozeß in bezug auf die Ablieferungsmenge (Gutmenge) pro Zeiteinheit [Stunde, Tag etc.] zielorientiert harmonisiert werden muß.

Dabei ist im Bereich "Fertigungssteuerung" von den die Fertigung und Montage betreffenden Zielen der Produktionsprogramm- und Fertigungsplanung auszugehen, die letztendlich durch die "Steuerung" in der Fertigung/Montage zu realisieren sind (Bild 18).

ZIELART		
INHALT	AUSMASS	ZEITBEZUG
Zeitziele - Kapazität "Anlage / Maschine" - Kapazität "Personal"	* Nicht - Unterschreiten eines Schwellenwertes	
- Bearbeitungszeiten pro Vorgang (techn. Büro) - Rüstzeit (Anlage/Maschine/Personal) - Stückzeit - Brachzeit - Liegezeit - Transportzeit - Qualitätsprüfzeit		
Mengen- und Wertziele - Fertigungslohn- u. Hilfskosten - Betriebsmittelkosten - Zinskosten (Umlaufvermögen) - Energieverbrauch, Hilfsstoffkosten - Raum- und Flächenkosten - Bearbeitungsverlustkosten (Abfall, Ausschuß, Nacharbeit) - Kosten des Fertigungssteuerungsbereiches (Fertigungsgemeinkosten)	* Nicht - Überschreiten eines Schwellenwertes	* kurz-, mittelfristig * für (ab) bestimmte Zeiträume / bestimmten Zeitraum
- Ausbringungsmenge (Gutmenge)	* Nicht-Unterschreiten eines Schwellenwertes * Erhöhen (um x%)	
Terminziele - Bearbeitungstermine (techn. Büro) - Fertigungstermine, Ablieferungstermine	* Nicht-Überschreiten/ Nicht- Unterschreiten eines Schwellenwertes	
Qualitätsziele - Qualitätswerte (Produkt/Anlage/Maschine)		

Bild 18: Zielübersicht "Fertigungssteuerung"

Um diese Ziele sowohl bei der Planung als auch bei der Steuerung der Fertigungsausführung erreichen zu können, ist es erforderlich, im Rahmen der bereits oben beschriebenen Aufgaben passende Methoden und Instrumente anzuwenden (Bild 19).

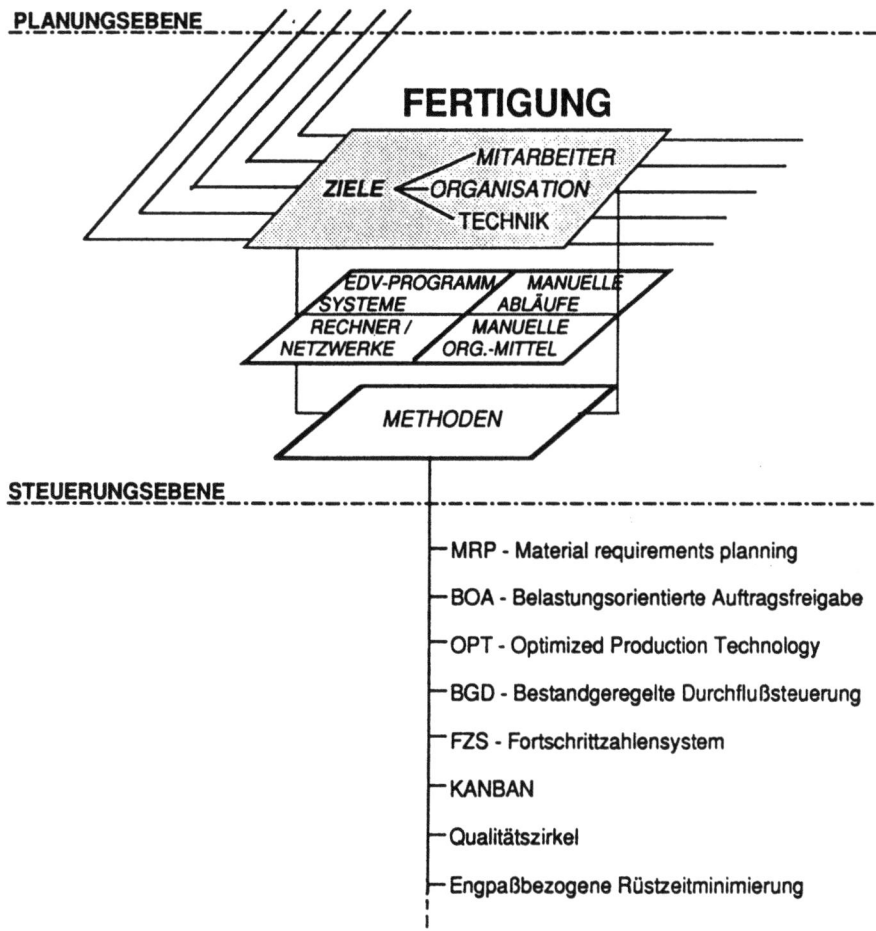

Bild 19: Zusammenhang: Funktionen-Aufgaben-Methoden-Instrumente

Die Methoden, als "Mittel" zur Zielerreichung angewandt, haben ein spezifisches Wirkungsfeld. Beispielsweise beeinflussen sie in Abhängigkeit von der Fertigungsart und dem Fertigungsprinzip den Ablauf bei der Auftragsfreigabe und Auftragszuteilung erheblich und damit die Zielerreichung "Termineinhaltung" und "Bestandsminimierung".

Intern wirken sich die Zielsetzungen auf die Bearbeitungszeiten (techn. Büro), auf die Qualifikation der Fertigungssteuerungsmitarbeiter, auf die Fertigungs- und Hilfskosten sowie auf die Fehlerkosten (Nacharbeit, Ausschuß) aus.

Die externen Wirkungsrichtungen der Ziele lassen sich wie folgt strukturieren (Beispiele) (Bild 20):

o Ausführungszeit einhalten (Anlage/Maschine)

    ==> Instandhaltungszeiten (-kosten)

    ==> Fertigungsdurchlaufzeit

    ==> Leerkosten

    ==> Maschinenstundensatz

    ==> Investitionsausgaben (Anpassung und Erweiterung)

o Fertigungsdurchlaufzeit einhalten

    ==> Instandhaltungszeiten

    ==> Kapitalbindungskosten

        ==> ==> Liquidität

    ==> Leerkosten

    ==> Ablieferungstermin

o Termin einhalten

    ==> Kapitalbindungskosten

    ==> Konventionalstrafen

    ==> Umsatz/Marktanteile

o Produktqualität

    ==> Garantiekosten.

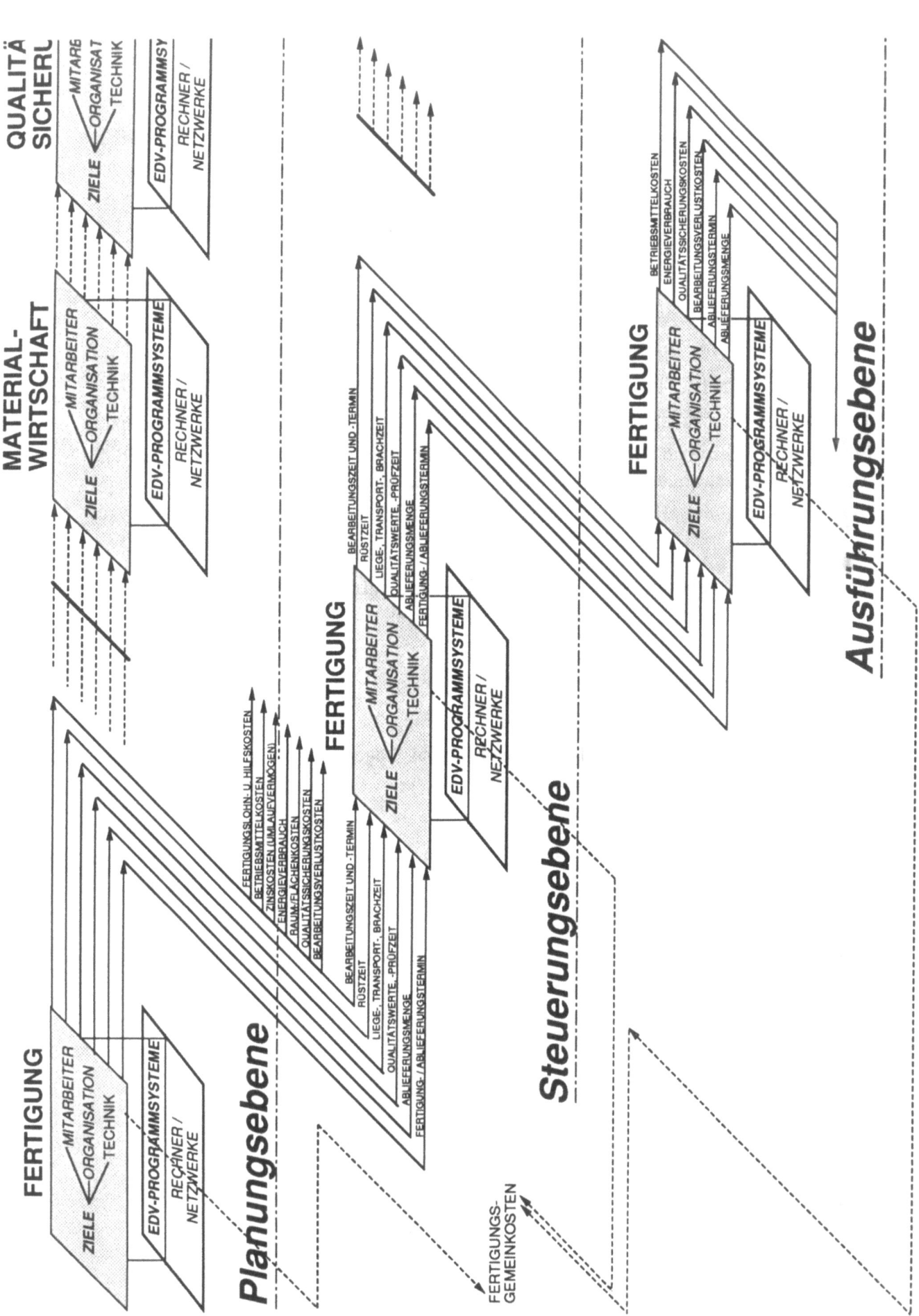

Bild 20: Ziel-Ebenenzusammenhang "Fertigungssteuerung"

2.5 Ziele des Fachbereiches Materialwirtschaft

Die Materialwirtschaft umfaßt alle Vorgänge im Unternehmen, die der Bereitstellung des Materials zum Zwecke der Leistungserstellung dienen. Das Material ist in richtiger Qualität und Menge und am richtigen Ort und zur richtigen Zeit zur Verfügung zu stellen /8/. Die Aufgaben der Materialwirtschaft, deren Erfüllung eng verknüpft sind mit weiteren betrieblichen Aufgaben, insbesondere mit denen der Produktionsplanung und -steuerung, lassen sich den "Funktionsebenen" Planung, Steuerung und Ausführung zuordnen.

In der **Planungsebene** wird der Materialbedarf, der Bestand, das Lager, der Transport und die Entsorgung geplant bzw. mitgeplant. Für das geplante Material wird in der **Steuerungsebene** der aktuelle Bedarf und der Bestand ermittelt und überwacht, sowie die Beschaffung durchgeführt. Der Materialbestand im Lager wird hier verwaltet, der innerbetriebliche Transport und die Entsorgung veranlaßt und überwacht. In der **Ausführungsebene** ist das bestellte Material anzunehmen, zu prüfen, ein- und umzulagern, auszugeben, zu transportieren sowie zu entsorgen.

Zusammenfassend lassen sich die materialwirtschaftlichen Aufgaben gliedern in:

- Bedarfsplanung und -ermittlung,
- Bestandsplanung und -führung,
- Beschaffungsplanung und Beschaffungsdurchführung,
- Lager- und Bereitstellungsplanung sowie physisches Lagern und Verteilen (Transport)
- Entsorgung planen und durchführen.

Die Erfüllung dieser Aufgaben ist auf die Zielsetzungen dieses Fachbereiches auszurichten (Bild 21).

Eine gleichzeitige Besterfüllung dieser Teilziele ist unmöglich, da hier die bekannten Konflikte entstehen:

- innerhalb der jeweiligen materialwirtschaftlichen Aufgaben
   (Bestandsplanung: hohe interne Lieferbereitschaft versus geringe Kapitalbindung)

- zwischen den unterschiedlichen Aufgaben
   (Beschaffungsplanung - Lagerplanung/Bereitstellungsplanung:
   Materialkosten minimieren versus Kapitalbindung gering halten)

ZIELART		
INHALT	AUSMASS	ZEITBEZUG
• *Zeitziele* - Bearbeitungszeiten pro Vorgang (techn. Büro) • *Mengen- und Wertziele* - Materialkosten (Einstandspreise) - Zinskosten (Kapitalbindung-Umlaufmaterial) - Kosten des Materialwirtschaftsbereichs (Materialgemeinkosten)	* Minimieren * Nicht - Überschreiten eines Schwellenwertes * Reduzieren (um x%)	* kurz-, mittel-, langfristig * für (ab) bestimmte Zeiträume / bestimmten Zeitraum
- Lieferbereitschaft - Anzahl Bearbeitungsvorgänge	* Maximieren * Nicht - Unterschreiten eines Schwellenwertes * Erhöhen (um x%)	
• *Terminziele* - Bearbeitungstermine (Büro) - Liefertermine • *Qualitätsziele* - Qualitätswerte (Halbzeug-, Rohstoff-, Werkstoff-, Hilfs- und Betriebsstoffe, Fertigwaren)	* Nicht-Überschreiten/ Nicht-Unterschreiten eines Schwellenwertes	

Bild 21: Zielübersicht "Materialwirtschaft"

o zwischen dem Materialwirtschaftsbereich und anderen Fachbereichen
(Materialwirtschaft/Bestandsplanung - Fertigungsplanung:
geringe Kapitalbindung versus hohe Kapazitätsauslastung).

Diese beispielhaft angegebenen Zielkonflikte sind situationsbezogen - überwiegend durch Prioritätenfestlegungen - zu lösen.

Bei der internen und externen Zielwirkungsbetrachtung ergeben sich zahlreiche Zusammenhänge, die hier nur angedeutet werden können (Bild 22, 23, 24).

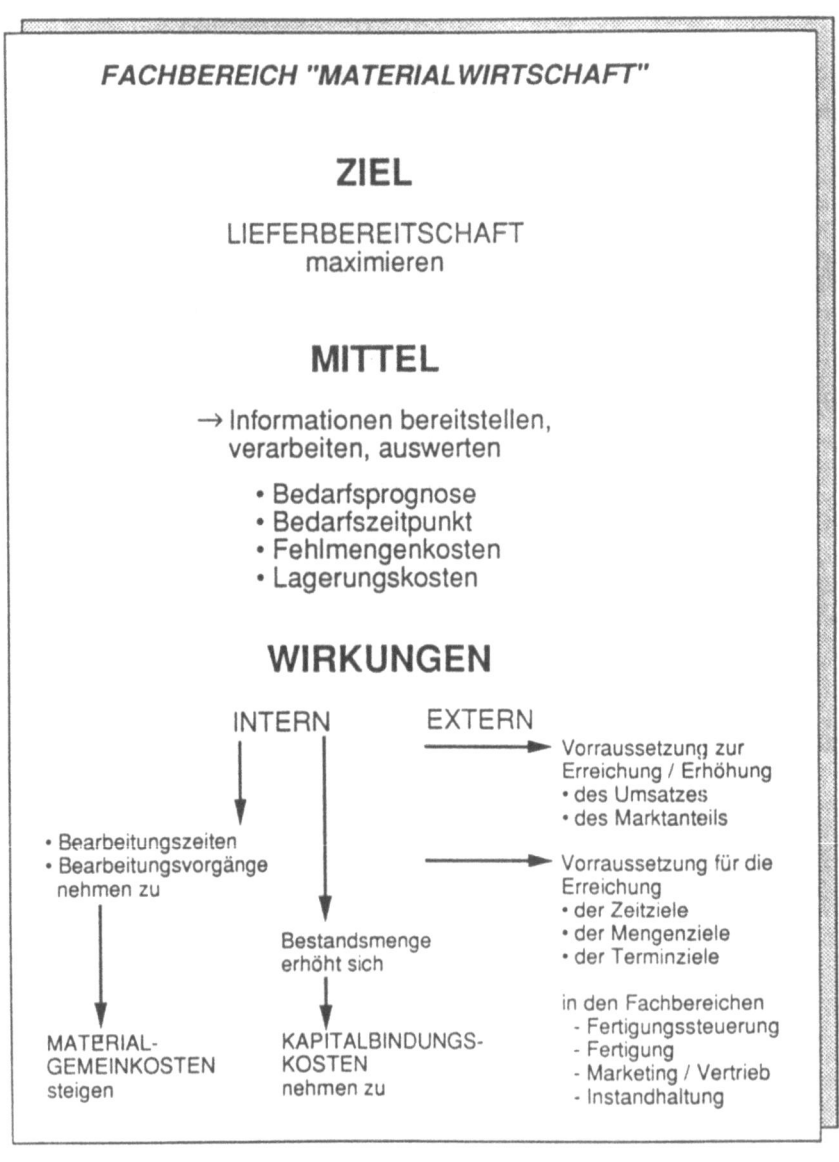

Bild 22: Wirkungen bei der Zielsetzung "Lieferbereitschaft maximieren"

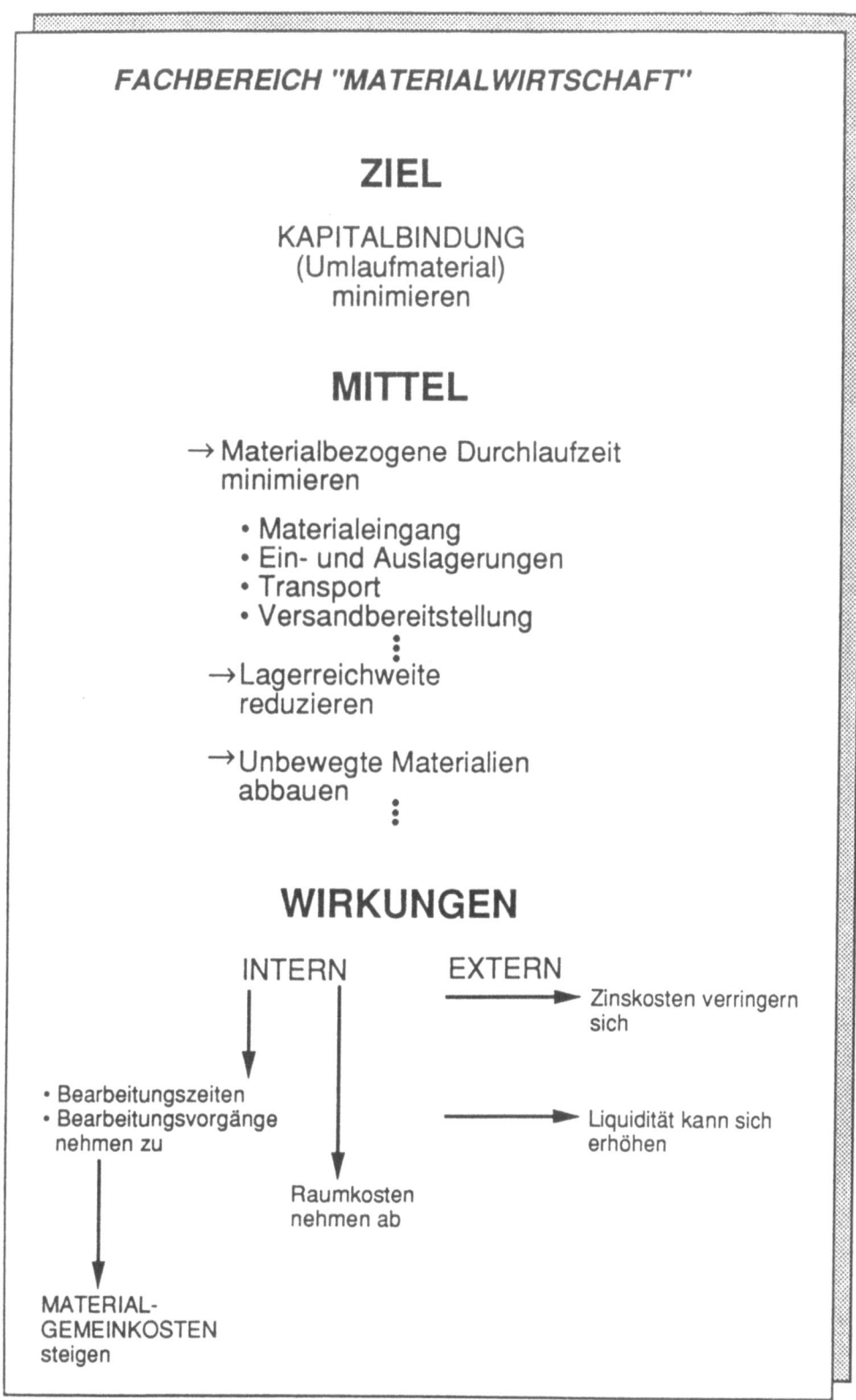

Bild 23: Wirkungen bei der Zielsetzung "Kapitalbindungskosten minimieren"

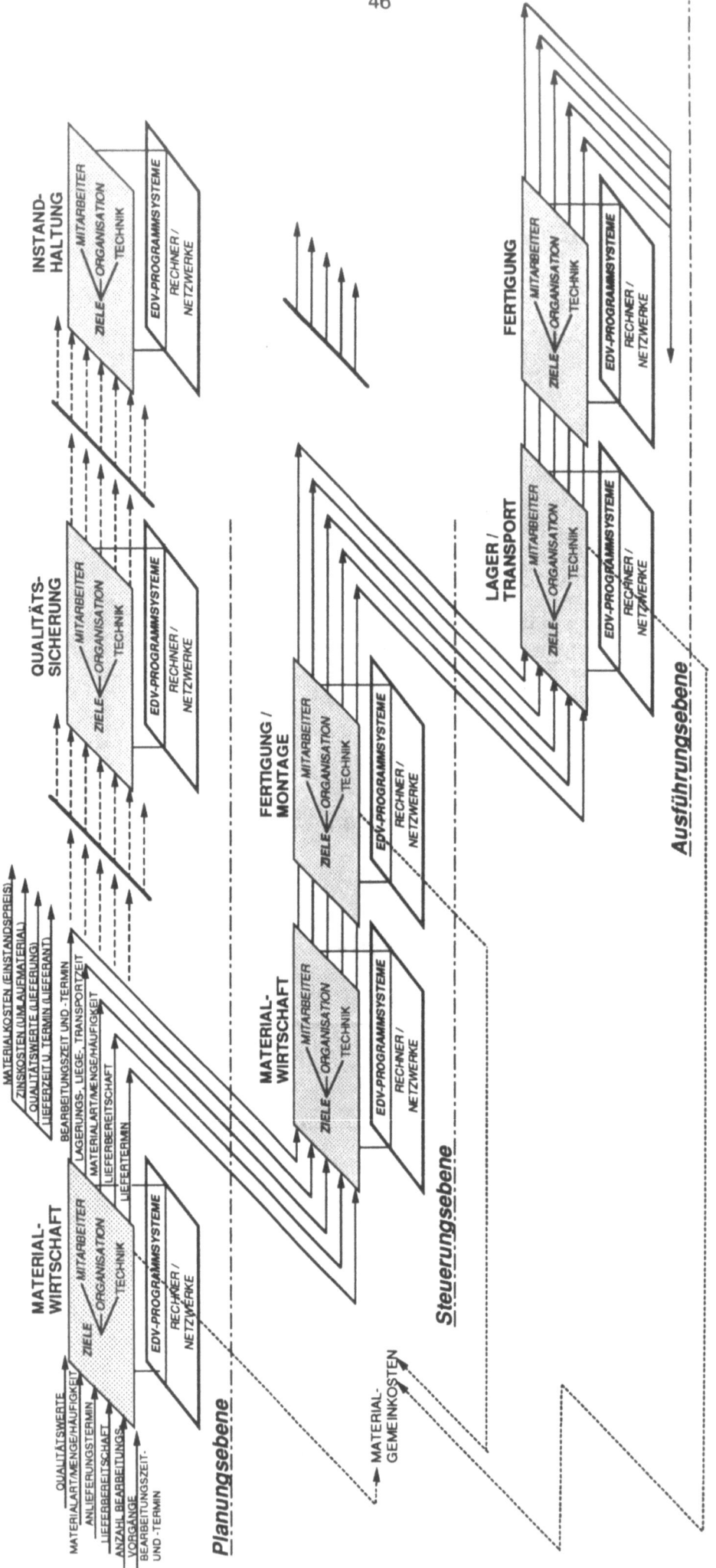

Bild 24: Ziel-Ebenenzusammenhang "Materialwirtschaft"

2.6 Qualitätssicherung

Die Qualitätssicherung ist definiert als "Gesamtheit der Tätigkeiten des Qualitätsmanagements, der Qualitätsplanung, der Qualitätslenkung und der Qualitätsprüfung" /9/.
Die Besterfüllung dieser Aufgaben dient letztendlich dazu, den Marktanteil, den Umsatz und damit die Voraussetzung für die Gewinnerzielung zu sichern und/oder zu steigern. Grundlage zur Erreichung dieser übergeordneten Zielsetzung ist die ständige Optimierung von Fehlerverhütungs- sowie Prüfkosten mit den Fehlerkosten. Die Fehlerverhütungskosten stehen dabei für die Kosten des Fachbereiches "Qualitätssicherung" (Qualitätsplanung und -lenkung), die Prüfkosten für das Prüfpersonal und die Meßeinrichtungen.
Die Fehlerkosten entstehen aufgrund von Qualitätsmängeln. Es sind die Kosten, die über die **geplanten** Kosten hinaus bei der Fertigung eines Produktes anfallen (Bild 25).

Als zusätzliche Kosten durch	Als Erlösminderung durch
- Ausschuß (falls Ersatz für das fehlerhafte Teil produziert wird) - Nacharbeit - Fehlmengen - Sortier- und Wiederholungsprüfungen - Gewährleistung • Nachbesserung und Instandsetzung • Ersatz der fehlerhaften Produkte - Produkthaftpflicht • Versicherungsbeiträge • Prozeß- und Anwaltskosten • Wagniskosten	- Ausschuß (falls kein Ersatz für das fehlerhafte Teil produziert wird) - Wertminderung (Verkauf des Produkts als "2.Wahl") - Gewährleistung (Minderung, d.h. Preisnachlaß infolge eines Qualitätsmangels)

Bild 25: Berücksichtigung der Fehlerkosten in der betrieblichen Kostenrechnung /10/

In dem Bemühen, die Qualität zu sichern, sollte nicht bereits beim Einhalten der Toleranzwerte haltgemacht werden, sondern es sollte versucht werden, einen niedrigeren Fehlerpegel zu erreichen, d. h. die Qualität ist ständig zu **verbessern** (Bild 26).

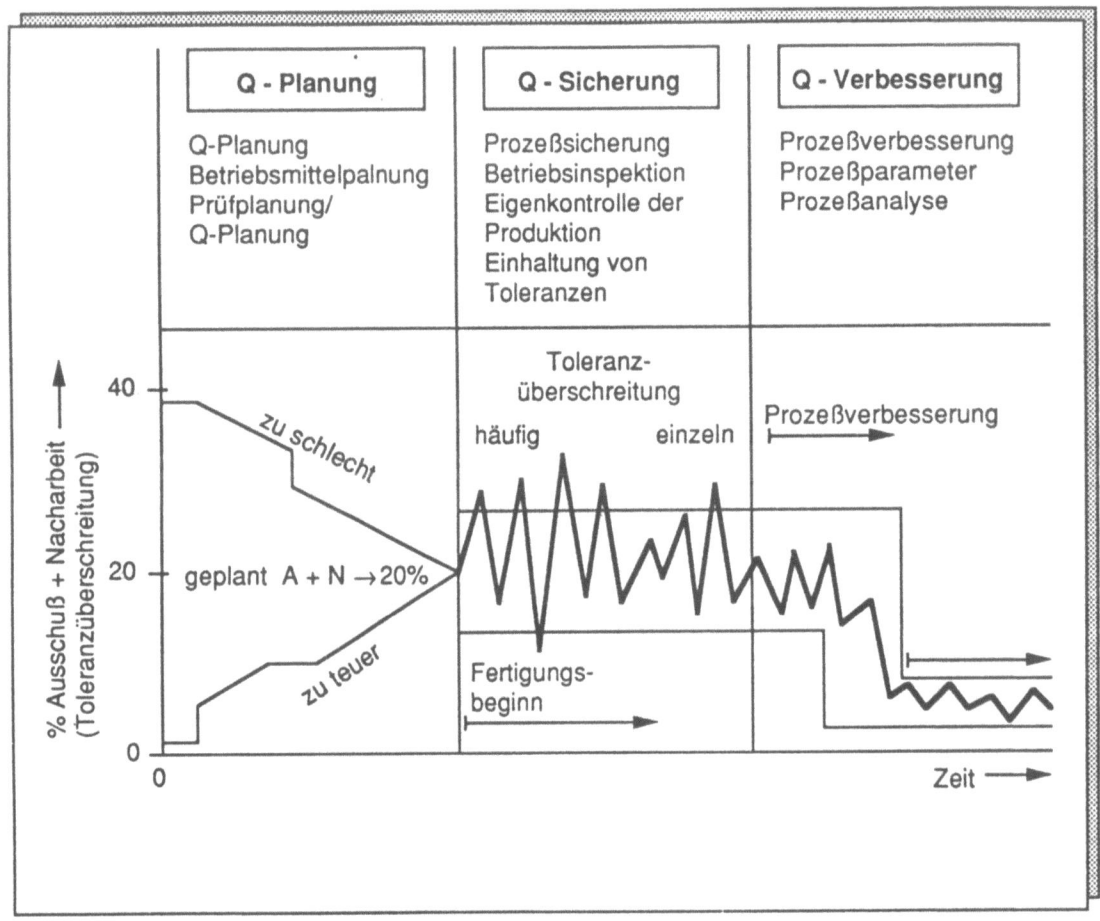

Bild 26: Qualitätsplanung - Qualitätssicherung - Qualitätsverbesserung als Grundbausteine "ständiger Verbesserung" /11/

Die Ziele des Fachbereiches "Qualitätssicherung" sind ebenso nach den bereits bekannten Beurteilungsgrößen zu formulieren (Bild 27). Die Wirkungen dieser Ziele betreffen die Materialwirtschaft (Beschaffung, Lagerung, Transport), die Fertigung (Fertigungsplanung, -steuerung, -ausführung) sowie den Vertrieb (Versand, Verkauf). In Bild 28 wird der ebenenbezogene Zusammenhang des Fachbereiches "Qualitätssicherung" dargestellt.

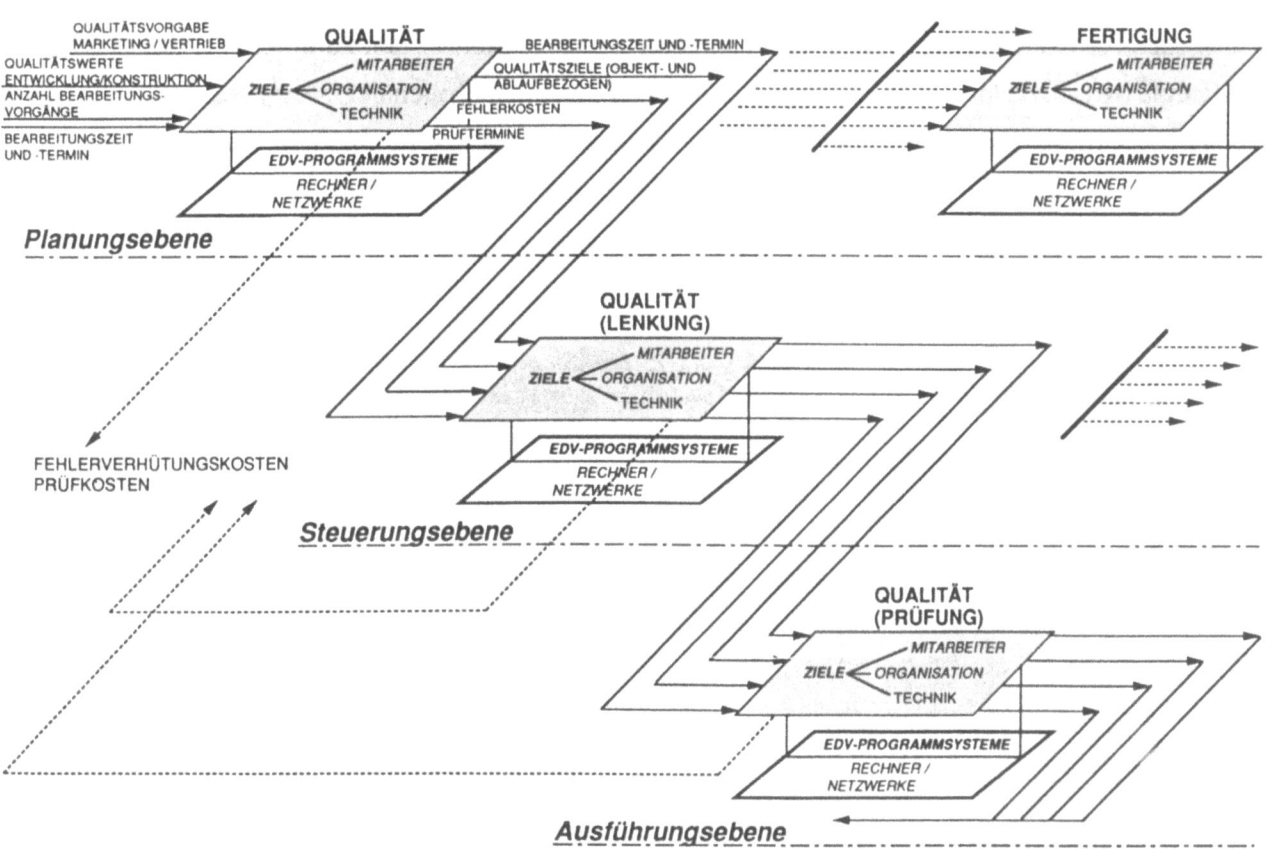

Bild 27: Zielübersicht "Qualitätssicherung"

Bild 28: Ziel-Ebenenzusammenhang "Qualitätssicherung"

2.7 Instandhaltung

Rasch zunehmende Automatisierung bei den gesamten technischen Einrichtungen eines Unternehmens sowie eine erhebliche Leistungssteigerung bei den Produktionsanlagen führten in den letzten Jahren in bezug auf die technische, organisatorische und personalwirksame Aufgabenerfüllung zu einer wahren "Leistungs-Anforderungsflut" an den Instandhaltungsbereich. Beispielsweise setzt die Realisierung der ablauforganisatorischen Produktionsmethode "just-in-time" einen störungsfreien Produktionsprozeß voraus. Ebenso müssen, um ein vereinbartes Betriebsergebnis zu erhalten, technisch bedingte Unterbrechungszeiten während der Produktion insbesondere bei kapitalintensiven Produktionsanlagen vermieden werden.

Wesentliche Zielsetzung des Instandhaltungsmanagements ist es daher, die Planung, Steuerung, Durchführung sowie Überwachung des Instandhaltungsablaufs so zu gestalten, daß technische Unterbrechungszeiten nicht vorkommen oder, wenn sie eintreten, diese so gering wie möglich zu halten. Dabei sollten andererseits die entstehenden Instandhaltungskosten den geplanten Budgetansatz nicht über-, sondern eher unterschreiten (Bild 29)

Diese Ziele wirken zum einen über die Instandhaltungskosten auf die die Herstellkosten und damit indirekt auf den Umsatz und die Gewinnerzielung. Zum anderen können sich die technischen Ausfallzeiten direkt auf die Ablieferungsmenge und auf den Ablieferungstermin der Produkte umsatzmindernd auswirken. In der fachbereichsbezogenen Unternehmensstruktur bestehen intensive Wechselwirkungen zwischen den Bereichen Instandhaltung, Fertigung, Materialwirtschaft und Qualitätssicherung insbesondere hinsichtlich der übergeordneten Zielsetzung "Ablieferungsmenge (Gutmenge) in der Zeiteinheit einhalten und/oder erhöhen" (Bild 30).

ZIELART		
INHALT	AUSMASS	ZEITBEZUG
• *Zeitziele* - Verfügbarkeit (Anlage / Maschine)	* Nicht - Unterschreiten eines Schwellenwertes * Erhöhen (um x%)	
- Bearbeitungszeiten pro Vorgang (techn. Büro) - Instandhaltungszeiten - Technische Störungs- und Ausfallzeiten		* kurz-, mittel-, langfristig * für (ab) bestimmte Zeiträume / bestimmten Zeitraum
• *Mengen- und Wertziele* - Ausfallfolgekosten - Zinskosten (Ersatzteilbestand) - Ersatzteilkosten (Einstandspreis) - Anzahl der Störungen / Ausfälle - Kosten des Instandhaltungsbereiches	* Minimieren * Nicht - Überschreiten eines Schwellenwertes * Reduzieren (um x%)	
• *Terminziele* - Instandhaltungs-Auftragstermine	* Nicht-Überschreiten Nicht-Unterschreiten eines Schwellenwertes	

Bild 29: Zielübersicht "Instandhaltung"

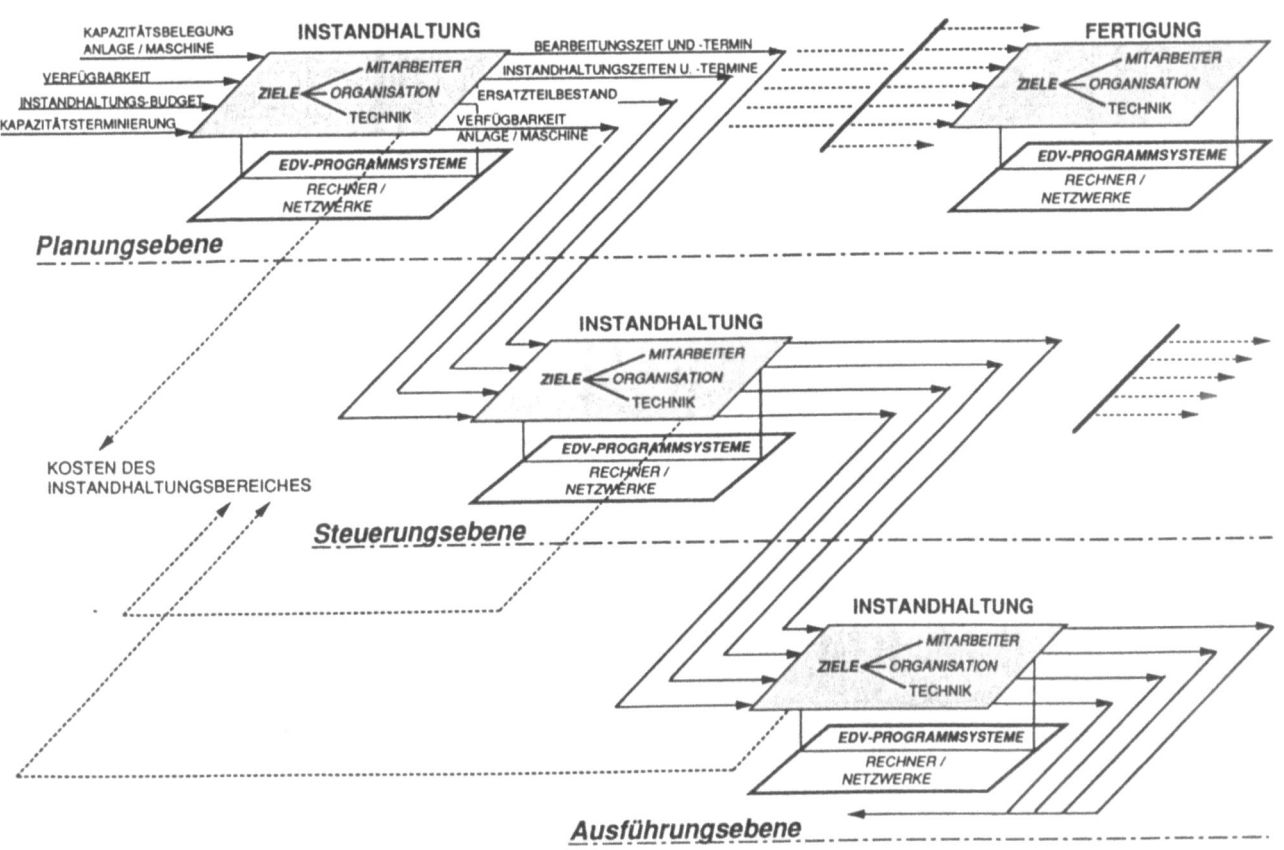

Bild 30: Ziel-Ebenenzusammenhang "Instandhaltung"

3 SCHLUSSFOLGERUNGEN

Die Analyse der betrieblichen Ziel-Situationen führt zu dem Ergebnis, daß heute in den einzelnen Fachbereichen hierarchiebedingt vorrangig die fachbereichsbezogenen Interessen (Ziele) vertreten werden und die Aufgabenerfüllungen demensprechend gesteuert werden. Die sich daraus ergebenen unterschiedlichen Zielwirkungen stellen in der negativen Ausprägung ein Hindernis für CIM-Realisierungen dar (Bild 31).

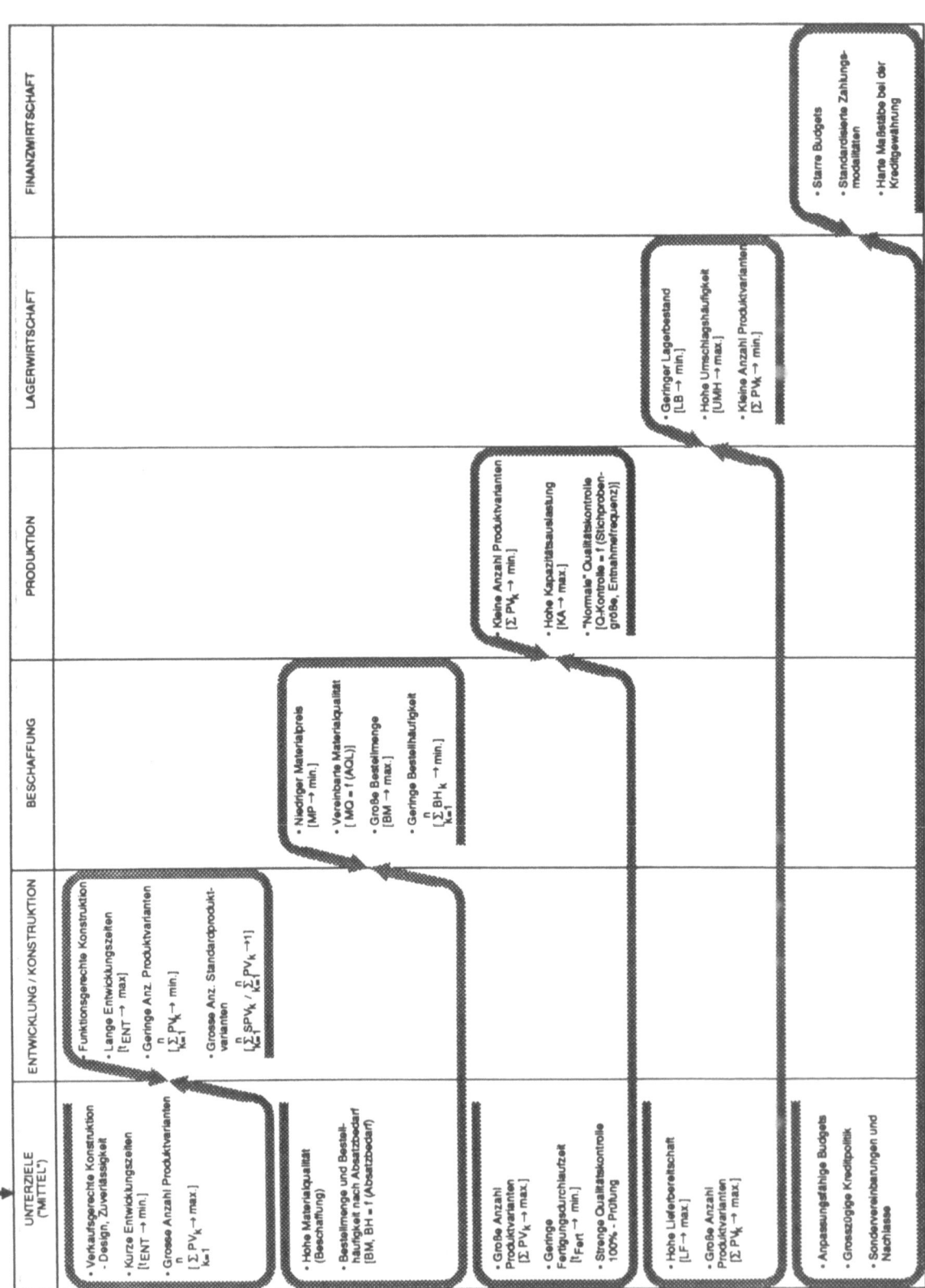

Bild 31: Zielwirkungen im Unternehmen (Beispiel)

Das Herausarbeiten der fachbereichsbezogenen Ziele und deren Wirkungen ist die Voraussetzung für Konzeptions- und Realisierungsentscheidungen beim Thema "Computer-integrierte Fertigung". Es ist ein Weg, den Nutzen einer CIM-Komponenten-Anwendung quantifizierbarer aufzuzeigen, wenn der Nachweis gelingt, mit dem Einsatz der CA..- und PPS-Systeme die unternehmensspezifische Zielerreichung und/oder Zielkonfliktlösung zu unterstützen. Diese Erkenntnis ist in der Theorie sicher nicht neu, jedoch im betrieblichen Tagesgeschäft ist heute das Wissen um die Zielbildung, Zielerreichung und Zielkonfliktlösung noch unterentwickelt.

Zu empfehlen ist deshalb eine Vorgehensweise, die es erlaubt, sowohl CIM-Konzeptionen als auch CIM-Realisierungen zielorientiert zu überprüfen und/oder zu entwickeln:

1. Für jeden Fachbereich sind die Ziele nach den Zielfaktoren Zeit, Termin, Menge, Wert und Qualität in Abstimmung mit den Unternehmenszielen zu formulieren, die internen und externen Wirkungen sowie insbesondere die Zielkonflikte und -komplementaritäten aufzuzeigen. (Beispiel "Materialwirtschaft", Bild 32).

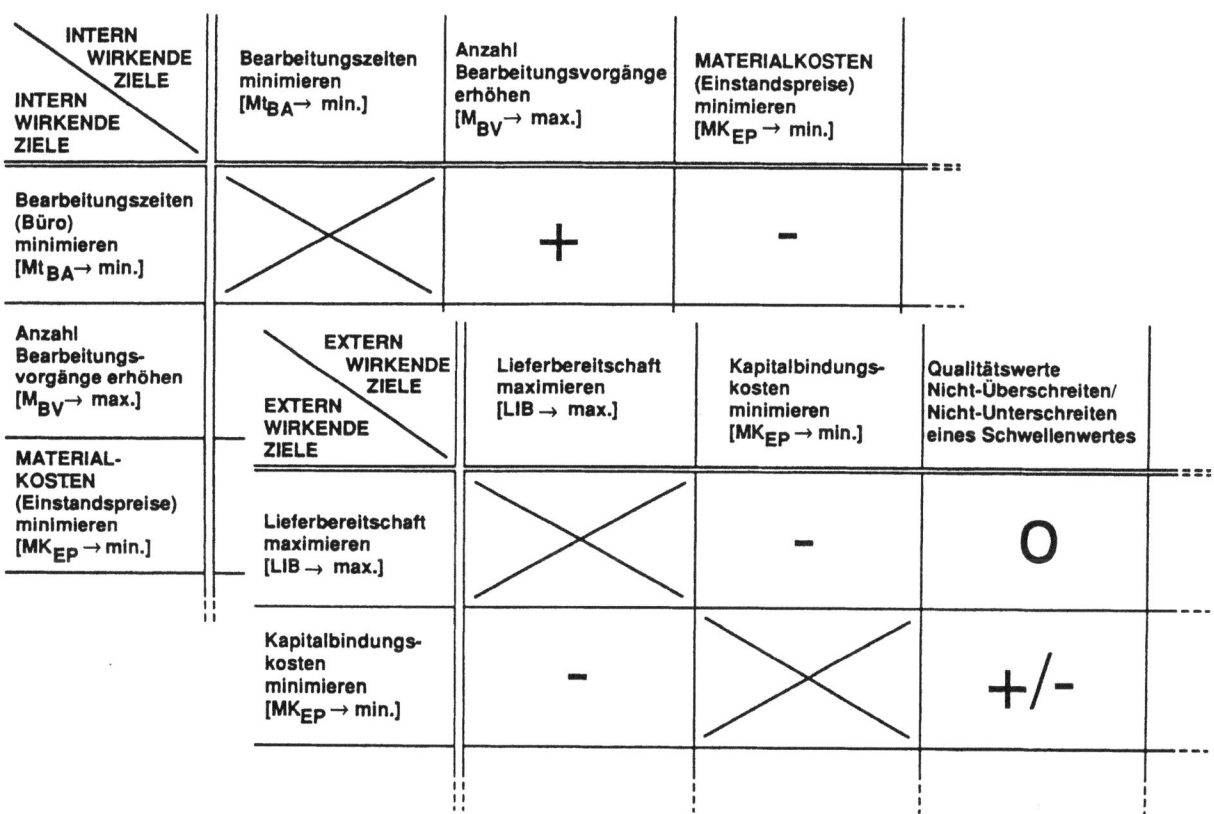

Bild 32: Fachbereichsbezogene Zielmatrizen

2. Für das Unternehmen insgesamt sind Zielmatrizen zu erstellen, in denen die fachbereichsübergreifenden Zielwirkungen und die Zielkonflikte ermittelt werden (Bild 33).

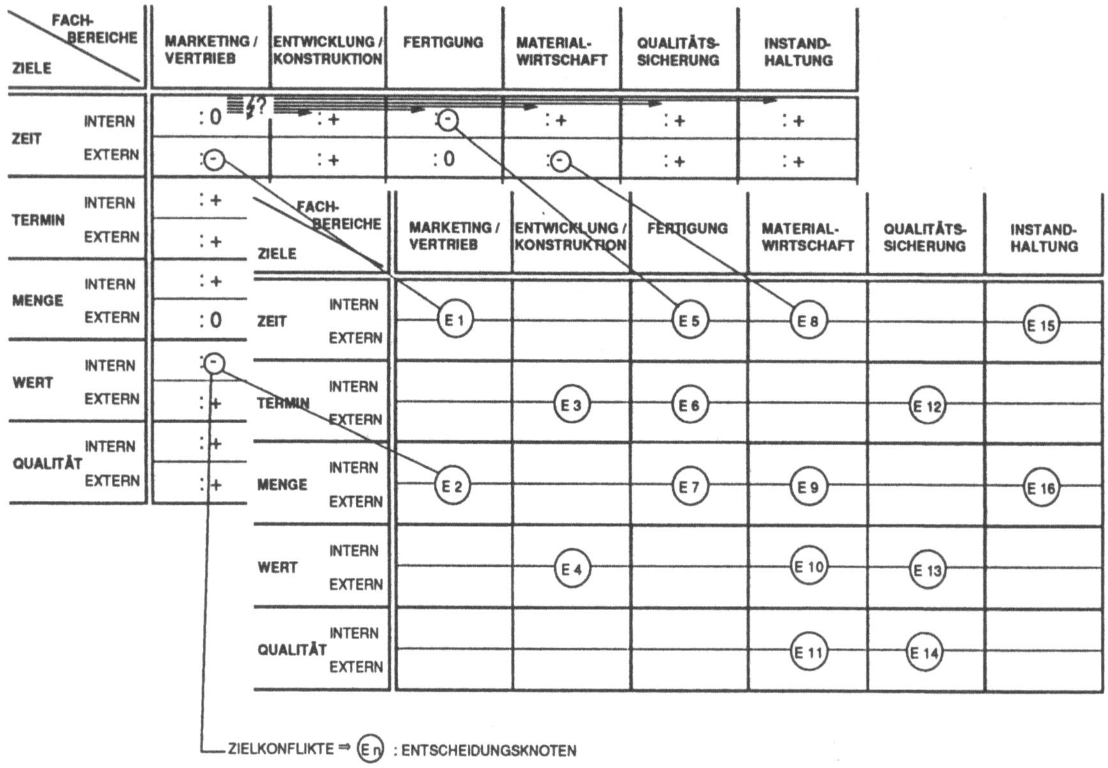

Bild 33: Unternehmensbezogene Zielmatrix

3. Mit der Lösung von Zielkonflikten verbunden ist die Entscheidung zwischen mindestens zwei Alternativen. Es lassen sich so von den lokalisierten Zielkonflikten ausgehend, ebenenbezogene Entscheidungsstrukturen ableiten.

Neben der

- automatisierten Datenhandhabung (Büroautomation) und
- automatisierten Methodenanwendung (FEM, Prognoserechnung etc.)

ist die

- automatisierte Informationsaufbereitung zur Unterstützung bei unternehmenszielorientierten Entscheidungen

als "Nutzen" einer CIM-Komponente definierbar.

Literatur

/1/ Horvath, P: Controlling. München: Vahlen 1986.

/2/ Hünerberg, R.: Marketing. München; Wien: Oldenbourg, 1984.

/3/ VDI 2235: Wirtschaftliche Entscheidung beim Konstruieren. Düsseldorf: VDI-Verlag 1987.

/5/ Steffenhagen, H.: Maketing. Stuttgart; Berlin; Köln; Mainz: Kohlhammer, 1988.

/4/ Nieschlag, R.; Dichtl, E.; Hörschgen, H.: Marketing. 14. Auflage, Berlin 1985.

/6/ Bullinger, H.-J.: Die Lebensdauer eines Produkts ist schon kürzer als seine Entwicklungszeit. In: Handelsblatt v. 4.7.1989, S. 16.

/7/ Schlauch, R,: FOKUS - flächenorientiertes Termin- und Kapazitätsplanungssystem. Produktbeschreibung 1.17. Stuttgart: 1986 FhG-IPA.

/8/ Grochla, E.; Fieten, R.; Puhlmann, M.; Vahle, M.: Erfolgsorientierte Materialwirtschaft durch Kennzahlen. Baden-Baden: FBO-Verlag, 1983 Baden-Baden: FBO-Verlag, 1983.

/9/ DIN 55350 Teil 11: Begriffe der Qualitätssicherung und Statistik; Grundbegriffe der Qualitätssicherung.

/10/ Steinbach, W.: Qualitätskosten. In: Handbuch der Qualitätssicherung. Hrsg.: W. Masing, München; Wien: Hanser 1988.

/11/ Kirstein, H.: Ständige Verbesserung als Schlüssel für Produktivität durch Qualität. In: QZ 33 (1988), Heft 12.

/12/ Klose, J.: Konstruktionstheoretische Zusammenhänge in CAD-Lösungen. Maschinenbautechnik, Berlin 37 (1988) 3.

CAD/CAM-Einsatz bei der Entwicklung von Elektrowerkzeugen
– Nutzen, Wirkungen –

E. Hettesheimer

Zusammenfassung

Die Entwicklung des Nutzens einer CAD-Investition unterliegt einem Anlaufverhalten. Im vorliegenden Beitrag werden Möglichkeiten diskutiert, die Entwicklung des Nutzens zu quantifizieren. Hierzu wird ein Kennzahlensystem aufgezeigt, das an unternehmensspezifische Randbedingungen angepaßt werden kann. Die Anpassung muß sich dabei an

- den CAD-Anwendungen
- den funktionalen Konstruktionsbereichen sowie
- den Konstruktionsarten und Arbeitsplanerstellungsmethoden

des jeweiligen Unternehmens orientieren.

1. Vorbemerkungen

Die Erhaltung der Wettbewerbsfähigkeit erfordert von Unternehmen neben marktgerechten Produktinnovationen entsprechende prozeßinnovatorische Maßnahmen zur Verkürzung von Durchlaufzeiten, insbesondere der Entwicklungsdurchlaufzeit. Eine der wesentlichen prozeßinnovatorischen Maßnahmen ist der Einsatz der CAD-Technologie bei der Erzeugnisentwicklung. Dabei muß davon ausgegangen werden, daß die CAD-Einführung ein komplexes, über einen längeren Zeitraum laufendes Projekt darstellt und ein nicht unerhebliches Investitionsvolumen mit einem hohen Risiko in bezug auf die Wirtschaftlichkeit erforderlich macht.
Neben der CAD-Systementscheidung hat insbesondere der notwendige wechselseitige Adaptionsprozeß zwischen dem CAD-System und der existierenden betrieblichen Infrastruktur einen entscheidenden Einfluß auf die

Phasen \ Aspekte	VORBEREITUNG		EINSATZ	
	Analyse	Auswahl	Einführung	Integration
organi-satorische	**Unternehmensextern** Marktsituation **Unternehmensintern** Aufbauorganisation Ablauforganisation Produktspektrum	**Organisatorisches Sollkonzept** Pilotanwendung (kurzfristig) mittel- bis lang-fristige Anwendungen	**Betriebsorganisation** Ablauforganisation Aufbauorganisation	**Erweiterung der Einsatzbereiche** tätigkeitsorientiert (horizontal) ablauforientiert (vertikal)
technische (Hard-/Software)	**CAD-Leistungsspektrum** (allgemein)	**Technisches Sollkonzept** CAD-Hardware CAD-Software	**Installation** anwendungsspezifische Systemaufbereitung (Implementierung)	**Systemerweiterung** CAD-Hardware CAD-Software
betriebs-wirtschaft-liche	**Verfahrensvergleich** (ex ante) K_{man}/K_{masch}	**Verfahrensvergleich** (ex ante) K_{masch1}/K_{masch2}	**Controlling** (ex post) Accounting	**Verfahrensvergleich** (ex ante) K_{man}/K_{masch}
soziale	**Bestimmungen, Forderungen** seitens der Gewerk-schaft bzw. des Betriebsrates	Public Relation Vorschulung		Motivation Schulung Berufsbild Entlohnungssysteme

Abb. 1   Modell zur Planung von CAD/CAM-Einführungsstrategien

Wirtschaftlichkeit. Im Rahmen des notwendigen Adaptionsprozesses muß daher einerseits die Software des CAD-Systems an die unternehmensspezifischen Anforderungen angepaßt und andererseits eine CAD-gerechte Ablauforganisation geschaffen werden. Weiterhin sind gezielte Qualifikationsmaßnahmen durchzuführen. Dieser Adaptionsprozeß ist zeitaufwendig und führt dazu, daß die Einführung der CAD-Technologie einem Anlaufverhalten (Lernkurveneffekt) unterliegt und als Folge davon auch der Nutzen (Wirtschaftlichkeit) nur allmählich ansteigt.

Die Dauer des Anlaufverhaltens kann jedoch durch eine systematisch und detailliert erarbeitete CAD-Einführungsstrategie wesentlich verkürzt werden. Dazu sind neben Aussagen zum Aufbau der hard- und softwaretechnischen Infrastruktur insbesondere Aussagen zur Gestaltung der organisatorischen und personellen Infrastruktur zu treffen (Abbildung 1). Nur dann, wenn die wechselseitige Beeinflußung dieser drei Kernbereiche berücksichtigt wird, ist ein wirtschaftlicher Erfolg zu erwarten /1/.

2. Voraussetzungen zur Beurteilung der Wirtschaftlichkeit

In der VDI-Richtlinie 3221/1 "Wirtschaftlichkeitsrechnung in der industriellen Fertigung" ist Wirtschaftlichkeit definiert als "Maßstab des betriebstechnischen und betriebsorganisatorischen Erfolges unter Ausschluß des Markterfolges. Die Wirtschaftlichkeit resultiert aus dem Verhältnis einer bestimmten Leistung zu der dafür aufgewendeten Kostenkombination."

Die Durchführung von Wirtschaftlichkeitsberechnungen benötigt prinzipiell

- betriebswirtschaftlicher Verfahren zur Ermittlung von Wirtschaftlichkeits-Kenngrößen sowie
- Verfahren zur Ermittlung von Kenngrößen, die den Nutzen einer Investition beschreiben und damit die Eingangsgrößen für die betriebswirtschaftlichen Verfahren darstellen.

Während seitens der Betriebswirtschaft Verfahren vorliegen, existieren nur bedingt Verfahren zur Ermittlung des technischen Nutzens von CAD-Systemen. In Abbildung 2 ist eine prinzipielle Vorgehensweise zur Durchführung von CAD-Wirtschaftlichkeitsrechnungen, wie sie in vielen Unternehmen angewendet wird, dargestellt. Der Nachteil dieses Verfahrens ist, daß ausschließlich die Nutzenkomponente Produktivitätssteigerung aufgrund sich verkürzender Ausführungszeiten quantitativ erfaßt wird.

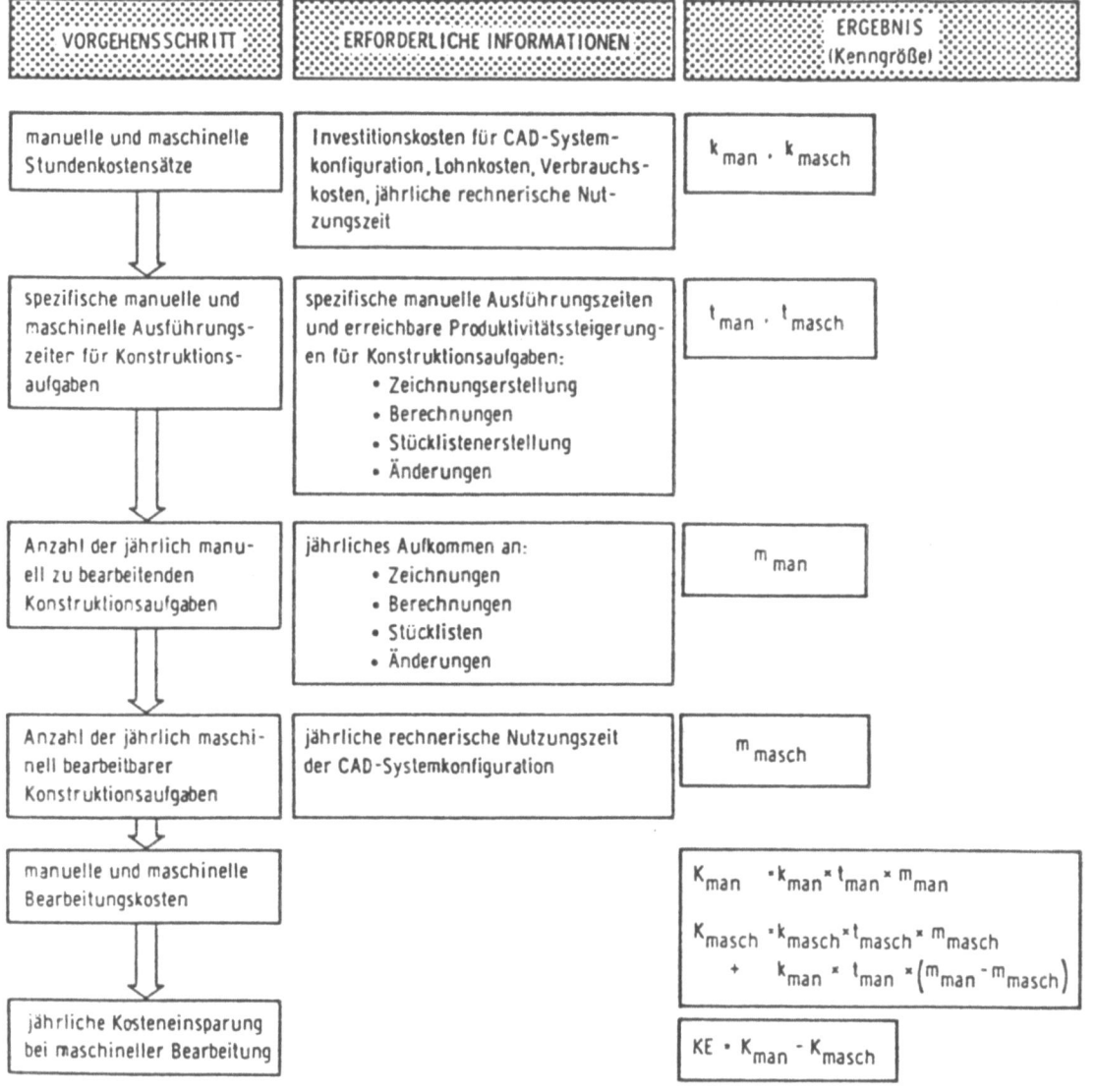

Abb. 2 Prinzipielle Vorgehensweise zur Durchführung von CAD-Wirtschaftlichkeitsberechnungen

3. Abgrenzung der Nutzenkomponenten

Je nach Umfang der Möglichkeiten zur quantitativen Beschreibung der Nutzenkomponenten einerseits und ihrer Wirkung auf den innerbetrieblichen Prozeß der Informationsverarbeitung andererseits lassen sich vier Nutzenklassen unterscheiden:

Direkter quantifizierbarer Nutzen

Es handelt sich um diejenigen Nutzenkomponenten, die im betroffenen organisatorischen Einsatzbereich zu einer direkten und quantifizierbaren Verbesserung des Ablaufs führen. Ein Beispiel dafür ist die Verkürzung der Zeichnungserstellungszeiten bei einer rechnergestützten Variantenkonstruktion.

Direkter, schwer quantifizierbarer Nutzen

Darunter werden solche Komponenten zusammengefaßt, die eine direkte positive Wirkung innerhalb des organisatorischen Einsatzbereiches haben, jedoch nur schwer oder gar nicht quantifiziert werden können. Der Nutzen kann sich hier in der Qualität und/oder der Flexibilität auswirken. Ein Beispiel ist die höhere Qualität der mit einem CAD-System erzeugten Unterlagen (Zeichnungen, Berechnungen usw.), oder aber die höhere Flexibilität in bezug auf konstruktive, kundenwunschabhängige Problemlösung im Bereich der Angebotsbearbeitung bei Einzelfertigung.

Indirekter, quantifizierbarer Nutzen

Durch den Einsatz der CAD-Technologie ergeben sich quantifizierbare Nutzenkomponenten (Produktivitätssteigerungen), die jedoch erst in der Konstruktion nachgelagerten betrieblichen Funktionsbereichen wie der Arbeitsplanung, der Fertigung, der Montage, dem Qualitätswesen und der Lagerhaltung einen quantifizierbaren Sekundärnutzen bringen. Ein Beispiel ist die Reduzierung des zeitlichen Aufwands für die NC-Programmierung durch die digitale Weitergabe der in der Konstruktion erzeugten Geometriedaten in die Arbeitsplanung.

Indirekter, schwer quantifizierbarer Nutzen

Zu dieser Nutzenklasse zählen sämtliche Nutzenkomponenten, die in den der Konstruktion nachgelagerten betrieblichen Funktionsbereichen einen

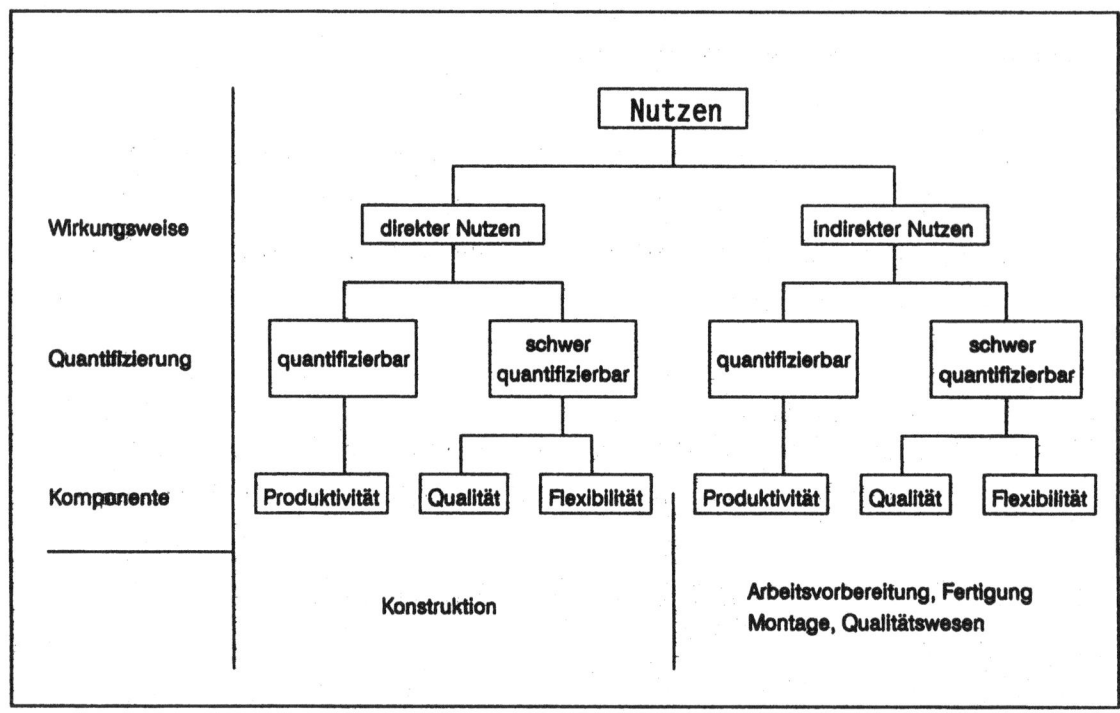

Abb. 3 Nutzenkomponenten beim Einsatz eines CAD-Systems

Sekundärnutzen zur Folge haben. Diese Nutzenkomponenten lassen sich, wenn überhaupt, nur schwer quantifizieren. Ein Beispiel ist die Reduzierung der Lagerkosten aufgrund eines erhöhten Standardisierungsgrades.

Auf der Grundlage dieser Unterscheidung läßt sich, wie in Abbildung 3 gezeigt, ein globales Nutzenmodell auf den Einsatz der CAD-Technologie anwenden.

Nachfolgend wird nun ein Kennzahlensystem zur Quantifizierung der Produktivitäts-, der Qualitäts- und der Flexibilitätsveränderungen beim CAD-Einsatz vorgestellt.

4. Kennzahlen zur Quantifizierung der Produktivität

GUTENBERG versteht unter Produktivität "die Eigenschaft einer Person oder einer Sache, etwas hervorzubringen, zu 'produzieren'. Da es nicht möglich ist, Leistungen irgendwelcher Art hervorzubringen, ohne Leistungen zu verbrauchen, kann man auch sagen, daß unter Produktivität stets das Verhältnis zwischen hervorgebrachten und verbrauchten Leistungen zu verstehen ist" /2/.

Die für eine Leistungserstellung produktiven Einsatzfaktoren klassifiziert Gutenberg in

- menschliche Arbeitsleistung
- maschinelle Arbeitsleistung
- Werkstoffe

und definiert auf dieser Grundlage die Produktivität P als

$$P = \frac{\text{Ergebnis der Faktoreinsatzmengen}}{\text{Faktoreinsatzmengen}}$$

Ergebnisse der Faktoreinsätze in Konstruktion und Arbeitsplanung

Die Ergebnisse der Faktoreinsätze in Konstruktion und Arbeitsplanung sind in Abhängigkeit zu sehen von denjenigen Tätigkeiten in den betrieblichen Funktionsbereichen, die rechnerunterstützt durchgeführt werden. Da die Tätigkeiten ergebnisorientiert und lediglich in der Art ihrer Ausführung abhängig vom CAD-Einsatz zu sehen sind, bietet es sich an, die Kennzahlen nach den wesentlichen Konstruktions- und Arbeitsplanungstätigkeiten auszurichten. Daraus lassen sich als Ergebnisse der Faktoreinsätze im Konstruktionsbereich

- Berechnungen
- Zeichnungen
- Änderungen und
- Stücklisten

ableiten. Als die Ergebnisse der Faktoreinsätze im Bereich der Arbeitsplanung sind auf die heutigen CAD-Systeme bezogen

- NC-Programme und
- Arbeitspläne

in Ansatz zu bringen.

Diese Struktur kann beliebig um solche funktionalen Tätigkeiten sowie deren Ergebnisse erweitert werden, die mit zukünftigen CAD-Systemen rechnerunterstützt möglich sein werden.

<u>Faktoreinsätze in der Konstruktion und Arbeitsplanung</u>

Die Faktoreinsätze, die notwendigerweise erbracht werden müssen, um die genannten Ergebnisse zu erzielen, sind der Einsatz an menschlicher Arbeit, der quantifiziert wird durch die Anzahl der CAD-Anwender (Mengenkennzahl) sowie das CAD-System selbst. Der Einsatz des CAD-Systems wird durch die Belegungszeit (Zeitkennzahl) der CAD-Arbeitsplätze erfaßt.

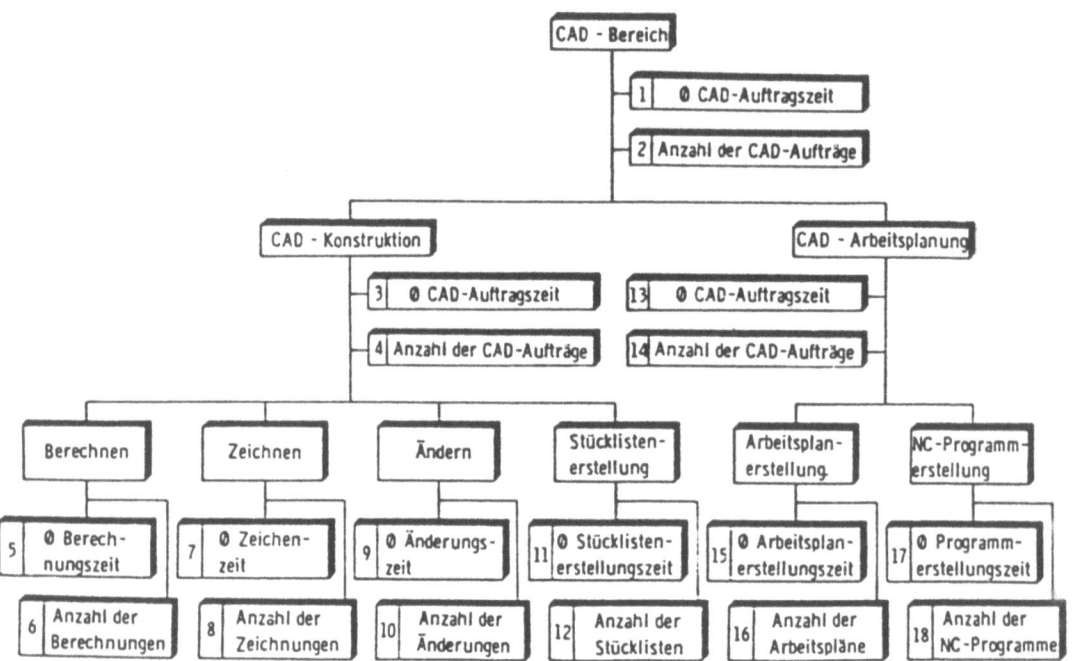

Abb. 4   Kennzahlenstruktur zur Quantifizierung der Produktivität

Herleiten der Produktivitätskennzahlen

Die Struktur der Kennzahlen zur Quantifizierung der Produktivität ist in Abbildung 4 aufgezeigt.

Für jeden betrieblichen Funktionsbereich sowie für jede mit heutigen CAD-Systemen unterstützbare Konstruktions- und Arbeitsplanungstätigkeit wird jeweils eine Teilproduktivitätskennzahl gebildet, die den Faktoreinsatz "CAD-System" (Zeitkennzahl) bewertet und eine Teilproduktivitätskennzahl zur Bewertung des Faktoreinsatzes "menschliche Arbeit" (Mengenkennzahl).

Die Zeitkennzahl beschreibt die durchschnittliche Belegungszeit der CAD-Arbeitsplätze für die Erstellung der Faktoreinsatzergebnisse. Ein Faktoreinsatzergebnis kann dabei ein CAD-Auftrag sein, der verschiedene rechnerunterstützte Konstruktions- und Arbeitsplanungstätigkeiten umfaßt oder aber lediglich bestimmte rechnerunterstützte Tätigkeitsklassen (Zeichnen, Ändern usw.) beinhaltet.

Die Zeitkennzahl wird nach folgender Formel ermittelt:

$$\varnothing \text{ Belegungszeit} = \frac{\text{Gesamtzeit für die Erstellung der Faktoreinsatzergebnisse}}{\text{Anzahl der Faktoreinsatzergebnisse}}$$

Die Mengenkennzahl beschreibt die Anzahl der Faktoreinsatzergebnisse im Verhältnis zur Anzahl der Mitarbeiter (CAD-Anwender) im jeweiligen Bereich sowie für die jeweilige Tätigkeitsklasse. Sie wird wie folgt gebildet:

$$\varnothing \text{ Anzahl der Faktoreinsatzergebnisse} = \frac{\text{Anzahl der Faktoreinsatzergebnisse}}{\text{Anzahl der Mitarbeiter im jeweiligen Bereich bzw. für die jeweilige Tätigkeitsklasse}}$$

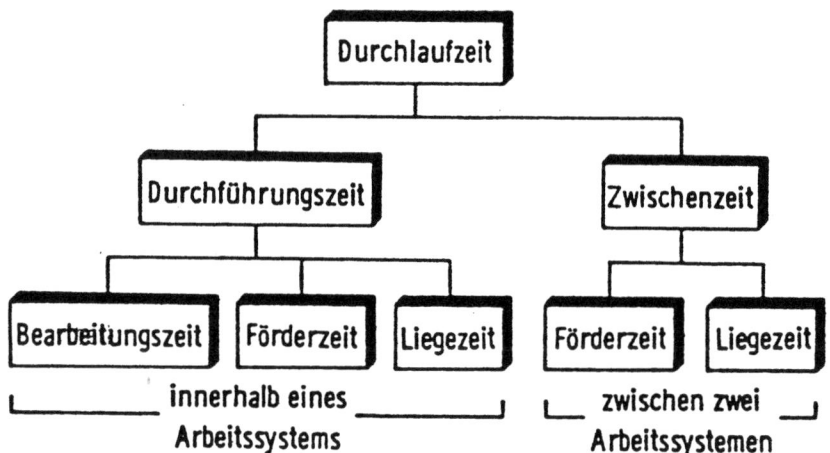

Abb. 5: Erläuterung des Begriffes Durchlaufzeit

5. Kennzahlen zur Quantifizierung der Flexibilität

Die Einführung der CAD-Technologie führt zu einer Flexibilitätserhöhung in der Konstruktion und in der Arbeitsplanung durch eine Reduzierung der Durchlaufzeiten, wie beispielsweise für die Entwicklung neuer Produkte oder die Ausarbeitung von Angebotsunterlagen.

Erläuterung des Begriffes Durchlaufzeit

Die Durchlaufzeit ist definiert als die "Gesamtdauer der Zeit (Zeitraum), die ein Arbeitsobjekt (Werkstück), ein Auftrag oder Erzeugnis zum Durchlaufen sämtlicher Arbeitsvorgänge (-plätze) einschließlich der Lagerzeiten für seine Herstellung im Betrieb benötigt" /3/.
Nach dem Verband für Arbeitsstudien und Betriebsorganisation e.V. (REFA) gliedert sich die Durchlaufzeit, wie in Abbildung 5 dargestellt, in Durchführungszeiten und Zwischenzeiten.
Die Durchlaufzeit eines Auftrages durch die Arbeitssysteme Konstruktion und Arbeitsplanung ergibt sich demnach aus den Bearbeitungszeiten für die Durchführung der unterschiedlichen Konstruktions- und Arbeitsplanungstätigkeiten und den Förder- und Liegezeiten der technischen Unterlagen. Für die Herleitung von Flexibilitätskennzahlen wird auch hier von den Konstruktionstätigkeiten Berechnen, Zeichnen, Ändern,

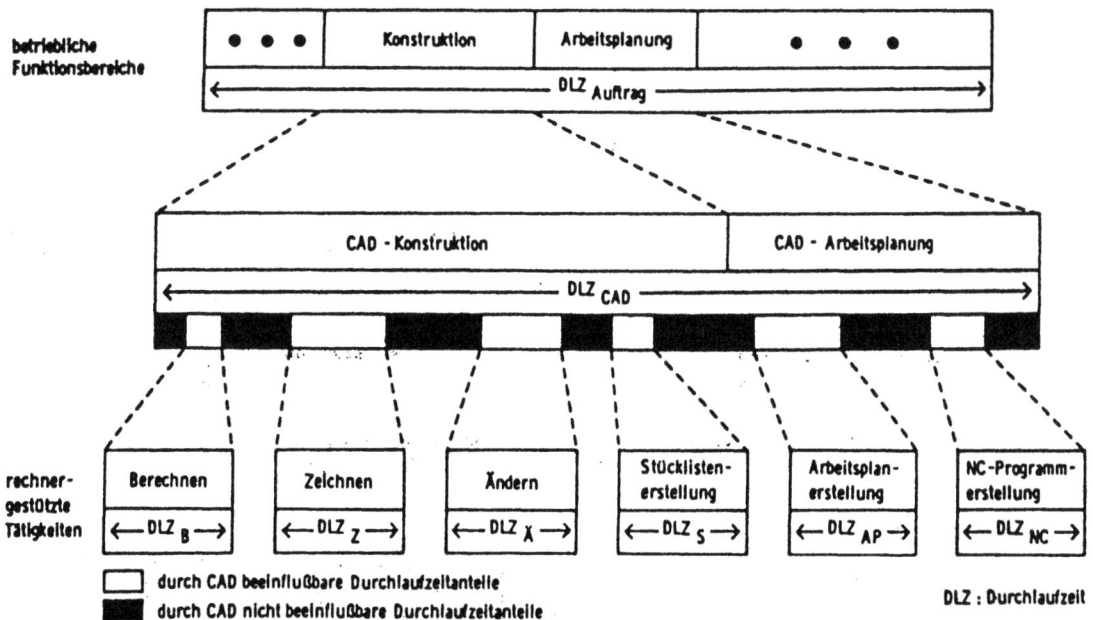

Abb. 6 Auswirkungen von CAD auf die Durchlaufzeit eines Auftrages durch die Arbeitssysteme Konstruktion und Arbeitsplanung

Stücklisten erstellen und den Arbeitsplanungstätigkeiten Erstellen von Arbeitsplänen und NC-Programmen ausgegangen. Dazu ist die Bearbeitungszeit und darüber die Durchlaufzeit durch die Arbeitssysteme Konstruktion und Arbeitsplanung in

- durch CAD beeinflußbare Zeitanteile und
- nicht durch CAD beeinflußbare Zeitanteile

zu trennen (Abbildung 6).

Die Durchlaufzeitanteile, die mit einem CAD-System beeinflußt werden können, sind dabei abhängig

- vom Funktionsumfang, den das eingesetzte CAD-System hat und
- dem realisierten vertikalen Integrationsgrad für die CAD-Anwendung.

Herleitung der Flexibilitätskennzahlen

Die Struktur der Kennzahlen zur Quantifizierung des Effizienzkriteriums Flexibilität zeigt Abbildung 7.

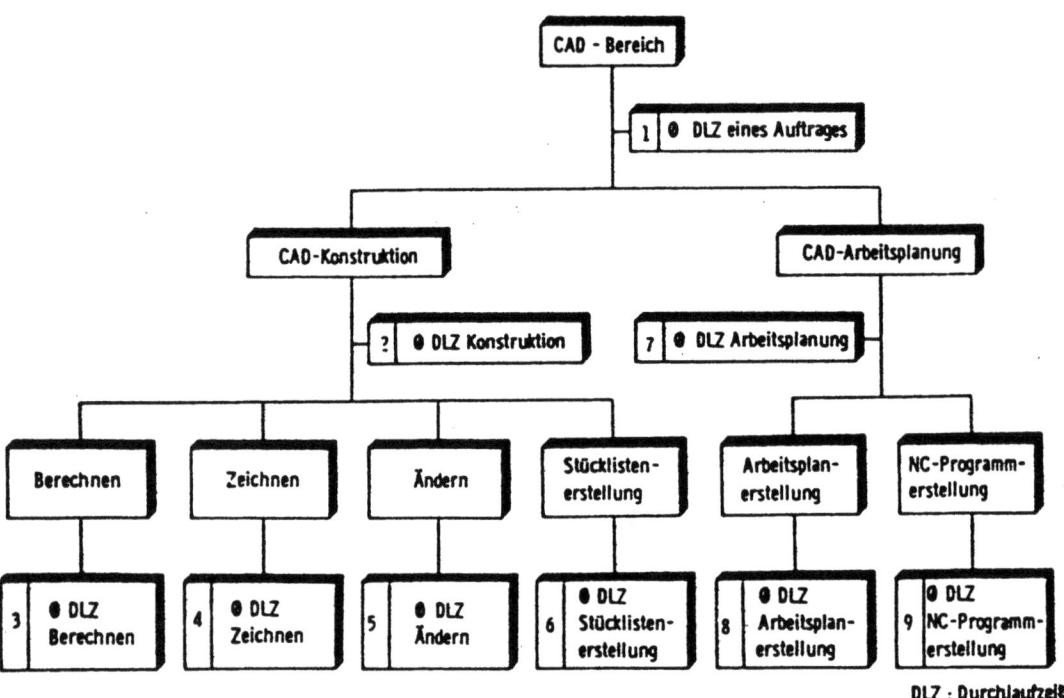

Abb. 7   Kennzahlenstruktur zur Quantifizierung der Flexibilität

6. **Kennzahlen zur Quantifizierung der Qualität**

Die DIN-Norm 55350 Teil 11 definiert Qualität als die "Gesamtheit von Eigenschaften und Merkmalen eines Produktes oder einer Tätigkeit, die sich auf die Eignung zur Erfüllung gegebener Erfordernisse beziehen" /4/. Ein Produkt kann dabei jede Art von Waren, Rohstoff oder auch der Inhalt von Konzepten und Entwürfen sein. Eine Tätigkeit ist beispielsweise jede Art von Dienstleistungen.
Beim CAD-Einsatz ergeben sich daraus für die Nutzenkomponenten Qualität zwei verschiedene Qualitätsaspekte, nämlich

- die Qualität der Informationen, die das Ergebnis der rechnerunterstützt durchgeführten Konstruktions- und Arbeitsplanungstätigkeiten sind sowie
- die Qualität der Produkte, die rechnerunterstützt entwickelt worden sind.

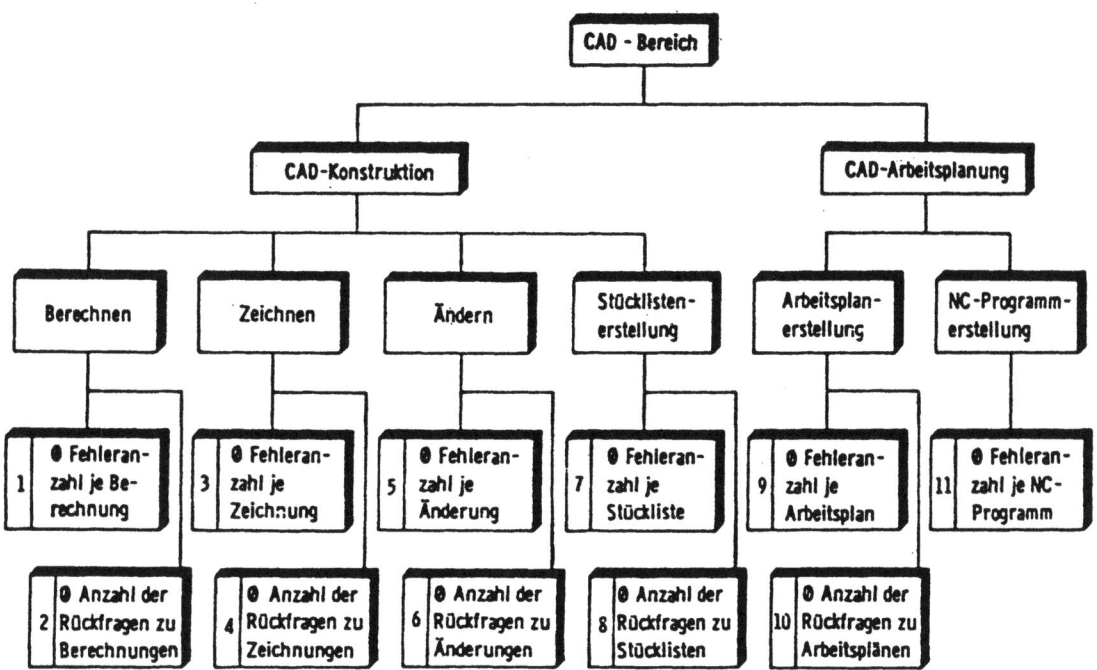

Abb. 8   Kennzahlenstruktur zur Quantifizierung der Informationsqualität

Herleitung der Kennzahlen zur Quantifizierung der Qualität von Informationen

Unter dem Begriff Information werden im folgenden jegliche Art von produktdefinierenden Daten zusammengefaßt, die entweder als technische Unterlage (Informationsträger) wie beispielsweise Zeichnung, Stückliste dokumentiert sind, oder in digitaler Form innerhalb des Konstruktionsbereiches und vom Konstruktions- in den Arbeitsplanungsbereich weitergegeben werden.

Die wesentlichen Indikatoren zur Quantifizierung der Qualität von Informationen sind

- die Reduzierung der Fehlerrate in den technischen Unterlagen, die beim konventionellen Konstruktions- und Arbeitsplanungsablauf durch Übertragungsfehler entstehen sowie
- die bessere Darstellung (Lesbarkeit) der technischen Unterlagen.

Die Struktur der Kennzahlen zur Quantifizierung der Qualität von Informationen zeigt Abbildung 8.

Herleitung der Kennzahlen von Quantifizierung der Qualität von Produkten

Die Qualität von Produkten kann nach MASING in

- die Gebrauchstauglichkeit und
- die Zuverlässigkeit

unterschieden werden /5/. Dabei ist die Gebrauchstauglichkeit die "Eignung eines Gutes für seinen bestimmungsgemäßen Verwendungszweck, die auf objektiv und nicht objektiv feststellbaren Gebrauchseigenschaften beruht und deren Beurteilung sich aus individuellen Bedürfnissen ableitet" /4/.

Die Zuverlässigkeit ist die Qualität unter vorgegebenen Anwendungsbedingungen während oder nach einer vorgegebenen Zeit. Die Zuverlässigkeit ist also die Gesamtheit derjenigen Eigenschaften und Merkmalen eines Produktes oder einer Tätigkeit, welche sich auf die Eignung zur Erfüllung gegebener Erfordernisse unter vorgegebenen Anwendungsbedingungen während oder nach einer vorgegebenen Zeit beziehen (vgl. /4/). Während also die Gebrauchstauglichkeit die Eignung eines Produktes für den vom Kunden bestimmten Zweck darstellt, beschreibt die Zuverlässigkeit den Sachverhalt, ob diese Gebrauchstauglichkeit auch über einen gewissen Zeitraum gesichert bleibt.

Durch den CAD-Einsatz läßt sich sowohl die Gebrauchstauglichkeit als auch die Zuverlässigkeit eines Produktes beeinflussen, was dadurch erreicht wird, daß

- durch eine schnellere Ausarbeitung von Problemlösungsalternativen die Anforderungen an die Gebrauchstauglichkeit eines Produktes schneller aktualisiert werden und
- durch Optimierungsverfahren, die bei konventioneller Bearbeitung von Konstruktionsaufträgen nicht möglich sind, die Zuverlässigkeit von Produkten erhöht werden kann.

Als Indikator zur Quantifizierung der Gebrauchstauglichkeit eines Produktes ist die Anzahl der Produktänderungen zu werten, die durch Marktimpulse ausgelöst und vom Vertriebsbereich an den Konstruktionsbereich weitergegeben werden. Nicht zu berücksichtigen sind in diesem Zusammenhang diejenigen Änderungen an einer technischen Problemlösung, welche aufgrund unternehmensinterner Notwendigkeiten, wie beispielsweise Fertigungsgesichtspunkten, erfolgen.
Die Quantifizierung der Zuverlässigkeit eines Produktes ist ableitbar aus den Ausfallraten für ausgelieferte Produkte, die in Statistiken des technischen Kundendienstes erfaßt werden.
Die Struktur der Kennzahlen zur Quantifizierung der Produktqualität zeigt Abbildung 9.

Abb. 9   Kennzahlenstruktur zur Quantifizierung der Produktqualität

7. Vergleichsmaßstäbe zur Interpretation der Kennzahlen

Als die gebräuchlichsten Vergleichsmaßstäbe für Soll/Istwertvergleiche sind zu nennen:

- Sollwerte (Zielvorgaben) und
- Indexwerte.

Bei dem Vergleich aktueller Kennzahlenwerte (Istwerte) mit Sollwerten (Zielvorgaben) dienen die Zielerreichungsgrade als Beurteilungsgrundlage. Diese werden nach folgender Formel ermittelt:

$$\text{Zielerreichungsgrad } (t_i) = \frac{\text{Istwert } (t_i)}{\text{Sollwert}}$$

t_i = aktueller Meßzeitpunkt

Voraussetzung für diese Vorgehensweise ist, daß eindeutige Sollwerte bekannt sind, die als abgesichert gelten können. Bezogen auf den CAD-Einsatz liegen jedoch allenfalls für die Nutzenkomponenten Produktivität Erfahrungswerte aus entsprechenden Publikationen vor, nicht aber für die Effizienzkriterien Flexibilität und Qualität.
Die publizierten Erfahrungswerte sind jedoch aufgrund ihrer breiten Streuung nicht eindeutig und somit lediglich als Richtwerte zu sehen.

Indexkennzahlen werden wie nachfolgend dargestellt ermittelt:

$$\text{Indexkennzahl } (t_i) = \frac{\text{Istwert } (t_i)}{\text{Istwert } (t_o)}$$

t_i = aktueller Meßzeitpunkt
t_o = Basiszeitpunkt.

Bei diesem Verfahren werden aktuelle Kennzahlenwerte (Istwerte) auf Basiswerte bezogen und damit die zeitliche Entwicklung der zu untersuchenden Sachverhalte aufgezeigt. Durch den Vergleich von unternehmensspezifischen Istwerten mit Basiswerten wird dieses Verfahren anwendbar, um den Nutzen des CAD-Einsatzes für die Nutzenkomponenten Produktivität, Flexibilität und Qualität im Zeitablauf beurteilen zu können. Die Basiswerte sind einmalig festzulegen, wobei der Basiszeitpunkt wählbar ist. Um jedoch einen hohen Aussagegehalt für die Indexkennzahlen zu bekommen, sind als Basiswerte solche des konventionellen Konstruktions- und Arbeitsplanungsprozesses zugrunde zu legen.

Literatur

/1/ Hettesheimer, E.: Planung von CAD-Einführungsstrategien unter Berücksichtigung organisatorischer Inhalte und Regelung der Effizienz des CAD-Einsatzes. Fortschrittsbericht VDI-Z, Reihe 1, Nr. 127, 1985.

/2/ Gutenberg, E.: Einführung in die Betriebswirtschaftslehre. Verlag Dr. Th. Gabler, Wiesbaden 1958.

/3/ Meyers Enzyklopädisches Lexikon, Mannheim 1977.

/4/ N.N.: Deutsches Institut für Normung e.V.: Begriffe der Qualitätssicherung und Statistik. DIN 55350 Teil 11. Beuth-Vertrieb GmbH, Berlin/Köln 1980.

/5/ Masing, W.: Qualitätspolitik des Unternehmens. Handwörterbuch der Qualitätssicherung. Carl Hanser Verlag, München 1980.

CAD/CAM – Eine Zwischenbilanz

R. Eckrodt

Sinnvolle Konzeptionen für die Einführung neuer, komplexer Technologien erweisen sich als äußerst vielschichtig und tangieren mit zunehmender DV-Durchdringung mehrere Unternehmensbereiche gleichzeitig. So griffig die allseits bekannten Kürzel sind, so komplex sind ihre Implikationen.

CAD und CAM weisen isoliert betrachtet längst funktionsfähige Bausteine auf. Hunderte von Anbietern bieten den Unternehmen mindestens ebensoviele Lösungen. Ihre Einbindung in das Gesamtkonzept einer integrierten Produktion, die Auswahl der richtigen Systeme für den jeweiligen Anwendungszweck, die Ausbildungskonzeption für die Mitarbeiter, eine technologieadäquate Organisationsstruktur und der fundierte Wirtschaftlichkeitsnachweis treiben den Entscheidungsträgern jedoch bis heute die Schweißperlen auf die Stirn.

1 SOLL - die Konzeption bei Mercedes-Benz

1.1 Faktoren des Unternehmensumfeldes

Die Automobilkonjunktur läßt auch in diesem Jahr keine Schwächen erkennen. Dennoch sind, trotz des auch weiterhin immens hohen Stellenwertes des Automobils, unterschwellig einige gravierende Veränderungen erkennbar (Bild 1). Qualität und vor allem Individualität des Produktes werden für die Kunden zunehmend zur Selbstverständlichkeit. Der verstärkte und weltweite Konkurrenzdruck, das selbstsichere Auftreten neuer Wettbewerber und die Wünsche der Kunden verkürzen zwangsläufig die Lebenszyklen der Produkte.

Die verschiedenen Bereiche des Unternehmensumfeldes stehen
dabei in enger Wechselwirkung. Eine enger und komplexer werdende Zusammenarbeit mit den Lieferanten und die dynamischen
Veränderungen des Absatzmarktes verlangen den Einsatz flexibler
und reaktionsfähiger Technologien. Instrumente wie CAD/CAM
werden zwingend. Ihr Einsatz wiederum impliziert die in Bild 1
angeführten Entwicklungen im Personalsektor. Diese können,
werden sie nicht rechtzeitig erkannt und entsprechend beeinflußt, den durch funktionsfähige Technologien gewonnenen Spielraum schnell zunichte machen.

Drastisches Beispiel für neue Anforderungen an die Unternehmen
ist die Verkürzung der Produktlebenszyklen (Bild 2). Während
bisher lange Entwicklungsphasen und eine allmähliche Marktdurchdringung kennzeichnend waren, werden diese abgelöst von
kurzen, sich überlappenden Entwicklungsphasen und steilen
Anlaufkurven. Gleichzeitig werden vielfältigere und immer
neue Produktvarianten verlangt, was die Entwicklungsaufgabe
nicht einfacher macht.

Wie anders, als mit hochmotivierten und qualifizierten Mitarbeitern innerhalb veränderter Organisationsstrukturen und
dem breiten Einsatz leistungsfähiger Technologien kann dieser Herausforderung begegnet werden /1/?

1.2 Einführungsstrategie

CAD und CAM sind zentrale Bausteine bei der Verwirklichung
einer rechnerintegrierten Fertigung (Bild 3). Die CAD-Unterstützung im Entwicklungsbereich setzt sich in der Produktionsvorbereitung fort. Auch im CAQ-Bereich gewonnene Daten finden
zunehmend Eingang in CAD-Systeme und werden dort weiterverarbeitet. Teile- und Betriebsmittelfertigung verlangen schließlich die Kopplung von CAD und CAM. Mittels Datenfernübertragung werden die Zulieferfirmen zunehmend enger in den Produktionsprozeß ihrer Abnehmer eingebunden.

Die Einführung von CIM tangiert viele Unternehmensbereiche und verläuft nicht ohne Spannungen und Reibungsverluste. Deshalb hat sich die Vorgehensweise einer Realisierung in autarken Bereichen wie dem Werkzeugbau oder in speziellen, abgegrenzten Fertigungsbereichen wie dem Karosserierohbau als sinnvoll erwiesen (siehe Kapitel 2). Diese Bereiche erhalten bei Mercedes-Benz während der Vorbereitung und Realisierung von Pilotinstallationen Unterstützung von speziellen, fertigungsnahen Abteilungen, den Verfahrensentwicklungen. Der Einführungsprozeß verläuft also nicht sprunghaft im ganzen Unternehmen, sondern wird sorgsam vorbereitet und schrittweise durchgeführt.

Auch die Auswahl der CAD-Systeme wächst aus solchen stetigen Prozessen (Bild 4). Im produktspezifischen Bereich erhalten aus den Erfahrungen der Einführungsphase verschiedene Systeme ihre Berechtigung. Neben dem unternehmensweit eingesetzten System CATIA wird beispielsweise für komplexe Freiformflächen im Karosseriebau die hardwareunabhängige Eigenentwicklung SYRKO eingesetzt. Technologische Randbedingungen können auch den Einsatz weiterer Systeme wie z. B. ICEM/DUCT im Gießwerkzeugbau erforderlich machen.

Mit der technologischen Entwicklung mithalten müssen die Qualifizierungsmaßnahmen für die Mitarbeiter. Hier sind differenzierte Konzepte gefragt (Bild 5). Die Ausbildung im Bereich CAD/CAM muß dabei als Teil eines ganzheitlichen Qualifizierungsansatzes auf dem Gebiet der Datenverarbeitung gesehen werden und in die Prozeßkette integriert werden. Den verschiedenen Zielgruppen wie Anwender, Betreuer, Systementwickler oder Führungskraft werden auf ihre Erfordernisse zugeschnittene Informationen geboten. Workshops fordern und fördern dabei die aktive Teilnahme an der Erarbeitung des Wissens. Abgerundet wird diese Konzeption durch ausgedehnte Phasen von "training on the job" /2/.

Zusammen mit der technischen muß auch eine organisatorische Evolution stattfinden. Bei der Durchführung von Pilotprojekten scheitert dies meist noch an traditionellen Rahmenbedingungen. Für die forcierte Verbreitung neuer Technologien im Unternehmen dürfen solche Organisationsformen jedoch keine Restriktion mehr darstellen. Der Weg zu CIM kann dabei über ein projektorientiertes Organisationskonzept führen (Bild 6). Für Koordination und Steuerung wichtiger Projekte, z. B. eines neuen Produktes oder der Erweiterung eines Produktionsstandortes, werden dabei Projektteams eingesetzt, die ihre Ressourcen aus den klassischen Unternehmensbereichen beziehen. Diese matrixartige Organisation ermöglicht sowohl die Nutzung vorhandener Fachkompetenz als auch eine technologie- und prozeßkettenorientierte Vorgehensweise in den bereichsübergreifenden Projektteams. Die fortschreitende Vernetzung in Informationsverarbeitung und Fertigung wird so eingebettet in eine vernetzte Organisationsstruktur.

Technische Systeme allein sichern jedoch noch keine funktionsfähige "CIM-Fabrik". Die Verbindung von technischen und dispositiven DV-Systemen wie PPS und CAD ist eine der wichtigsten Aufgaben bei der Einführung von CAD/CAM (Bild 7). Während die Realisierung der Schnittstelle CAD/NC ein hohes Niveau erreicht hat, ist die Integration von CAD und PPS noch problembehaftet. In beiden Systemen werden produktbeschreibende Daten erzeugt und verwaltet, im CAD-System die technischen, geometrieorientierten Daten, im PPS-System die administrativen und dispositiven Daten. Die Anforderungen einer redundanzfreien Speicherung, der Verwendung einheitlicher Ident-Begriffe und Benennungen sowie der uneingeschränkten Wiederverwendbarkeit aller erstellten Unterlagen führen zum Idealbild einer Datenintegration (Bild 8).

Für die CAD-PPS-Integration reicht eine Verständigung auf ein Datenformat zur Kommunikation nicht aus, es muß vielmehr eine Normung der Datenstrukturen verlangt werden. Die Vorteile einer technisch/dispositiven Datenintegration in einem gemeinsamen, übergeordneten Informationssystem sind:

- durchgängige Unterstützung des Konstruktionsprozesses,
- bereichsübergreifender Informationsfluß,
- Verkürzung der Auftragsdurchlaufzeiten,
- redundanzfreie Datenhaltung
- keine Inkonsistenzen zwischen verschiedenen Datenbereichen,
- keine Datenübertragungsfehler,
- einheitliche Ident-Begriffe für Produktdatenverwaltung und Änderungsdienst in beiden Systemen.

Vorrang vor der reinen DV-Systemkopplung hat auch bei der Integration CAD-PPS die Realisierung des entsprechenden Organisationsumfeldes (siehe oben).

1.3 Wirtschaftlichkeit

Hemmschuh für die breite Einführung von CAD/CAM waren bisher oft pessimistische Aussagen zur Wirtschaftlichkeit. Diese können auch heute nicht mit leichter Hand vom Tisch gefegt werden. Vielmehr ergibt sich in Verbindung mit den verschiedenen Phasen der Einführung ein recht differenziertes Bild (Bild 9).

Der CAD-Einsatz besitzt unter Berücksichtigung aller quantifizierbaren und nichtquantifizierbaren Nutzeneffekte offensichtlich auch eine hohe Wirtschaftlichkeit; der schlüssige Beweis hierfür und praxisgerechte Verfahren zur Bewertung stehen noch immer aus. Als problematisch erweisen sich der für die Erfassung aller, auch der peripheren und schwer quantifizierbaren Vorteile zu betreibende Aufwand und die Länge der zu betrachtenden Planungszeiträume.

Sehr stark abhängig ist die Wirtschaftlichkeit von der Realisierung einer durchgängigen Prozeßkette. Mit zunehmender Integration von CAD/CAM in den Gesamtablauf erreicht selbst der quantifizierbare Nutzen bei realistischen Annahmen zumindest das Niveau der Kosten. Nicht befriedigen kann die bestehenbleibende Argumentationslücke. Meinungsverschiedenheiten über die geeignete Vorgehensweise bei der Bewertung von komplexen Technologien helfen hier nicht weiter. Auf der einen Seite werden Synergieeffekte zusammengetragen /3/ und die Nutzwertanalyse propagiert, andere Autoren setzen voll auf quantifizierbare Faktoren und lehnen die Nutzwertanalyse und ähnliche Methoden in diesem Zusammenhang ab /4/. Mit der Anwendung herkömmlicher Beurteilungsinstrumente und Amortisationsvorstellungen trägt man der Natur von zweifelsohne strategischen Investitionen jedoch kaum Rechnung /5/.

Der Nachweis der Wirtschaftlichkeit von CAD/CAM ist machbar. Er findet in der Fabrik statt, basierend auf methodischer Unterstützung durch die Wissenschaft.

Mit Beispielen aus den Werken in Untertürkheim und Sindelfingen trägt die Habenseite der Zwischenbilanz zur Verdeutlichung des bei Mercedes-Benz eingeschlagenen Weges bei.

2 HABEN - CAD/CAM-Prozeßkette

2.1 Werkzeugbau

Im Werkzeugbau des Werkes Untertürkheim wurde in den letzten Jahren schrittweise eine CAD/CAM-Prozeßkette aufgebaut (Bild 10). Derzeit sind 25 NC-Maschinen und 19 CAD-Arbeitsplätze installiert. Bis 1992 wird die CAD/CAM-Einführung in diesem Bereich abgeschlossen sein. Spezielle Konstruktions- und fertigungsspezifische Parameter im Gieß- und Schmiedewerkzeugbau machten die Auswahl eines technologieorientierten CAD-Systems erforderlich (ICEM/DUCT). Der DNC-Betrieb wurde durch eigenentwickelte Bausteine realisiert. Automatische Werkzeugkonstruktion, Konstruktionsdatenbank, Rohteilgestaltungs-, Modellier- und Konstruktionssystem sowie die direkte CAM-Datenübergabe an das DNC-System stehen zur Verfügung.

Mit der realisierten ersten Ausbaustufe konnte eine Vielzahl von Erfahrungen gewonnen werden. Bild 11 gibt einen Auszug der positiven Effekte der CAD/CAM-Einführung wieder. So kann beim Einsatz von NC-Maschinen mittlerweile völlig auf die aufwendige Herstellung der Kopiermodelle verzichtet werden. Die im Laufe der Konstruktion von Produkt und zugehörigem Produktionsmittel erzeugten Daten werden durchgängig weiterverwendet und jeweils nur einmal erzeugt. Exaktere Konstruktionsmöglichkeiten und die Berücksichtigung von Technologieparametern führen zu einer Reduktion der Stückgewichte, besonders bei Werkzeugen für den Leichtmetallguß von Saugrohren und Zylinderköpfen. Das Prinzip der Variantenkonstruktion wird systemseitig unterstützt und birgt ein hohes Einsparungspotential. Hier ist für die Zukunft an den Einsatz wissensbasierter Systeme gedacht.

Wie deutlich die Maßgenauigkeit von komplexen Freiformflächen durch die rechnergestützte Fertigung verbessert werden kann, zeigt die Gegenüberstellung eines kopiergefertigten und eines NC-gefertigten Kettenkastens in Bild 12. Dieser Qualitätsgewinn führt auch zu einer deutlichen Verringerung des Aufwandes für die endgültige Freigabe der Werkzeuge. Besonders bei mehreren Folgewerkzeugen verringert sich der Meßaufwand erheblich (bis zu 30 %).

Auch für die weitere Personal- und CAD-Arbeitsplatzplanung liefert das bisher Erreichte fundierte Grundlagen. Der entsprechende Bedarf für die zweite Ausbaustufe kann heute zuverlässig abgeschätzt werden (Bild 13). Für den geplanten Maschinenpark werden die Betriebsarten der einzelnen Maschinengruppen wie 3-Achs- oder 5-Achs-Bearbeitung in ihrem jeweiligen prozentualen Anteil ermittelt. Hieraus ergibt sich eine gewichtete Anzahl von Maschinen für die verschiedenen Betriebsarten. Aus den bisherigen Erfahrungen kann diesen Betriebsarten ein Personalfaktor zugeordnet werden und man gewinnt eine Aussage über erforderlichen NC- und CAM-Kapazitäten. Die Anzahl der notwendigen CAD-Arbeitsplätze kann daraus direkt ermittelt werden.

Modell- und Stahlformenbauer, Kopierfräs- und NC-Maschinen-Bediener sowie Betriebsmittelkonstrukteure sind als Know-how-Träger des Werkzeugbaus in das Gesamtkonzept integriert. Sie werden 3 bis 6 Monate durch "Training on the job", unterstützt durch den Systembetreuungsbereich, auf ihre neuen Arbeitsinhalte vorbereitet. Dieser Weg wird von den betroffenen Mitarbeitern positiv gesehen und fördert eine hohe Akzeptanz der CAD/CAM-Arbeitsplätze.

Mit dem zur Zeit durchgeführten Ausbau werden folgende Punkte realisiert:

- Integration der Qualitätssicherung,
- Integration des Entwicklungsbereiches,
- Rohteilekonstruktion im Verbund mit der Produktionsvorbereitung,
- Übergabe der CAD-Geometrie an NC-Sprachsysteme,
- Berücksichtigung von Erstarrungsvorgängen im Gießbetrieb.

Die Integration der Qualitätssicherung in die Prozeßkette
ist dabei bereits weit fortgeschritten. Gewonnene Meßdaten
(Bild 14) können im CAQ-System bereits heute so aufbereitet
werden (Bild 15), daß eine Übernahme in das CAD-System durch-
führbar ist (Bild 16). Von hier aus können die so erzeugten
Geometriedaten weiterverarbeitet werden. Unschätzbares Gewicht erlangt eine solche Vorgehensweise bei Teilegeometrien,
deren endgültige Form über Versuchsreihen ermittelt wird.

Das Beispiel des Brennraumkörpers eines 4-Ventil-Motors macht
nochmals die Durchgängigkeit der CAD/CAM-Kette und die Unterstützung für die Mitarbeiter deutlich. Aus den CAD-Modellen
(Bilder 17 und 18) können die Bearbeitungswege zum Vorfräsen
(Bild 19) und zum Fertigfräsen (Bild 20) ermittelt werden.
Die Bearbeitung auf der Maschine kann anschließend simuliert
werden und es können Kollisionsuntersuchungen durchgeführt
werden (Bild 21). Wenn alle "Prüfungen" bestanden sind und
das NC-Programm zur Verfügung steht, kann die Maschine ihre
Arbeit aufnehmen (Bild 22).

Mit Planung und Einführung von CAD/CAM in einem abgegrenzten
Bereich wie dem Werkzeugbau wurde die angestrebte Multiplika-
tion dieser Technologien in weitere Bereiche auf eine gesunde
Basis gestellt.

Eine wichtige Erkenntnis war auch, daß der Planungs- und Einführungsprozeß für CAD-Arbeitsplätze und die Umstellung des
Maschinenparks auf NC-Technik in hohem Maße simultan verlau-
fen müssen, da sonst entweder die Maschinen unterversorgt
sind oder zu viele teure CAD-Plätze zeitweise ungenutzt bleiben. Lapidare Versäumnisse können hier große Wirkung zeigen
und die Wirtschaftlichkeit mehr als in Frage stellen.

Für den Ausbau der CAD/CAM-Kette im Werkzeugbau wird bei Investitionen von 8 Mio. DM für die System- und 35 Mio. DM für
die Maschinenseite mit einer Verzinsung von 10 bis 14 % gerechnet. Der Ausbau wird auch dazu beitragen, die momentan
noch relativ geringe CAD-Durchdringung deutlich zu erhöhen.

2.2 Karosserie

Für die Werke Sindelfingen und Bremen ist die Prozeßkette "Karosserie" von großer Bedeutung (Bild 23). Die CAD/CAM-Konzeption realisiert hierbei einen durchgängigen Datenfluß. Dieser wird durch eine Arbeitsgruppe Prozeßkette "Karosserie", in der alle beteiligten Bereiche vertreten sind, koordiniert und überwacht. So wird jedes Karosseriebauteil nach seiner CAD-Eignung sowie nach Wirtschaftlichkeits- und Kapazitätsaspekten untersucht, bevor sein CAD-Dasein beginnt.

Im Mittelpunkt der durchgängigen CAD/CAM-Prozeßkette steht die zentrale Geometriedatenbank. Parallel dazu existiert zur Verwaltung der alphanumerischen Daten ein Dokumentationssystem. Beide sind eng miteinander verzahnt und abgestimmt, um Datenredundanzen zu vermeiden.

Der Zugriff für die Anwender ist durch Freigabe und Produktionsreifegradstufen geregelt. Bei jedem Prozeßschritt werden neue Daten bzw. Geometrien erzeugt (Bild 24). So wird beispielsweise aus der Karosseriebauteilgeometrie zuerst die Umformgeometrie erzeugt, d. h., für ein Ziehwerkzeug müssen die Bauteilgeometriedaten um Ziehstempelfläche, Ziehstempelumriß, Blechhaltefläche und Blechhalteumriß ergänzt werden. Diese neu erzeugten Daten hängen vom Karosseriebauteil ab. Werden am Bauteil Änderungen vorgenommen, treffen diese auch auf die Umformgeometrie wie auf alle nachfolgenden Bereiche zu. Daher wurde in der Geometriedatenbank eine Funktion integriert, die diese Abhängigkeiten darstellen kann. Bei auftretenden Änderungen werden die jeweiligen Verantwortlichen informiert. Dadurch ist gewährleistet, daß nachfolgende Bereiche über diese Entwicklungen frühzeitig informiert werden.

Die gut funktionierende Datenversorgung stellt einen entscheidenden Punkt für einen erfolgreichen CAD/CAM-Einsatz dar. Daneben werden anwendungsbezogene Funktionalitäten benötigt. In der Prozeßkette Karosserie sind daher 2 CAD-Systeme im Einsatz. Für die Beschreibung und Bearbeitung der Karosserieflächenteile wird das von Mercedes-Benz selbst entwickelte System SYRKO verwendet. Seine Einsatzschwerpunkte liegen bei den Karosseriedaten:

- Design,
- Entwicklung Simulation,
- Methodenplan,
- NC-Programmierung,
- Meßtechnik.

Das Kaufsystem CATIA hingegen hat seinen Einsatzschwerpunkt bei den mechanischen Komponenten:

- Betriebsmittelkonstruktion,
- Sonderkonstruktion,
- Automatisierung/Mechanisierung/Simulation,
- NC-Programmierung.

Beide Systeme sind in der Betriebsmittelkonstruktion eng verknüpft (Bild 25). Hier wird auf der Grundlage der Umformgeometrie und des Methodenplanes aus SYRKO das Betriebsmittel mit CATIA konstruiert. Dafür stehen dem Konstrukteur CAD-Baugruppen aus fertigungsgerechten, standardisierten Einzelteilen zur Verfügung.

Die Betriebsmittelkonstruktion besitzt nicht nur interne Schnittstellen, sondern stellt auch den Ansprechpartner für Fremdfirmen dar. Als Austauschformate stehen die genormten Schnittstellen VDAFS sowie IGES und VDAIS zur Verfügung. Verfügt die Fremdfirma hingegen über CATIA, findet der Datenaustausch über das CATIA-Format statt. Dies stellt die günstigste Art des Datenaustausches dar. Im letzten Schritt des CAD/CAM-Datenflusses werden die erzeugten CAD-Geometrien in maschinenneutrale NC-Programme für den Betriebsmittelbau umgesetzt.

Durch den Einsatz von CAD/CAM hat sich ein deutlicher Aufgabenschwerpunkt im Konstruktionsbereich gebildet. Dies ist bedingt durch einen höheren und genaueren Grad der Geometriedatenbeschreibung. Etwa 80 % aller erzeugten Flächendaten sind heute direkt NC-bearbeitbar. Dies stellt eine erhebliche Entlastung für die restliche Prozeßkette dar (Bild 26). Im Entwicklungsbereich entsteht gegenüber konventioneller Vorgehensweise ein erheblicher Mehraufwand, der sich erst im Zeitablauf der Produkterstellung in den übrigen Bereichen positiv auswirkt. Im Karosseriebereich wurden die entstehenden Kosten und Nutzen erstmals direkt den entsprechenden Abteilungen zugeordnet und es konnte so der im Bild ersichtliche Gesamtnutzen abgeleitet werden.

Für den Karosserietyp R 129 wurden 144 Datensätze für 204 Bauteile mit CAD erzeugt und nachgelagerten Fachbereichen und Zulieferfirmen zur Fertigung von Betriebsmitteln zur Verfügung gestellt. Dieser Umfang entspricht ca. 62 % aller CAD-fähigen Bauteile. Durch diesen konsequenten Einsatz verkürzt sich ab dem Nachfolgekarosserietyp W 140 der Anlaufzyklus für Neutypen von 1,6 Jahren auf 1 Jahr.

Die Prozeßkette Karosserie ist weitgehend durchgängig realisiert und befindet sich in der Betriebsphase. Derzeit sind 181 graphische Arbeitsplätze für 371 produktive Anwender installiert. Neben den "klassischen" CAD/CAM-Anwendungen in der Konstruktion findet die Simulation immer breitere Verwendung. Durch die Kombination Konstruktion und Simulation können Werkzeuge auflaufoptimiert erstellt werden. Für Großteilstufenpressen werden so die Greifer, Karosseriebauteile und Werkzeuge abgestimmt. Abschließend erfolgt eine Kollisionskontrolle mit allen beteiligten Komponenten. Damit kann auf Simulatoren an den Pressen verzichtet werden. Außerdem verringern sich die Anpassungszeiten von Greifern an Bauteilen und Werkzeugen.

Ein weiters Einsatzgebiet stellt die Aufstellung und Offline-Programmierung von Robotern dar (Bild 27). Hierbei werden die einzelnen Stationen als CAD-Modelle nachgebildet. Die Bewegungsabläufe werden einzeln nachvollzogen und einer Kollisionsbetrachtung unterzogen. Daraus wird nach Kollisionsfreiheit und optimalem Ablauf das Roboterprogramm (Offline-Programm) am Großrechner erstellt. Zum Einsatz solcher Offline-Programme ist nur noch eine exakte Anpassung an die Einsatzumgebung durchzuführen. Im Vergleich zur konventionellen Untersuchung wird damit der Untersuchungszeitraum deutlich reduziert und Tests im Roboterversuchsfeld können entfallen. Die installierten Roboter können kurzfristig in Betrieb genommen werden, da der aufwendige Teach-in-Prozeß entfällt und die Programme direkt vom Rechner in die Robotersteuerung überspielt werden.

Die Aufgaben der nächsten Jahre bestehen in der konsequenten Ausweitung des CAD/CAM-Einsatzes auf alle wirtschaftlich möglichen Anwendungen. In der Betriebsmittelkonstruktion sind dies unter anderem:

- 3-D-Konstruktion der Betriebsmittel für NC-Bearbeitung sowie Simulation und Kollisionsuntersuchung,
- Konstruktionsautomatisierung (Bild 28),
- vermehrte Normung und Standardisierung.

Im Betriebsmittelbau werden zukünftig folgende Punkte angegangen:

- Verlagerung der NC-Programmierung von der Maschine zum graphischen Arbeitsplatz,
- erweiterter Einsatz bei der Instandsetzung,
- Einsatz von fertigungsbegleitenden Kontrollen durch Meßtechnik mit CAD-Datenbezug.

Dafür werden bis 1993 weiter 25 Mio. DM investiert. Für den dann erreichten Ausbaustand werden Einsparungen von 57 Mio. DM/Jahr genannt, denen jährliche Betriebsausgaben von 40 Mio. DM gegenüberstehen.

Für den Zeitraum von 1985 bis 1993 wurden daraus über eine dynamische Wirtschaftlichkeitsrechnung eine interne Verzinsung von ca. 20 % und eine Amortisationszeit von 7 Jahren errechnet. Es zeigt sich, daß Investitionen in CAD/CAM die Betrachtung langer Planungszeiträume verlangen und erst mittelfristig - bei Realisierung durchgängiger Lösungen - wirtschaftlich sind.

3 Ausblick - Wie es weitergeht

Für den weiteren Ausbau von CAD/CAM und die zunehmende Integration in die betrieblichen Abläufe sind bereits heute einige Trends deutlich auszumachen (Bild 29). Standardisierte Kommunikationsdienste und Datenbanken fördern die bereichsübergreifende Vorgehensweise. Genormte Schnittstellen erleichtern die notwendige Einbindung der Lieferanten. Diese werden dadurch mehr und mehr in den Produktionsprozeß bei ihren Abnehmern eingebunden und sollen in der Zukunft auf speziellen Know-how-Feldern verstärkt Entwicklungs- und Planungsaufgaben übernehmen (siehe auch Bild 1).

Der Einsatz von CAD/CAM wird sich zunehmend auf vernetzte
Workstation- bzw. PC-Strukturen abstützen. Low-Cost-Systeme
müssen immer mehr als technische und wirtschaftliche Alternative mit in die Ausbauplanung einbezogen werden. Schließlich wird die Integration von PPS und CAD voranschreiten und
auch die direkte Prozeßanbindung der Systeme Stand der Technik sein. Bei Mercedes-Benz stellt die Integration der Informationssysteme für Aggregate und Karosserie einen wichtigen
Entwicklungsschritt dar. In Zukunft wird der Konstrukteur
einer Achse in der Lage sein, an seinem CAD-Arbeitsplatz mit
Hilfe von Karosseriedaten entsprechende Einbauuntersuchungen
vorzunehmen.

In der aktuellen Ausbauplanung wird innerhalb der Mercedes-Benz AG für den Geschäftsbereich Pkw von 1 000 CAD-Arbeitsplätzen im Jahr 1993 ausgegangen (Bild 30). Während für die
Produktionsbereiche ab 1991 eine Sättigung erkennbar ist,
macht der weiter ansteigende Verlauf im Entwicklungsbereich
erneut die extreme Arbeitsverlagerung in die vorgelagerten
Bereiche deutlich (vgl. Bild 26). Hier müssen in Zukunft
Schwerpunkte gesetzt werden, um den Anforderungen der Märkte
(Bild 1) mit international konkurrenzfähigen, innovativen
Produkten flexibel und schnell zu entsprechen. Das erste
Glied in der Prozeßkette verlangt den vollen Einsatz, um den
Erfolg des Gesamtprozesses sicherzustellen.

Betrachtet man die Eckwerte des CAD/CAM-Einsatzes anderer
hochentwickelter Industrieländer, so wird ein forcierter Ausbau deutlich, der bezogen auf die Automobilindustrie bereits
weit vorangeschritten ist. Aktuelle Daten für die Prozeßkette
Karosserie der japanischen Automobilindustrie verdeutlichen
dies (Bild 31). Im Bereich der Karosseriekonstruktion werden
bis zu 400 CAD-Plätze vorgefunden, woraus sich ein günstiges
Verhältnis von Bildschirmen zu Werkzeugen ergibt. Im Datenfluß
zwischen Karosseriekonstruktion und Betriebsmittelbau ist

die Außenhaut zu 100 % durch Flächenmodelle abgedeckt, während bei den Innenteilen dieser Wert in naher Zukunft erreicht wird. Fast alle japanischen Hersteller setzen im CAD-Bereich auf eigenentwickelte Systeme. Workstations befinden sich bereits in allen Entwicklungsabteilungen im Piloteinsatz. Der Nutzen von CAD/CAM wird von japanischer Seite exemplarisch mit Aussagen wie: "Statt 3 Fahrzeuge pro Jahr entwickeln wir heute 6 pro Jahr" oder: "Durch die breite Verfügbarkeit der Daten machen wir Fortschritte bei der Parallelisierung von Prozessen" belegt.

Mit der technischen Weiterentwicklung wird jedoch nur eine Seite der Medaille beleuchtet und es wäre fatal, es dabei bewenden zu lassen. Zu gewaltig sind die arbeitsorganisatorischen Implikationen der neuen Technik (Bild 32). Bisherige Strukturen von Ablauf- und Aufbauorganisation können nicht nur, sie müssen vielmehr zur Disposition gestellt werden. Teamarbeit mit wechselnden Arbeitsinhalten und höherer Eigenverantwortung sowie die Übertragung indirekter Tätigkeiten wie Programmierung und Wartung auf direkte Bereiche sind erkennbare Entwicklungen für eine Werkstatt der Zukunft /6, 7/. Betriebs- und Arbeitszeit müssen gemeinsam mit den Arbeitnehmervertretern völlig neu diskutiert werden; die Betonung liegt hier auf gemeinsam. CAD-Arbeitsplätze und rechnergestützte Produktionsabläufe verlangen nach einer flexibleren Nutzung oder Erweiterung vorhandener Arbeitszeitmodelle und nach optimaler Nutzung der Betriebsmittel.

Die Aufbauorganisation erfährt gravierende Veränderungen durch die Verstärkung produkt- bzw. objektorientierter Führungsstrukturen. Kleinere Leitungsspannen und die Reduzierung der Werkstatthierarchie sind ebenfalls absehbare Auswirkungen des CAD/CAM-Einsatzes. Der Mitarbeiter ist nach wie vor der kreative Faktor in den Unternehmen, und er ist es auch, der durch

seine Leistungsbereitschaft und die Offenheit gegenüber neuen
Entwicklungen die Nutzung des technologischen Potentials erst
möglich macht. Mehr denn je steigt deshalb auch der Anspruch
an die Führungskräfte. In echter Kooperation mit ihren Mitarbeitern müssen sie den technisch gewonnenen Spielraum als
deren und des Unternehmens Chance begreifen. Die Führungsaufgabe läßt, angeregt durch neue Technologien und Veränderungen
im Umfeld der Unternehmen viele neue Facetten erkennen /8/.

Es muß jedoch auch darauf geachtet werden, daß nicht gerade
durch den Einsatz von Techniken wie CAD die Kreativität im
Entwicklungs- und Konstruktionsbereich eingeschränkt wird.
Allzu leicht kann der Einsatz von Normteilbibliotheken, Variantenkonstruktion, wissensbasierten Systemen und automatisierten Konstruktionsabläufen nicht nur die Mitarbeiter unterstützen, sondern auch den Verzicht auf ungewöhnliche, innovative Lösungen bedeuten.

Auch angesichts des bereits erreichten ist ein Zurücklehnen
noch nicht erlaubt. Absehbare technische und organisatorische
Entwicklungen und der Vergleich mit anderen Industriestaaten
konkretisieren vielmehr den noch vorhandenen Handlungsbedarf
(Bild 33).

Wenn die Initiative mit beiden Händen ergriffen wird, so kann
mit Fug und Recht gesagt werden: Wer heute an der Technologiebörse in "CAD/CAM-Aktien" investiert, wird mittel- und langfristig am Bilanzgewinn dieses "Unternehmens" partizipieren
und jedes Jahr eine ansehnliche Dividende einstreichen.

LITERATUR

/1/ Niefer, W.; Unternehmenssicherung durch technologische Kompetenz, PTK, Berlin, 1989, S. 17 bis 24.

/2/ Gentz, M.; Neue Anforderungen an die Personalarbeit auf dem Weg zur CIM-fähigen Fabrik - Dargestellt am Beispiel der CAD/CAM-Schulung, IPA-Arbeitstagung 1988.

/3/ Kemmner, A.; Treuling, W.; EDV-Integration und Synergie, in: CAD/CAM Report Nr. 3, 1989, S. 45 bis 55.

/4/ Horvath, P.; Mayer, R.; CIM-Wirtschaftlichkeit aus Controller-Sicht, in: CIM-Management 04/88, S. 48 bis 53.

/5/ Eisfelder, H.; Wie man PPS- und CIM-Investitionen gesund und kaputt rechnen kann.

/6/ Schwertmann, J.; Automatisierungstendenzen und ihre Auswirkungen auf die Arbeitsstruktur, in: RKW 86, VI, 25, S. 3 bis 9.

/7/ Bullinger, H.-J.; Auch, M.; Gestaltung der Arbeitsteilung, Arbeitsinhalte und Arbeitsorganisation im Zusammenhang mit der Anwendung neuer, zukunftsorientierter Technologien, in: Fertigungstechnik und Betrieb, Berlin 37 (1987) 10, S. 601 bis 604.

/8/ Höhler, G.; Neue Leistungsprofile, neue Führungsqualität - von der Askese zur Entfaltung, PTK, Berlin, 1989, S. 25 bis 29.

Lieferanten

	Trend
– Informationsverbund	⇧
– Transparenz	⇧ ⇧
– Innovationsfähigkeit	⇧
– "Entwicklungslieferanten"	⇧

Personal

	Trend
– Qualifikation	⇧ ⇧
– Kommunikationsfähigkeit	⇧ ⇧
– Projektarbeit	⇧
– Kompetenzverlagerung	⇧

Absatzmarkt

	Trend
– Produktqualität	⇧
– Produktindividualität	⇧
– Dauer der Lebenszyklen	⇩ ⇩ ⇨
– Kunden-/Produktbetreuung	⇧ ⇧

CAD/CAM-relevante Umfeldfaktoren

Mercedes-Benz AG
Geschäftsbereich PKW

09/89 Bild 1

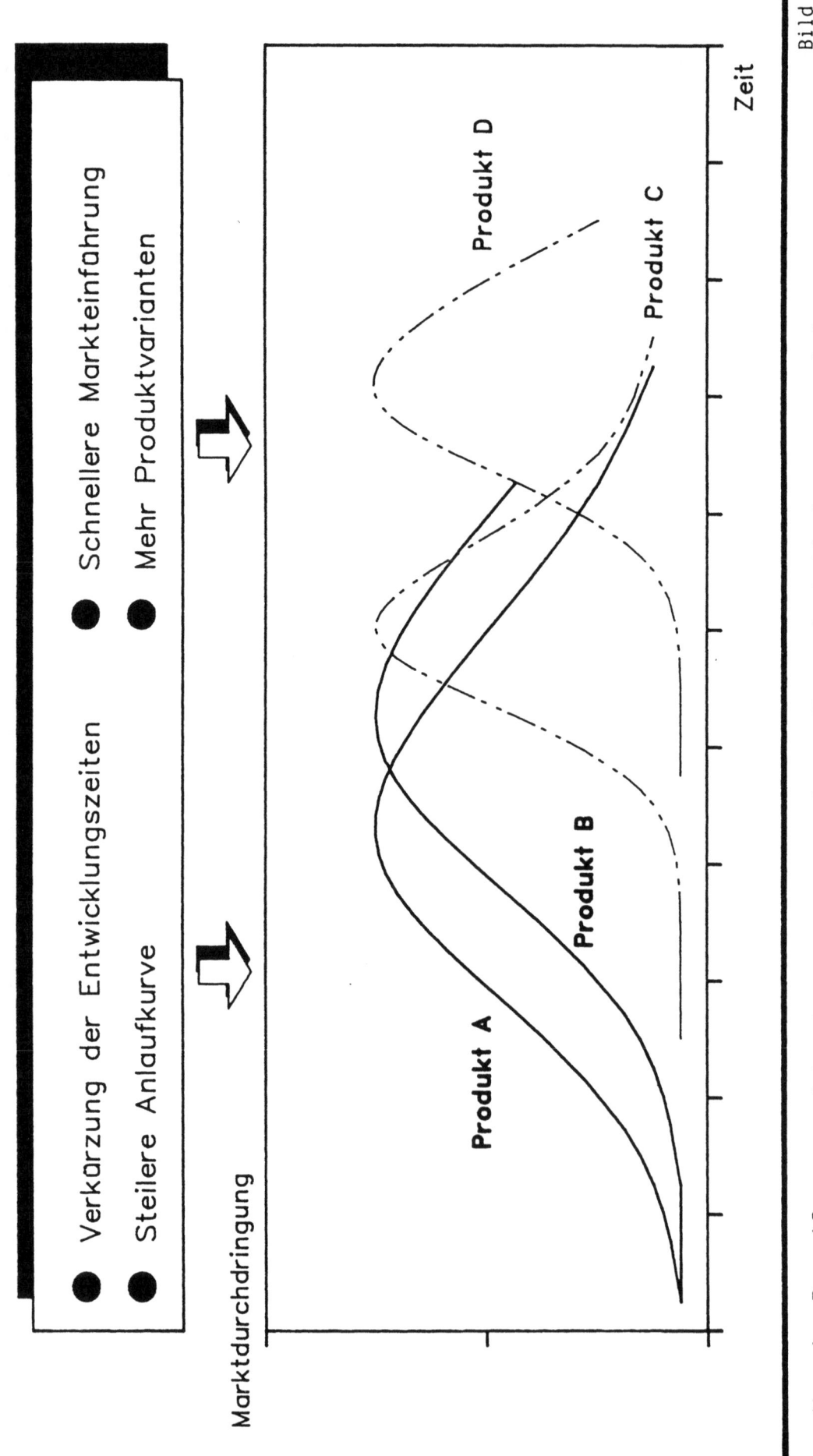

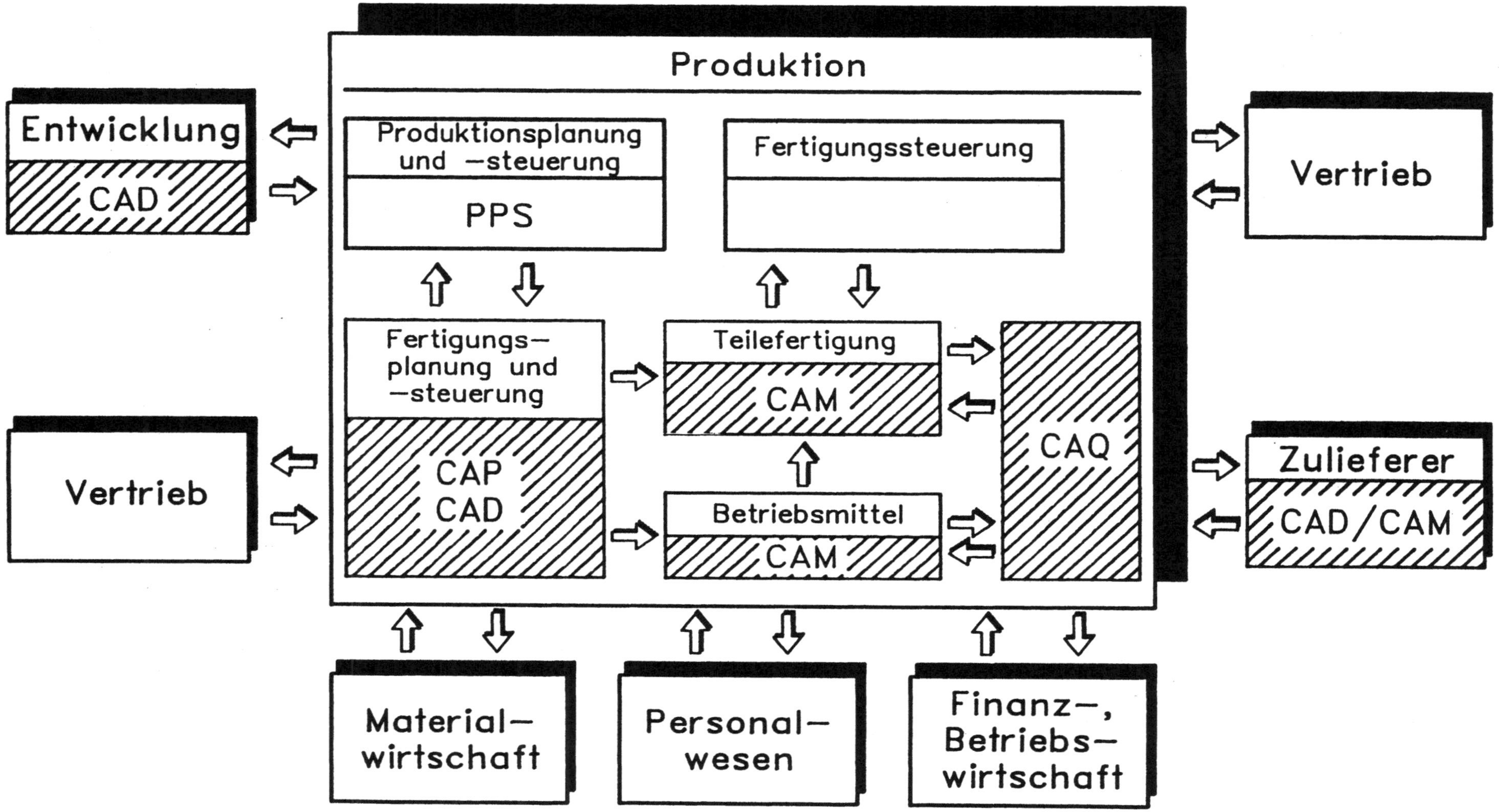

Bedeutung von CAD/CAM

Produktion

- Produktionsplanung und -steuerung — PPS
- Fertigungssteuerung
- Fertigungsplanung und -steuerung — CAP CAD
- Teilefertigung — CAM
- Betriebsmittel — CAM
- CAQ

Externe Bereiche:
- Entwicklung — CAD
- Vertrieb
- Zulieferer — CAD/CAM
- Materialwirtschaft
- Personalwesen
- Finanz-, Betriebswirtschaft

Mercedes-Benz AG
Geschäftsbereich PKW
09/89
Bild 3

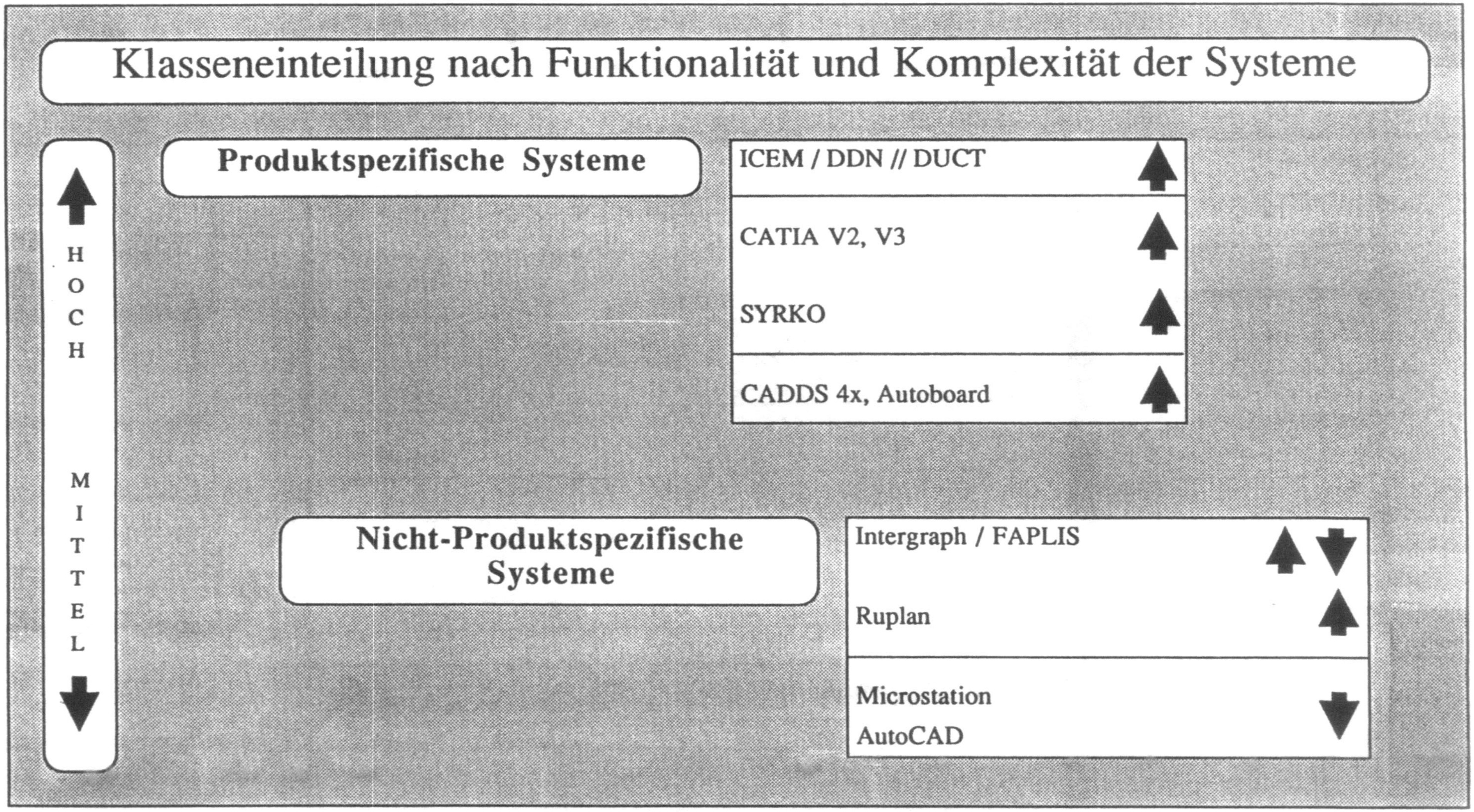

Klasseneinteilung nach Funktionalität und Komplexität der Systeme

Produktspezifische Systeme

ICEM / DDN // DUCT ←

CATIA V2, V3 ←

SYRKO ←

CADDS 4x, Autoboard ←

Nicht-Produktspezifische Systeme

Intergraph / FAPLIS →←

Ruplan ←

Microstation →
AutoCAD

← HOCH   MITTEL →

Mercedes–Benz AG
Geschäftsbereich PKW

CAD–Systeme
Klasseneinteilung

Bild 4
09/89

101

	Anwender	Anwender-betreuer	System-entwickler	Führungs-kräfte
	Einführungsinformation			s. links
		Methodik und Didaktik Grundlagen der Arbeitsunterweisung		
	Systemneutrale Grundlagen			s. links
	Systemspezifische Grundlagen (z.B. CATIA)			Mitarbeiter-führung
	Systemorientierte Aufbaulehrgänge			Workshop

Maßnahmen

Host · CAD/CAM · PC · DV-Grundlagen · Netze · ...

CAD/CAM
Qualifizierungsmaßnahmen

Mercedes-Benz AG
Geschäftsbereich PKW

09/89 Bild 5

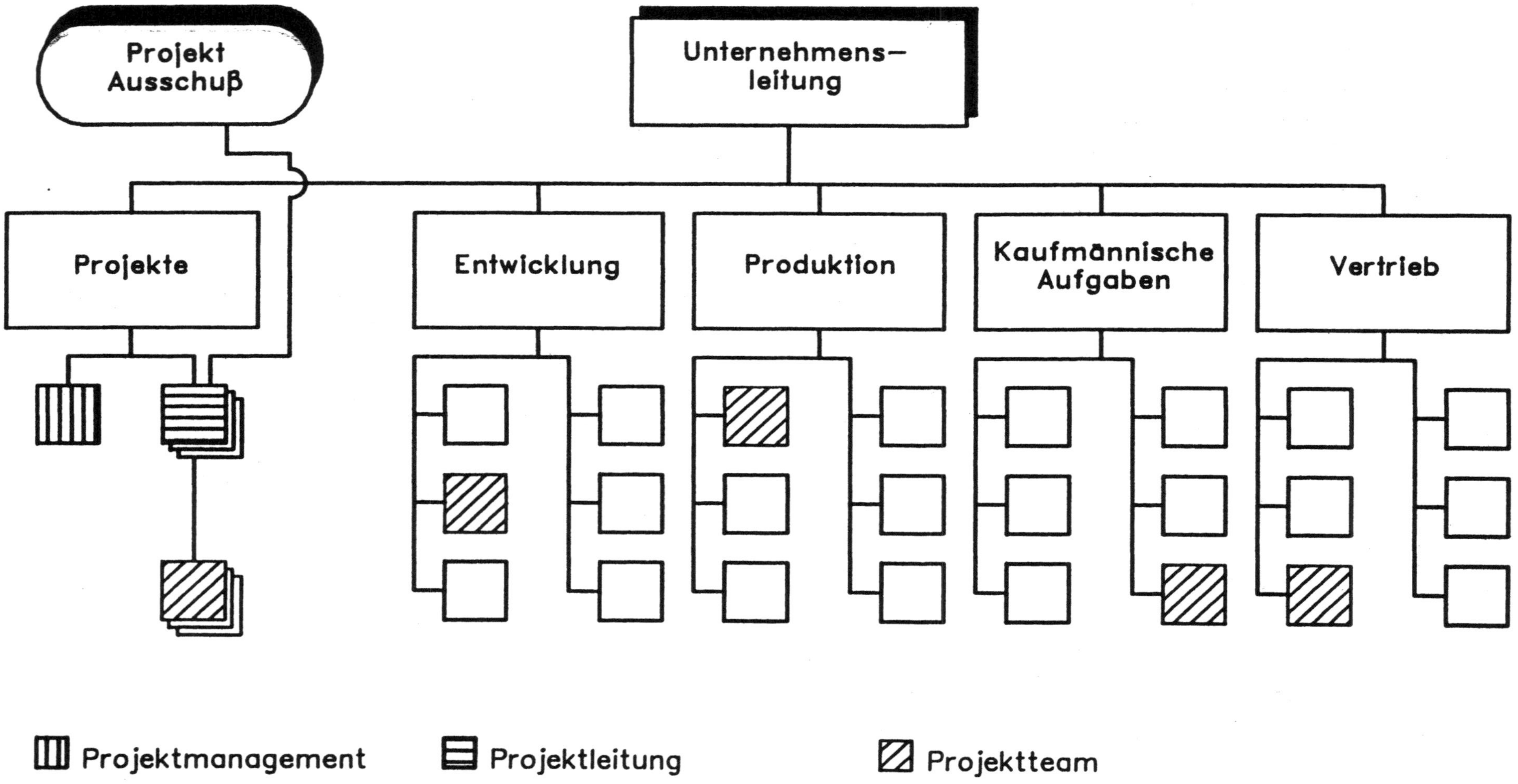

Technologiekonformes Organisationskonzept

Projekt Ausschuß

Unternehmensleitung
- Entwicklung
- Produktion
- Kaufmännische Aufgaben
- Vertrieb

Projekte

Legende:
- ▦ Projektmanagement
- ▤ Projektleitung
- ▨ Projektteam

Mercedes–Benz AG
Geschäftsbereich PKW

Bild 6
09/89

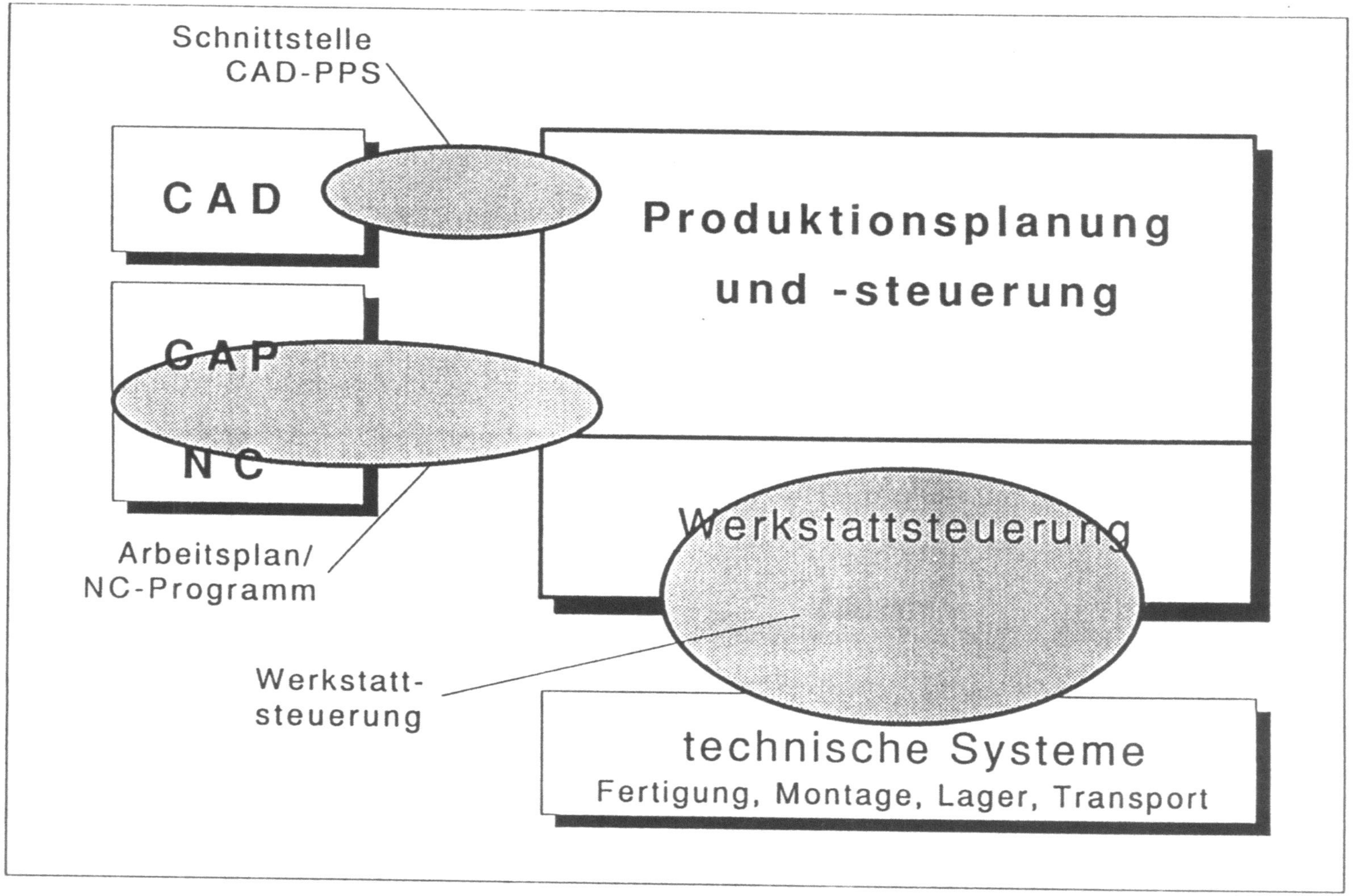

PPS-Integration
Problemkreise

Produktionsplanung und -steuerung

Schnittstelle CAD-PPS

CAD

CAP
NC

Arbeitsplan/NC-Programm

Werkstattsteuerung

Werkstattsteuerung

technische Systeme
Fertigung, Montage, Lager, Transport

Mercedes–Benz AG
Geschäftsbereich PKW

Bild 7
09/89

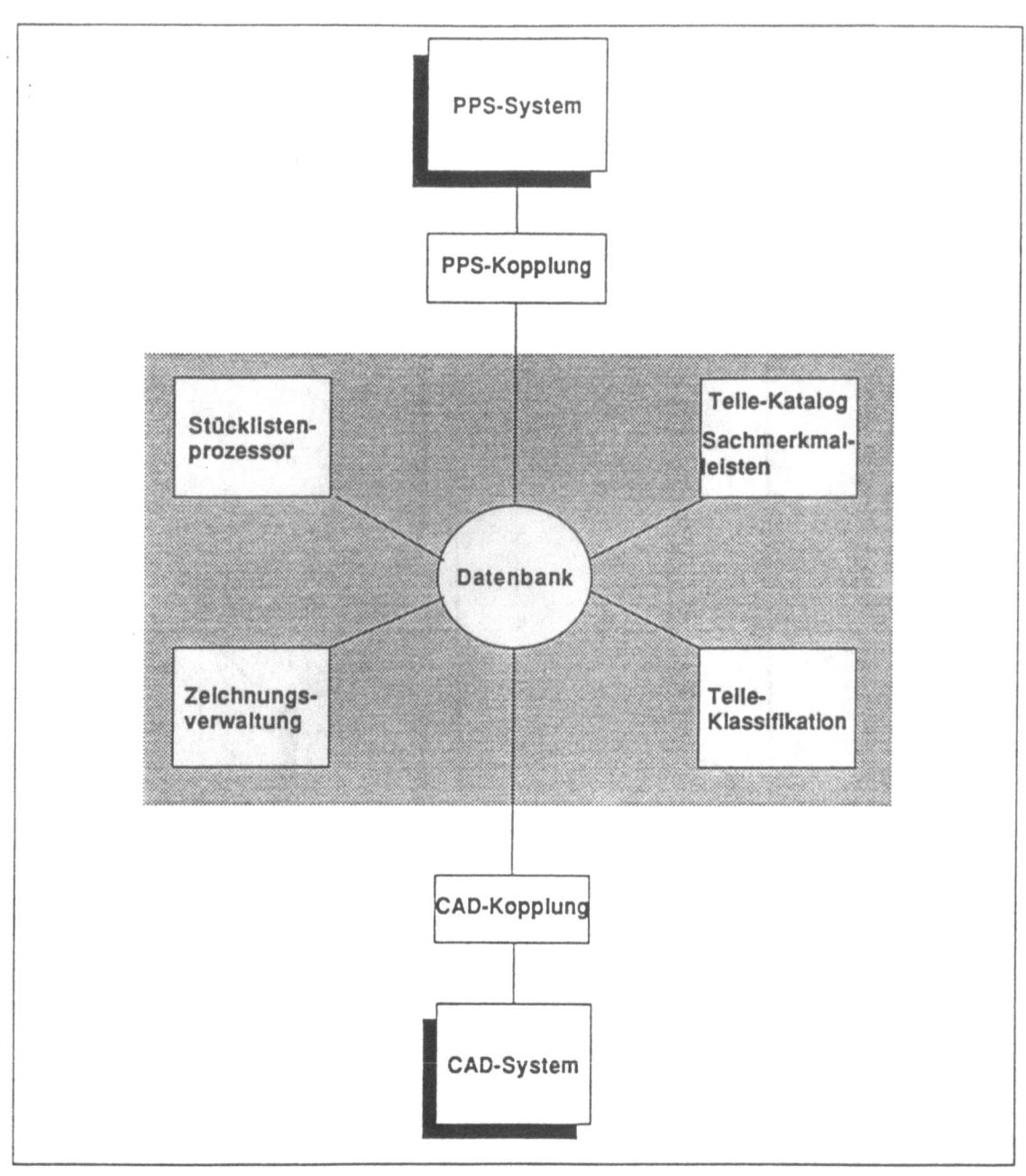

Mercedes-Benz AG
Geschäftsbereich PKW

PPS-CAD
Datenintegration

Bild 8
09/89

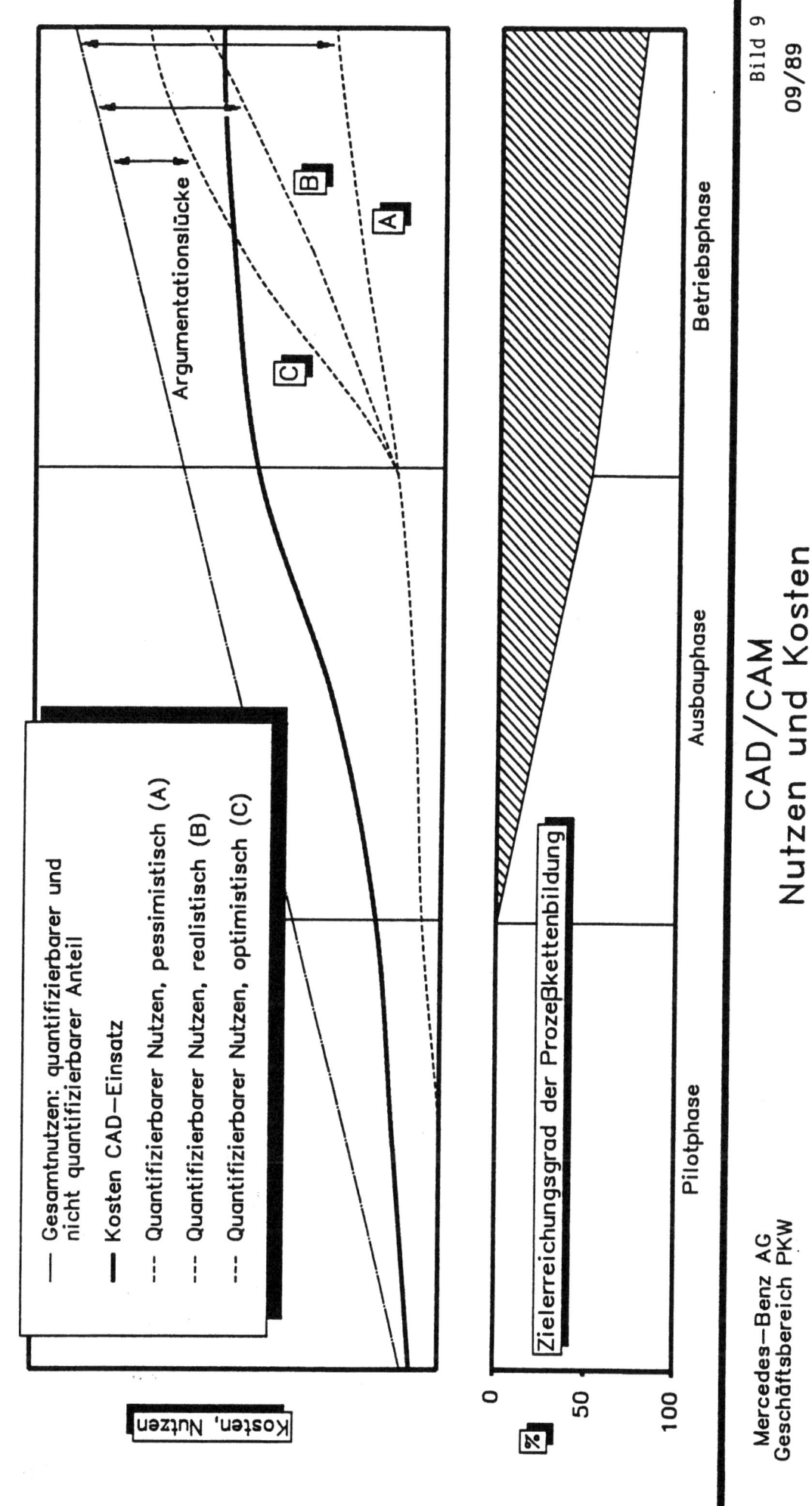

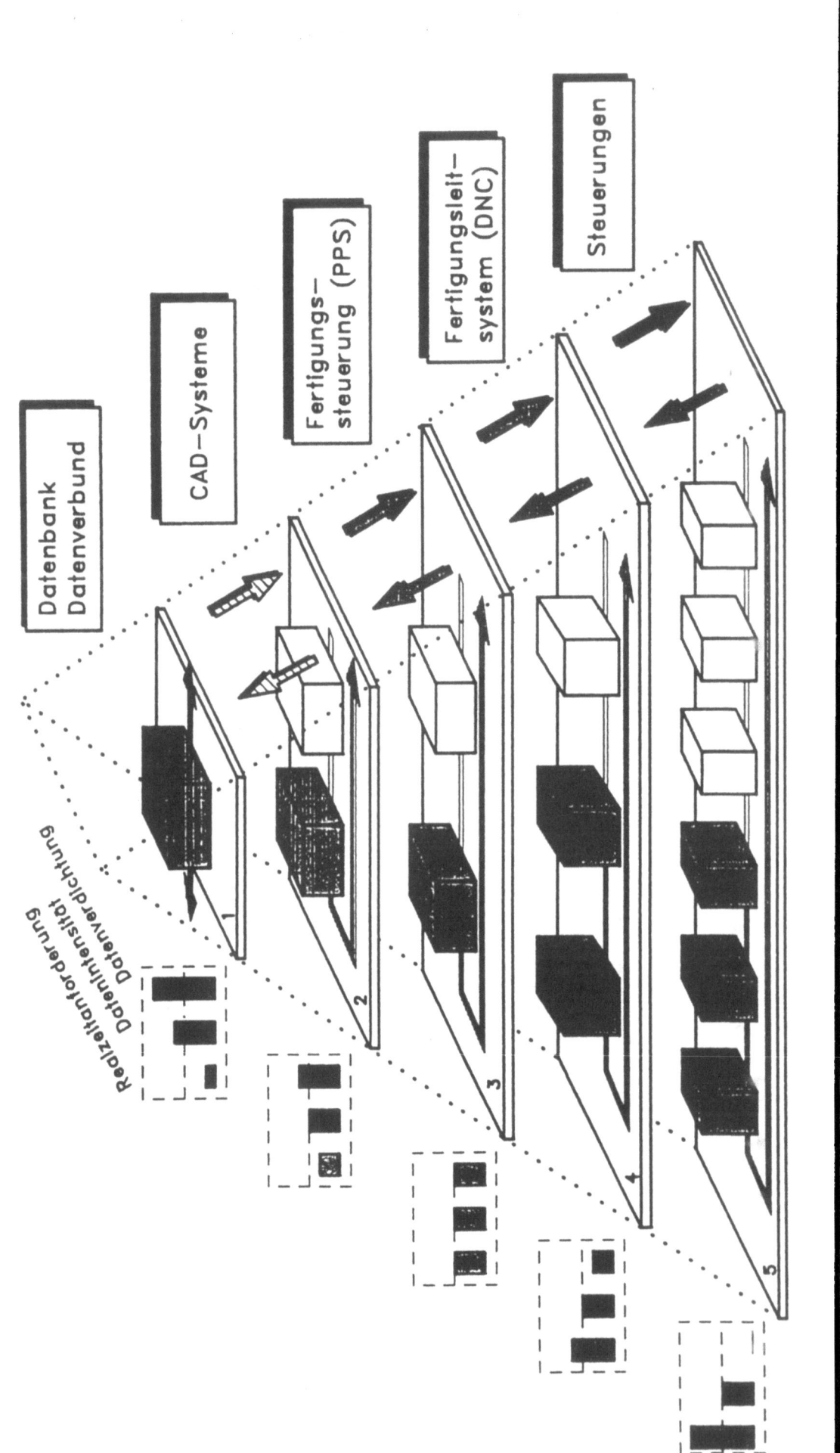

Ebenenmodell der Produktion
– Beispiel CAD/CAM Prozeßkette –

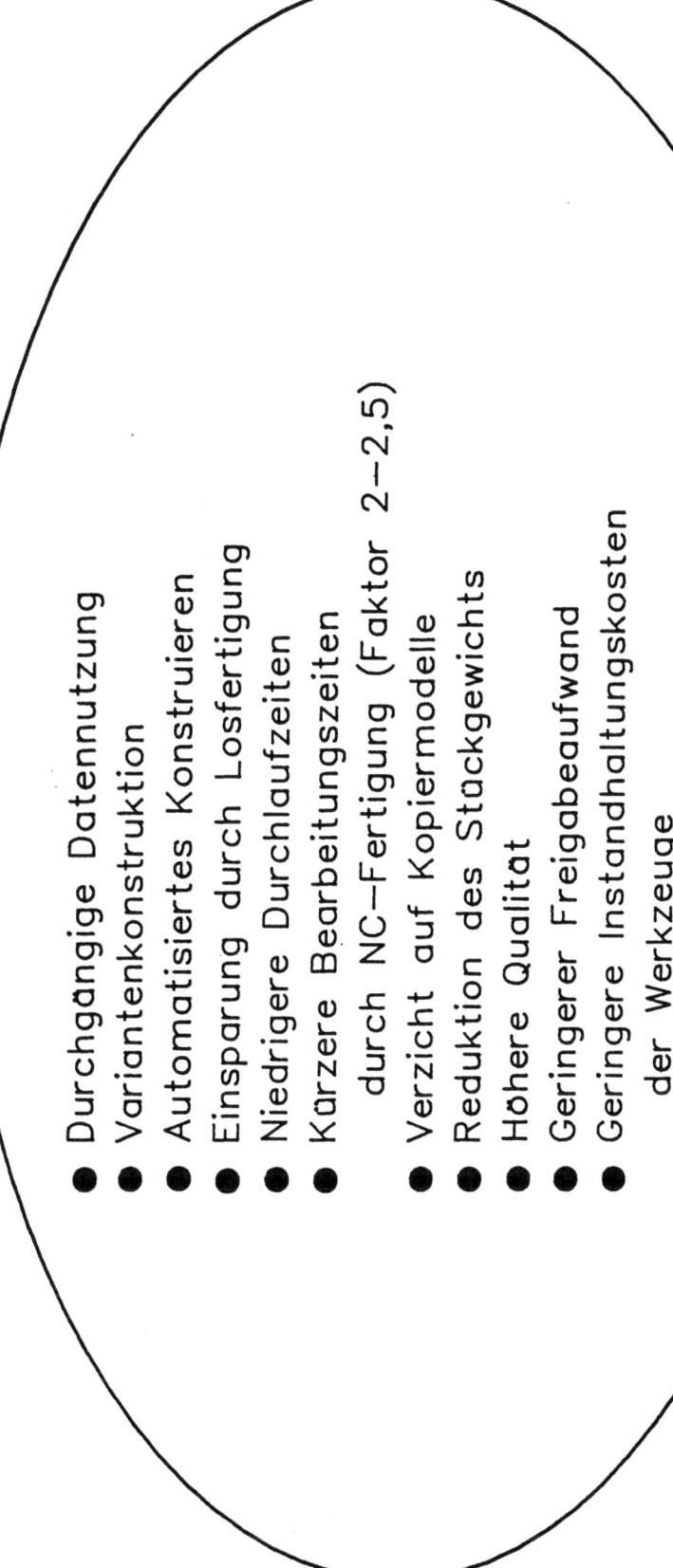

Vorteile von CAD/CAM im Werkzeugbau

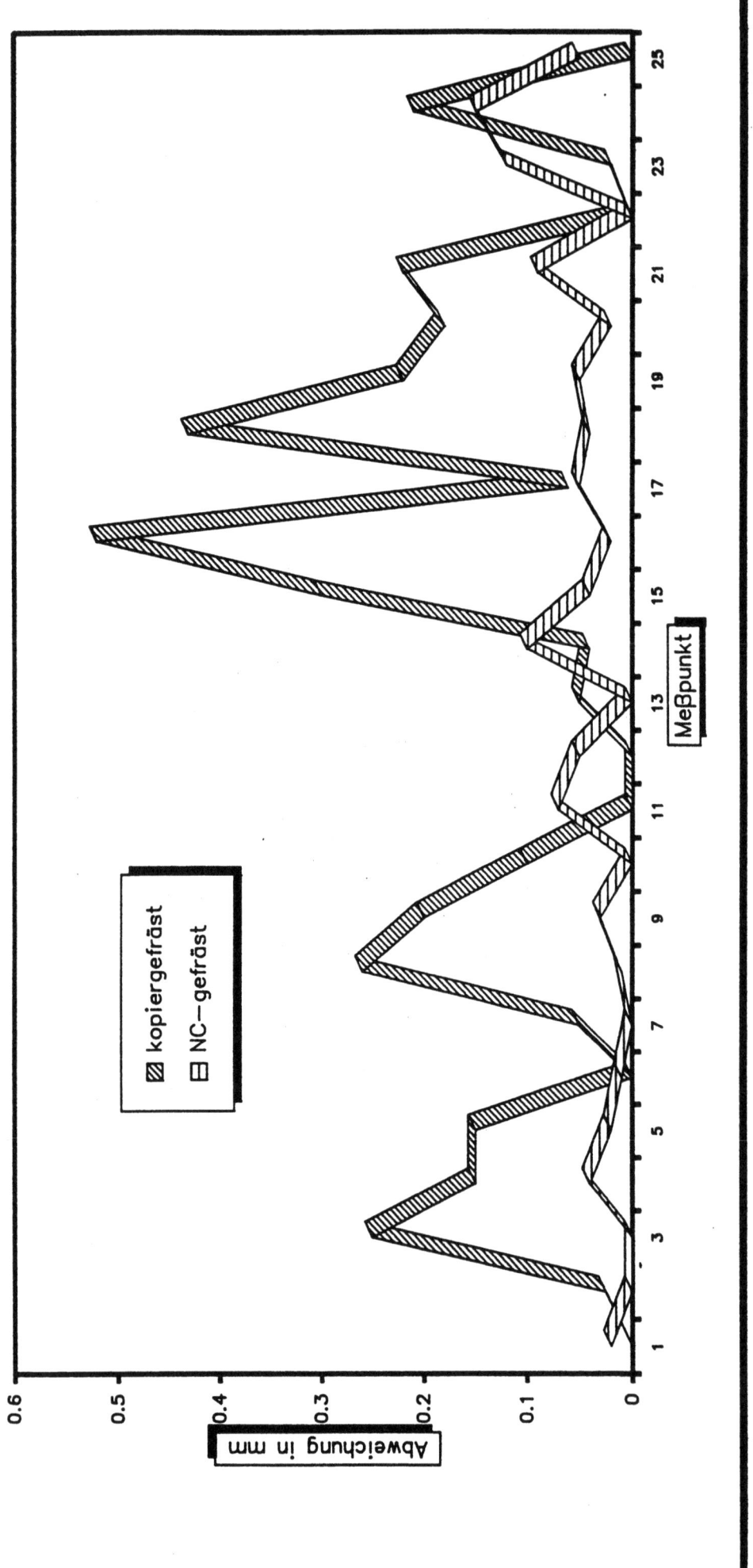

	Betriebsart	
	Typ	Anteil (%)
8 Drehmaschinen	2 Achs	80
5 Bohr-/Fräswerke	2,5 Achs 3 Achs	70 10
7 Fräszentren (3–5 Achsen)	2,5 Achs 3 Achs 5 Achs	40 50 10
6 Fräszentren (5 Achsen)	2,5 Achs 3 Achs 5 Achs	25 30 40
2 Modellfräsm.	3 Achs	70

Achsen	Maschinen
2	6,4
2,5	7,8
3	7,2
5	3,1

Programmierer pro Maschine
0,3
1,0
1,7
2,5

Personal-/Arbeitsplatzbedarf
NC-fertigen, modellieren, konstruieren

Anzahl Mitarbeiter (NC/CAM)
Anzahl graphische Arbeitsplätze

Mercedes-Benz AG
Geschäftsbereich PKW

Gießwerkzeugbau
Maschinen–Personal–Arbeitsplätze

Bild 13
09/89

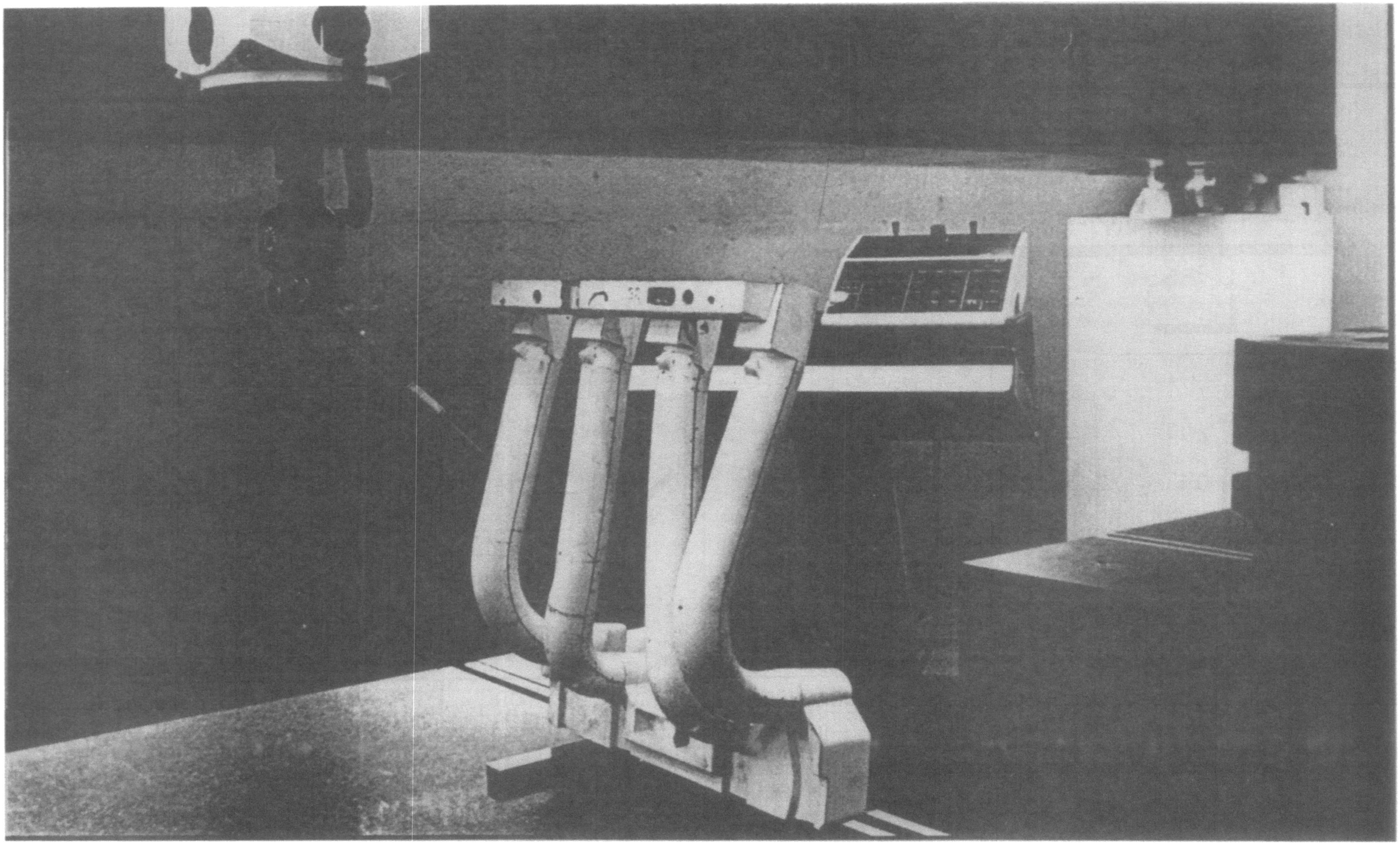

CAQ-Integration
Meßdatenerzeugung

Mercedes-Benz AG
Geschäftsbereich PKW

Bild 14
09/89

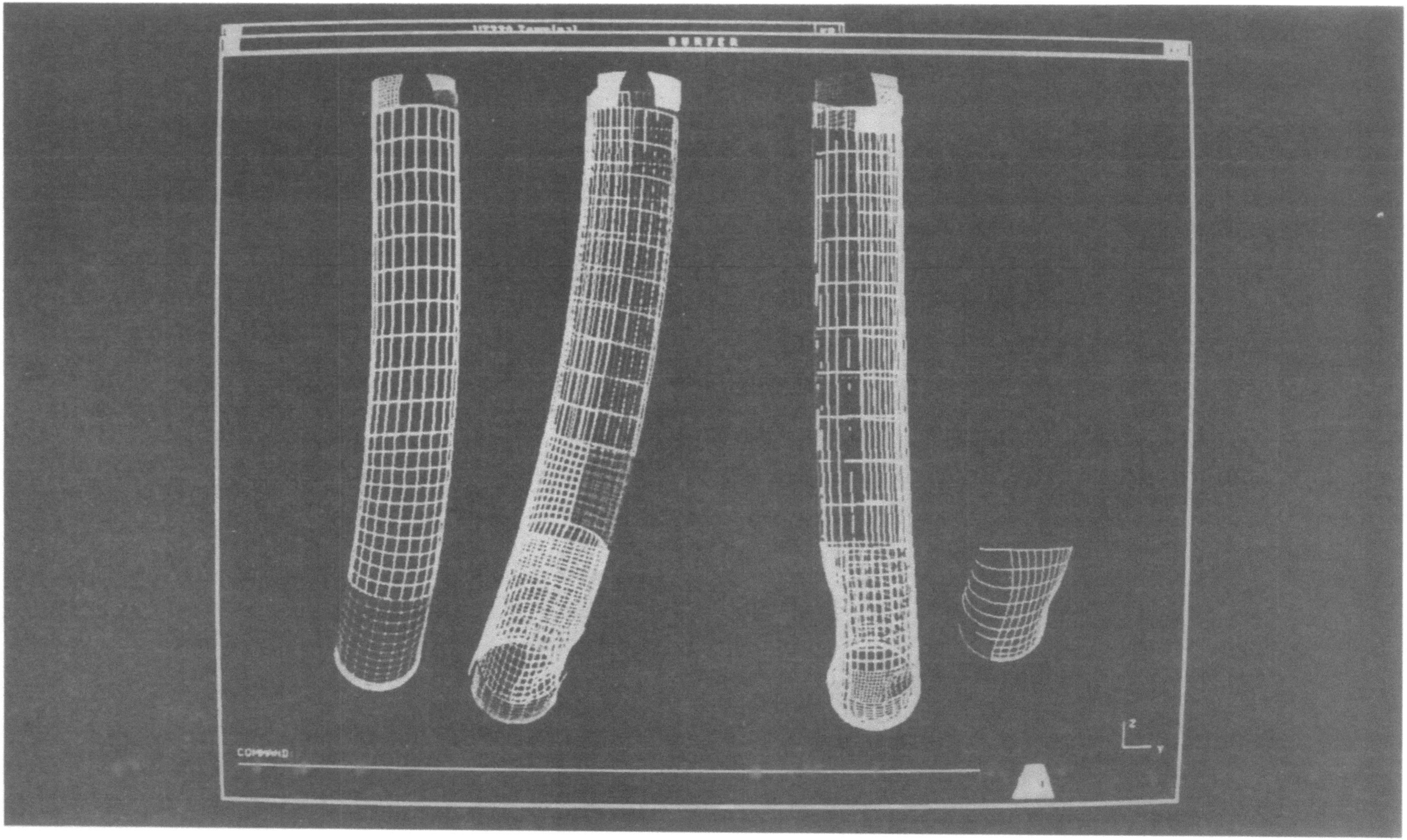

Mercedes-Benz AG
Geschäftsbereich PKW

CAQ-Integration
Flächendarstellung im CAQ-System

Bild 15
09/89

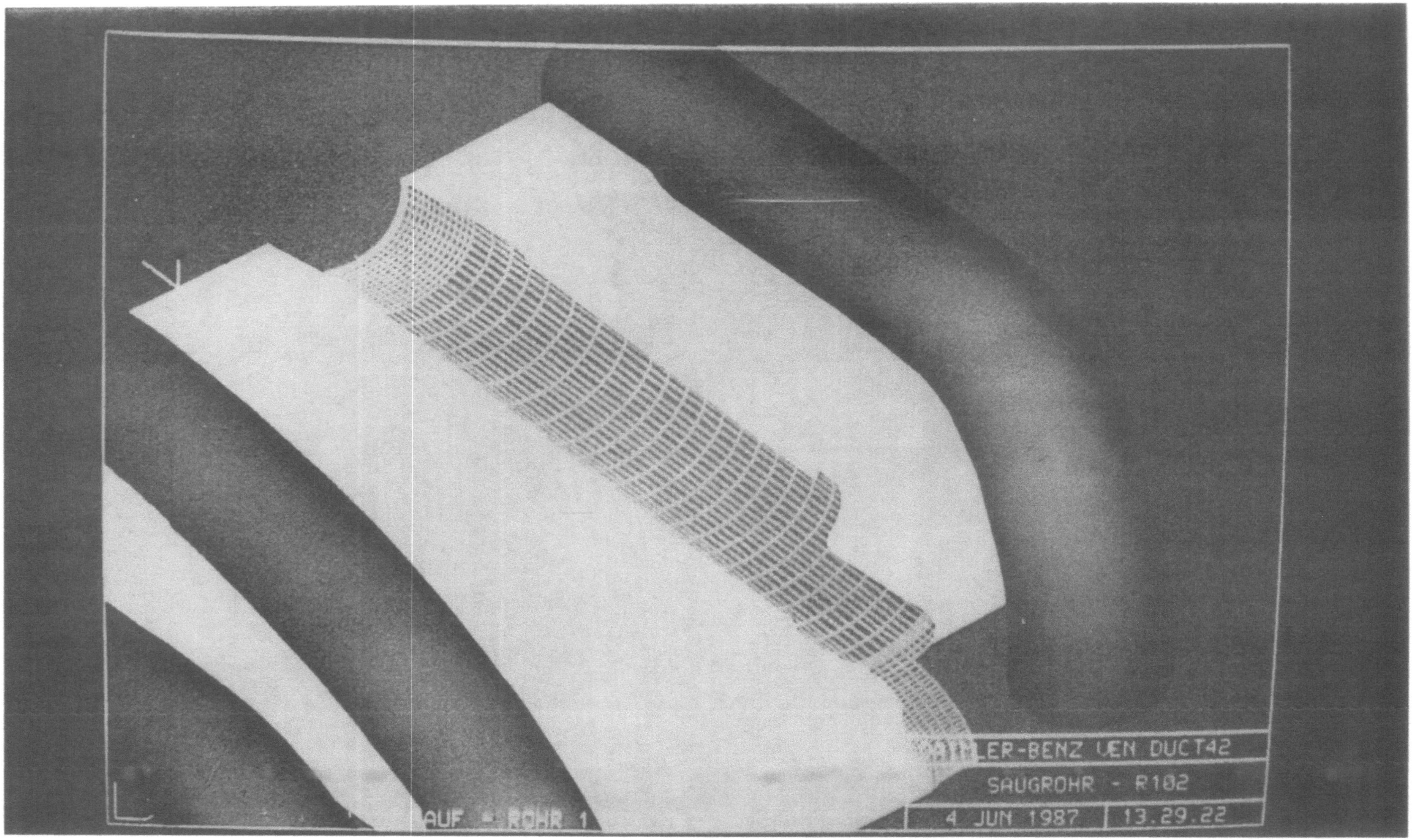

CAQ-Integration
Flächendarstellung im CAD-System

Mercedes-Benz AG
Geschäftsbereich PKW

Bild 15
09/89

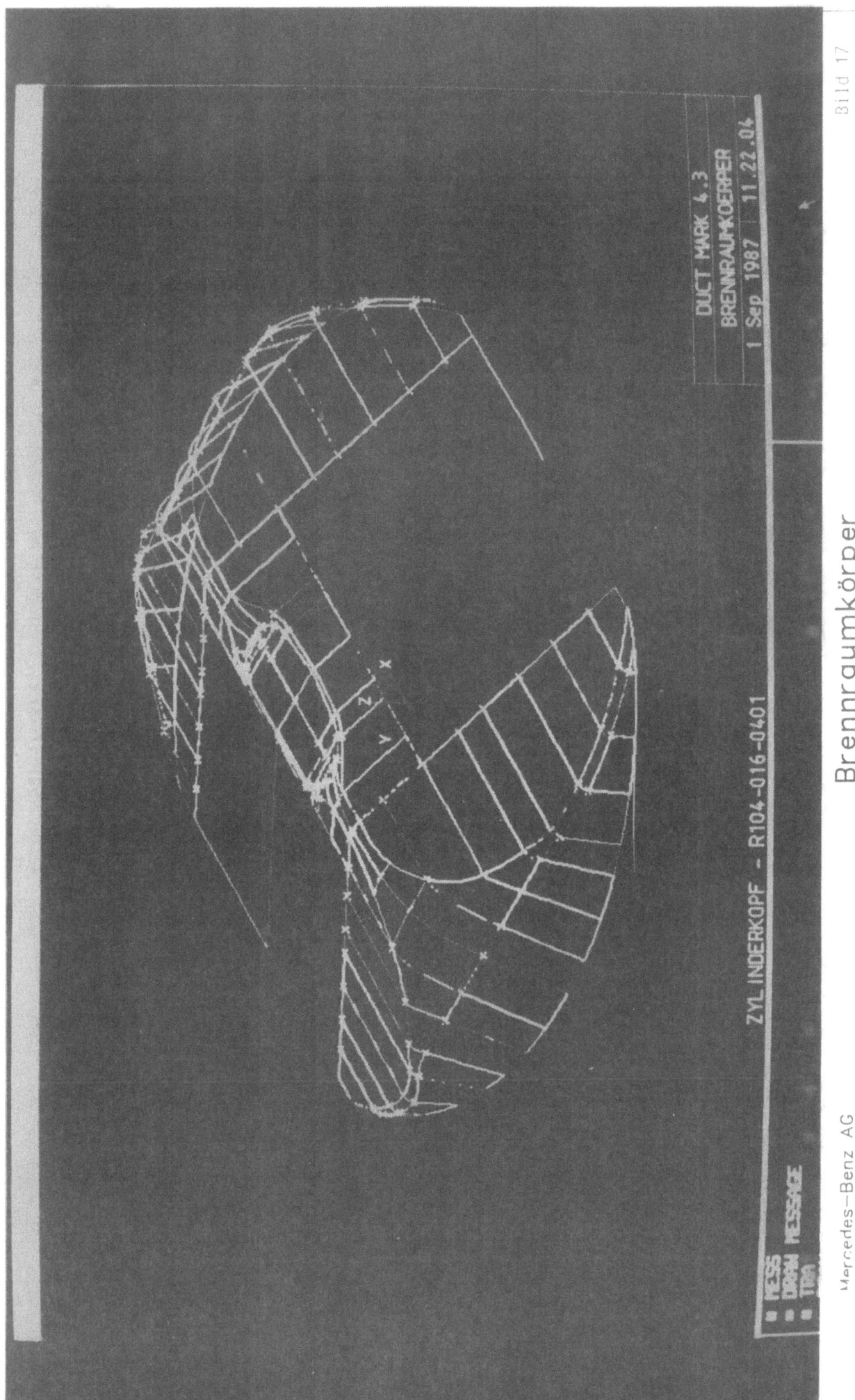

Brennraumkörper
CAD-Flächengenerierung

Brenraumkörper
CAD-Flächenmodell

Mercedes-Benz AG
Geschäftsbereich PKW

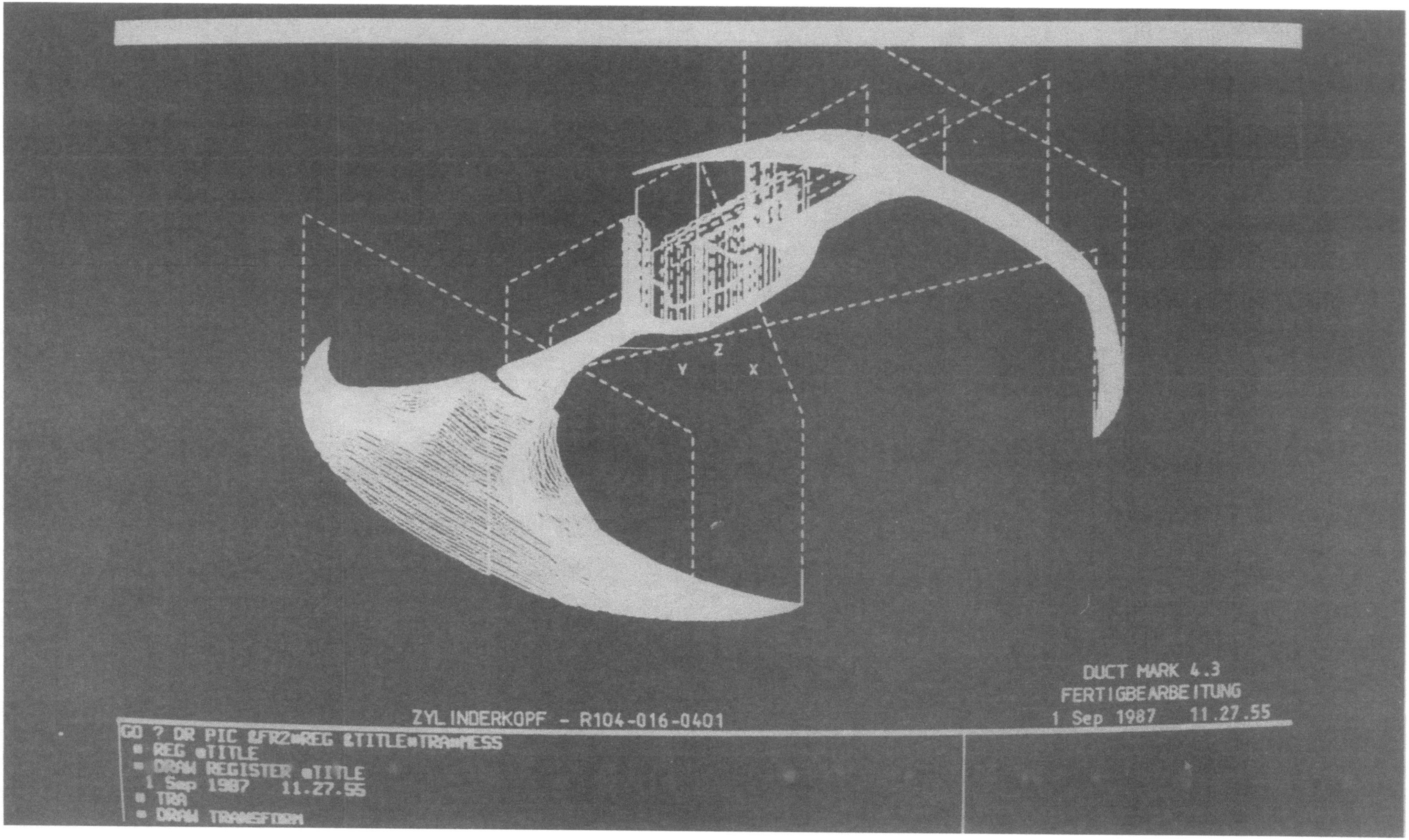

Bild 19: Brennraumkörper NC-Wegdarstellung, Vorfräsen

Mercedes-Benz AG
Geschäftsbereich PKW

09/89

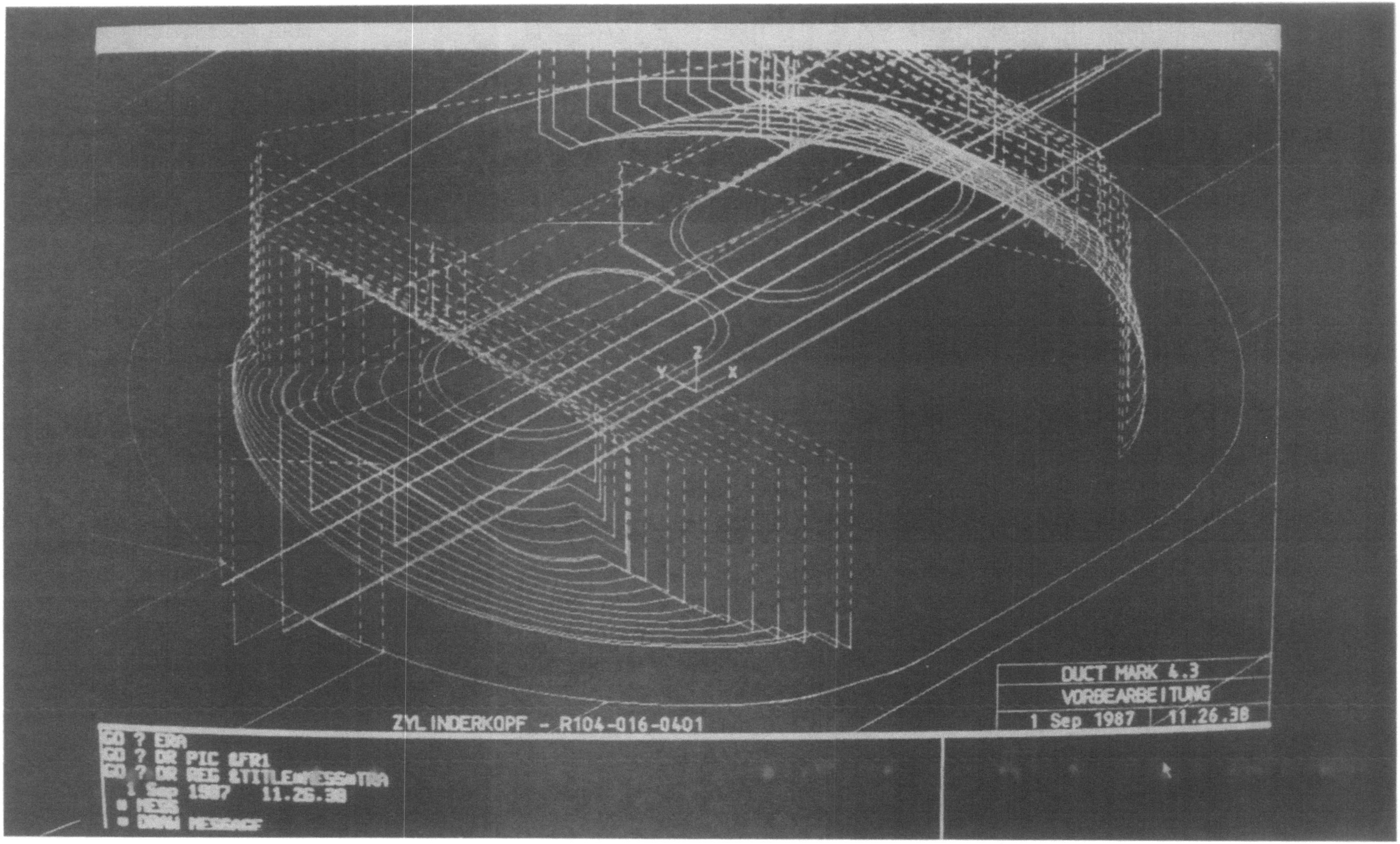

Brennraumkörper
NC-Wegdarstellung, Fertigfräsen

Mercedes-Benz AG
Geschäftsbereich PKW

Bild 20
09/89

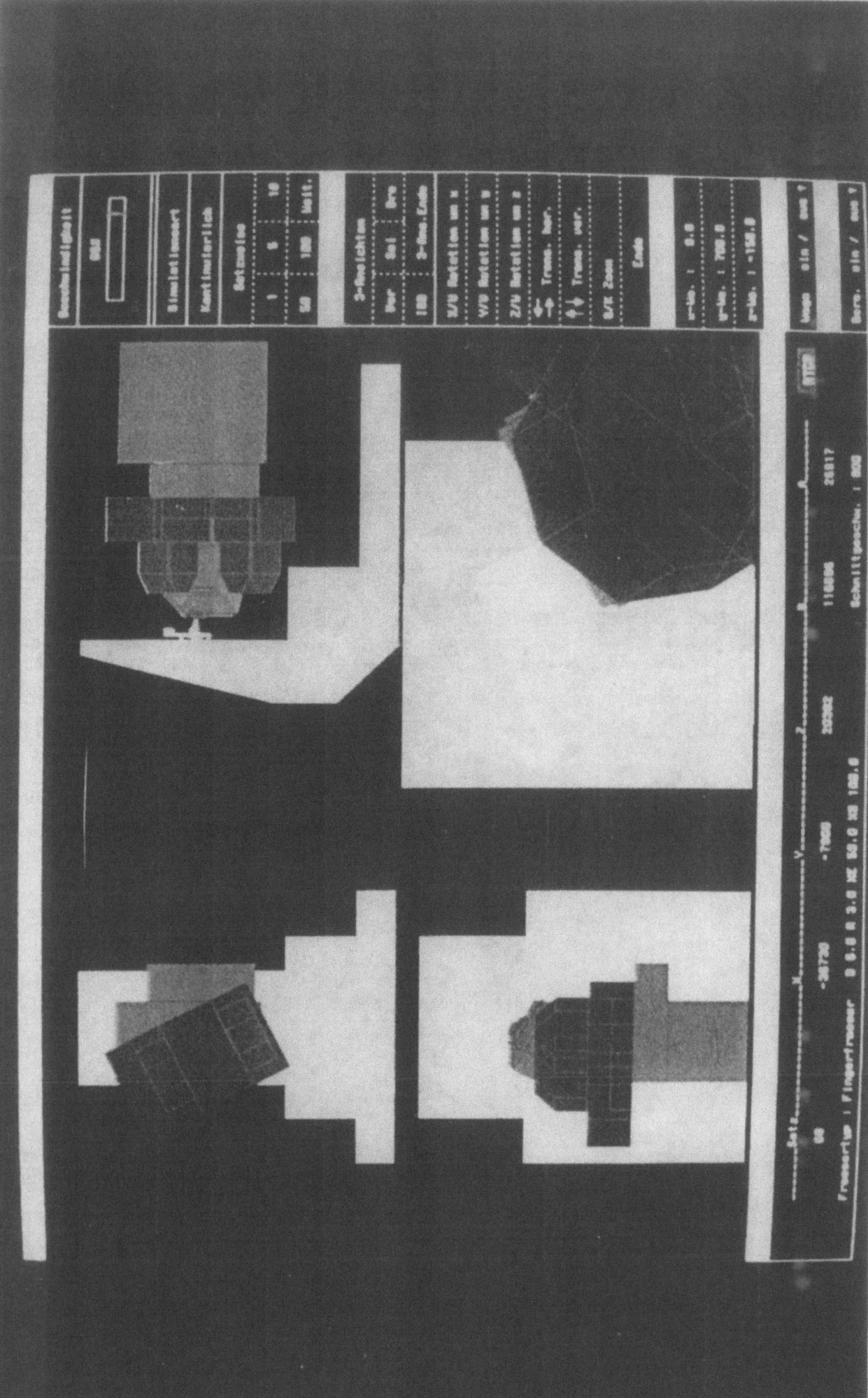

Mercedes-Benz AG
Geschäftsbereich PKW

5-Achs Bearbeitung
Simulation

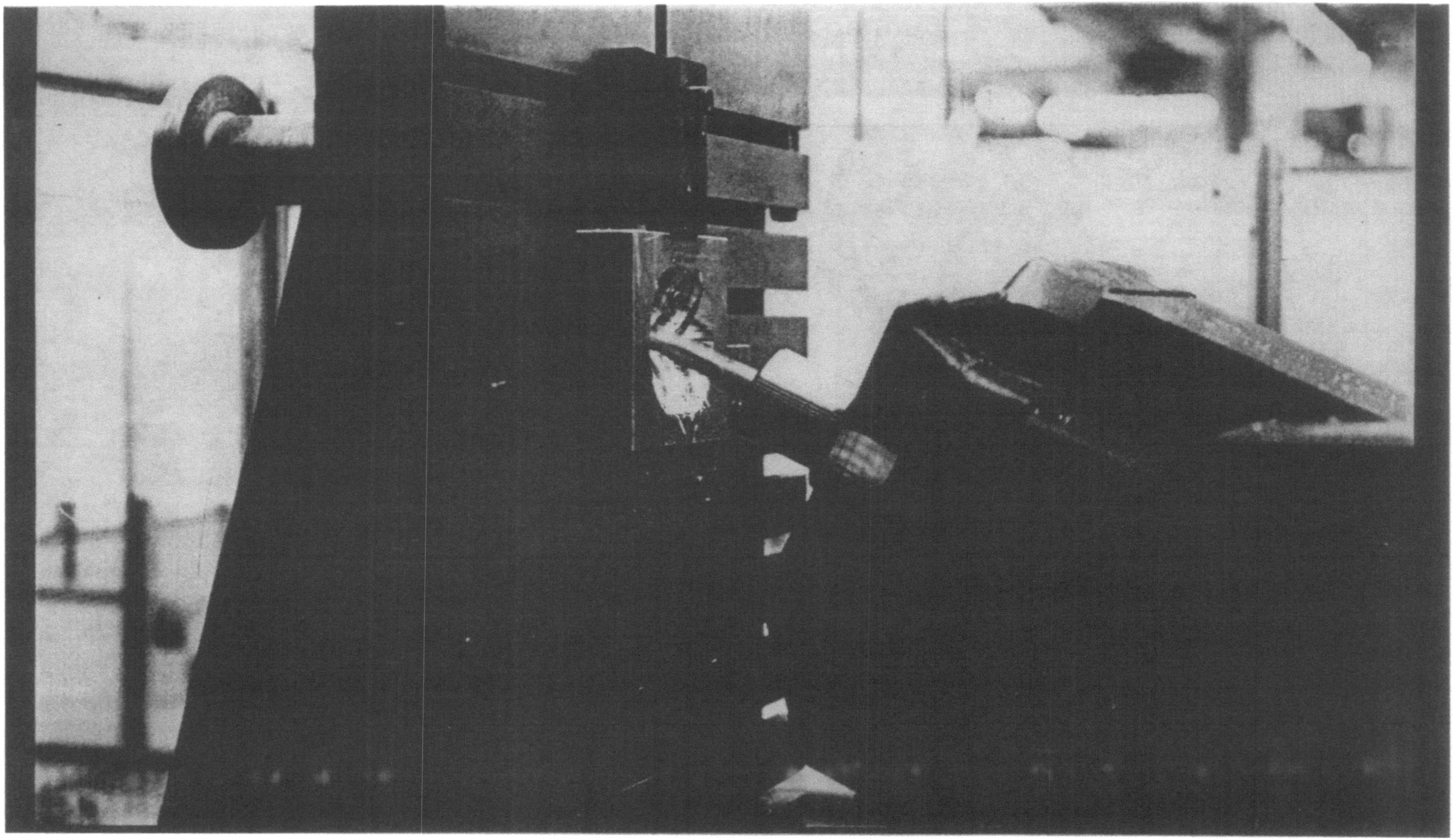

5-Achs Bearbeitung
Brennraum

Mercedes-Benz AG
Geschäftsbereich PKW

Bild 22
09/89

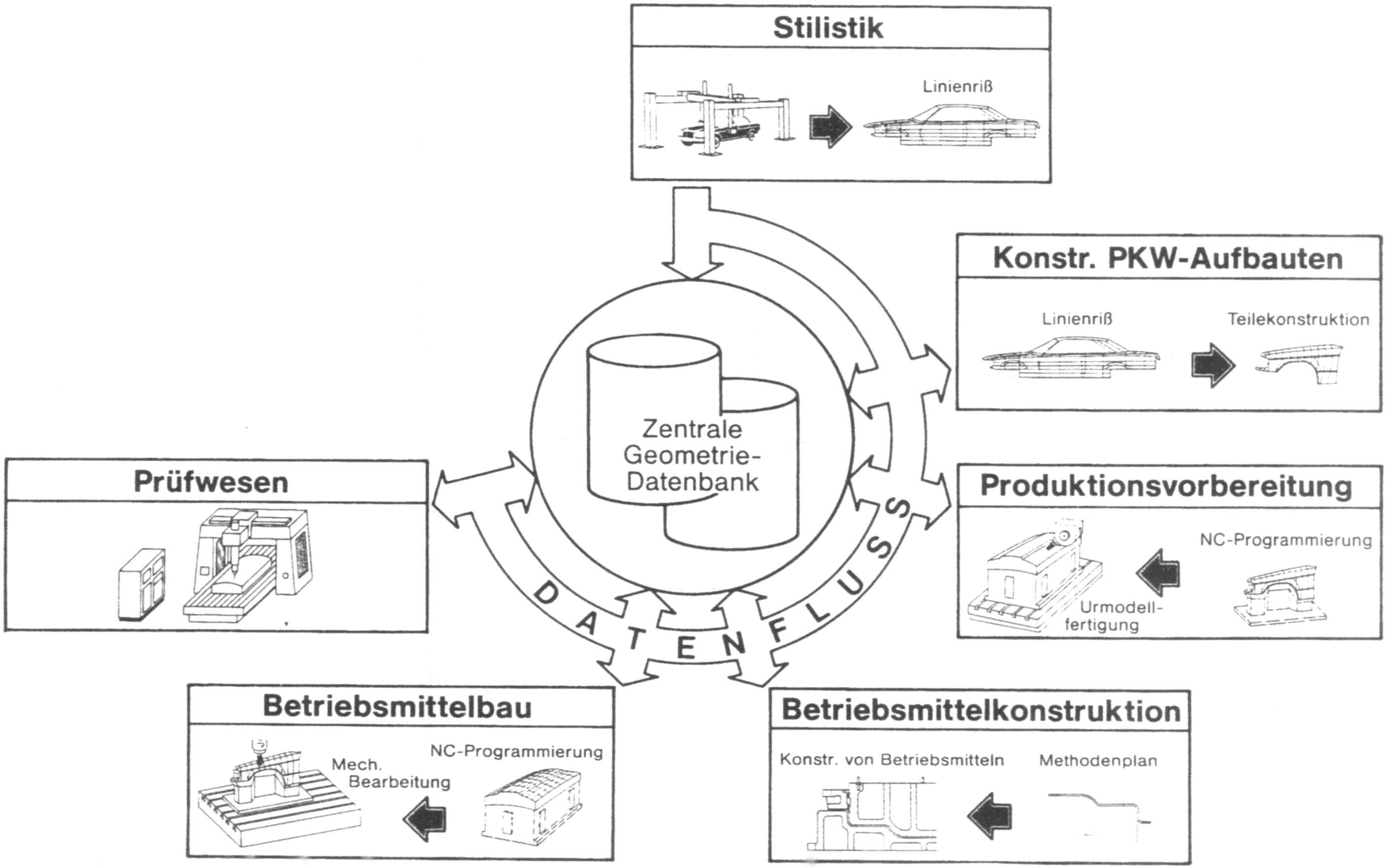

CAD/CAM – Prozeßkette

DATENFLUSS

- **Stilistik**: Linienriß
- **Konstr. PKW-Aufbauten**: Linienriß → Teilekonstruktion
- **Produktionsvorbereitung**: NC-Programmierung → Urmodellfertigung
- **Betriebsmittelkonstruktion**: Konstr. von Betriebsmitteln → Methodenplan
- **Betriebsmittelbau**: NC-Programmierung → Mech. Bearbeitung
- **Prüfwesen**

Zentrale Geometrie-Datenbank

Mercedes-Benz AG
Geschäftsbereich PKW

Bild 23
09/89

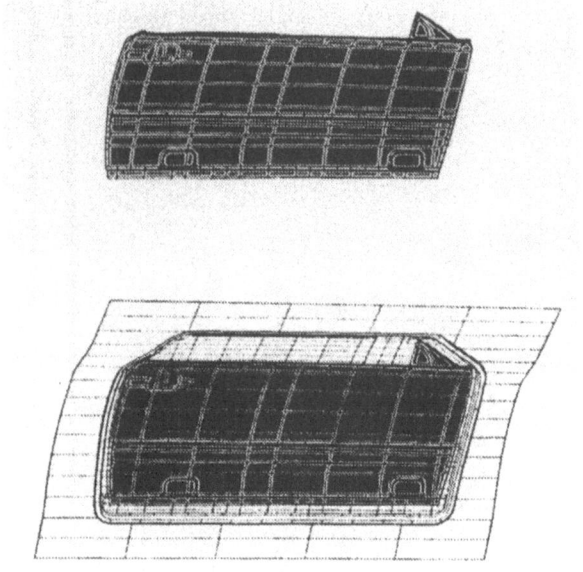

Bauteildaten
z.B. Fahrertür

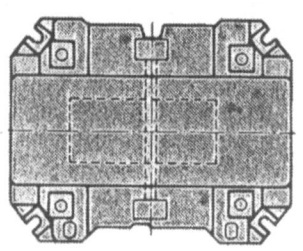 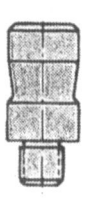

Umformgeometrie
z.B. Ziehanlage Fahrertür

**DIN-Normteile,
Firmenstandards**

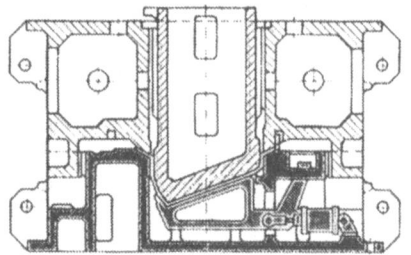

Konstruktionen
- Werkzeuge
- Vorrichtungen
- Lehren

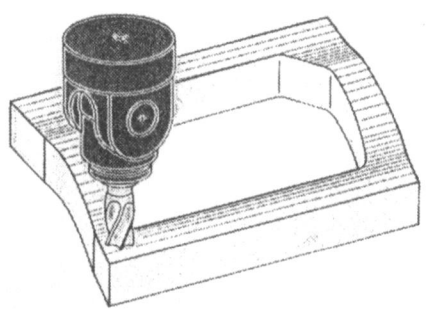

NC-Programme

Umfang des Datenaustausches

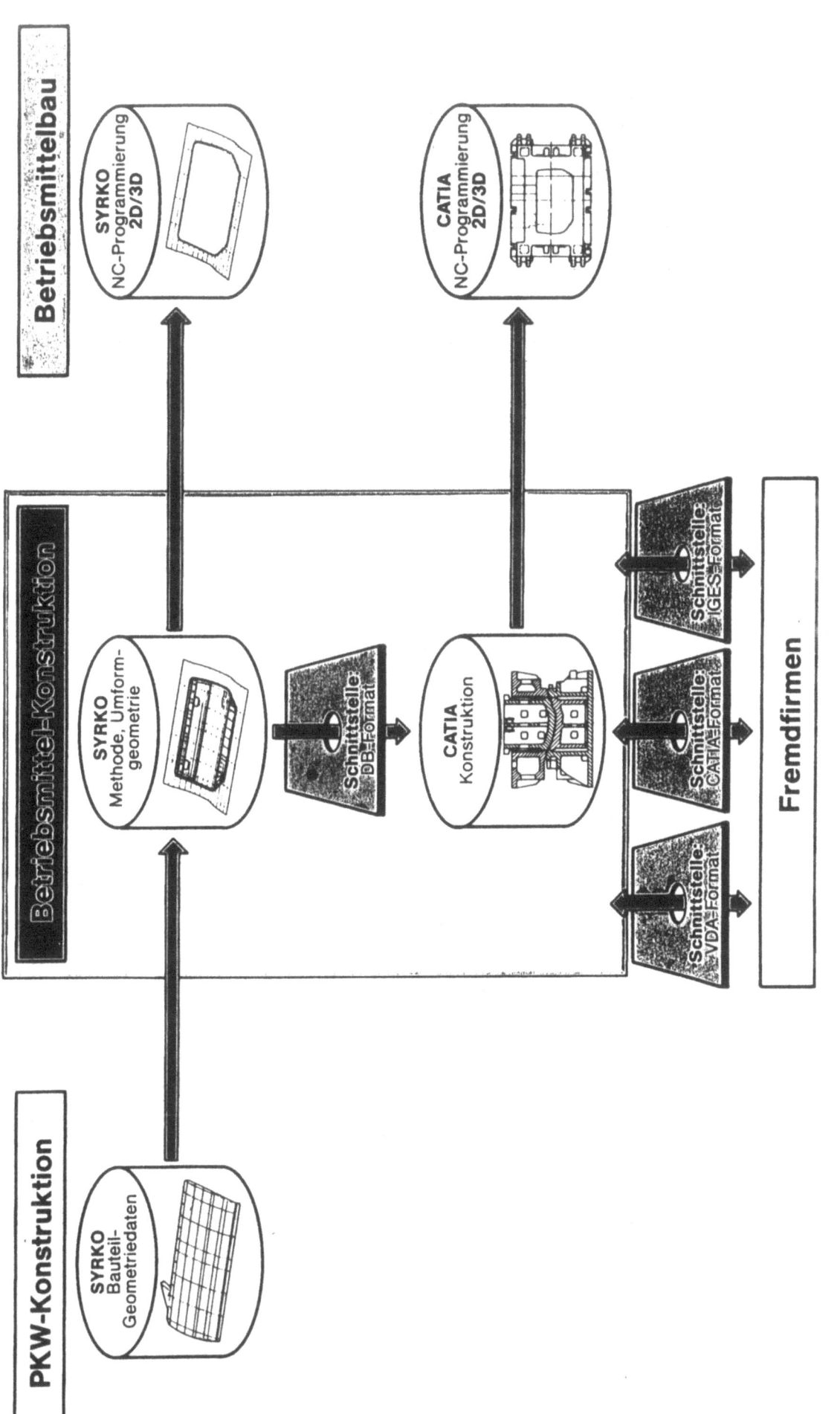

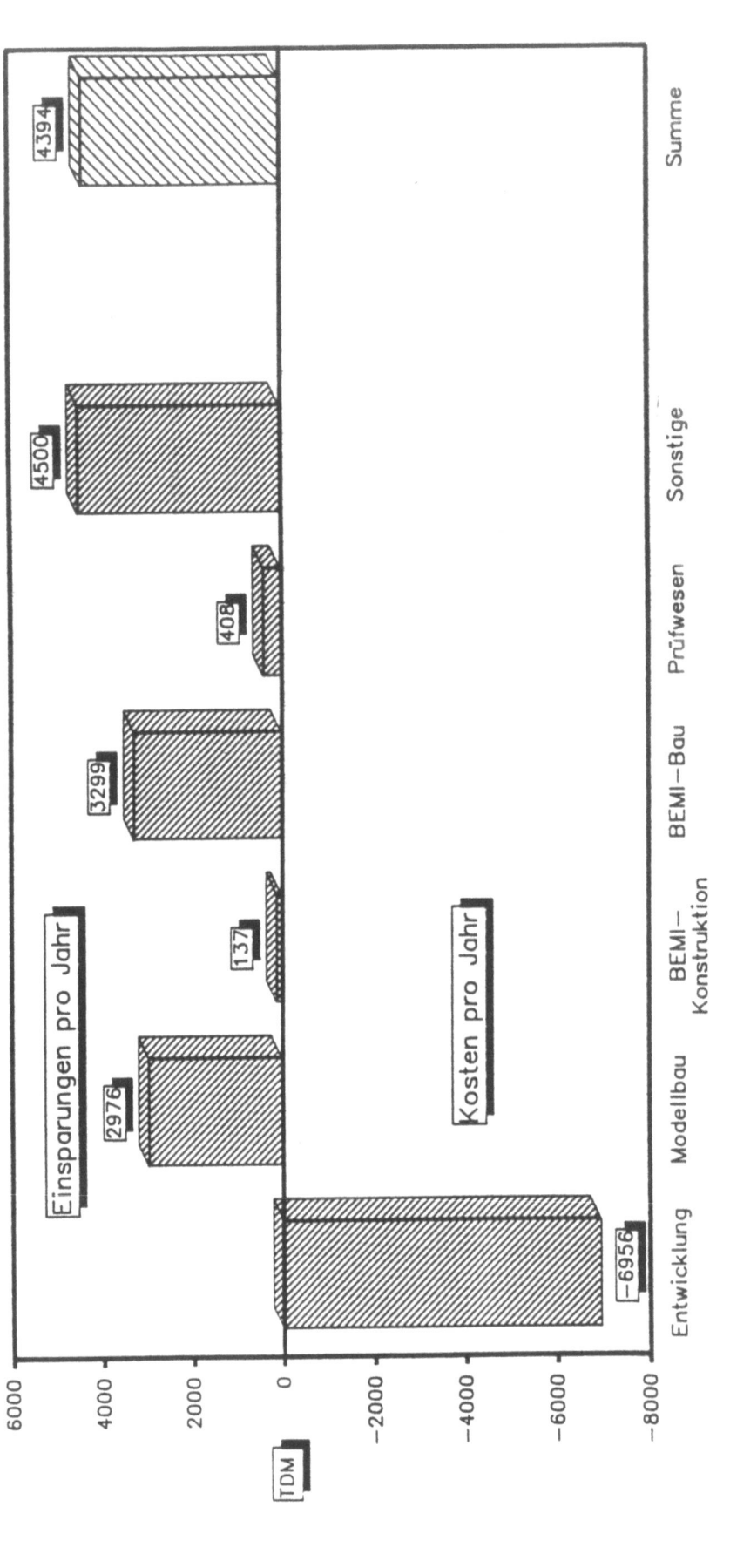

Aufgabenstellung

Durch Layoutentwürfe soll die Verwendbarkeit des Roboters und ein kollisionsfreier Bewegungsablauf ermittelt werden

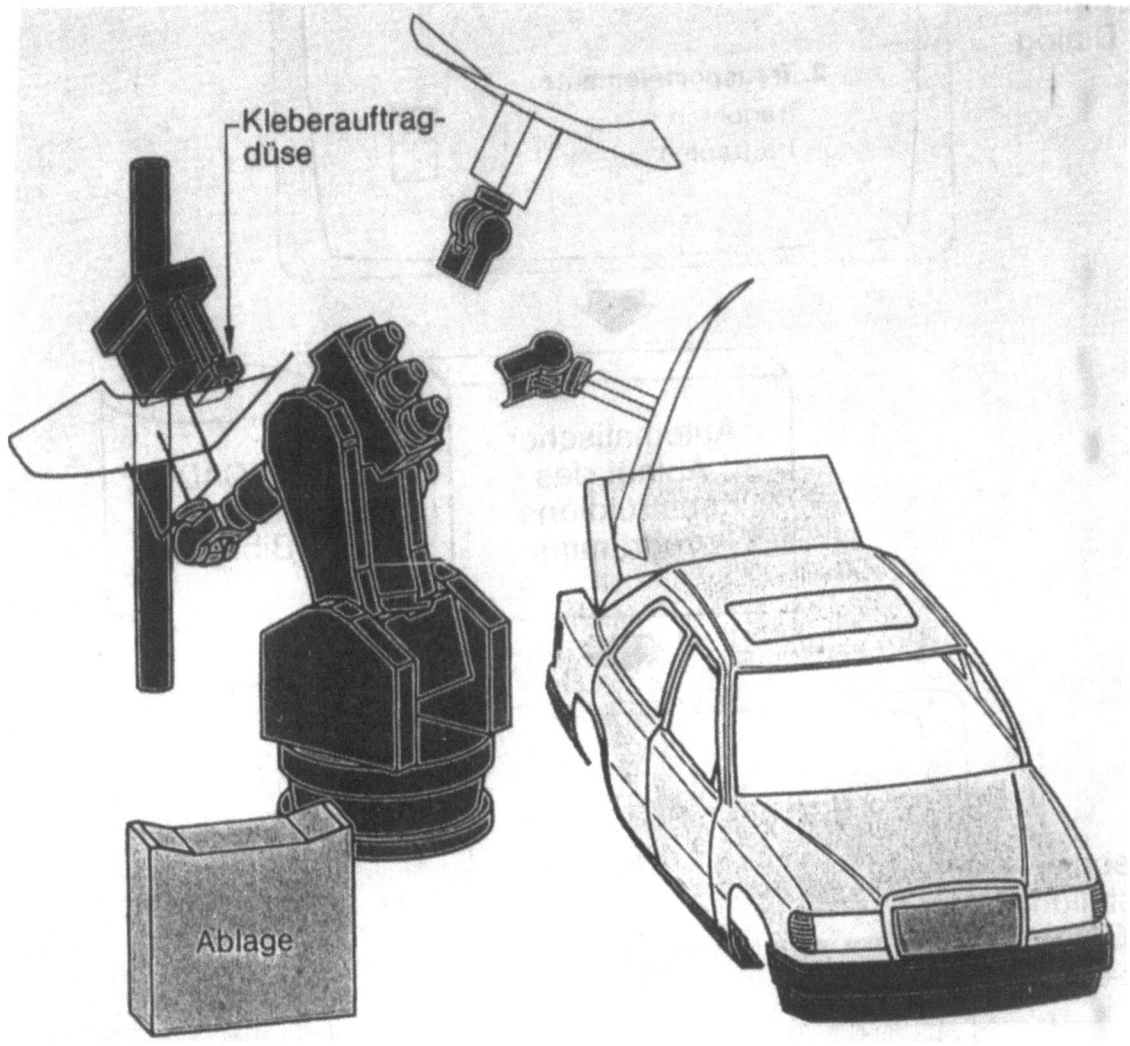

Lösungsweg

- 3D-Darstellung der Station in CATIA
- Simulation des Ablaufes mit Modul CATIA ROBOTICS

Ergebnis

Im Vergleich zur konventionellen Untersuchung wird erreicht:
- Reduzierung der Untersuchungszeit um 80%
- Verzicht auf Tests im Roboterversuchsfeld

Mercedes-Benz AG
Geschäftsbereich PKW

CAD/CAM
Robotersimulation

Aufgabe: Konstruktion eines Ziehwerkzeuges

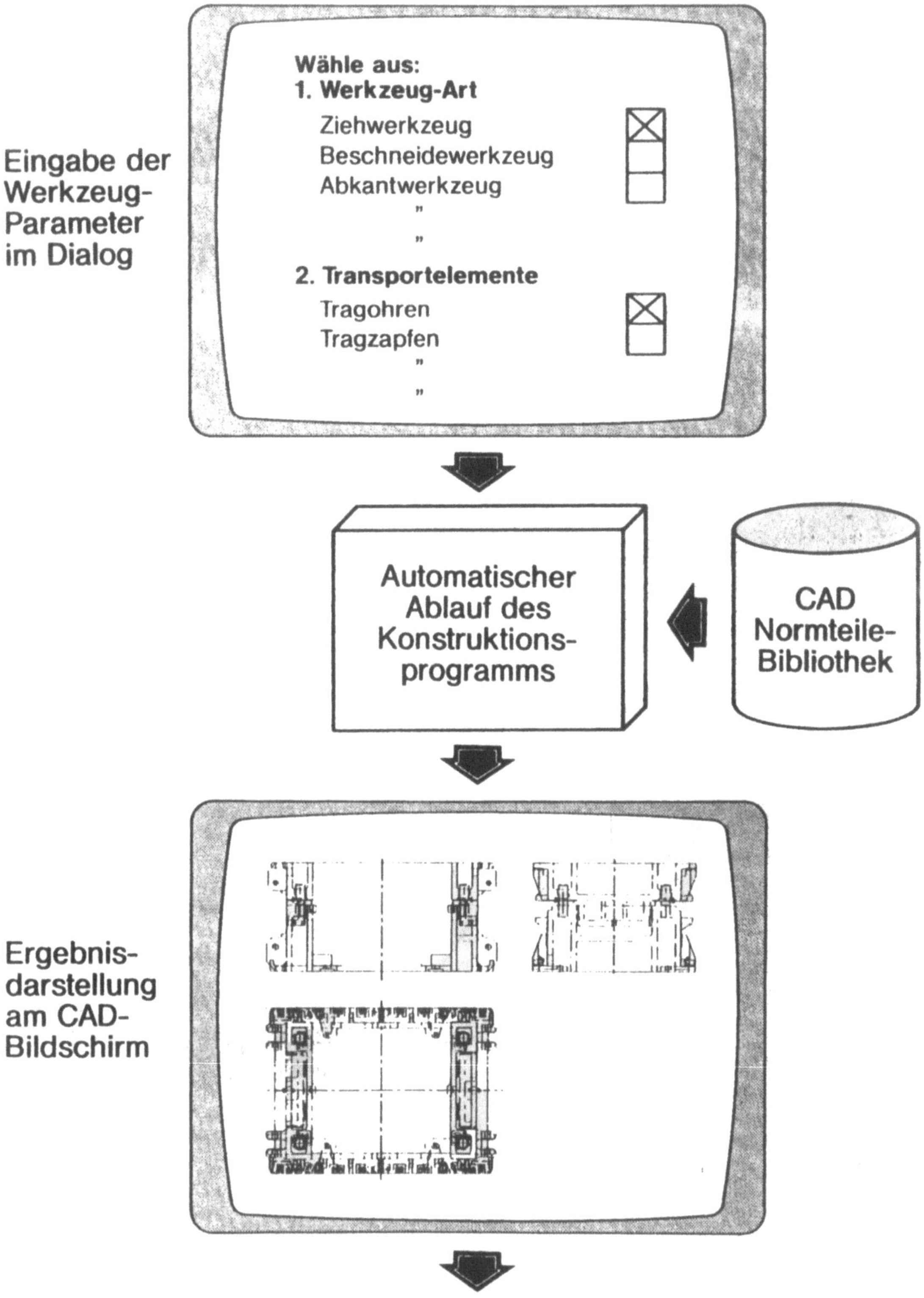

Eingabe der Werkzeug-Parameter im Dialog

Wähle aus:
1. **Werkzeug-Art**
   Ziehwerkzeug ☒
   Beschneidewerkzeug ☐
   Abkantwerkzeug ☐
   "
   "

2. **Transportelemente**
   Tragohren ☒
   Tragzapfen ☐
   "
   "

Automatischer Ablauf des Konstruktionsprogramms ← **CAD Normteile-Bibliothek**

Ergebnisdarstellung am CAD-Bildschirm

Interaktive Vervollständigung der Konstruktion am CAD Bildschirm

---

Mercedes-Benz AG
Geschäftsbereich PKW

CAD/CAM
Konstruktionsautomatisierung

Bild 28
09/89

Vernetzung/Integration

- Verbreitung von Kommunikationseinrichtungen und -diensten
- Direkte Prozeßanbindung (MDE, BDE)
- Verbundlösungen für Planung und Steuerung

Dezentralisierung

- Großrechnerentlastung
- Workstations
- PC-Vernetzung
- Low-Cost-Systeme im CAD-Bereich

Standardisierung

- Standardsoftware (z.B. PPS)
- Kommunikation (MAP, PROFIBUS)
- Relationale Datenbanken (SQL)
- Betriebssysteme (UNIX)
- Schnittstellen (IGES, VDAFS, STEP)

CAD/CAM-relevante
Entwicklungstrends

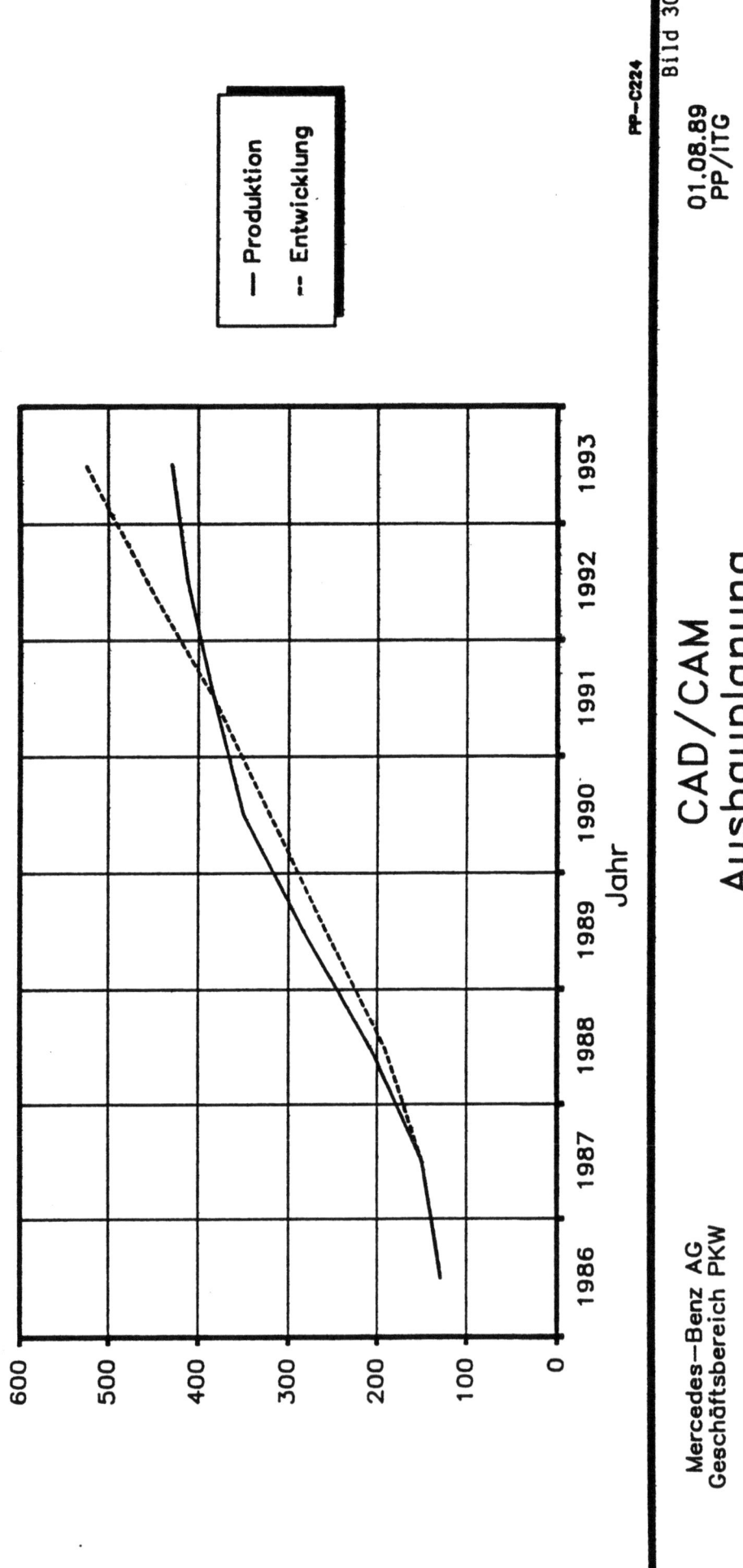

Grafische Bildschirme Karosseriekonstruktion:	140 - 400
Bildschirme pro Werkzeug:	2,5 - 8

Datenfluß Karosseriekonstruktion und BM:
   -Außenhaut
   - Innenteile
	-100% Flächenmodelle
	-100% Draht (Honda)
	bis 100% Flächen (Nissan)

CAD-Systeme:	-Eigenentwicklungen (alle) -zusätzl. CATIA, CADAM (HONDA)
Datenhaltung / Archivierung:	Eigenentwicklungen
Hardware:	Workstations im Pilotbetrieb

CAD/CAM in der japanischen Automobilindustrie

Aufbauorganisation

- Produkt-/projektorientierte Führungsstruktur
- Verringerung der Leitungsspanne durch Höherqualifizierung
- Reduzierung der Werkstatthierarchie

Ablauforganisation

- Gruppenarbeit
  - Maschinenfahrerkonzept
- Arbeitsbereicherung
  - Zusätzliche Inhalte wie Simulation und Kollisionsbetrachtungen
  - Übertragung indirekter Tätigkeiten auf direkte Bereiche
- Betriebszeit
- Arbeitszeit

CAD/CAM

- Arbeitsumfeld (Informationstechnologie, MDE, BDE)
- Neue Entlohnungsformen
- Ganzheitliches Qualifizierungskonzept

CAD/CAM Arbeitsorganisatorische Implikationen

Mercedes-Benz AG
Geschäftsbereich PKW

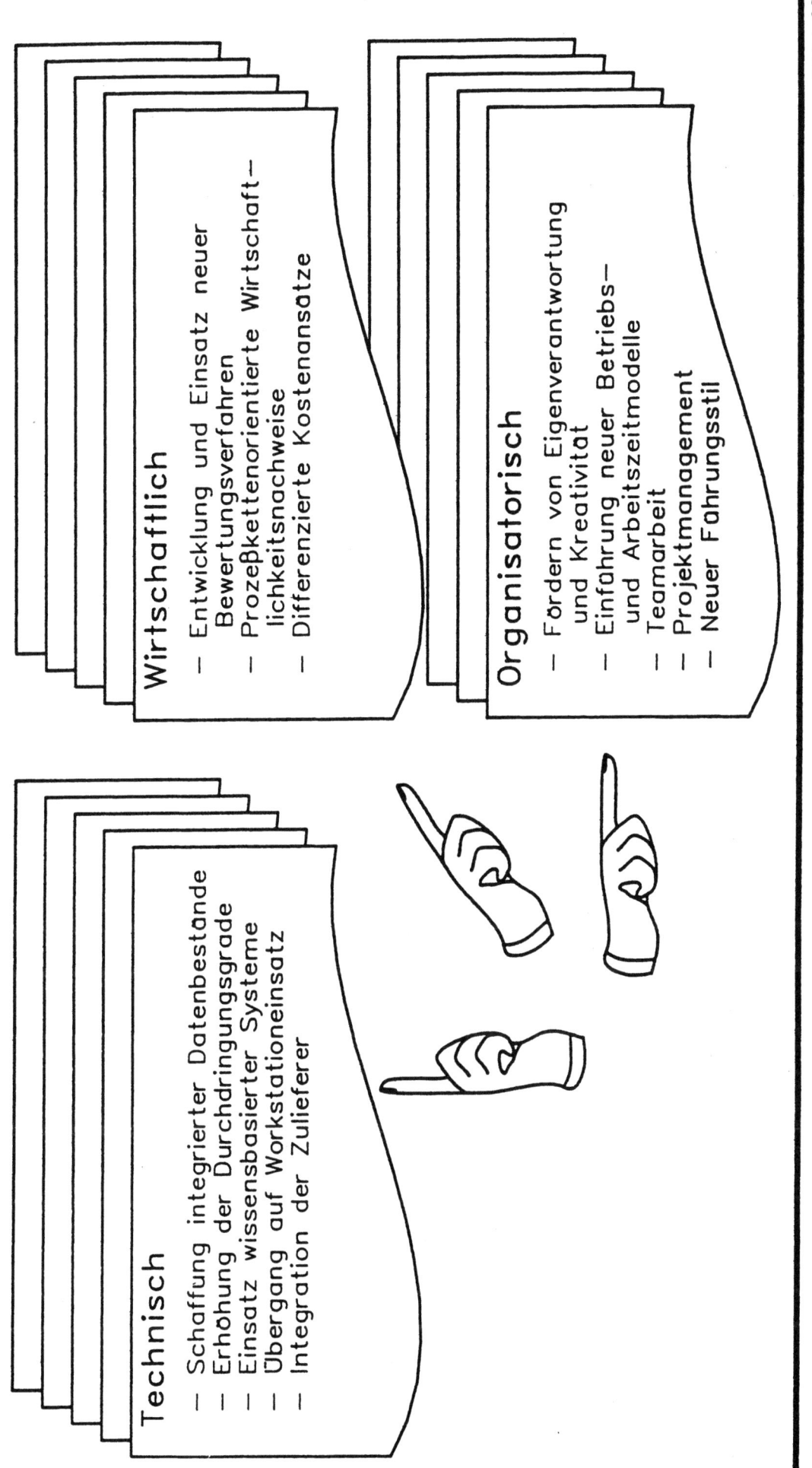

CIM-Wirtschaftlichkeit aus „Controller-Sicht"

P. Horváth

1. Problemstellung

Technologieportfolios und Strategische Argumentenbilanzen sind die neuesten Instrumente aus der Zauberkiste der Technologiestrategen. Auch die Nutzwertanalyse hat, nachdem sie mittlerweile bei vielen ein Naserümpfen hervorruft, eine neue Verpackung erfahren und soll nun als "Aggregierter Wirkfaktor" helfen, eine Lanze für CIM-Technologien zu brechen /1/2/.

Wie bieder stellt sich demgegenüber das Instrumentarium des Controllers dar, der unbelehrbar die Meinung vertritt, auch CIM-Investitionen müßten mittels Kapitalwert, Internem Zinsfuß und Amortisationszeiten begründet werden. Da sonnt sich das Management stolz in der Rolle des Technologiepioniers und dann reklamiert doch tatsächlich so ein Erbsenzähler, das Projekt rechne sich nicht.

Wie soll der Controller reagieren, wenn ihm vorgehalten wird, die wesentlichen Nutzenfaktoren einer computerintegrierten Fabrik resultierten nicht aus Kosteneinsparungen, sondern aus strategischen Wettbewerbsvorteilen?

Im folgenden soll ein Denkansatz vorgestellt werden, bei dem bewußt alle qualitativen Nutzengrößen mit einer DM-Bewertung versehen werden. Der problematischen Quantifizierung sowie der unsicheren Wirkung wird durch unterschiedliche Realisierungswahrscheinlichkeiten Rechnung getragen.

2. Kosten vs. Nutzen von CIM: eine trügerische Gegenüberstellung

CIM, das ist ja gerade nicht die Automatisierung einzelner Bearbeitungsfunktionen, wo man meist sehr gute Rationalisierungserfolge durch Personalkosteneinsparung erzielen konnte, sondern das Vernetzen, die Datenintegration rechnergestützter Komponenten zu einem ganzheitlichen Produktionssystem. Hier stehen den Kosten auf der einen Seite scheinbar keine unmittelbaren Einsparungen gegenüber. Scheitern durch das Beharren auf einem rechnerischem Vorteil dann nicht viele sinnvolle und notwendige Projekte? Wenn der Nutzen gerade aus

- schneller Information
- besserer Transparenz
- höherer Flexibilität
- kürzerer Durchlaufzeit
- höherer Qualität

resultiert, sollten wir uns dann auf der Nutzenseite nicht von der DM-Dimension lösen und auf die einfachere Punktbewertung übergehen, wie es in vielen Nutzwertanalysedarstellungen eindrucksvoll vorgeführt wird?

Prof. Dr. Péter Horváth ist Inhaber des Lehrstuhls Controlling an der Universität Stuttgart und Geschäftsführer der IFUA - Institut für Unternehmensanalysen GmbH, Unternehmensberatung BDU, Stuttgart

Alternativen		A1		A2		A3	
Lfd. Nr. Systemkriterien	Gew.tg G	E	G·E	E	G·E	E	G·E
1 Arbeitsplatzgestaltung	9	5	45	8	72	8	72
2 Umgebungsgestaltung	17	5	85	8	136	8	136
3 Flex. bez. Stückzahlschw.	12	5	60	7	84	8	96
4 Flex. bez. Typen	15	4	60	6	90	8	120
5 Mögl. zur Höherqualifizierung	8	3	24	8	64	8	64
6 Verkürzung der Durchlaufzeiten	7	0	0	7	49	7	49
7 Akzeptanz der Planung	16	10	160	8	128	2	32
8 Reibungslose Umstellung	16	8	128	6	96	4	64
9							
10							
11							
12							
Nutzwerte: absolut			562		719		633
in %			100		128		113

Bild 1: Beispiel für eine Nutzwertanalyse

Wie Bild 1 zeigt, werden Alternativen dabei mit einer Punktsumme bewertet, die das Ergebnis einer punktmäßigen Bewertung gewichteter Einzelkriterien darstellt /3/. Wir sprechen uns hier gegen die Verwendung der Nutzwertanalyse aus, denn durch das Lösen von der Wertdimension und die einfachere Punktbewertung besteht die große Gefahr, qualitative Kriterien überzubewerten und evtl. eine Scheinwirtschaftlichkeit auszuweisen. Aus Controllersicht wirkt sich auch nachteilig aus, daß die Ergebnisse nicht in Budgets einfließen können und kontrollierbar sind. Viele systemimmanente Mängel der Nutzwertanalyse, wie z. B. die Subjektivität bei der Zielaufstellung, Gewichtung und Alternativenbewertung sind als weitere Nachteile in Kauf zu nehmen. Die Nutzwertanalyse kann bei manchen Entscheidungsproblemen durchaus sinnvoll eingesetzt werden, das Verfahren wäre jedoch völlig überfordert, wollte man damit die Wirtschaftlichkeit von CIM-Investitionen nachweisen /4/.

Viele der scheinbar qualitativen Nutzenfaktoren sind eigentlich auf Kostensenkung gerichtet:

Durch Datenintegration kann z.B.

- die Transparenz erhöht, die Bestände gesenkt und somit die Kapitalbindungskosten eingespart werden,

- eine bessere Information erreicht werden, was zu einer höheren Maschinenauslastung und dem Abbau von Leerkosten führt,

- die Koordination verbessert und Fehlmengenkosten vermieden werden,
- Eingabefehler vermieden, die Qualität verbessert und Ausschuß- und Nacharbeitungskosten gesenkt werden.

Den Kosten von CIM stehen also durchaus nicht nur qualitative Nutzengrößen gegenüber. Selbst eine verbesserte Wettbewerbsfähigkeit im Sinne einer höheren Marktattraktivität schlägt sich schließlich in einem Mehr an Umsatz und somit auch einem Mehr an Deckungsbeitrag nieder.

CIM birgt aber auch viele Risiken in sich: Sie können aus der Wahl einer falschen Technologie oder infolge dessen aus Finanzierungsproblemen entstehen. Der permanente technologische Wandel erschwert es bei der Auswahl von Fertigungs- und Informationstechnologien "aufs richtige Pferd zu setzen". Ohne zukunftsbezogenes Gesamtkonzept führen Investitionen leicht in eine Sackgasse. Durch den notwendigen massiven Kapitaleinsatz legt sich ein Unternehmen zudem häufig auf bestimmte Marktsegmente fest, da die Produktflexibilität meist nur begrenzt ist. Eine falsche Markteinschätzung kann in diesem Fall sehr leicht die zur Kostendeckung notwendige hohe Auslastung gefährden. Problematisch wird diese Situation vor allem dann, wenn das Unternehmen gezwungen war, die hohen Investitionsaufwendungen mit Fremdkapital zu finanzieren.

Die Chancen und Risiken zeigen die Bedeutung von CIM für das gesamte Unternehmen. Eine differenzierte Investitionsplanung scheint uns dringend geboten zu sein, denn es wäre geradezu blauäugig, sich von rein qualitativen Nutzenfaktoren blenden zu lassen, ohne die möglichen finanziellen Konsequenzen detailliert abzuschätzen und in Szenarien durchzuspielen. Ergänzend sei noch ein weiteres Argument für eine differenzierte quantitative Analyse genannt: Mit der Investitionsentscheidung in CIM wird ein Großteil der späteren Prozeßkosten festgelegt. Damit ist eine Einflußnahme auf die Produktionskosten während der Systemnutzungsdauer nur noch zu einem geringen Teil möglich. Wenn aber die Kosten bei der Systemplanung determiniert werden, müssen gerade in dieser Phase auch kostenrechnerische Überlegungen zum Zuge kommen /5/.

3. Flexible Automatisierung und deren Konsequenzen auf die Wirtschaftlichkeitsrechnung

3.1 Hoher Kapitaleinsatz zwingt zur Auslastungsplanung

Investitionen in Automatisierung und Computerintegration binden hohe Kapitalbeträge im Anlagevermögen. Damit legt sich ein Unternehmen hinsichtlich des Produktspektrums und der Produktionstechnologie für längere Zeit fest, es wird inflexibler. Für den teilweisen Rückkauf der Flexibilität durch technische Eigenschaften (Umbaumöglichkeit, Umrüstbarkeit etc.) müssen Unternehmen einen hohen Preis zahlen. Flexible

Anlagen sind um bis zu 30 % der Investitionssumme teurer als weniger flexible. Damit ergibt sich meist nur bei hoher Auslastung (z. B. Mehrschichtbetrieb) ein wirtschaftlicher Einsatz /6/.

Es ist deshalb eine detaillierte Auslastungsplanung für die gesamte Nutzungsdauer vorzunehmen. Die Basis jeder Wirtschaftlichkeitsanalyse muß somit eine Break-Even-Betrachtung sein. Welche Ausbringungsmenge muß für einen wirtschaftlichen Einsatz erreicht werden? In Abstimmung mit dem Vertrieb ist zu klären, ob die kritische Ausbringungsmenge als sicher angesehen werden kann. Eine Sensitivitätsanalyse sollte diese Betrachtung ergänzen: um wieviel Prozent kann die erwartete Ausbringungsmenge zurückgehen, ohne daß die Verlustzone erreicht wird (Maß für die "Robustheit" der Investition)? In vielen Fällen wird es notwendig sein, über (bedienerarme) zusätzliche Schichten mit weniger Aggregaten und längerer Laufzeit den wirtschaftlichen Einsatz zu erreichen. Außerdem sollte man prüfen, welche Möglichkeiten bestehen, den Fixkostensockel bei Unterauslastung abzubauen (z. B. Leasing). Wenn Maschinenstundensätze zum Wirtschaftlichkeitsvergleich verwendet werden, ist darauf zu achten, daß die Kosten nicht auf die technisch mögliche Auslastung, sondern nur auf die zur Abdeckung des erwarteten Produktionsvolumens notwendige Auslastungsdauer verteilt werden.

3.2 Hohe Vorlaufkosten, inhomogene Kostenverläufe

Alle Kosten, die mit der Entscheidung für ein computerintegriertes Produktionssystem entstehen, sind auch dieser Entscheidung zuzuordnen, das beinhaltet auch Vorlaufkosten. Als Investitionsaufwendungen sind somit nicht nur die aktivierbaren Hard- und Softwarekosten, sondern z. B. auch die Verrechnungssätze der eigenen Planungs- und DV-Abteilung, Schulungsaufwendungen usw. anzusehen. Darüber hinaus können in der Anlaufphase Opportunitätskosten durch verminderten Output entstehen.

Häufig muß im Laufe der Systemnutzungsdauer von inhomogenen Kostenverläufen ausgegangen werden: Durch Aufnahme neuer Produkte oder Systemumbau/-erweiterung treten einmalige Kosten auf, Einsparungen werden erst stufenweise wirksam, nach einer gewissen Zeit lassen sich Erfahrungskurveneffekte durch bessere Systembeherrschung realisieren, usw. Dies hat Konsequenzen für die Investitionsrechenmethoden: Bei homogenen Kostenverläufen sind statische Investitionsrechenverfahren in der Regel ausreichend, bei stark inhomogenen Kostenverläufen ist der Mehraufwand dynamischer Verfahren (z. B. Kapitalwertmethode, Interne Zinsfußmethode) jedoch unbedingt erforderlich, da das Heranziehen eines repräsentativen Jahres zu einer Fehlbeurteilung führen kann.

3.3 Flexibilität

Flexibilität als Eigenschaft eines Produktionssystems ist ein sehr vielschichtiges Phänomen /7/. Die aus technischen Systemmerkmalen resultierenden Flexibilitätsaspekte sind in Bild 2 zusammengestellt. Daraus läßt sich leicht erkennen, daß es "die Flexibilität" nicht gibt, sondern verschiedene Formen, die auch nur getrennt bewertet werden können. Grundsätzlich gilt, daß Flexibilitätseigenschaften zunächst nur Potentiale darstellen, die ihren Nutzen erst bei Inanspruchnahme erbringen. Deshalb ist es sinnvoll, Systeme nur mit dem Maß an Flexibilität auszustatten, von dem man sich einen Nutzen verspricht.

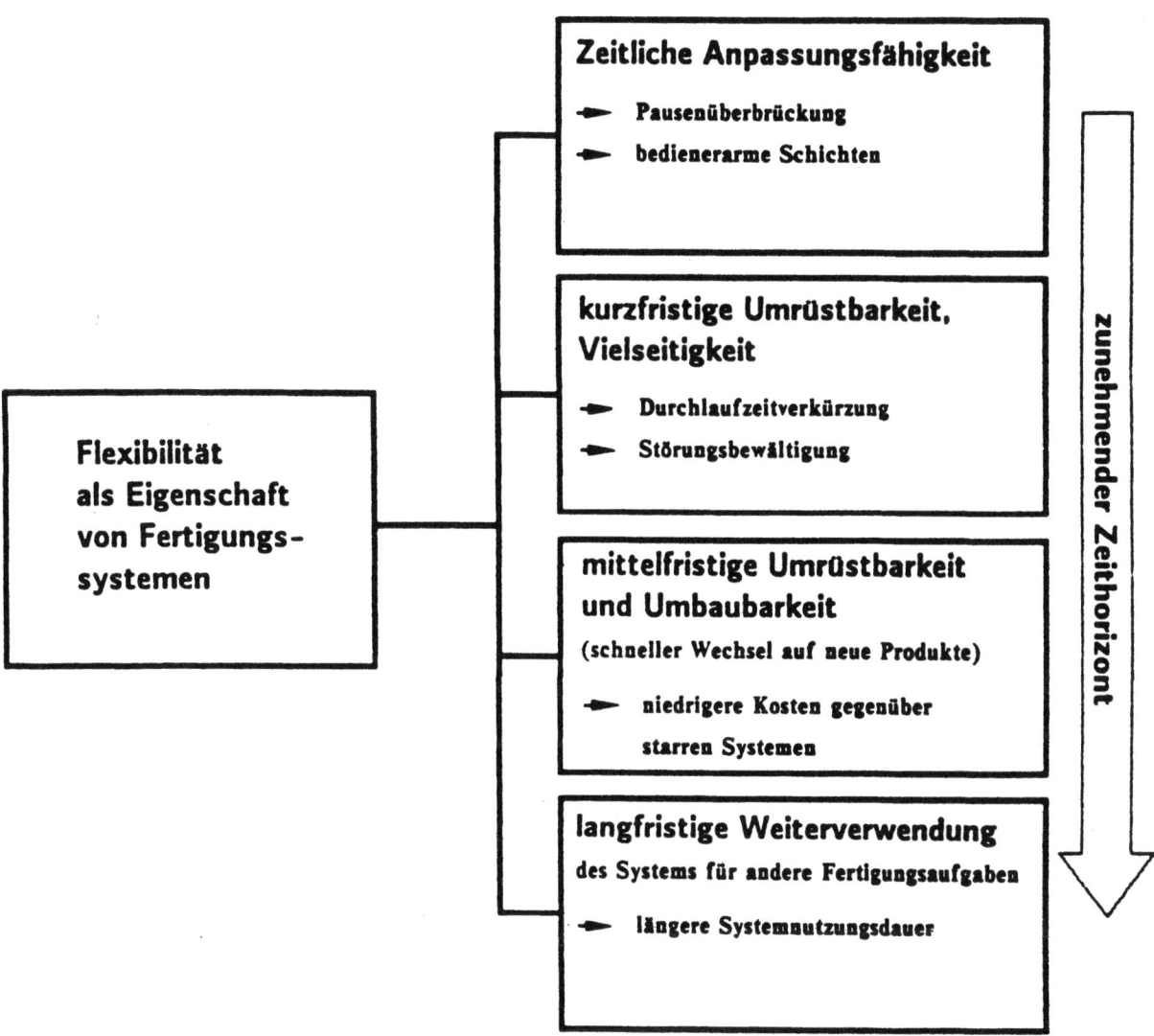

Bild 2: Technische Flexibilitätsaspekte

Der Nutzen einer zeitlichen Anpassungsfähigkeit liegt darin, daß computergesteuerte Produktionsprozesse weitgehend bedienerentkoppelt ablaufen und damit Pausen überbrückt oder ganze Schichten bedienerarm gefahren werden können. Dies läßt sich unmittelbar quantifizieren. Die kurzfristige Umrüstbarkeit und Vielseitigkeit ermög-

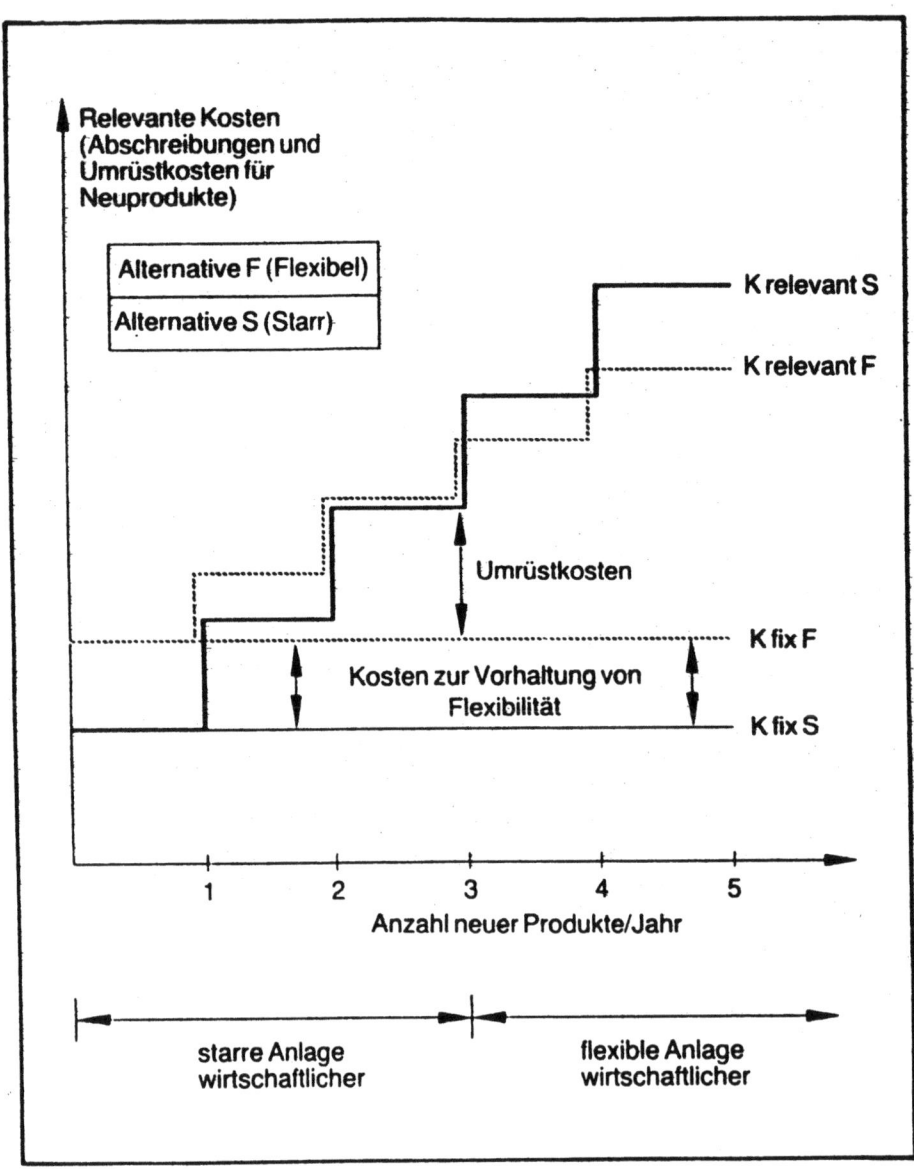

Bild 3: Bewertungsansatz für einen speziellen Teilaspekt der Flexibilität "Umrüstbarkeit auf neue Produkte"

lichen es, Losgrößen erheblich zu reduzieren und damit Durchlaufzeiten zu verkürzen. Desweiteren ergibt sich dadurch die Möglichkeit, Störungen durch Maschinendefekt besser zu bewältigen. Eine ganz andere Flexibilitätseigenschaft, die mittelfristige Umrüstbarkeit bzw. Umbaubarkeit wird in Bild 3 herausgegriffen und gesondert dargestellt. Es soll gezeigt werden, bei welcher Alternative Produktwechsel kostengünstiger bewältigt werden können. Da durch die Vorhaltung der Flexibilität Fixkosten in Form von Abschreibungen entstehen, andererseits aber die Umrüstkosten geringer sind als bei weniger flexiblen Alternativen, ist zu analysieren, bei welcher Neuproduktfrequenz sich die flexible Alternative lohnt. Die langfristige Weiterverwendung von Produktionsmitteln für andere Aufgabenstellungen (z. B. ein Roboter, der mit anderer Peripherie ausgestattet wird) läßt sich über die nutzungsdauerbezogene Aufwandsverteilung quantifizieren.

4. Datenintegration und deren Konsequenzen auf die Wirtschaftlichkeitsrechnung

Früher konnten Investitionen z. B. in den Bereichen Konstruktion, Arbeitsvorbereitung, Produktion weitgehend isoliert betrachtet und bewertet werden. Bei CIM-Technologien ergeben sich viele Nutzenfaktoren (Kosteneinsparungen) erst durch eine Integration der Teilsysteme, d.h. der isolierte Wirtschaftlichkeitsnachweis für ein Teilsystem gelingt nur in wenigen Fällen. Zum Beispiel läßt sich die Wirtschaftlichkeit von CAD kaum über die Einsparung von Personal nachweisen, sondern erst durch die Integration von CAD und CAM ergeben sich wesentliche Einsparungsmöglichkeiten.

Das heißt wir müssen die internen (Kosten-) und externen (Wettbewerbs-) Effekte der Datenintegration berücksichtigen. Schreuder und Upmann /8/ unterscheiden direkte und indirekte Nutzungsgrößen (vgl. Bild 4).

4.1 Direkte Nutzengrößen

Direkte Nutzengrößen entstehen aus dem Informationsaustausch als solchem, unabhängig vom Nutzen des Kommunikationsinhalts.

In diese Gruppe gehören beispielsweise die Vermeidung von Mehrfacheingaben gleicher Daten und die daraus resultierenden Zeit- und Personalkosteneinsparungen. Zeiteinsparungen können sich aber auch durch den Abbau von unproduktiven Wartezeiten ergeben. Die Vermeidung bzw. Verringerung des Unterlagenflusses führt zu Personal- aber auch Sachkosteneinsparungen z.B. für Datenträger. Können Modelle oder Prototypen über die CAD-CAM-Kopplung automatisch aus der CAD-Konturdefinition hergestellt werden, läßt sich der Personalaufwand erheblich reduzieren. Eine erhöhte Systemsicherheit reduziert Leerzeiten und die Vermeidung bzw. Verringerung von Übertragungsfehlern senkt Qualitätskosten (Kontroll-, Nacharbeits-, Ausschußkosten).

Nicht alle dieser Faktoren sind gleich gut monetär bewertbar. Meist muß durch einen gedanklichen Vergleich zum Istwert abgeschätzt werden, auf welche Kostenarten und in welcher Größenordnung sich die Integration auswirkt.

4.2 Indirekte Nutzengrößen

Indirekte Nutzengrößen entstehen aus einer verbesserten Informationsbasis der Aufgabenträger. Damit stellt sich natürlich das altbekannte Problem der Bewertung des von einer Information verursachten Nutzens.

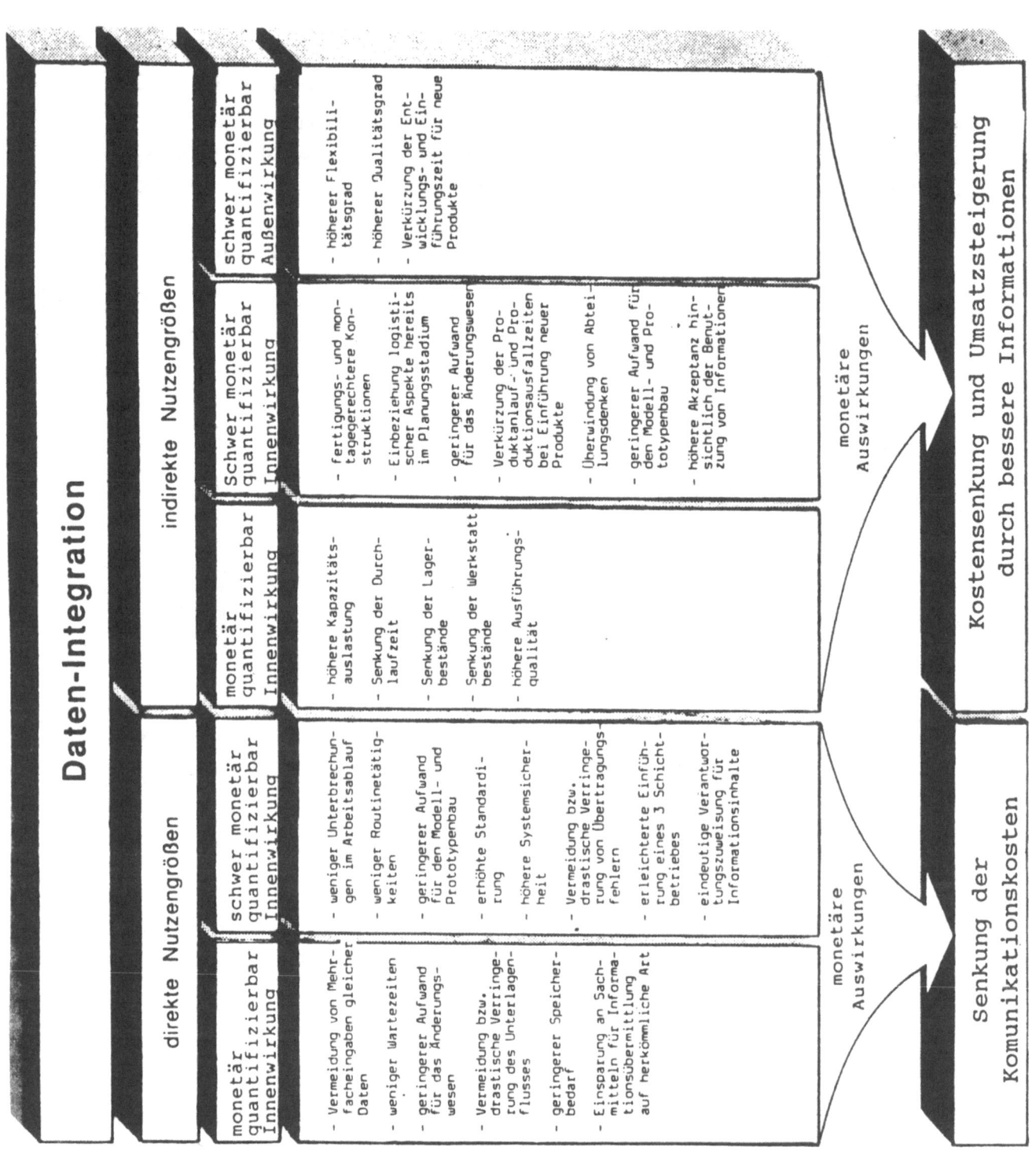

Bild 4: Nutzengrößen der Datenintegration

Die monetären Folgen sind gegenüber dem Istzustand relativ leicht quantifizierbar, wenn

- die Vergrößerung des Umfangs an verfügbaren Informationen,
- die Verbesserung bzw. Erhöhung der aufgabenspezifischen Aufbereitung,
- die Verdichtung der bereitgestellten Informationen,
- die Erhöhung der Aktualität der bereitgestellten Informationen,
- die Erhöhung der Genauigkeit der bereitgestellten Informationen im Hinblick auf Vollständigkeit und Fehlerfreiheit

zu einer

- höheren Kapazitätsauslastung,
- Senkung der Durchlaufzeit,
- Senkung der Lagerbestände,
- Senkung der Werkstattbestände,
- höheren Ausführungsqualität

führt.

Zugegeben schwieriger gestalten sich Versuche,

- die Auswirkungen einer fertigungs- und montagegerechteren Konstruktion,
- den geringeren Aufwand für das Änderungswesen,
- die Verkürzung der Produktanlauf- und Produktionsausfallzeiten bei Einführung neuer Produkte,
- den geringeren Aufwand für den Modell- und Prototypenbau durch Simulationsmöglichkeit am Rechner

geldmäßig zu erfassen. Beispielsweise lassen sich aber Erfahrungen anderer Unternehmen übertragen. Selbstverständlich sind solche Kosteneinsparungen mit geringerer Sicherheit in die Bewertung einzubeziehen.

Viele lehnen es grundsätzlich ab, die monetären Außenwirkungen durch höhere Umsätze als Folge z.B.

- höherer Flexibilität
- kürzerer Durchlaufzeit
- höherer Qualität
- Verkürzung der Entwicklungs- und Einführungszeit für neue Produkte

zu quantifizieren. Doch dazu später noch mehr.

4.3 Methodische Konsequenzen

Für die Wirtschaftlichkeitsanalyse bedeutet die Einbeziehung von Integrationswirkungen, daß man eigentlich nur noch das Gesamtsystem bewerten kann, Teilsysteme wären dann notwendige Bausteine, für die keine gesonderte Rechtfertigung erbracht werden müßte. In der Realität wird eine solche Vorgehensweise auf Probleme stoßen, weil CIM-Systeme nicht in einem Zuge, sondern bausteinhaft realisiert werden. Oftmals ist das Gesamtinvestitionsvolumen zu Beginn noch gar nicht abschätzbar.

Als Behelfslösungen schlagen wir deshalb vor: Die Kosten von Basissystemen (z. B. Datenbanken, Kommunikationssystemen) dürfen einem Teilsystem nur in dem Maße zugeordnet werden, wie dieses die Basissysteme in späteren Ausbaustufen von CIM voraussichtlich beanspruchen wird. Ähnliches gilt auch für den Nutzen im Sinne von Kosteneinsparungen. Es ist schon für das Teilsystem aufzuzeigen, welche zusätzlichen Kosteneinsparungen durch Integration weiterer Systeme erreichbar sind.

5. Durchlaufzeitverkürzung als Quantifizierungsbeispiel

Sowohl die Investition in flexible Automatisierung als auch die Datenintegration durch CIM kann zu einer Verkürzung von Durchlaufzeiten führen. Bild 5 zeigt die rechnerischen Wirkungen einer Durchlaufzeitverkürzung. Die Quantifizierung kann je nach Nutzenkriterien über Kosteneinsparungen oder Umsatzsteigerungen erfolgen. Scheinbar einfach sind die verminderten Kapitalbindungskosten zu quantifizieren. In der Regel verwendet man hierzu die Standardverrechnungspreise, die laut Zuschlagskalkulation bei der entsprechenden Produktionsstufe vorliegen. Relevant, das heißt wirklich verringerbar sind aber im wesentlichen nur die kalkulatorischen Zinsen, bezogen auf den Materialkostenanteil, weil fast alle anderen Kostenbestandteile sich in Zeitpunkt und Höhe ihres Anfalls nicht verändern, sondern nur im Zeitpunkt der Zurechnung auf das Produkt. Verringerte Lagerraum- und Handlingkosten sind dagegen einfach abschätzbar. Bei der Quantifizierung von Bestandsrisiken kann auf Vergangenheitswerte zurückgegriffen werden. Über lagerdauerabhängige Beziehungen läßt sich daraufhin die Senkungsmöglichkeit von Bestandsrisikokosten ableiten. Verminderte Qualitätskosten ergeben sich durch kleinere Lose unter Umständen dann, wenn Fehler früher erkannt und damit die Ausschußproduktion verringert wird. Auch hier kann die Quantifizierung mit Hilfe von Erfahrungswerten vorgenommen werden.

Schwieriger wird es sein, Aussagen darüber zu erhalten, welche Umsatzsteigerungen und wieviel mehr an Deckungsbeitrag durch die verbesserte Wettbewerbsfähigkeit zu erwarten ist. Der Vertrieb fordert zwar immer eine höhere Flexibilität und kürzere Durchlaufzeit als wettbewerbsentscheidende Faktoren, ist aber nur selten bereit, Umsatzeffekte abzuschätzen. Wenn sich CIM-Investitionen nicht aus Kosteneinsparungen rechnen und Wettbewerbsargumente investitionsentscheidend werden, ist unseren Erachtens eine Quantifizierung unerläßlich. Dabei ist es sicher sinnvoll, die

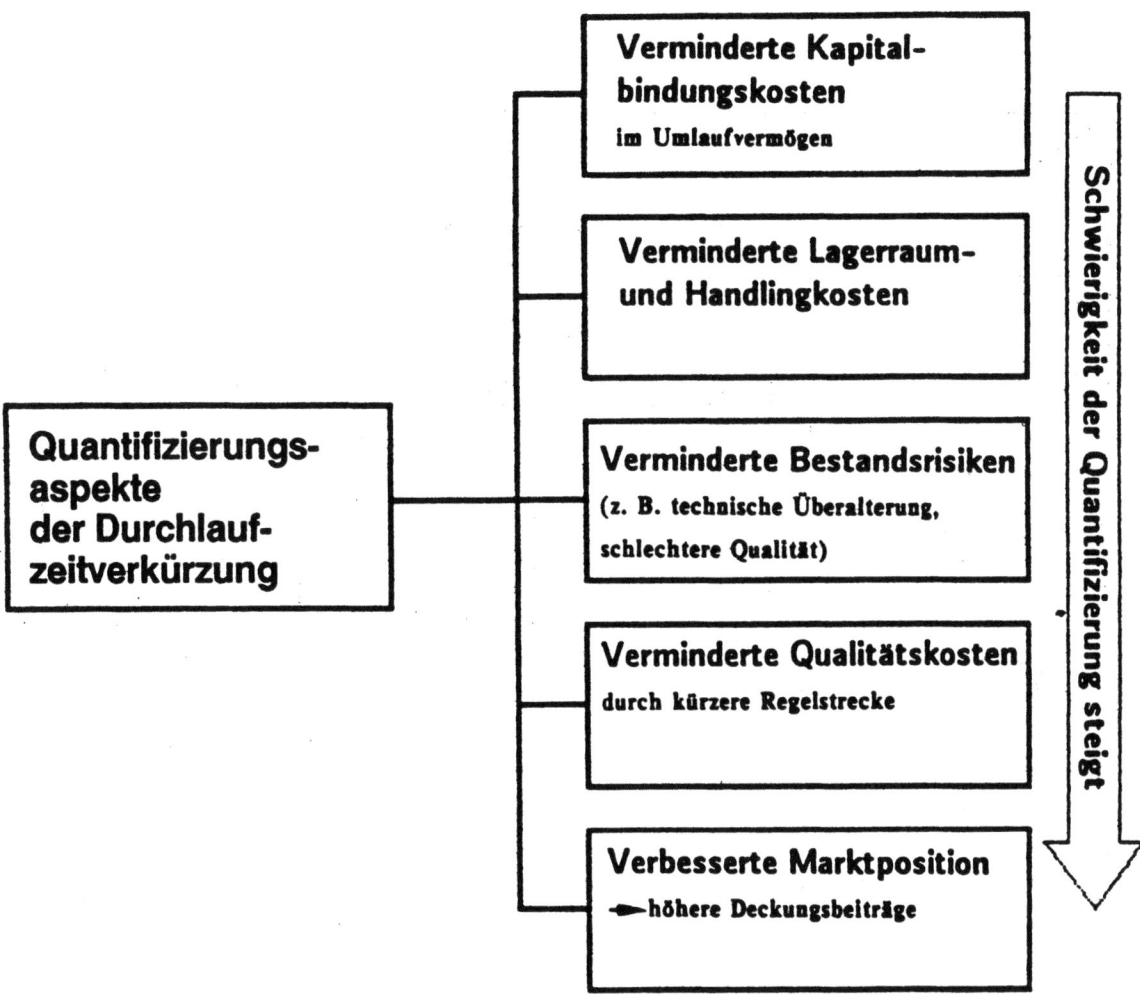

Bild 5: Quantifizierungaspekte der Durchlaufzeitverkürzung

Abschätzung in Bandbreiten oder für verschiedene Szenarien vorzunehmen. Denkbar wäre auch, über eine Break-Even-Analyse zu ermitteln, wieviel an Mehrumsatz notwendig ist, damit sich eine Investition als wirtschaftlich erweist und nach Vorliegen dieser Zahlen vom Vertrieb Aussagen über die Realisierungschancen zu verlangen.

6. Systematik zur Erfassung aller monetären Auswirkungen

Jede Nutzenerwartung in eine Investition muß sich letztlich in Umsatzsteigerungen und/oder Kostensenkungen niederschlagen. Freilich sind die Quantifizierbarkeit und die Sicherheit solcher Erwartungen sehr unterschiedlich. Weil aber alle entscheidungsrelevanten Faktoren des Unternehmensablaufs quantifiziert werden sollen, empfiehlt es sich, wie folgt vorzugehen:

Drei Szenarien, die sich hinsichtlich der Erwartungen, etwa bei den Absatzchancen, der Marktentwicklung oder den Kosteneinsparungsmöglichkeiten, unterscheiden, werden einander gegenübergestellt.

finanz. Konsequenzen pro Jahr		pessimistisch		wahrscheinlich		optimistisch	
Nr.	Bezeichnung	Einzelwert	kumuliert	Einzelwert	kumuliert	Einzelwert	kumuliert
0	Jährlicher Mehraufwand (verteilt)						
0.1	– höhere Investitionssumme	– 500	– 500	– 500	– 500	– 500	– 500
0.2	– höhere Planungskosten	– 100	– 600	– 80	– 580	– 50	– 550
0.3	– kalk. Zinsen AV	– 100	– 700	– 100	– 680	– 100	– 650
1	Eindeutig zuordenbare Kosteneinsparung						
1.1	– Personalkosten	+ 300	– 400	+ 400	– 280	+ 500	– 150
1.2	– Raumkosten	+ 30	– 370	+ 40	– 240	+ 50	– 110
2	Kosteneinsparung im Umfeld der Investition						
2.1	– Kapitalbindungskosten	+ 100	– 270	+ 150	– 90	+ 200	+ 90
2.2	– Qualitätskosten	+ 75	– 195	+ 100	+ 10	+ 125	+ 215
3	Erhöhung des Deckungsbeitrages						
3.1	Umsatzsteigerung (Gewinnanteil)	+ 150	– 45	+ 200	+ 210	+ 250	+ 450

→ Abnehmende Sicherheit

↓ Abnehmende Quantifizierbarkeit

Bild 6: Beispiel für eine Wirtschaftlichkeitsrechnung

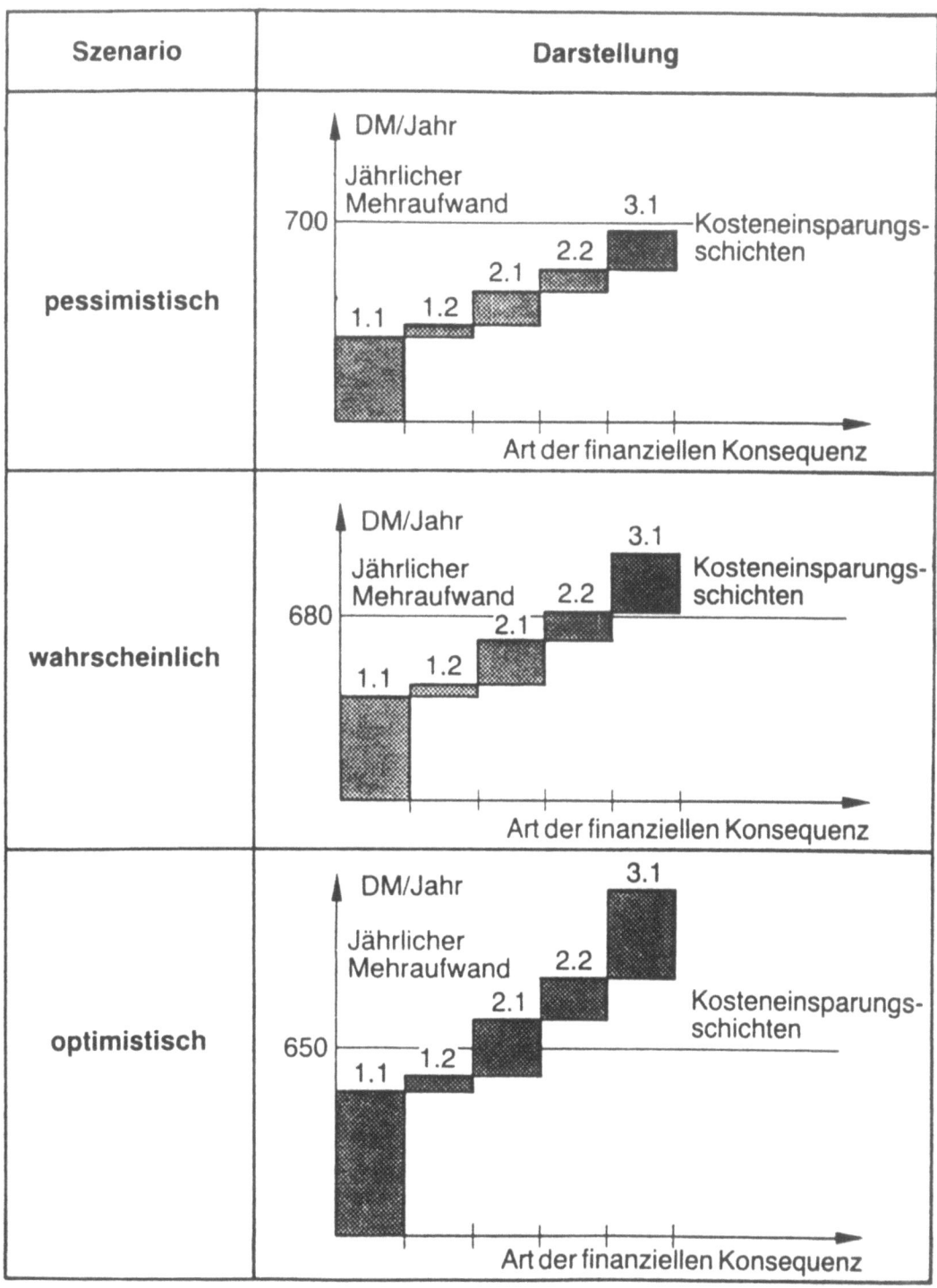

Bild 7: Graphische Darstellung des Beispiels

- Die pessimistische Variante (die aber mit großer Wahrscheinlichkeit mindestens realisierbar ist) betrachtet Mehraufwendungen als obere Begrenzung eines Korridors; Kosteneinsparungen oder erwartete Umsatzsteigerungen beziehen sich auf "worst case";
- die wahrscheinliche Variante, die auf mittlere Erwartungswerte abstellt;
- die optimistische Betrachtung (die nur mit geringer Wahrscheinlichkeit erreichbar sein wird) geht von geringerem Mehraufwand, aber höheren Möglichkeiten der Kosteneinsparung oder Umsatzsteigerung aus.

Die Zuordnung der einzelnen Beträge sollte in mehreren Schichten erfolgen. Dem jährlichen Mehraufwand (Hardware, Software, Planung u.ä.) stehen dabei drei Nutzenschichten gegenüber, deren Quantifizierbarkeit und Realisierbarkeit abnehmen:

- eindeutig zuordenbare Kosteneinsparungen
- Kosteneinsparungen im Systemumfeld
- Mehrumsatz (höherer Deckungsbeitrag) durch verbesserte Wettbewerbsposition

Dann werden Szenarien mit abnehmender Wahrscheinlichkeit (aus den Spalten) den finanziellen Konsequenzen (in den Zeilen) matrixförmig von links nach rechts so gegenübergestellt, daß von oben nach unten dem Mehraufwand die Nutzenschichten mit erst höherer, dann abnehmender Quantifizierbarkeit und Realisierbarkeit folgen.

Eine Investition ist demnach um so rentabler, je mehr sich schon in der linken Spalte bzw. in den oberen Zeilen der Matrix kumuliert positive Zahlen ergeben. Umgekehrt gilt, daß sich genau erkennen läßt, wie viele der schwer quantifizierbaren (und unsicheren) Nutzenpositionen man hineinrechnen oder wie optimistisch das Szenario gewählt werden muß, bis sich ein positives Ergebnis, also Wirtschaftlichkeit für die Investition, ergibt.

Bild 6 stellt ein Beispiel für eine statische Jahresdurchschnittsbetrachtung dar. Bild 7 gibt denselben Zusammenhang nochmals graphisch wieder. Für dieses Beispiel gilt, daß beim pessimistischen Szenario sich selbst durch die Einbeziehung von Umsatzsteigerungen (also der Wettbewerbsargumente) die Investition nicht rechnet. Bei realistischer Erwartung (wahrscheinliches Szenario) allerdings würde sich die Wirtschaftlichkeit allein schon durch die Kosteneinsparungen ergeben.

Weil eine solche Darstellungsform sehr gut erkennen läßt, welche Effekte einbezogen sind und auf welchen Grundannahmen (Szenarien) sie beruhen, ergibt sich für den Entscheider eine hohe Transparenz. Bei stark inhomogenen Kostenverläufen läßt sich eine solche Betrachtung auch leicht in einem dynamischen Modell (für die gesamte Nutzungsdauer) darstellen.

Der Vorteil einer Unterscheidung nach der Realisierungswahrscheinlichkeit liegt darin, daß auch die schwer monetär quantifizierbaren Nutzengrößen angemessen in die

Investitionsrechnung mit einbezogen werden können und nicht als "added values" ohne geldlichen Wert angeführt werden müssen.

Das vorgestellte Modell befreit vom Zwan, Absolutaussagen zu machen. Erwartungen können in Abhängigkeit bestimmter Entwicklungen (Szenarien) definiert werden, und Einsparungsmöglichkeiten lassen sich den Schichten zuordnen, die der erwarteten Realisierungschance entsprechen.

Für Entscheider dagegen ist eine solche Darstellung wesentlich hilfreicher als eine qualitative Analyse, z. B. in Form einer Nutzwertanalyse, weil alle Annahmen unmittelbar mit quantifizierten Ergebniswirkungen verbunden sind.

Literatur:

/1/ Blois, K. J.: Manufactoring Technology as a Competitive Weapon,
in: Long Range Planning, 19 (1986) 4, S. 63-70.

/2/ Wildemann, H.: Investitionsplanung und Wirtschaftlichkeitsrechnung
für flexible Fertigungssysteme (FFS), Stuttgart 1987.

/3/ Zangemeister, Ch.: Nutzwertanalyse in der Systemtechnik, München 1976.

/4/ Kaplan, R. S.: CIM-Investitionen sind keine Glaubensfrage,
in: Harvard Manager (1986) 3, S. 78-85.

/5/ Männel, W.: Kosten- und Erlösrechnung und neue Produktivitätstechnologien
Vortrag anläßlich des Stuttgarter Controller-Forums
am 22.-23.09.87

/6/ Schlingensiepen, J.: Wirtschaftlichkeitsrechnungen und kostenrechnerische
Kalküle für flexible Fertigungssysteme (FFS), in: Kostenrechnungspraxis 31 (1987) 5, S. 179-186.

/7/ Horváth, P.; Mayer, R.: Produktionswirtschaftliche Flexibilität,
in: WiSt 15 (1986) 2, S. 69-76.

/8/ Schreuder, S.; Upmann, R.: CIM-Wirtschaftlichkeit, Köln 1988

CICERO
– Ein 8-Jahres-Konzept zur Realisierung von CIM bei der Firma Brose –

D. Schertel

Firmendarstellung:

Brose Fahrzeugteile gehört mit europaweit etwa 2.300 Beschäftigten zu den führenden Erstausstattern der europäischen Automobilindustrie. Für 1989 plant Brose in den drei europäischen Werken in Coburg, Coventry (England) und Rubi (Spanien) einen Umsatz von 622 Mio. DM zu erreichen.

Hergestellt werden mechanische und elektromechanische Verstellsysteme, wie elektrische und manuelle Fensterheber, elektrische Sitzverstellungen, Schließ- und Verriegelungssysteme, elektrische Gurttransportsysteme, Werkzeuge und andere Produkte.
Beliefert werden circa 30 Kunden in Europa und Lizenznehmer in Argentinien, Brasilien, Großbritannien, Japan, Korea, Mexiko, Südafrika und USA.

Brose beschäftigt insgesamt 2364 Mitarbeiter (Stand 31.03.89), davon rund 2.000 in Coburg. Etwa 230 Mitarbeiter werden in Forschung und Entwicklung beschäftigt.

Brose hat ein Einkaufsvolumen von rund 330 Mio. DM bei 2.000 Lieferanten und 45.000 Wareneingänge pro Jahr.
Rund 20.000 Tonnen Stahl werden im Jahr verarbeitet.

Mitte der 90er Jahre erwarten wir einen Umsatz von 1 Milliarde DM.

Brose hat in den letzten Jahren aufgrund seiner Produktqualität und seiner termintreuen Lieferungen Qualitätsauszeichnungen erhalten. Diese Leistungen sollen bei Kostenführerschaft und weiterer Leistungsdifferenzierung erhalten bleiben oder weiter ausgebaut werden.

Brose

auf dem Weg zu

C I M

Mitarbeiter

Belegschaft	Stand 31.3.1989
Brose gesamt	2 364
Coburg	2 000
Hallstadt	30
England	288
Spanien	46

Personalstruktur Coburg	Stand 31.12.1988
Arbeiter	1 376
Facharbeiter	502
Angelernte	874
Angestellte	432
Auszubildende	124
Mitarbeiter in Forschung/Entwicklung	230
Durchschnittsalter (Jahre)	34
Durchschnittliche Betriebszugehörigkeit (Jahre)	8

Geschäftsumfang

Umsatz in Millionen DM		Veränderungen gegen Vorjahr
Brose gesamt		
1988	553	+ 3%
1989 (Plan)	622	+ 13%
Coburg		
1988	526	− 2%
1989 (Plan)	590	+ 12%
England		
1988	23	
1989 (Plan)	25	+ 9%
Spanien		
1988	4	
1989 (Plan)	7	+ 75%

PRODUKTE

- **FENSTERHEBER**
  - manuell
  - elektrisch
  - mit Elektronik
  - Aggregateträger

- **SITZVERSTELLUNGEN**
  - manuelle Sitzverstellungen
  - elektrische Sitzverstellungen
  - Kopfstützenverstellungen vorne und hinten
  - Positionsspeicher (Memories)
  - Rücksitzverstellungen

- **GURTBEWEGUNGSSYSTEME**
  - elektrische Gurttransportsysteme
  - elektrische Gurtgeber
  - elektrische Gurtpunktverstellungen

- **VERRIEGELUNGSSYSTEME**
  - Schlösser für Kofferraumdeckel
  - Verriegelungen für Motorhauben
  - Verriegelungen für Rücksitze

Kunden

Audi, Austin Rover, Bertone, BMW, DAF, Ford, GM-Vauxhall, Jaguar, Karman, Land Rover, Magirus, Mercedes-Benz, Opel, Peugeot, Porsche, Renault, Saab-Scania, SEAT, Volvo, VW

Lizenznehmer in Argentinien, Brasilien, Großbritannien, Japan, Korea, Mexiko, Südafrika, USA

Qualitätsauszeichnungen

- Ford: Q 1 Qualitäts-Award

- Jaguar: A 1 Lieferant des Jahres

- Opel: Lieferant des Jahres

- Volvo: A 1 Qualitätsauszeichnung

- BMW: A 2, 820 von 855 Punkten

- DB: höchste Qualitätseinstufung (kein Punkteschema)

Qualität ist,

wenn in der PKW-Tür ein

Elektrischer Fensterheber

* sowohl bei *+80° C (Hitze),*
* als auch bei *-60° C (Kälte),*
* sowohl bei *Feuchtigkeit,*
* als auch bei *Trockenheit,*
* bei *Salzeinwirkung*
* sowie bei *Schmutz, Staub*
* für über *20.000 Lastwechsel*

immer einwandfrei funktioniert.

LOGIS - Grundlage für CIM

1985 wurden die Grundlagen geschaffen, damit Brose organisatorisch und informationstechnisch Anschluß an den Stand der Technik in der Informationsverarbeitung erhalten hat.

Bis zu diesem Zeitpunkt waren in vielen Abteilungen, wie Einkauf, Wareneingang, Materialwirtschaft getrennte EDV-technische und organisatorische Insellösungen mit unterschiedlichen Hardware-Konfigurationen installiert. Erhebliche Reibungsverluste und Störungen waren hier geradezu vorprogrammiert. Ergebnis war, daß viele betriebliche Informationen unvollständig, teilweise sogar falsch bei den Entscheidungsträgern angekommen sind.

Deshalb wurde 1985 ein 3-Jahres-Konzept verabschiedet. Dieses Konzept hatte den Namen LOGIS - Logistik und Organisation mittels eines gesamtintegrierten Informationssystems - das 1988 erfolgreich abgeschlossen wurde.
Ziel dieses Konzeptes war, eine zentrale Informationsverarbeitung bei dezentralen Verantwortlichkeiten zu schaffen. Alle Abläufe greifen auf zentrale einheitliche Datenbanken zu.
Nach Abschluß der Realisierung dieses Konzeptes wurde im November 1988 in der Geschäftsführung ein weitergehendes Projekt verabschiedet: das Projekt CICERO.

Logistik und
Organisation mittels eines
Gesamtintegrierten
Informations-
Systems

LOGIS-Software-Konzept

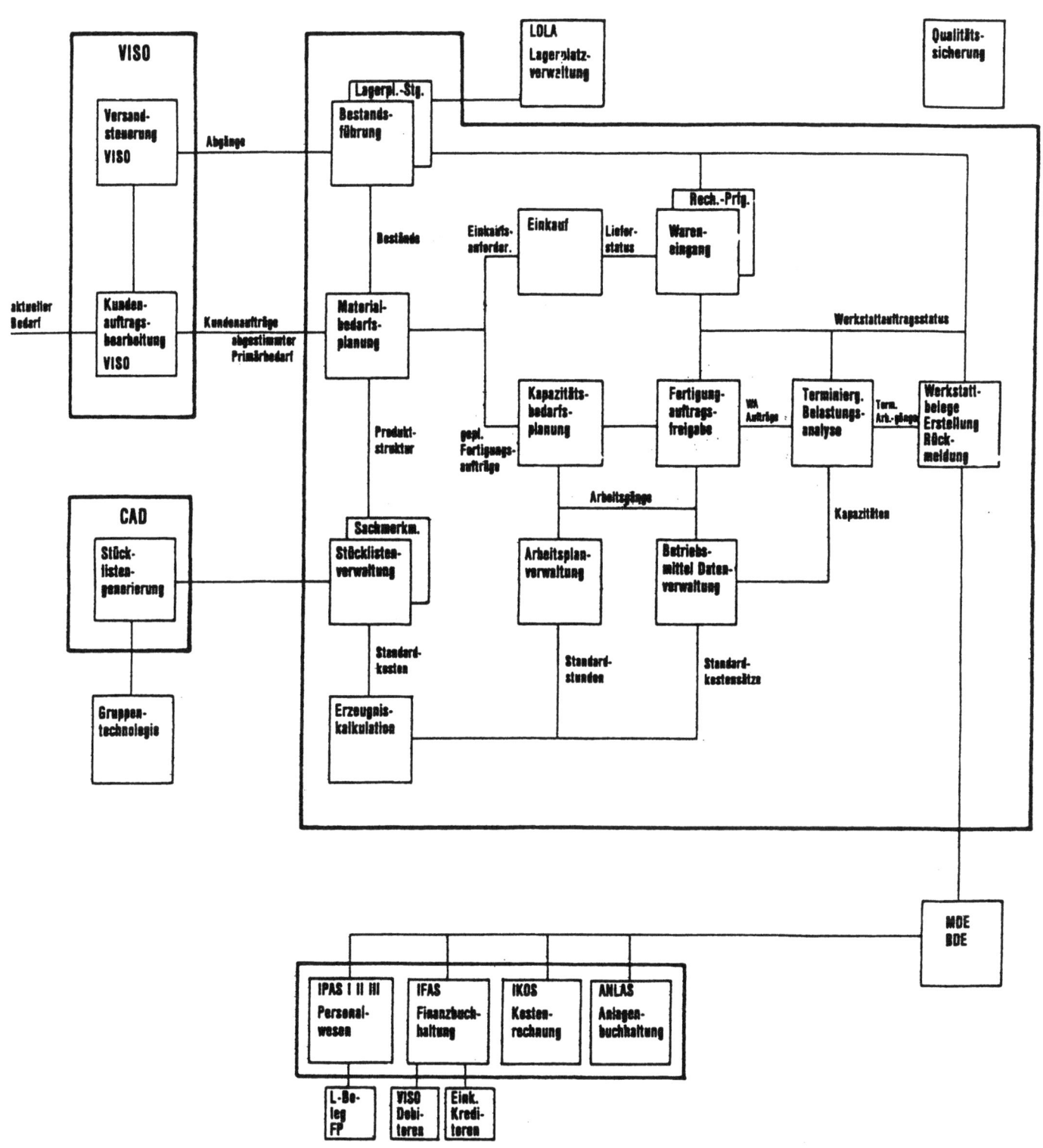

Computer Integrated Manufacturing

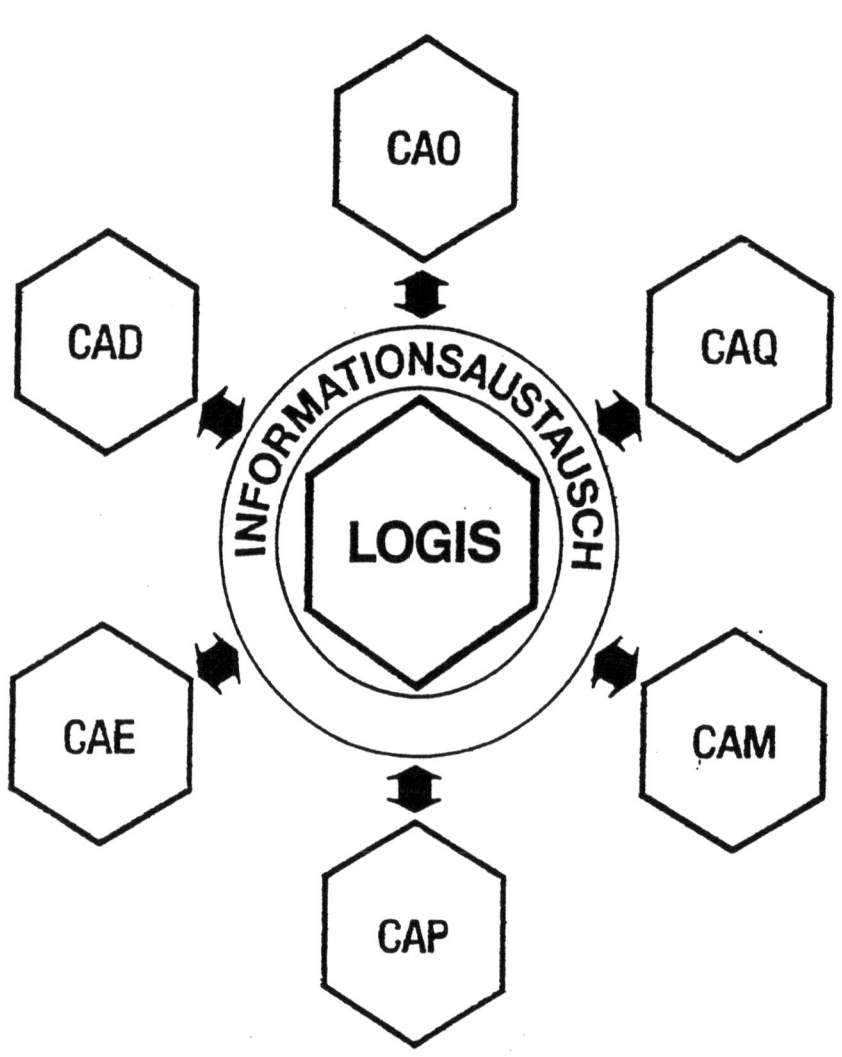

Was verstehen wir unter CIM?

Der wichtigste Buchstabe in diesem Wort ist das 'I'. Die Integration von Informationsprozessen in einem Industriebetrieb unserer Größenordnung ist in den letzten Jahrzehnten aufgrund des starken Wachstums aller Abteilungen mühselig vonstatten gegangen. Das heißt, daß heute Informationen, die nicht das Tagesgeschäft betreffen, häufig redundant in den administrativen Bereichen vorkommen, doppelt gespeichert sind und teilweise unvollständig weitergegeben werden. Aufgrund der Arbeitsteilung in einem Industriebetrieb und der Arbeitsbelastung bestand gar nicht die Möglichkeit, hier eine Vereinheitlichung zu erreichen.

Zuallererst ist die Integration ein Denkprozeß in den Köpfen der Führungsmannschaft. Verständnis für die Vereinheitlichung der Informationsabläufe ist zu wecken. Wichtig dazu ist die Verankerung in den Unternehmenszielen, langfristig die Einbindung in die Unternehmensstrategie.

Man muß sowohl in der europäischen Automobilindustrie als auch in der europäischen Zulieferindustrie davon ausgehen, daß sich Wettbewerbsvorteile im Jahre 2000 nicht mehr zwangsläufig wie vor 20 Jahren ergeben, sondern daß diese Wettbewerbsvorteile systematisch erarbeitet werden müssen.

Dabei spielen einige Grundüberlegungen für das Jahr 2000 eine erhebliche Rolle:
- Es wird mit permanenten Überkapazitäten gerechnet werden müssen.
- Eine Sättigung des Marktes wird gegeben sein, und somit wird sich ein geringeres Wachstum in der Nachfrage ergeben.
- Die demografischen Entwicklungen weisen eine erhebliche Überalterung der Bevölkerungsstruktur aus. Die Jugendlichen unter 30 Jahren werden im Jahr 2000 50 % weniger sein als heute.
- Es wird eine erhebliche Nivellierung in Produktqualität und Wissen zwischen den Industrieländern und den Entwicklungsländern des Jahres 1990 geben.
- In den Unternehmen findet eine Internationalisierung durch globale Einkaufs- und Absatzaktivitäten statt.
- Die Kundenwünsche werden immer stärker differenziert werden.
- Die Unternehmensstrategien werden sich auf Kundenorientierung und Marktorientierung ausrichten müssen. Die operative und strategische Orientierung erfordert zwangsläufig auch in einem Unternehmen eine schnelle Informationsweitergabe. Deshalb ist eine Vernetzung innerhalb der Unternehmensgruppe und die Integration der Abläufe der Schlüssel für den strategischen Wettbewerbsvorteil.

Der Grundgedanke dabei ist, daß nur dann ein Wettbewerbsvorteil erreicht werden kann, wenn in kürzerer Zeit im eigenen Unternehmen eine Information zu einem Vorteil im Verkauf des Produktes führt als bei der Konkurrenz. Deshalb muß die richtige Information zum richtigen Zeitpunkt an den richtigen Nachfrager kommen. Die Durchgängigkeit der Information muß einen Zeitvorsprung bringen, da die Zeit als einziger Vorgang <u>nicht</u> 'regenerierbar' ist. Einen weiteren Vorsprung erringt dann derjenige, der im 'Interaktionsprozeß' zwischen den Menschen mit Datenbanken und Werkzeugen eine <u>einheitliche</u> Funktionalität erreicht hat.

Im Gegensatz zu 1985, als das LOGIS-Konzept gestaltet wurde, indem erst einmal die Organisationsabläufe des 'Tagesgeschäfts' zu einer einheitlichen integrierten Verarbeitungslogik gestaltet wurden, weist CICERO die Anbindung aller Abteilungen aus, die nicht immer mit dem Tagesgeschäft direkt verbunden sind.

Das 'Tagesgeschäft' ist stark durch Just-in-Time-Aspekte gekennzeichnet, wie zum Beispiel Lieferung des richtigen Teils, in bestellter Menge, an den bestimmten Anlieferort, zum genauen Zeitpunkt, in einwandfreier Qualität.

Nachdem die Unternehmensführung überzeugt ist, daß die funktionale Bereichsaufgliederung die beste Organisationsform für unser Haus darstellt, wurde auch CICERO danach ausgerichtet. Es wurden Integrationspotentiale - Möglichkeiten der Integration in den verschiedenen Bereichen - analysiert. Dabei spielt in diesem Konzept keine Rolle, ob sich diese Komponente bereits in der Realisierung befindet oder erst in einem Zustand der Planung.

Zum Stand Juli 1989 ist zu sagen, daß dieses Konzept als dynamisches Konzept aufgebaut ist und eine Richtschnur darstellen soll, welche Positionen im einzelnen als Teilprojekte zu analysieren sind. Eine Realisierung erfolgt erst dann, sofern sich in der Wirtschaftlichkeitsbetrachtung des Teilprojekts ein positiver Effekt ergibt. Dabei ist zukünftig stärker einer 'Zusatzleistungsbetrachtung' als ein Rationalisierungseffekt der Vorrang zu geben. Selbst eine Nutzwertanalyse wird nicht immer leicht sein.

C	Conzept der
I	Integration durch
C	Computereinsatz für eine
E	effiziente
R	Rahmen-
O	Organisation

CICERO

Es wurden acht Blöcke an Integrationspotentialen herausgearbeitet.
Unter Integrationspotentialen verstehen wir die 'Möglichkeit, eine höhere Leistung als bisher durch die Realisierung in einem Teilprojekt zu erhalten'.

1. Bereich Administration
- Unternehmensplanung
- EDV-gestütztes Berichtswesen
- Deckungsbeitragsrechnung, Portfoliomanagement
- Erfolgsfaktorenanalyse
- Nachkalkulation von Investitionen
- Konstruktionsbegleitende Kalkulation
- Make-or-Buy-Analyse
- Optimierung der Aufbau- und Ablauforganisation
- Schaffung von Querschnittsfunktionen
- Werkzeuge und Dienstleistungsangebote für das Büro

2. Bereich Personal
- Qualitative Personalplanung
- Weiterbildungskonzept
- Managementtrainingsprogramm
- Führungskräfteentwicklung
- Entwicklung von Führungsqualitätskennziffern
- Motivationskonzept für alle Ebenen
- Höhere Einsatzflexibilität durch Mehrfachqualifikation
- Quantitative Personalplanung
- Personalstrukturanalyse
- Flexible Arbeitszeitmodelle für höhere Anlagennutzungszeiten

3. Bereich Vertrieb
- Strategisches Vertriebskonzept
- Stärken/Schwächen-Analyse
- Beobachtung Kunden- und Lieferantenmarkt
- Joint-Ventures
- Entwicklung von Zukunftskonzepten

Integrations-Potentiale Bereich Administration

- Unternehmensplanung
- EDV-gestütztes Berichtswesen
- Kostenmanagement-Konzeption
- Deckungsbeitragsrechnung, Portfoliomanagement
- Erfolgsfaktorenanalyse
- Nachkalkulation von Investitionen
- Konstruktionsbegleitende Kalkulation
- Make-or-Buy-Analyse
- Optimierung der Aufbau- und Ablauforganisation
- Schaffung von Querschnittsfunktionen
- Werkzeuge und Dienstleistungsangebote für das Büro

Integrations-Potentiale
Bereich Personal

- Qualitative Personalplanung

- Weiterbildungskonzept

- Managementtrainingsprogramm

- Führungskräfteentwicklung

- Entwicklung von Führungsqualitätskennziffern

- Motivationskonzept für alle Ebenen

- Höhere Einsatzflexibilität durch Mehrfachqualifikation

- Quantitative Personalplanung

- Personalstrukturanalyse

- Flexible Arbeitszeitmodelle für höhere Anlagennutzungszeiten

Qualifikation des "CIM-Managers"

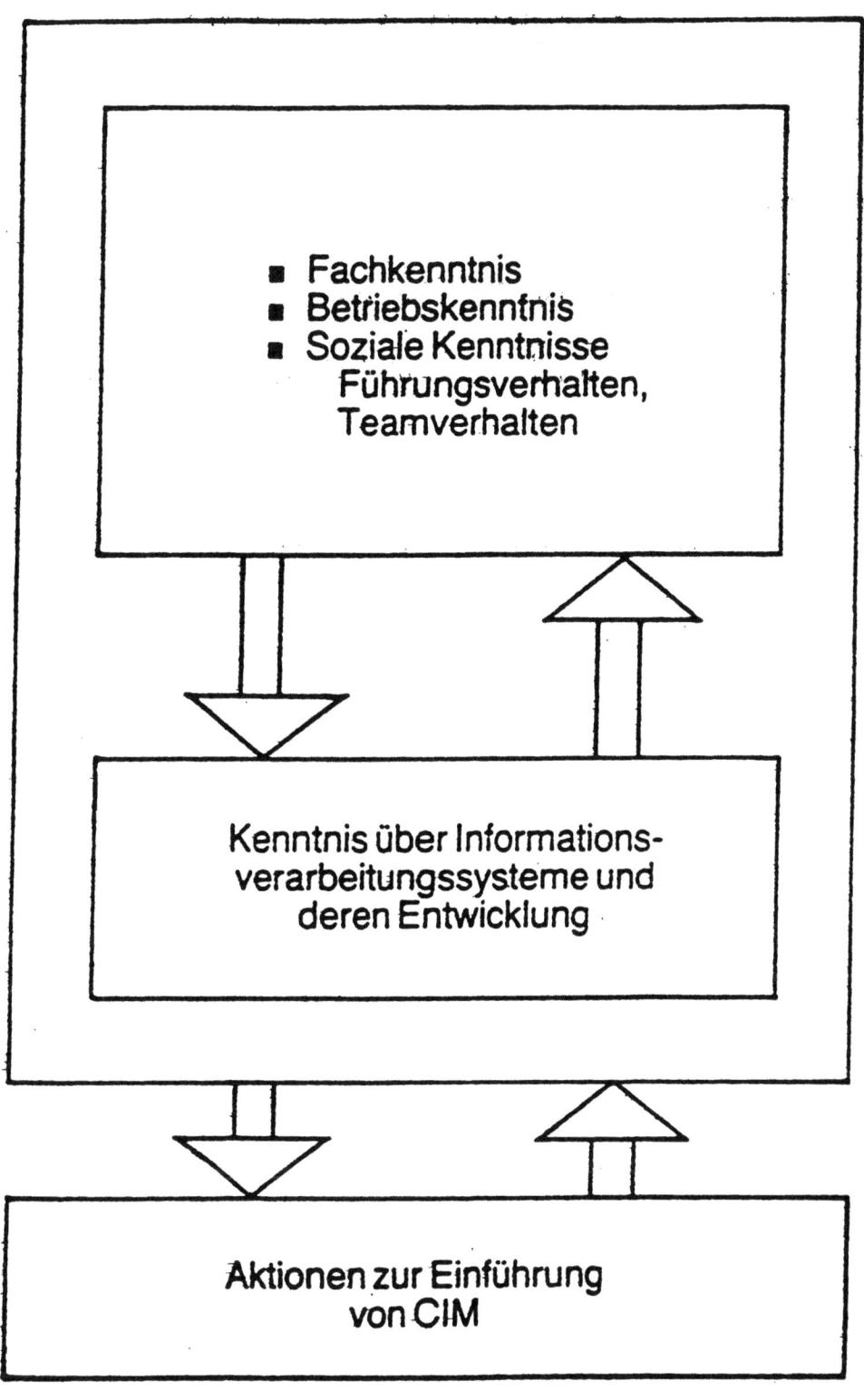

Integrations-Potentiale Bereich Vertrieb

- Strategisches Vertriebskonzept
- Stärken/Schwächen-Analyse
- Beobachtung Kunden- und Lieferantenmarkt
- Joint-Ventures
- Entwicklung von Zukunftskonzepten

4. **Bereich Entwicklung**

   Erzeugnis-Kostenstruktur:
   - Baukastensysteme, Formelemente-Standardisierung
   - Konstruktionsbegleitende Kalkulation
   - Konstruktionsbegleitende Simulation
   - Gruppentechnologie
   - CAD/CAM-Einsatz im Werkzeugbau
   - Automatisierung der Prüfplanerstellung
   - CAD-Anbindung von Kunden und Lieferanten
   - Durchgängiger Änderungsdienst

   Entwicklungsprozeß:
   - Projektmanagement und Kapazitätsplanung
   - Konsequente CAD-Nutzung
   - Kopplung CAD-PPS (Projekt CATLOG)

5. **Bereich Fertigung**
   - CAD/CAM-Kopplung
   - Änderungsdienst
   - Planen Fertigungsprozeß parallel zur Entwicklung
   - Flexible Fertigungssysteme
   - Vermeidung prozeßkritischer Materialien
   - Automatisierung von Fertigungsabläufen
   - Ressourcenverwaltung
   - Erhöhen der Personaleinsatzflexibilität

6. **Bereich Qualitätssicherung**
   - Zentrale Datenbank für Qualitätsstammdaten, Prüfpläne und Prüfanweisungen
   - Fortschreiben der Qualitätshistorie
   - Dynamische Prüfpläne
   - Statistische Prozeßkontrolle
   - Lieferantenbewertung für Einkaufsentscheidungen
   - Verlagerung von Qualitätssicherungsaufgaben auf Vorlieferanten
   - Dokumentation für Sicherheitsteile

Integrations-Potentiale
Bereich Entwicklung

Erzeugnis-Kostenstruktur:

- Baukastensysteme, Formelemente-Standardisierung

- Konstruktionsbegleitende Kalkulation (Geld!)

- Konstruktionsbegleitende Simulation (Zeit!)

- Gruppentechnologie

- CAD/CAM-Einsatz im Werkzeugbau

- Automatisierung der Prüfplanerstellung

- CAD-Anbindung von Kunden und Lieferanten

- Durchgängiger Änderungsdienst

Entwicklungsprozeß:

- Projektmanagement und Kapazitätsplanung

- Konsequente CAD-Nutzung

- Kopplung CAD-PPS (Projekt CATLOG)

Integrations-Potentiale
Bereich Fertigung

- CAD/CAM-Kopplung
- Änderungsdienst
- Planen Fertigungsprozeß parallel zur Entwicklung
- Flexible Fertigungssysteme
- Vermeidung prozeßkritischer Materialien
- Automatisierung von Fertigungsabläufen
- Ressourcenverwaltung
- Erhöhen der Personaleinsatzflexibilität

Integrations-Potentiale
Bereich Qualitätssicherung

- Zentrale Datenbank für Qualitätsstammdaten, Prüfpläne und Prüfanweisungen

- Fortschreiben der Qualitätshistorie

- Dynamische Prüfpläne

- Statistische Prozeßkontrolle

- Lieferantenbewertung für Einkaufsentscheidungen

- Verlagerung von Qualitätssicherungsaufgaben auf Vorlieferanten

- Dokumentation für Sicherheitsteile (Produkthaftung!)

7. Bereich Logistik
- Bestandsverringerung durch Bestandsmanagement
- Mehrstufiges Behälterkonzept
- Umlaufüberwachung durch Behälteridentifikation
- Leergutverwaltung für Kunden und Lieferanten
- Automatisierung des Materialtransports
- Auftragsbezogene Teilezuordnung (Kommissionierung!)
- Lieferbereitschafts-Risikoanalyse
- Konzepte für externe Logistik
- Erweiterung der Steuerungskonzepte:
  Anpassung an Materialfluß
  variabel aufgrund ABC-Analyse
  elektronisches KANBAN
  zyklische Fertigung
  Datenaustausch mit Kunden und Lieferanten

8. Bereich Datenverarbeitung
- Ganzheitliche Analyse von Anwenderproblemen
- Optimierung der Entwicklungswerkzeuge
- Vernetzung aller Arbeitsplätze im Haus
- Kopplung isolierter EDV-Anwendungen
- Unterstützung administrativer Funktionen
- Management-Informationssystem
- Einsatz von Expertensystemen
- EDV-Verfügbarkeit für dreischichtige Fertigung bei neuen Arbeitszeitmodellen
- Einheitliche Stammdaten für das Unternehmen
- Einheitliche Hardwarekonfiguration
- Organisatorische Anbindung der Auslandsfirmen

Integrationspotentiale Bereich Logistik

- Bestandsverringerung durch Bestandsmanagement

- Mehrstufiges Behälterkonzept

- Umlaufüberwachung durch Behälteridentifikation

- Leergutverwaltung für Kunden und Lieferanten

- Automatisierung des Materialtransports

- Auftragsbezogene Teilezuordnung (Kommissionierung!)

- Lieferbereitschafts-Risikoanalyse

- Konzepte für externe Logistik

- Erweiterung der Steuerungskonzepte:
  - Anpassung an Materialfluß
  - variabel aufgrund ABC-Analyse
  - elektronisches KANBAN
  - zyklische Fertigung
  - Datenaustausch mit Kunden und Lieferanten

Integrations-Potentiale
Bereich Datenverarbeitung

- Ganzheitliche Analyse von Anwenderproblemen

- Optimierung der Entwicklungswerkzeuge

- Vernetzung aller Arbeitsplätze im Haus

- Kopplung isolierter EDV-Anwendungen

- Unterstützung administrativer Funktionen

- Management-Informationssystem

- Einsatz von Expertensystemen

- EDV-Verfügbarkeit für 3-schichtige Fertigung

- Einheitliche Stammdaten für das Unternehmen

- Einheitliche Hardwarekonfiguration

- organisatorische Anbindung der Auslandsfirmen

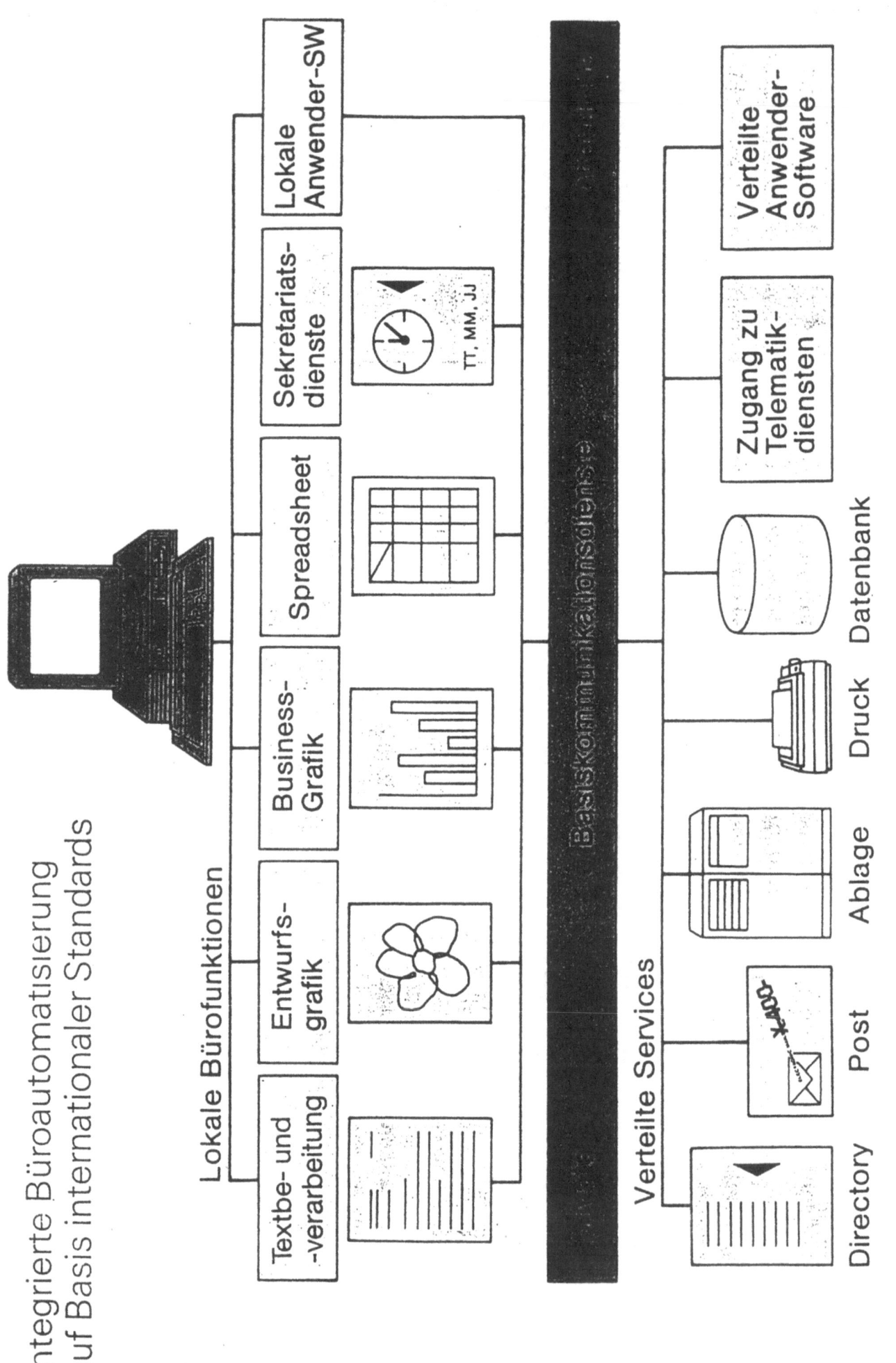

Im Vortrag wird nicht im Detail auf die einzelnen Positionen der Integrationspotentiale eingegangen. Es werden nur einige beispielshaften Teilprojekte herausgegriffen. Davon sind zur Zeit etwa 10 Teilprojekte in Arbeit.

Im einzelnen werden beispielshaft vier Teilprojekte erläutert, bei denen die Integration bereits erheblich vorangetrieben wurde - die Integration zwischen Abteilungen, die sonst direkt miteinander nur mit Schwierigkeiten und Zeitverzug arbeiten konnten.

Diese Teilprojekte sind:
- CATLOG
- Bürokommunikation
- MDE (Maschinendatenerfassung)
- Anbindung eines Lieferanten.

1. Beispiel: CATLOG
Interaktive Kopplung von CAD- und PPS-System - dargestellt am Beispiel CATIA und COPICS

Täglich werden am Standort Coburg (Oberfranken) Fensterheber und elektrische Sitzverstellungen produziert.

Die Produkte werden von einem eigenen Entwicklungsbereich mit Konstruktion, Musterbau und Funktionsversuch in enger Zusammenarbeit mit den Kunden entworfen und zur Serienreife entwickelt. Die wachsenden Anforderungen an Funktionalität und Qualität erfordern den Einsatz fortschrittlicher Hilfsmittel. Es wurde 1983 CAD eingeführt. Die CAD-Anwendung in Verbindung mit CAE-Unterstützung und der Austausch produktdefinierender Daten mit Automobilherstellern haben sich mittlerweile zur Routinetätigkeit entwickelt. Seit 1985 sind CAD- und NC-Programmierung in einer integrierten CAD/CAM-Anwendung zusammengefaßt.

1986 begann die Einführung von COPICS, das heute - um eine Vielzahl von Modulen zum Brose-eigenen System LOGIS erweitert - alle wesentlichen Funktionen der Logistik und Fertigungssteuerung abdeckt.

Zwischen den in sich integrierten Blöcken LOGIS einerseits und CAD/CAM/CAE andererseits bestand _keine_ Verbindung. Die Folge war eine unkoordinierte Datenredundanz und die Doppeleingabe von Daten, die in beiden Systemen relevant waren. Parallel dazu entwickelte sich ein zunehmender Bedarf an schneller und umfassender Kommunikation zwischen den Abteilungen Produktentwicklung und der Serienfertigung. Dieser Bedarf hat seine Hauptursache in einer erhöhten Änderungsfrequenz, die ihrerseits aus

- verkürzter Entwicklungszeit,
- höheren Qualitätsanforderungen,
- verstärktem Kostendruck,
- komplexeren Produkten

resultieren.

Konventionelle Abläufe können diesen gestiegenen Anforderungen nur noch mangelhaft gerecht werden, so daß häufig die hohe Liefertreue und Qualität nur mit aufwendigen Sonderaktionen aufrechtzuerhalten waren.

Eine überschlägige Wirtschaftlichkeitsrechnung ergab, daß sich allein aus der Einsparung der Doppeleingabe von Teilestamm-, Stücklisten- und Prüfplandaten die Kosten für die Kopplung der Systeme amortisieren lassen. 1987 wurde daher das Projekt 'CATLOG' (Integration von CATIA und LOGIS) initiiert, mit dem Ziel, mit weniger Aufwand eine schnellere und präzise Kommunikation zwischen Entwicklung und Fertigung zu ermöglichen.

Anforderungen

Entgegen herkömmlichen Kopplungen zwischen CAD- und PPS-Systemen, die sich zumeist auf die Übertragung von Stücklisten-Informationen im Stapel-Betrieb beschränken, sollte das zu erstellende System durch eine **interaktive Kopplung** eine Quasi-Integration der Datenbanken herbeiführen. Bei der Integration der PPS-relevanten Daten am CAD-System war gleichzeitig das Verifizieren und Einfügen der Eingaben in die PPS-Datenbanken gefordert.

Da sich rein technisch eine Zwangskopplung im interaktiven Betrieb nicht realisieren läßt, mußten entsprechende Steuerungsmechanismen enthalten sein, die die Anwender zur Benutzung der gebotenen Möglichkeiten hinführen.

Die notwendige Implementierung von Regelabläufen sollte auch genutzt werden, um zusätzliche Funktionalität, wie die

- Zeichnungssichtung auf passiven Grafikbildschirmen,
- automatische Verwaltung der Zeichnungen durch das PPS-System,
- Arbeits- und Prüfplan-Generierung

zu ermöglichen.

Bezüglich der technischen Realisierung bestand die Forderung, daß die Handhabung für die Anwender selbsterklärend ist, daß alle Interaktionen im Sekundenbereich abgewickelt werden und daß sich alle Module leicht an veränderte Umgebungsbedingungen anpassen lassen.

Vorgehensweise

Eine Analyse im Rahmen der Ausarbeitung des CICERO-Teilprojekts ergab, daß eine große Anzahl von Abläufen und Institutionen von der Kopplung des CAD-und PPS-Systems tangiert ist. Daher galt es zunächst,

- einen groben Soll-Ablauf festzulegen,
- vorbereitende Maßnahmen einzuleiten,
- das eigentliche CATLOG-Projekt zu definieren.

Für den Soll-Ablauf wurde postuliert, daß alle in der Konstruktion entstehenden Daten bei ihrer Entstehung in die gemeinsame Datenbank eingegeben werden. Weiterhin wurde dem PPS-System die Aufgabe der Steuerung aller Abläufe zugewiesen. Dies bedeutet, daß in der CAD-Datenbank soweit wie möglich auf redundante Daten verzichtet wird und daß die Einrichtung von vielen eigenen Steuerungsmechanismen, wie zum Beispiel das Sperren oder das Archivieren von CAD-Daten, entfallen kann.

Vorbereitende Maßnahmen, die teilweise schon mit der Installation des LOGIS-Systems definiert wurden, waren unter anderem

- eine Überarbeitung des Nummernsystems,
- die Projektion der Erzeugnisgliederung auf die CAD-Datenstruktur.

Das neue Nummernsystem basiert auf dem Prinzip der Parallelverschlüsselung, das eine neutrale Identnummer mit Änderungsindex als Basis-Schlüssel benutzt. Für die Speicherung der CAD-Daten wurde eine Trennung in Teile- und Zeichnungsnummern vollzogen. Im CAD-System wird der Datensatz mit der Teile-Nummer zur Identifikation des geometrischen Modells benutzt, wohingegen die Zeichnungsnummer für Ausprägungen wie Fertigungszeichnungen, spezielle Prüfzeichnungen oder Untersuchungen zur Anwendung kommt. Dieses Prinzip erlaubt auch den unkomplizierten Transport der Stücklisten-Information mit dem Geometriemodell.

CATIA wurde insbesondere im Hinblick auf die Stücklisten-Generierung aufbereitet. Hierzu gehören unter anderem
- eine geeignete Bibliothekstruktur,
- Konventionen für den Zeichnungsaufbau,
- Zugriffsberechtigungen.

Die Bibliothek nimmt - differenziert nach geometrischen Modellen und Zeichnungssymbolen - alle relevanten CATIA-Daten auf. Beim Abruf der Bibliotheksteile wird - zur Vereinfachung von Änderungen - die Rückverbindung zum Ausgangsteil bewahrt.

Die bisher auf Zeichnungen übliche Form der Konstuktions-Stückliste mußte überarbeitet werden, um die automatische Ableitung der Fertigungs-Stückliste zu ermöglichen. Hier wird sich langfristig ein Angleich zwischen Konstruktions- und Fertigungsstückliste ergeben - ein positiver Effekt, der jetzt noch gar nicht bewertet werden kann.

Mit diesen Voraussetzungen konnte die programmtechnische Realisierung von CATLOG klar abgegrenzt, in einem Pflichtheft definiert und extern vergeben werden.

Funktionalität

CATLOG besteht aus sieben Grundfunktionen (Zeichnung anlegen, Zeichnung ändern, Stückliste verarbeiten, Prüfplan, Zeichnung freigeben, Zeichnung ungültig, Änderungsliste).. Diese Grundfunktionen werden durch einen Makrobefehl am CATIA-Bildschirm gestartet und können durch Selektieren des entsprechenden Menü-Elements aktiviert werden.

Die Eingaben des Anwenders werden sowohl CATIA- als auch LOGIS-seitig auf Korrektheit, Vollständigkeit und Plausibilität geprüft. Korrekturen fordert das System unmittelbar nach der Eingabe an.

CATLOG

Grundfunktionen:

- Zeichnung anlegen
- Zeichnung ändern
- Stückliste verarbeiten
- Prüfplan
- Zeichnung freigeben
- Zeichnung ungültig
- Änderungsliste

Die vier wichtigsten Funktionen von CATLOG werden im folgenden erläutert:

Zeichnung anlegen

Diese Funktion wird benutzt, wenn der CATIA-Anwender seine Neu-Konstruktion soweit konkretisiert hat, daß er andere Abteilungen - zum Beispiel zur Vermeidung von Doppelkonstruktionen - davon in Kenntnis setzen muß.

Auf dem Bildschirm erscheint eine strukturierte Maske mit allen Feldern, die aus der Konstruktionszeichnung in den Stammdatensatz des PPS-Systems einfließen. Ferner enthält diese Maske Felder, die zusätzlich im Schriftfeld der Zeichnung erscheinen. Die Felder sind logisch und optisch in Muß- und Kann-Felder unterschieden.

Zeichnung freigeben

Die Zeichnungsfreigabe erfolgt durch Übergabe des CATIA-Modells an einen Prüfer und gegebenenfalls den Normprüfer. Parallel dazu wird der Plot der Freigabezeichnung und die Erstellung der Grafikdaten für GDDM-fähige Sichtgeräte im Stapel-Betrieb durchgeführt. Dabei erfolgt auch die Überprüfung, ob die LOGIS-Daten mit den Daten im Zeichnungsschriftfeld noch übereinstimmen sowie die Eintragung der Freigabekennung.
Nach der Freigabe steht die CATIA-Zeichnung im Datenbereich für freigegebene Zeichnungen, aus dem sie nur noch mit der CATLOG-Funktion abrufbar ist.

Zeichnung ändern

Diese Funktion bewirkt, daß die Zeichnung aus dem Bereich für freigegebene Zeichnungen gelesen und mit einem neuen Änderungsindex in den Arbeitsbereich des Anwenders geschrieben wird. In LOGIS wird dabei die Kennung 'in Änderung' gesetzt und ein neuer Teilestamm angelegt. Nach Abschluß der Änderung muß die Zeichnung wieder freigegeben werden.

Stückliste verarbeiten

Unter der Voraussetzung, daß die Einzelteil-Zeichnungen mit CATLOG-Hilfe erstellt wurden und gemäß Konvention in CATIA zu einer Zusammenbauzeichnung zusammengefügt wurden, sind alle Informationen im CATIA-Modell vorhanden, um die Stückliste zu generieren. Der Ablauf erfolgt unter Kontrolle des Anwenders, der die Positionsnummern auf der Zeichnung bestimmt und Korrekturmöglichkeiten für die Anzahl der Verwendungen besitzt. Ferner kann der Anwender zusätzliche Varianten in der Stückliste bilden, um die Erstellung separater Variantenzeichnungen zu vermeiden. Die fertiggestellte Stückliste wird - analog zur Funktion 'Zeichnung anlegen' - interaktiv zu LOGIS übertragen und gleichzeitig in die Zeichnung eingefügt.

Da die Erzeugung der LOGIS-Struktur-Stückliste in CATIA ein stufenweises Vorgehen in Baukästen erfordert, ist zur Darstellung des Gesamtinhalts einer Zusammenbauzeichnung die Auflösung in eine Mengen-Stückliste erforderlich. Diese Zusatzfunktion wird auf Anforderung des COPICS ausgeführt und das Ergebnis zu CATIA übertragen.

Erfahrungen

CATLOG wurde 1988 in seinen wesentlichen Bestandteilen programmtechnisch realisiert und getestet. Während der Erprobungsphase erwies sich die umfassende Simulation der Abläufe als sehr komplex, so daß der stufenweisen Einführung der Vorzug gegeben wurde.

Wenn sich auch durch die relative Kürze der Anwendung noch wenige gesicherte Aussagen treffen lassen, so zeigt sich doch, daß die Problematik weniger in der Definition der Abläufe und der programmtechnischen Realisierung liegt, als vielmehr in der Durchsetzung der Anwendung in der täglichen Praxis. Eine der Hauptursachen dürfte in dem Umstand liegen, daß die Anwender des CATLOG-Systems nicht mit den vordergründigen Nutznießern identisch sind. Wenn auch die Konstruktionsabteilung nicht mit Mehraufwand belastet wird, so ist doch mit CATLOG eine Umstellung für die Anwender verbunden. Das Problem verstärkt sich noch durch die Koexistenz eines konventionellen und des rechnerunterstützten Ablaufs. Dieses Problem wird jedoch mit der Zunahme der CAD-Anwendung kontinuierlich kleiner. Heute sind 14 CATIA-Bildschirme installiert.

Ein weiterer wesentlicher Punkt ist dann die Kongruenz der Erzeugnisstruktur in Konstruktion und Fertigung. Mit den heute verfügbaren CAD-Hilfsmitteln ist es mit vertretbarem Aufwand nicht möglich, strukturbezogene Änderungen des Fertigungsablaufs in der Zeichnung zu dokumentieren. Dies bedeutet, daß es grundsätzlich nicht möglich ist, die Montage immer mit aktuellen Fertigungszeichnungen zu beliefern.

Die systemtechnische Realisierung hat sich als sehr stabil und bezüglich Komfort und Ablaufgeschwindigkeit als befriedigend erwiesen. Die Funktionalität erfüllt im Ganzen die im Pflichtenheft dokumentierten Erwartungen. Auch blieben die Kosten im geplanten Rahmen, und negative Randerscheinungen konnten bisher nicht festgestellt werden. Die künftigen Anstrengungen werden sich daher auf die Durchsetzung des Systems für alle relevanten Anwendungen konzentrieren.

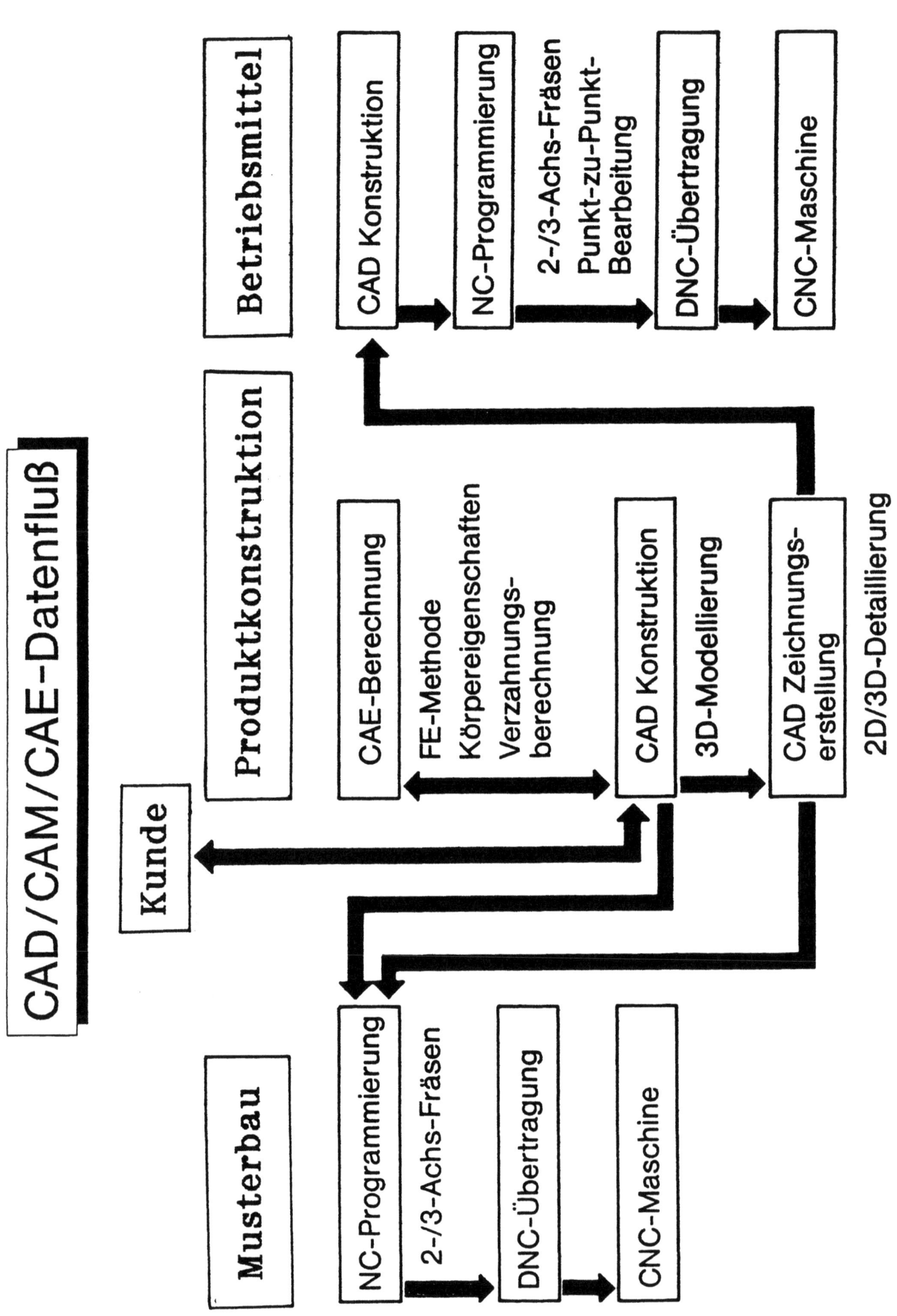

2. Beispiel: Bürokommunikation

Mit Einführung von zentralen Datenbanken und dem Einsatz von derzeit rund 370 Bildschirmen - davon sind 70 PC's - war die Möglichkeit für fast alle Angestellten mit Sachbearbeiterfunktion zu einer 'direkten' Kommunikation gegeben.
Schon jetzt - nach halbjährigem Einsatz - ergeben sich folgende Vorteile:
- Mitarbeiter sind immer erreichbar
- Formulierungszwang
- Kurzfassung wird erzwungen
- Empfangsbestätigung wirkt 'ausredestörend'

Integrierte Bürokommunikation mit Con-nect - mehr als nur Kommunikation zwischen Büros!

Stufe I: Merkmale
Persönlicher Kommunikationsarbeitsplatz für den Mitarbeiter
- Zugang zu elektronischen Unterlagen an jedem Bildschirm
- Textdokumentationsmöglichkeit am Arbeitsplatz
- persönliche Dokumentenverwaltung
- Zugang zu externen Medien (Telex/Teletex) am Platz
Schnelle, anwesenheitsunabhängige, dokumentierte Kommunikation
- Hauspostlaufzeiten entfallen
- häufige Störungen des Arbeitsablaufes durch Telefon entfallen
- Mitarbeiter kann alle Anfragen in <u>einem</u> Vorgang bearbeiten
- Nachrichten stehen jederzeit wieder aufrufbar zur Verfügung
- Verteilerfunktionen ersparen Kopien und Hauspostwege
Unterstützte Termin- und Besprechungsplanung
- eigener Terminkalender steht an jedem Bildschirm zur Verfügung
- telefonische Abstimmung von Besprechungen entfällt
Einbindung von PC-Arbeitsplätzen
- Jeder PC kann die Kommunikationsfunktionen nutzen
- Austausch von Dokumenten zwischen PC's
- Schönschrift-Textverarbeitung auf PC

Der bisherige Einsatz hat gezeigt, daß sich _neue_ Ideen formulieren und darauf aufbauend nicht nur 'elektronic mail', sondern neue Aufgaben sinnvoll sind.

Stufe II: Ausbau
- Übergreifendes Kommunikationsmedium zwischen Hostanwendungen
- Datenaustausch mit LOGIS-Stammdatenverwaltung (Integration von Textdokumenten und Stammdaten)
- Abbildung von Formularen und ihren Durchläufen (papierlos, schnell und dokumentiert; Stammdateneinbindung)
- Automatische Generierung von Informationen aus anderen Systemen (schneller Info-Fluß)
- "Elektronischer Arbeitsvorrat" (Abarbeiten des Postkorbes deckt die wichtigsten Prozesse ab.)

Integrierte Bürokommunikation mit CON-NECT

Stufe I:

- persönlicher Kommunikationsarbeitsplatz
- schnelle und unabhängige Kommunikation
- unterstütze Termin- und Besprechungsplanung
- Einbindung von PC-Arbeitsplätzen

Stufe II, Ausbau:

- übergreifendes Kommunikationsmedium
- Datenaustausch mit LOGIS-Stammdaten
- Abbildung von Formularen und ihren Durchläufen
- automatische Informationsgenerierung
- "elektronischer Arbeitsvorrat"

3. Beispiel: MDE

Anders als andere Industriebetriebe ist bei Brose das MDE-System sehr stark von der Host-Verarbeitung beeinflußt.

Aus freigegebenen Fertigungsaufträgen, die aus dem Materialplanungssystem stammen, werden über Bildschirme und Drucker in den Meistereien auf Standardformularen alle erforderlichen Betriebsbelege erzeugt. Auf dem Standardformular werden Zeit-, Qualitäts- und Materialbelege 'vor Ort' gedruckt.

Auch die sogenannten P-Plankarten werden erzeugt. Diese Plankarten stellen den Arbeitsvorrat für die entsprechende Kostenstelle dar. Jede Plankarte trägt einen Barcode, hinter dem sich die sogenannte Referenznummer verbirgt, die wiederum ein Schlüsselbegriff für alle betrieblichen und logistischen Daten ist, die sowohl auf der Plankarte ausgewiesen sind als auch für die, die unter Identnummer oder Kostenstelle in den Stammdaten aufgerufen werden müssen.

Die Plankarte ist die Schnittstelle im Arbeitsprozeß zwischen Vorgabe und Realisierung. Wenn die Arbeit an der Presse begonnen wird, wird über ein Leseterminal die Plankarte mittels Barcode erfaßt, und die Aktivitäten für diesen Auftrag, diese Stückzahl, in dieser Kostenstelle, an dieser Maschine beginnen.

Als Subsystem unter dem Host wurde ein SICOMP M 70-Rechner installiert, der Ausfallsicherheit gewährleistet, wenn die Host-Verbindung unterbrochen ist. Sowohl Anmelde- wie Rückmeldeverfahren bleiben dann gesichert.

Mittels Host-Transaktionen kann dann jeder Berechtigte am Host-Bildschirm über ein Menü selbsterstellte Programme aufrufen, die über Laufzeit, Produktionsstückzahl, Restlaufzeit und verschiedene Kennzahlen, wie Taktzeiten, Zeitgrad, Nutzungsgrad, sowohl zeitgenau als auch schichtgenau Auskunft geben. Es besteht eine permanente Dialogverbindung von Maschinensteuerung zum Host-Bildschirm.

Auf diese Weise erreichen wir eine erhebliche Transparenz in der auftragsbedingten Abarbeitung in unserem Großpreßwerk. Wir erhalten aber auch einen Überblick über Störungen und deren Ursachen, vor allem auch über die Zeiten an unseren Großanlagen.

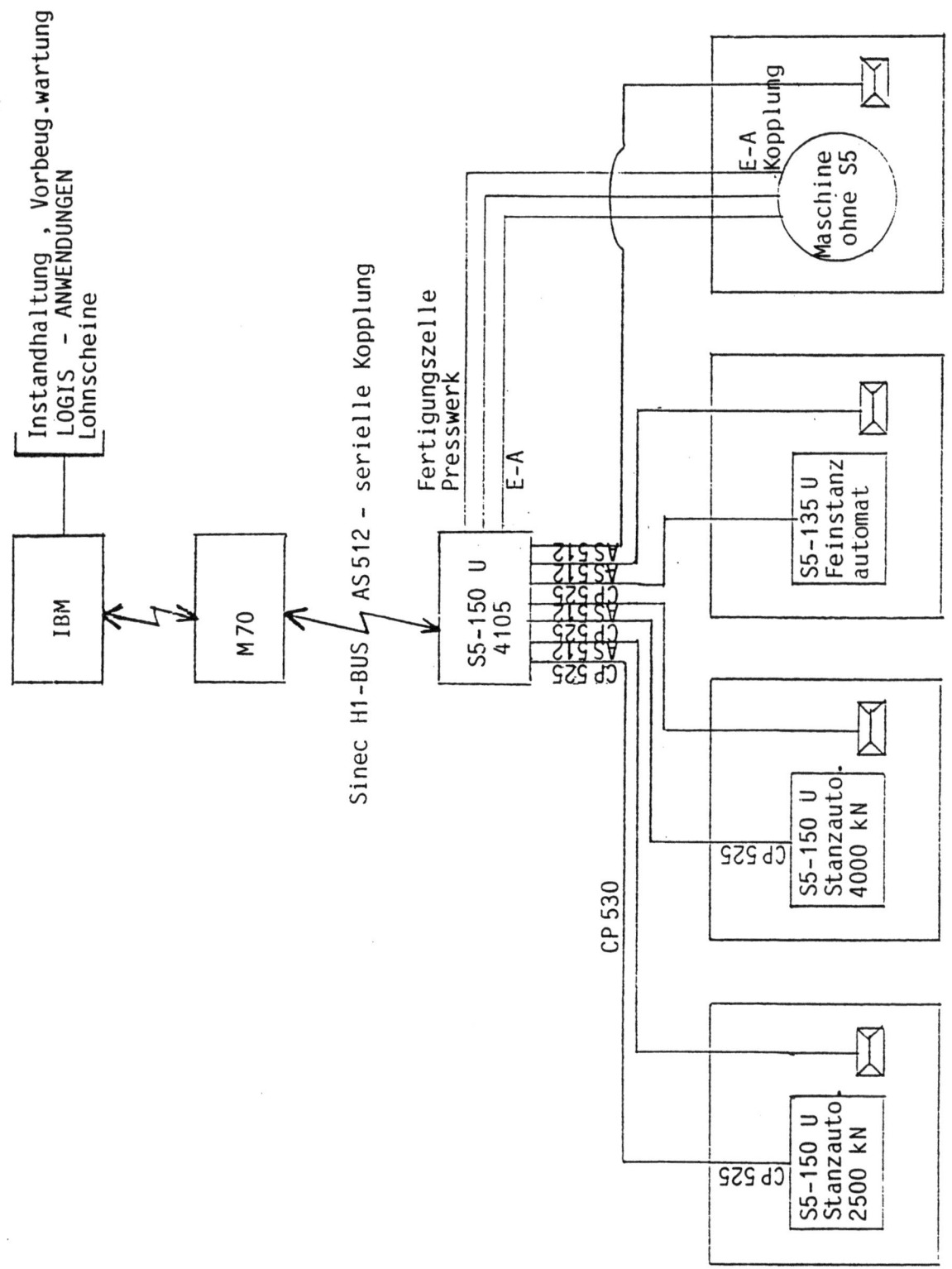

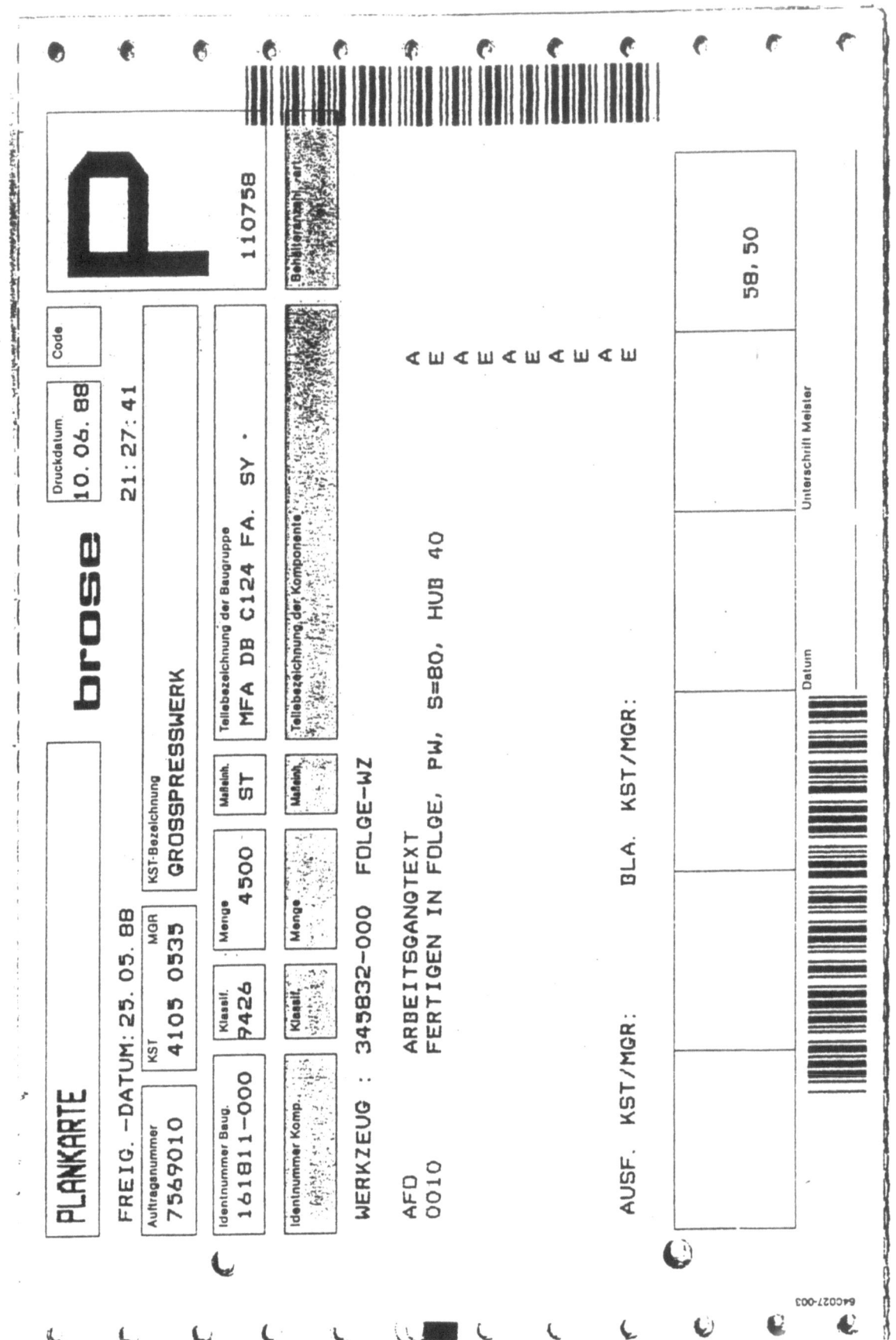

```
MD11              ZUGETEILTE ARBEITSVORGAENGE PRO MASCHINE      DATUM:
                            (ZEITGENAU)                         ZEIT :

WERK: 1
KST : 4105 MGR :                                                SEITE: 001
***************************************************************************
KST/MGR   INVENTAR-    AUFRAGS-  AVO   IDENT-     MASCHINEN       MENGE         REST
          NUMMER       NUMMER    NR.   NUMMER     STATUS BEGINN  SOLL   IST    LFZT
4105/0535 801440-000   9074970   0010  172099-000   P    13:41   11000  03736  0188
4105/0536 801441-000   9065010   0010  160047-000   P    14:43   14000  13683  0260



KEINE WEITEREN DATEN FUER DIESE ANFRAGE
LÖSCH=ENDE; PF3=ZURUCK;
STATUS: P=PRODUZIEREND, S=STILLSTEHEND, R=RUSTEND, O=OHNE AUFTRAG; RESTLFZT IN MIN
```

4. Beispiel: Anbindung eines Lieferanten

Wenn wir nur einige Punkte der Just-in-Time-Problematik herausgreifen, so ergibt sich zwangsläufig, daß auch an die Zulieferer neue Herausforderungen herangetragen werden. Nur der Zulieferbetrieb, der die Just-in-Time-Voraussetzungen erfüllt, erhält den Zuschlag. Die gestiegenen Anforderungen lassen sich zusammenfassen:

- Die Abrufmengen werden durch Just-in-Time-Beziehungen kleiner, die Transporthäufigkeit steigt.
- Bei unterschiedlichen Produktionsgeschwindigkeiten arbeitet der Zulieferer suboptimal.
- Der hohe Lieferbereitschaftsgrad zwingt den Zulieferer zur erweiterten Lagerhaltung.
- Die Qualitätskontrolle des Zulieferers ersetzt die Wareneingangskontrolle des Herstellers.
- Die Zulieferer muß in Forschung und Entwicklung investieren, um im international werdenden Wettbewerb bestehen zu können.
- Die Enge der Kommunikativbeziehungen erlauben dem Hersteller den Einblick in die Strukturdaten des Zulieferers.
- Die Dominanz des Herstellers kann bis zur Degradierung, zur verlängerten Werkbank beziehungsweise Vormontage führen.

Die genannten Anforderungen enthalten aber auch Chancen für die Zulieferer. Die Zulieferer erhalten den Status der Unersetzlichkeit, juristisch teilweise auch abgesichert durch langfristige Rahmenverträge.

Wir haben Seil- und Bowdenzüge in verschiedenen Längen und Typen, die wir bei der Fensterheberherstellung benötigen. Die Seilzüge werden von einer Firma, die von Coburg 5 km entfernt ist, gefertigt. Die Firma WEFA dient dabei als 'verlängerte Werkbank', da die Firma Brose alle Werkstücke zur Verfügung stellt, und die WEFA die Einzelteile der Seilzüge lediglich zusammenbaut. Geliefert wird in Gebinden, die sich in 70-Liter-Behältern befinden. Diese Behälter werden in Gitterboxen verladen und transportiert. Ein Gebinde stellt maximal einen Wochenbedarf pro Teilenummer dar.

Der Betrieb wurde mit zwei Bildschirmen ausgestattet, die direkt an unserem Materialplanungssystem angebunden sind. Sie sehen über eine Transaktion am Bildschirm den am nächsten Morgen und am übernächsten Tag anstehenden Arbeitsvorrat. Die Bedarfe werden direkt für diese Firma projiziert.

WEFA steht auch innerhalb unseres Kommunikationssystems mit allen Sachbearbeitern des Hauses direkt am Bildschirm in Verbindung.
Nach Aussagen der WEFA-Mitarbeiter hat dies eine erhebliche Zeitersparnis und vor allem die Vermeidung von Fehler- und Störungsursachen gebracht.

Hier wurde realisiert, daß Fremdfirmen wie 'Betriebsteile' durch die Informationsverarbeitung angebunden werden, zwar rechtlich selbständig aber funktional in unseren Betrieb integriert sind.

CICERO's Wirkung:
Durch die Integration der Informationsverarbeitung erreichen wir eine erheblich stärkere Transparenz gegenüber den Vorgängen zu einem vorherigen Zeitpunkt.

Es wird erreicht, daß die Gemeinkostenarbeitsgänge erheblich reduziert oder sogar teilweise beseitigt werden. Wenn man sich vorstellt, daß für jede kleinste Handhabung im Arbeitsplan des Fertigungsprozesses jede kleinste Zeiteinheit festgehalten wird und die Tätigkeit vorgeschrieben wird, damit der Werker keine unnützen Handgriffe vollzieht, im Angestelltenbereich jedoch bisher in vielen Abteilungen keine detaillierten Vorgaben über die Arbeitsweise festgelegt sind, so kann durch eine vereinheitlichte Bearbeitungsoberfläche mit dem Instrument der EDV eine erhebliche Verbesserung des Handlings erreicht werden.

Man hat jede Datenbasis als Datenbank nur ein einziges Mal, aber für alle, die die Berechtigung erhalten, im Zugriff, das heißt, daß keine Diskussionen über unterschiedliche Daten erst entstehen und Analysen darauf aufgebaut werden können. Es ergibt sich durch diese vereinheitlichte Datenstruktur und Verarbeitungsweise ein Synergieeffekt, der vorher nicht vorhanden ist.

Und wenn wir nur für unser Haus verschiedene Eck- und Strukturdaten vergleichen, die aus dem Jahr 1984 stammen mit denen im Jahr 1988, so können wir feststellen, daß unser Umsatz um 40 %, manche Absatzzahlen um 50 % gewachsen sind.
Die Mitarbeiterzahl ist insgesamt jedoch nur um 12 % gestiegen, im Angestelltenbereich allerdings um rund 30 %. Das bedeutet, daß besonders im Angestelltenbereich noch erhebliche Vereinheitlichungen erfolgen müssen.
Die Anzahl der technischen Änderungen an unseren Produkten ist im Jahr 1984 von 297 auf rund 2.000 in 1988 gestiegen. Das ist eine Steigerung von 573 %.
Die Zahl der Wareneingangspositionen je Arbeitstag ist um 36 % gestiegen.
In einer Zahl kann man die erheblich gestiegene Komplexität der Produkte nicht bemessen, die von Jahr zu Jahr zugenommen hat und noch weiter zunehmen wird.

Gleichzeitig sind aber die Wochenarbeitszeit um 6 %, die Überstunden im Unternehmen um 38 %, die Reichweite der Bestände um 33 % gesunken.
Eine Projektion in das Jahr 2000 wird sicher nicht eine Steigerungsrate in den bisherigen genannten Größenordnungen ergeben, jedoch wird auf keinen Fall eine Stagnation eintreten. Wenn sich die Eck- und Strukturdaten nur in abgeschwächtem Maße so weiterentwickeln, kann das Unternehmen dies nur mittels integrierter Organisationsabläufe bewältigen.

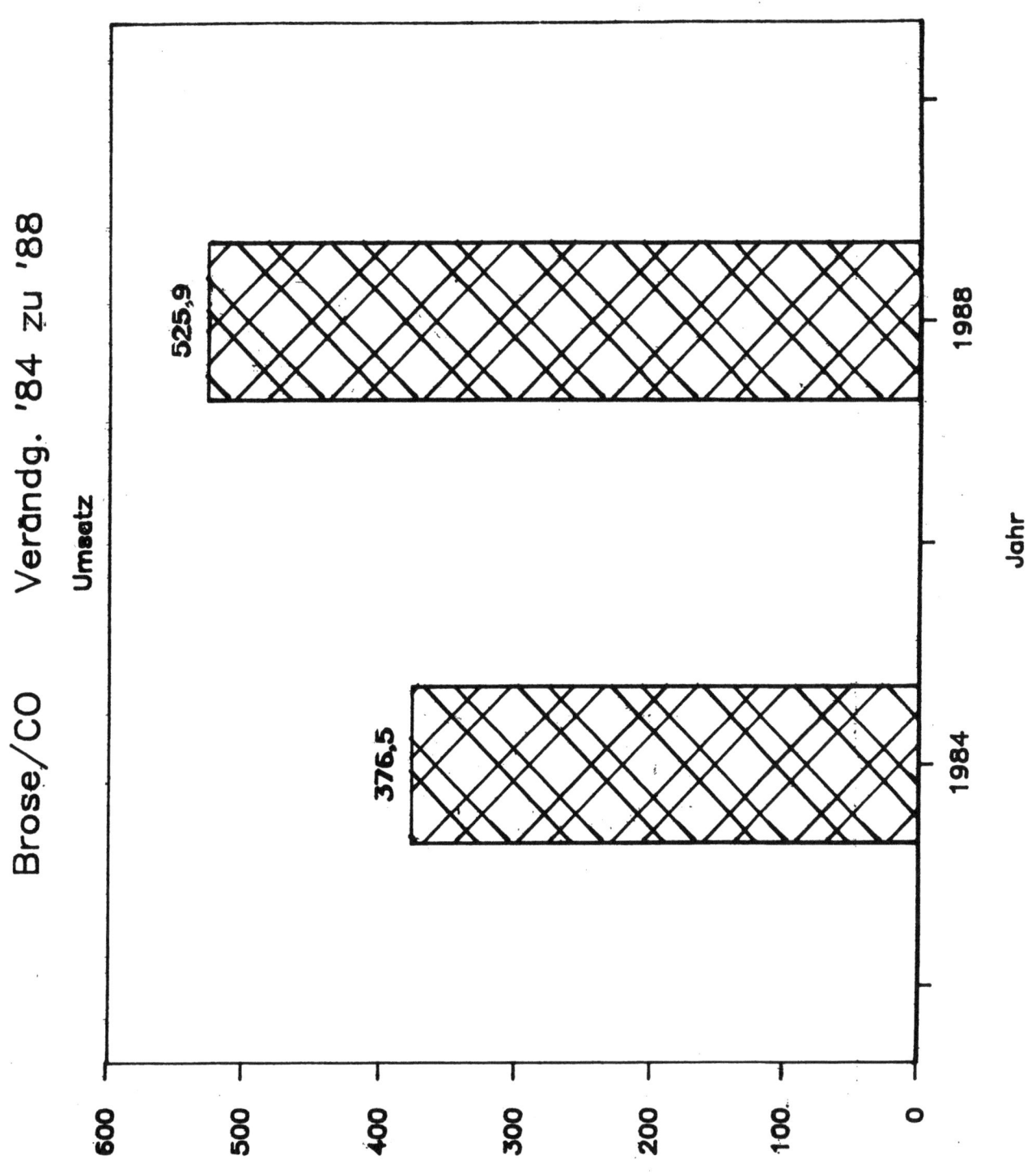

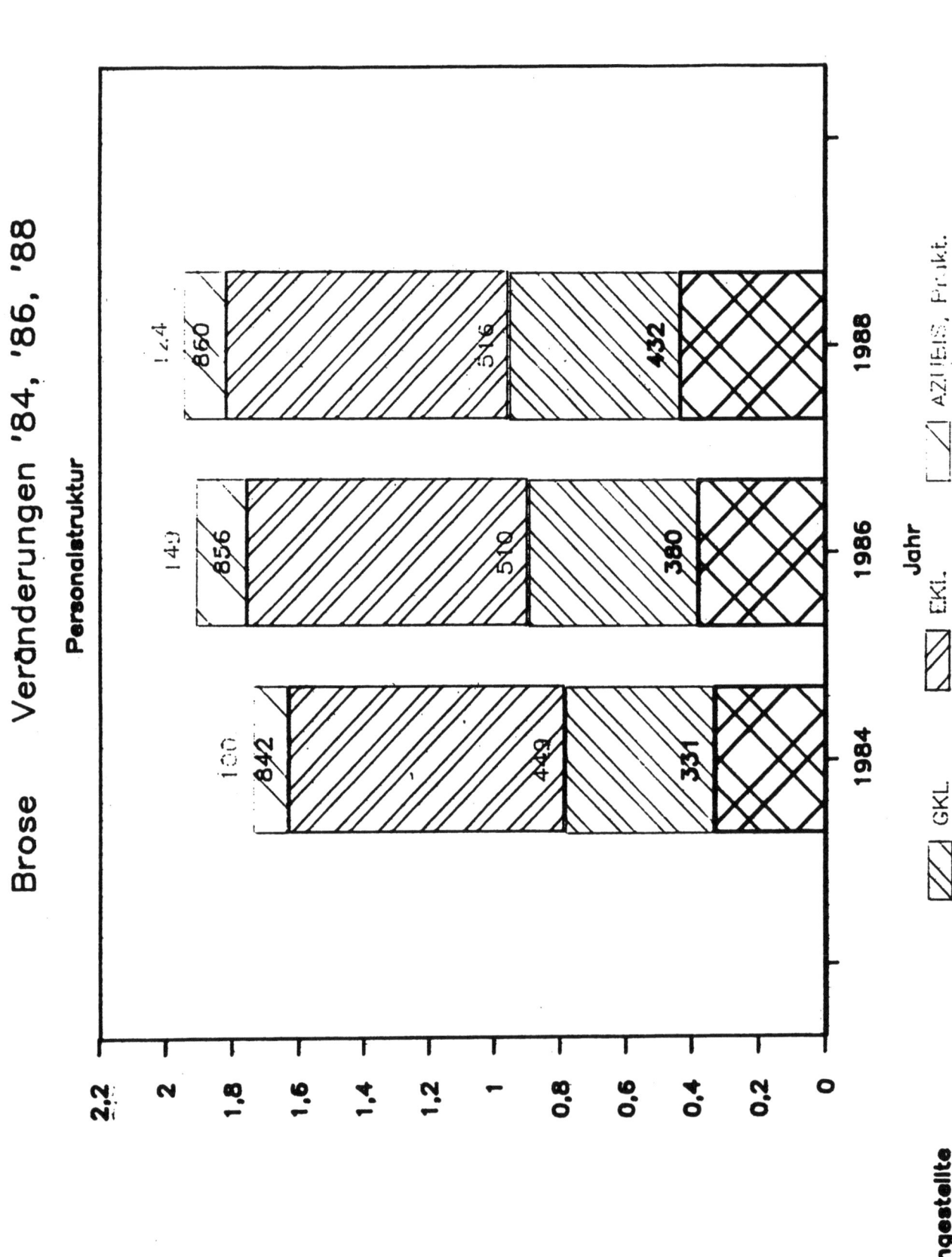

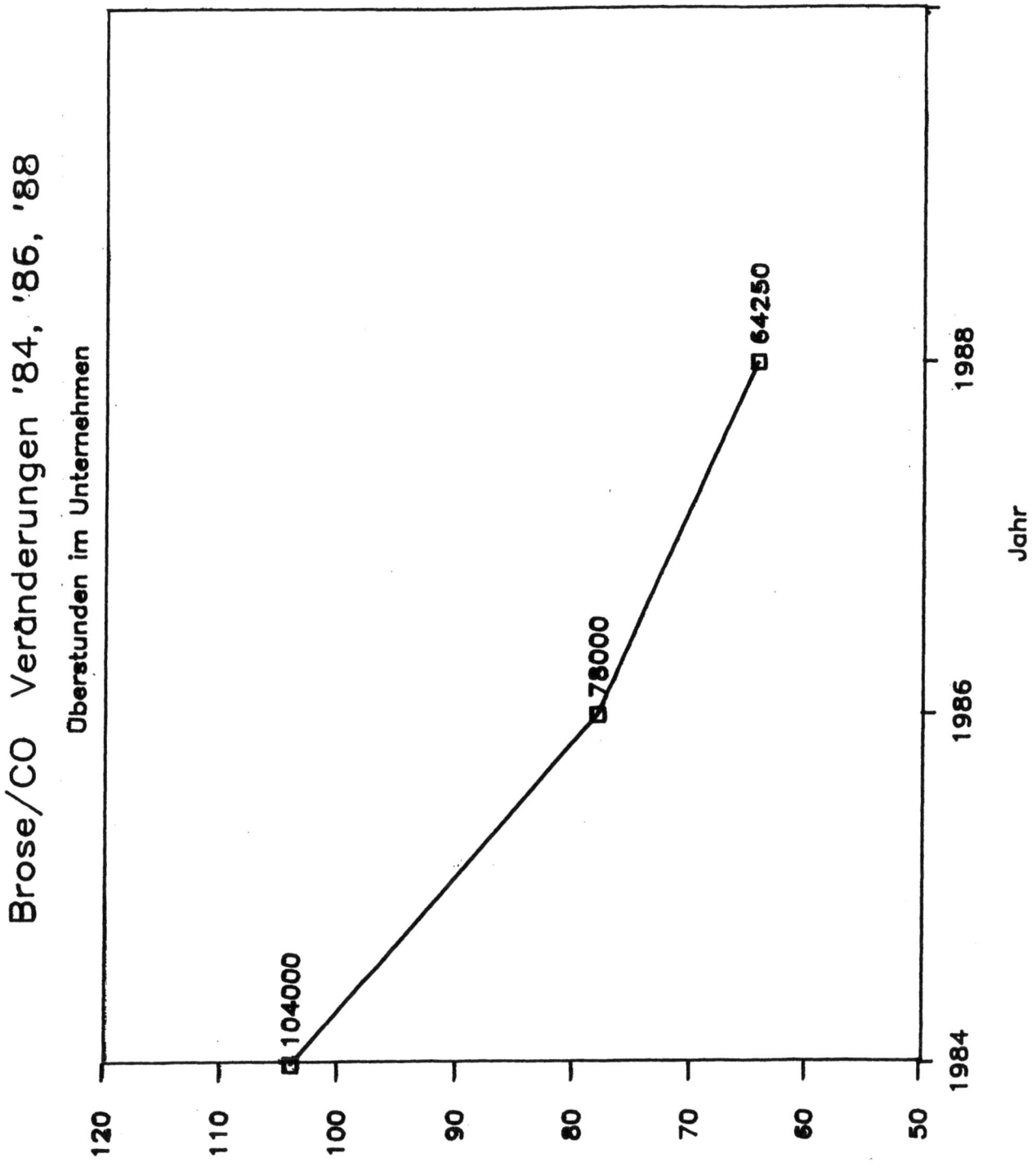

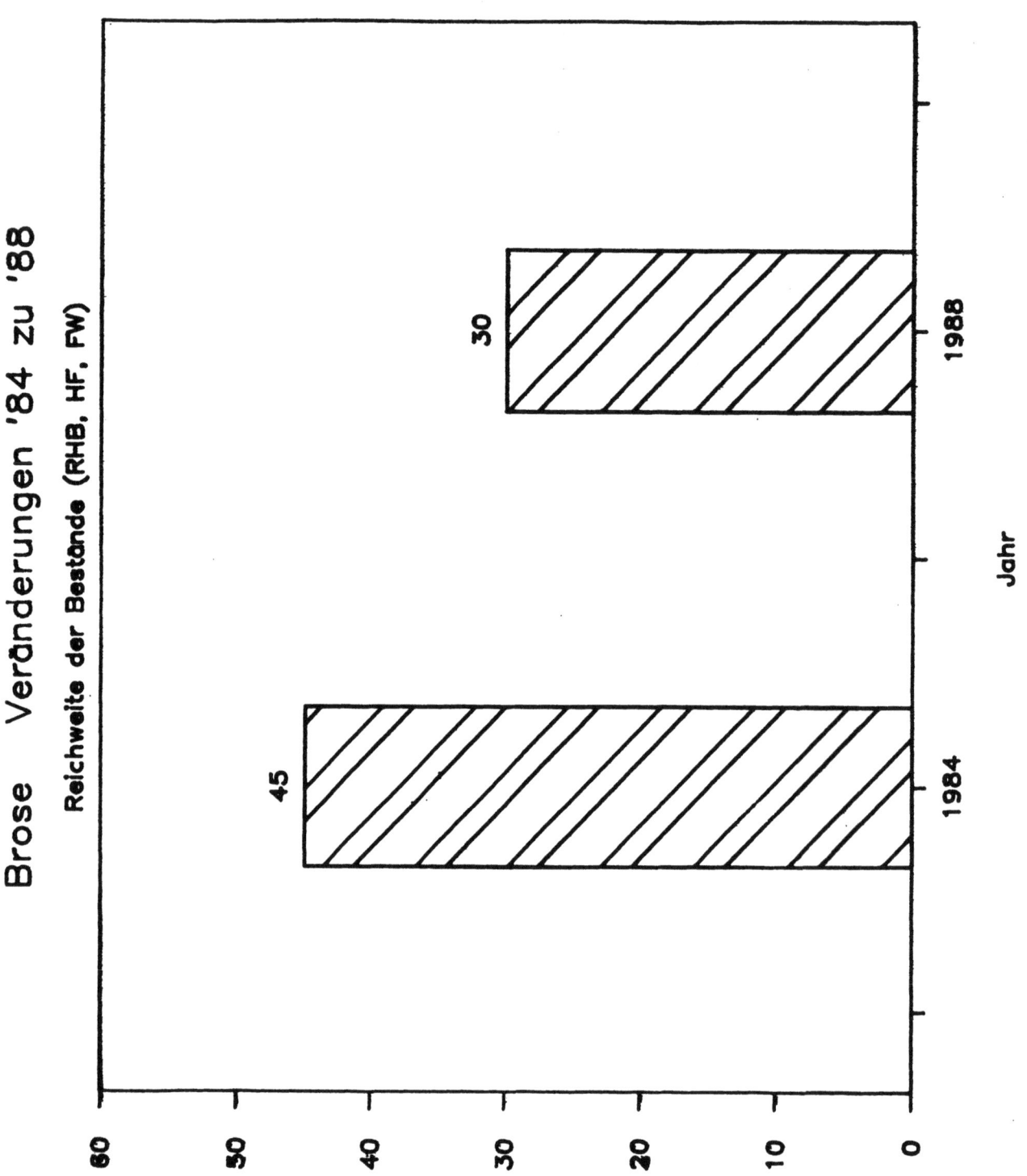

Brose/CO Veränderungen '84 – '88

Anzahl der techn. Änd. an Endprodukten

Jahr	techn. Änd. in Stk.
1984	297
1985	380
1986	505
1987	1037
1988	2000

Anzahl d. techn. Änderungen an Endprod. (Tausend)

Zusammenfassung:

Für ein Industrieunternehmen der Automobilzulieferindustrie im Jahr 2000 wird ein intensiv Informationstechnologie benutzendes, in den Organisationsabläufen kompakt funktionierendes Gebilde sein oder - wie Professor Warnecke sagt - "Die Fabrik der Zukunft ist ein informationsverarbeitendes System technisch-organisatorischer Art".

Der Weg dorhin wird schrittweise in einem evolutionären Prozeß vonstatten gehen.

Neue Basistechnologien wie Personalcomputing im Sinne von intelligenter Datenverarbeitung und Verantwortung beim Endbenutzer, relationale Datenbanken und lokale Netzwerke werden die Informationsverarbeitung bestimmen.

Allerdings wird ein starker Anstieg der Bild- und Grafikverarbeitung und das in Farbe einen ebenso dramatischen Anstieg der Großspeicher bewirken.

Die Firmen, die durch 'Systemdenker' innovativ auf der Suche nach neuen Gebieten sind, werden den Weg der nächsten Jahre leichter beschreiten.

Die Investitionen werden sich nur in Teilprojekten an einer Wirtschaftlichkeitsrechnung orientieren können. Man muß vielmehr vom Gedanken der Rationalisierung abgehen, hin zum Gedanken der Leistungsverbesserung.

In allen Abteilungen eines Industriebetriebes sind diese 'Systemdenker' anzusiedeln. Beim Anstoßen von neuen Teilprojekten wird hauptsächlich im Gemeinkostenbereich eine starke Veränderung der bisherigen Arbeitsinhalte am Arbeitsplatz gegeben sein. Wir nennen das eine Verkürzung der "inneren Mobilitätszyklen".

Zum Schluß zeigt eine Übersicht einer Untersuchung des RKW, wie hoch der Einfluß des CIM-Einsatzes auf die Zielerreichung der Unternehmen eingeschätzt wird. Besonders Positionen, die in der Automobilindustrie schon jetzt stark gefordert sind, zeigen einen hohen Einfluß auf die Zielerreichung.
Insbesondere sind dies: Verringerung der Durchlaufzeit, Erhöhung der Flexibilität am Markt, Steigerung der Termintreue und Erhöhung der Transparenz des Betriebsgeschehens.

Die Gründe für CICERO sind somit
- eine <u>langfristige Sicherung der Wettbewerbsfähigkeit</u> sowie
- der <u>Wirtschaftlichkeit</u>.
Beide Punkte ergeben die <u>Erhaltung des Unternehmens</u>.

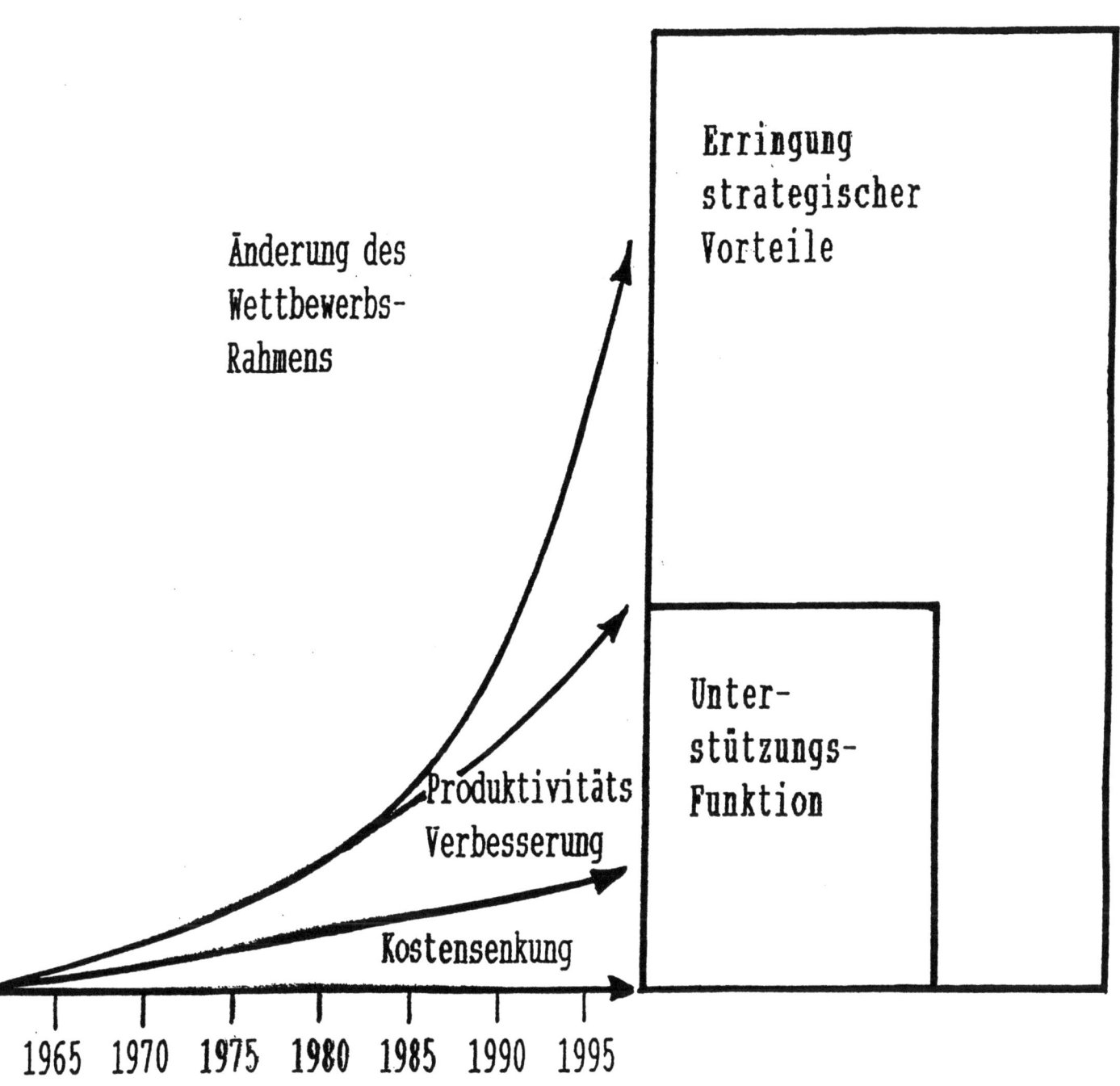

Wandel im Wettbewerb der Industrienationen bis zum Jahr 2000

- Permanente Überkapazitäten (im Markt, im Unternehmen)

- Sättigung der Märkte, somit geringeres Wachstum der Märkte

- Angleichung von Qualität und Know-How

- Internationalisierung

- noch stärkere Differenzierung der Kundenwünsche

- Zunahme der Produktkomplexität

Integration des Regelkreises Mitarbeiter - Technik - Organisation

Organisation
Zusammenwirken
Informationsfluß
Aufgabenstrukturen

Mensch
Aufgaben
Rollen
Qualifikation
Selbstverständnis

Technik
Produkte
Fertigung
Kommunikation

Integration

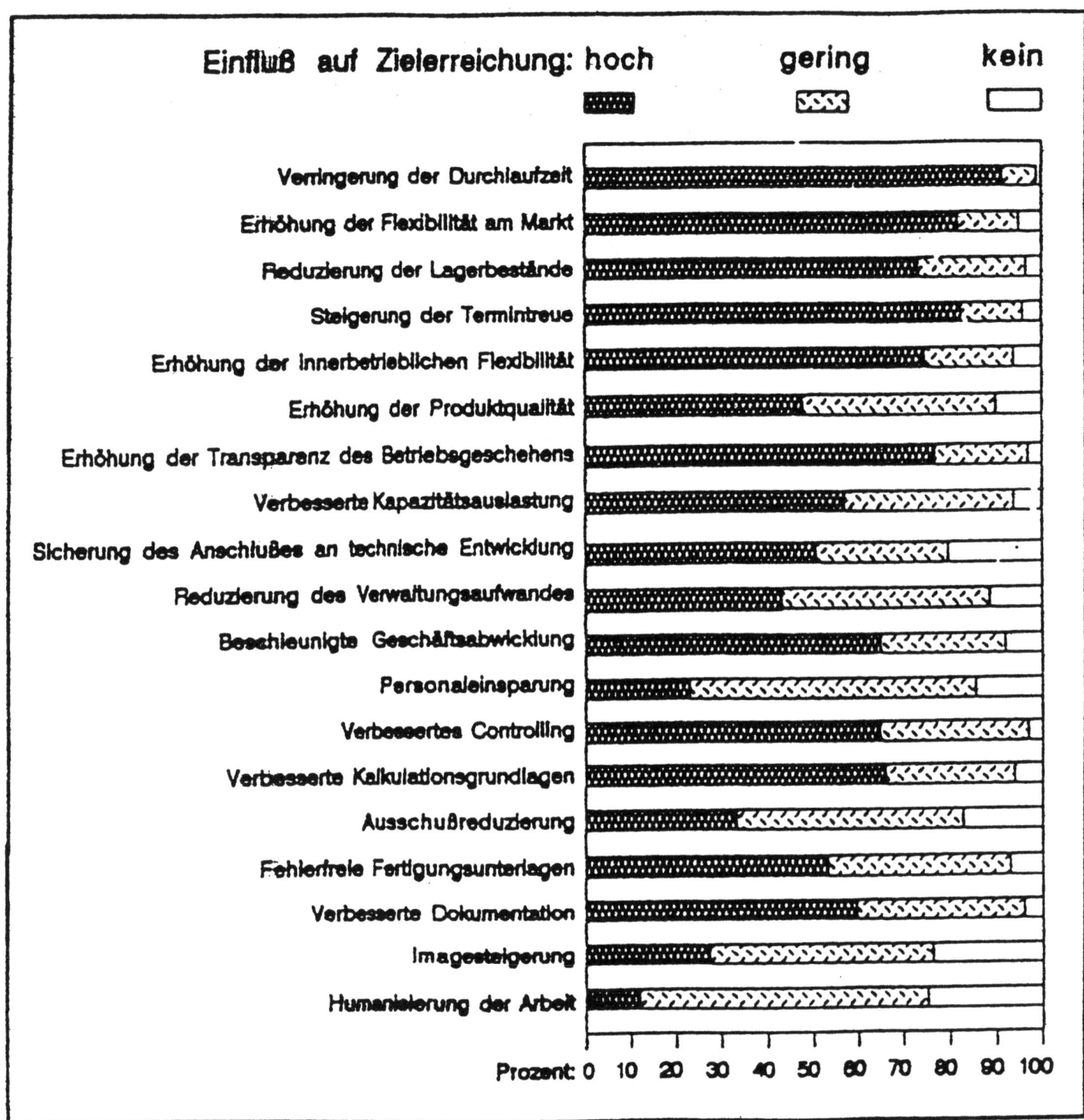

Der Einfluß des CIM-Einsatzes auf die Zielerreichung der Unternehmen

Quelle: RKW

Schlußbetrachtung:

So, wie erwartet wird, daß die "innere Mobilität" bei Sachbearbeitern zuzunehmen hat, so muß auch ein Wandel in der Betrachtung der Denkprozesse bei integrierten Organisationsabläufen in der Führungsmannschaft einhergehen. Besonders die Unternehmensführung ist gehalten, die strategische Wirkung von CIM-Projekten entsprechend zu beurteilen.

In früheren Jahren wurde Informationsverarbeitung zur Verbesserung des Wettbewerbsrahmens immer dann eingesetzt, wenn man sich eine Kostensenkung erwartet hat. Auch wurden tatsächlich Unterstützungsfunktionen mit der EDV erarbeitet.

Nachfolgend konnte man die Informationsverarbeitung bereits in einer höherwertigeren Ebene, aber immer noch in einer Unterstützungsfunktion für die Produktivitätsverbesserung in der Fertigung und in der Verwaltung heranziehen.

In den 90er Jahren wird die Informationsverarbeitung komplexe Gebilde zur Erringung strategischer Vorteile zusammenfügen.

Nur die Firmen werden überleben, die sich im Evolutionsprozeß der integrierten Informationsverarbeitung diese strategischen Vorteile im Wettbewerb durch Innovation erarbeitet haben.

Nur der <u>Mensch</u> als dritte Komponente zwischen Technik und Organisation kann diese Integration umsetzen.

Einbindung von CIM-Projekten in das strategische und operative Controlling

H. Friedrich

1. CIM und strategisches Controlling

Grundsätzlich stellt sich sicher zuerst die Frage, haben CIM-Projekte und Controlling überhaupt etwas miteinander zu tun?

Bei genauerem Hinsehen werden wir viele Gemeinsamkeiten und Schnittstellen feststellen.

- die Auswirkungen sind meist **bereichsübergreifend**
- die Maßnahmen müssen **integriert** durchgeführt werden
- sie sollen die **Wirtschaftlichkeit** und **Wettbewerbsfähigkeit** eines Unternehmens langfristig sichern
- es sollen sich mittel- und langfristig **Synergieeffekte** für das Unternehmen ergeben

Wenn wir die Ziele von CIM und Controlling noch intensiver durchleuchten, ergeben sich noch wesentlich mehr Gemeinsamkeiten.

1.1. Wo und Wie beeinflussen CIM-Projekte das strategische Controlling

Eine CIM-Entscheidung, unabhängig ob es sich um einen Teilbereich (z. B. CAD, CAE, CAQ) oder um die Entscheidung, das gesamte Unternehmen im Rahmen der CIM-Philosophie in einem langfristigen Zeitraum umzustellen, es wirkt immer auf die wesentlichsten und wichtigsten Ressourcen des Unternehmens.

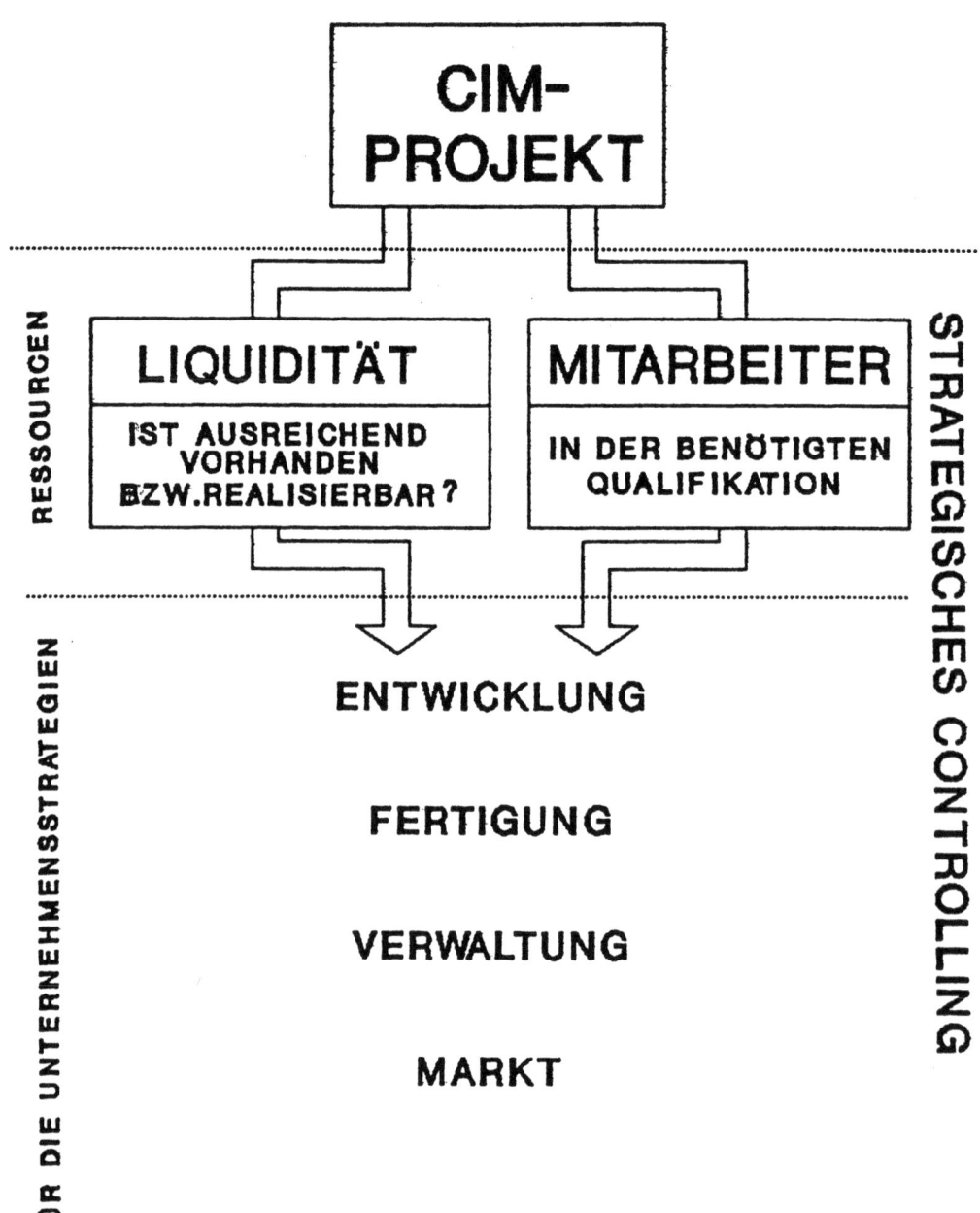

- Mitarbeiter
- Liquidität

Und damit verbunden ist automatische eine Überprüfung, ob die Ressourcen in ausreichendem Maße vorhanden sind, bzw. ob die Ressourcen in einem entsprechenden Zeitraum beschafft werden können.

CIM-Projekte beeinflussen wesentlich die Ressourcen, da es sich meist um verhältnismäßig kapitalintensive Projekte handelt, die zusätzlich neue **Anforderungen an die Mitarbeiter** stellten.

Die Aufgabe des **strategischen Controllings** ist es, bei einer CIM-Entscheidung **wesentliche Veränderungen** in der Unternehmensstrategie aufzuzeichnen und eine **abgestimmte Teilstrategieanpassung** herbeizuführen. Hierbei erscheint es mir sehr wichtig, daß das **Management** vom Controlling auf die Anpassungen rechtzeitig hingewiesen wird. Es ist zwingend erforderlich, bei der Einführung von CIM-Projekten alle anderen Teilstrategien zu prüfen und an die geänderten Umstände anzupassen. Die erfolgreiche CIM-Realisierung setzt bereits in einer sehr frühren Phase voraus, daß sich das **gesamte Management** über die wesentliche Änderungen im Unternehmen

z. B. Personalqualifikationen müssen angepaßt werden,
die Investitionsstrategie für die **Verwaltung, Entwicklung, Fertigung, Logistik** müssen überprüft werden,
langfristige **Finanzpläne** müssen erstellt werden,
Organisationsformen müssen überprüft werden;

im Klaren ist.

Das strategische Controlling muß diese Veränderungen dem Management
- transparent darstellen,
- eine gemeinsame Strategie aller Funktionsbereiche koordinieren
- enge Zusammenarbeit bei der Einzelstrategieentwicklung zwischen den Funktionsbereichen herbeiführen

Nur eine gemeinsam entwickelte Strategie ermöglicht eine erfolgreiche CIM-Realisierung!

Eine komplexe Information des Managements schafft Klarheit über die Auswirkungen von CIM-Projekten und ist eine wesentliche Entscheidungsgrundlage.

1.2. Aufgaben des strategischen Controllings bei CIM-Entscheidungen

Welche Aufgaben hat das strategischen Controlling bei der Planung von CIM-Projekten?

A) Genaue Zieldefinition erarbeiten

"Was wollen wir u. a. mit CIM erreichen"

       z. B.   - **Wettbewerbsfähigkeit** erhalten und ausbauen, um weiterhin ein potenter Partner zu bleiben

      oder   - **Just-in-Time**-fähig werden

      oder   - **fertigungsgerecht konstruieren**

      oder   - **transparente Informationsflüsse**

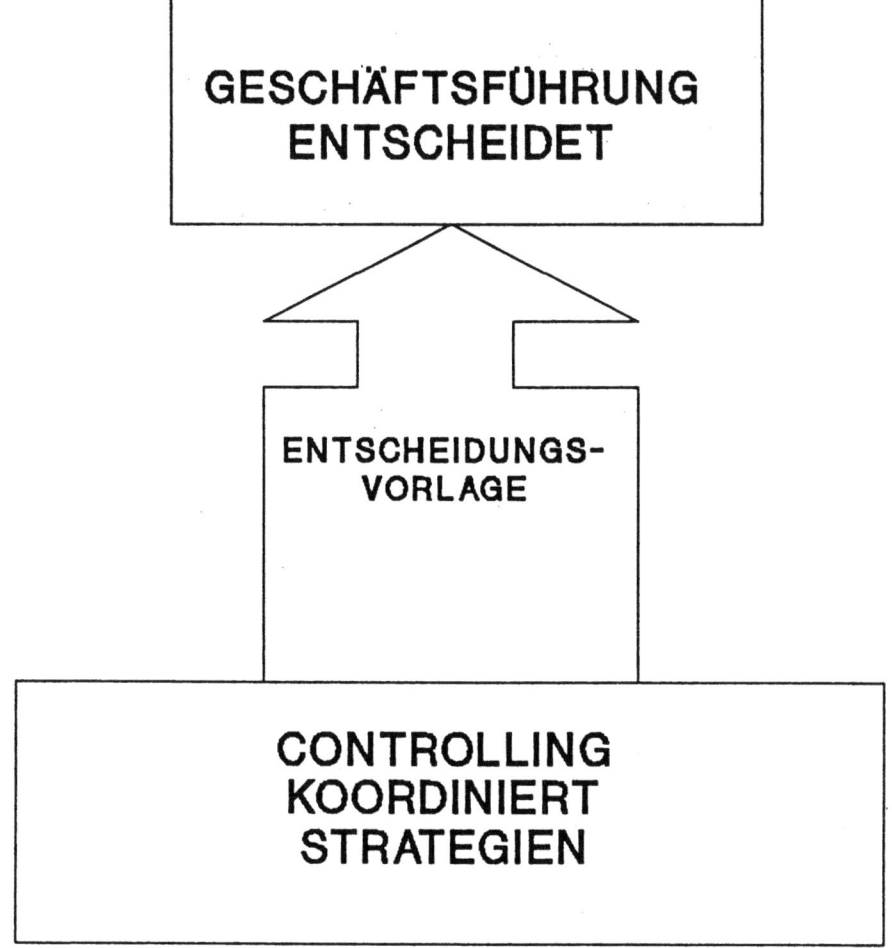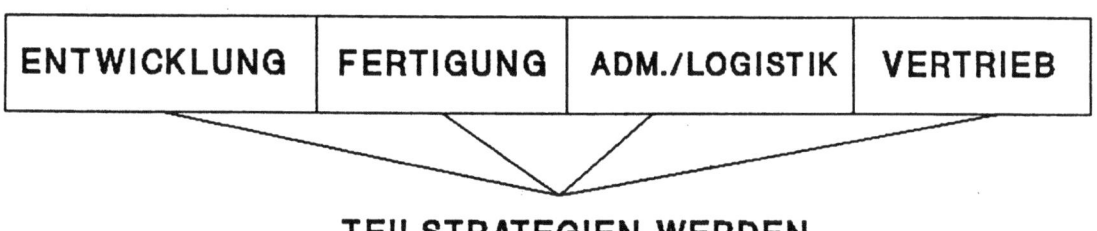

B) Projektgruppe mit allen wichtigen Funktionsbereichen, bilden und **Einsatz-** und **Integrationsmöglichkeiten** prüfen.

Im Rahmen dieser Projektgruppe ist als 1. Punkt zu definieren

"**Was verstehen wir unter CIM**"

außerdem muß festgelegt werden

— Welche **Teilbereiche** sind in die Planung einzubeziehen

- Welche **Maßnahmen** sind erforderlich

C) Gemeinsamer Vorschlag aller Funktionsbereiche

- in welchem **Umfang** CIM-Projekte realisiert werden sollen
- in welchem **Zeitraum** können die Projekte realisiert werden (grobe Terminplanung)

D) Der Controller muß dann **langfristige ökonomische Veränderungen** aufzeigen und möglichst differenziert bewerten

- **monetär**
  - ist auf der Aufwandsseite (Investitionen und Kosten) noch verhältnismäßig einfach; Für die Ergebnisseite oft sehr schwierig!
- **Nutzwertanalyse**
  - z. T. sehr subjektive Bewertung
- verbale Beschreibung der Veränderung ohne Wertung

E) Nach Überprüfung des gemeinsamen Vorschlages und der ökonomischen Auswirkungen sollte eine Entscheidung der geschäftsführenden Gremien getroffen werden.

ABSTIMMUNG STRATEGISCHER TEILPLÄNE

MASSNAHME: UMSTELLUNG AUF CAD, CAE UND CAQ-EINSATZ

AUSWIRKUNG:

- **PERSONAL**: WEITERBILDUNGSSYSTEME FÜR CAD, CAC U. CAQ AUSBILDUNGSINHALTE ÄNDERN BESCHAFFUNGSSTRATEGIE ANPASSEN (QUALIFIKATION)

- **QUALITÄTSWESEN**: FMEA-KENNTNISSE AUFBAUEN SPC AUFBAUEN

- **DATENVERARBEITUNG**: UMSTELLUNG AUF GROßRECHNER

- **VERTRIEB**: DFÜ VON ZEICHNUNGEN ALS SERVICE ANBIETEN

F) Anschließend wird vom Controlling und den entsprechenden Fachabteilungen geprüft, in welchem Umfang Teilplanungen angepaßt werden müssen. Die Anpassungen werden nach der Durchführung zur Genehmigung vorgelegt.

1.3. Integration und Synergie bei CIM-Projekten

Bei der Einführung von CIM-Projekten kann nicht automatisch davon ausgegangen werden, daß sich aus der Zusammenkoppelung verschiedener Systeme selbsttätig ein integrierter Ablauf ergibt. Erst wenn die Einzelsysteme einen Teil ihrer Eigenständigkeit aufgeben und sinnvolle ON-LINE Durchgriffe möglich sind, können sich sinnvolle **Synergieeffekte** ergeben.

Hierzu ist es häufig erforderlich, daß neben dem **Systemverbund** begleitende Maßnahmen durchgeführt werden. So kann z. B. erst durch die **räumliche Anbindung, Jobrotation** in der Verbindung mit "**Learning by doing**" oder ähnlichen Maßnahmen der volle **Synergieeffekt** erzielt werden.

Vernachlässigt man derartige Maßnahmen und kommen noch **nicht erkannte Beziehungsprobleme** zwischen einzelnen Fachbereichen hinzu, ergibt sich durch die **Datenintegration** noch lange keine **Funktionsintegration** - schlimmer, es ergeben sich negative und gegenläufige Effekte, weil man versucht, sich gegenseitig auszuspielen.

Zur Vermeidung dieser "profanen" Probleme müssen rechtzeitig Maßnahmen eingeleitet werden.

Dazu 2 Chart's, die ich aus dem CAD-CAM-Report Nr. 3 abgeleitet habe und individuell ergänzt habe.

DER WEG VON DER INTEGRATION ZUR SYNERGIE

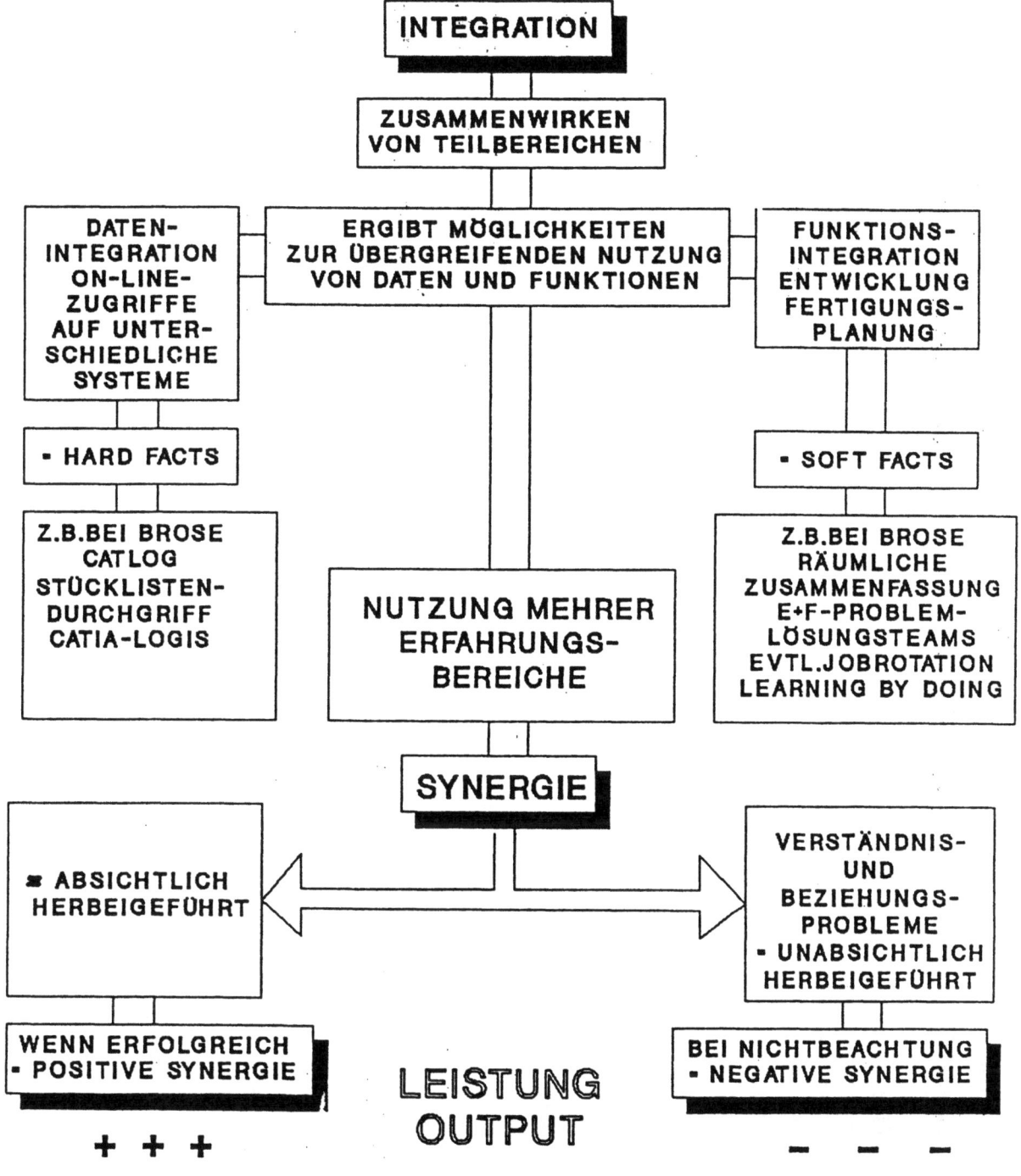

PRIMÄRE SYNERGIEEFFEKTE

DATENAUSTAUSCH
- BESCHLEUNIGUNG DER ÜBERTRAGUNG -DFÜ, RECHNERVERBUND
- REDUZIERUNG DER PROBLEME BEI DER ÜBERMITTLUNG

DATENQUALITÄT
- OPTIMIERUNG BEI DER AUFBEREITUNG
- VERBESSERUNG DER AKTUALITÄT ONLINE
- VERBESSERUNG FEHLERFREIHEIT, PRÜFROUTINEN
- DURCHGRIFF AUF ANDERE SYSTEME
- HÖHERE DETAILLIERTHEIT

DIREKTER DATENZUGRIFF
- PC-HOST-VERBUND
- ON-LINE-ZUGRIFFE AUF ALLE SYSTEME
- QUERY-AUSWERTUNGEN

VORGANG

SEKUNDÄRE SYNERGIEEFFEKTE

- AKTUELLE DATEN AN JEDEM ORT
- VERBESSERUNG DER TRANSPARENZ
- VERBESSERUNG BEI DER ABLAUFSTEUERUNG Z.B. HÖHERE MASCHINENAUSLASTUNG
- ERHÖHUNG DER FLEXIBILITÄT IN PLANUNG U. KONSTRUKTION
- WENIGER ROUTINETÄTIGKEITEN DURCH BESSERE DATENQUALITÄT
- ANSPRUCHSVOLLERE TÄTIGKEITEN
- LEICHTERE ANALYSEN
- BESCHLEUNIGTE ENTSCHEIDUNGSFINDUNG

ERGEBNIS

2.1. Aufgaben des operativen Controllings bei der Realisierung von CIM-Strategien

- Die verarbschiedeten **strategischen Ziele** und Maßnahmen in die **kurz- und mittelfristigen Planungen** mit allen Auswirkungen einzubeziehen.

- Dafür zu sorgen, daß alle Funktionsbereiche die **erforderlichen Ressourcen** ausreichend bereitstellen.

- Darauf achten, daß Einzelmaßnahmen (z. B. Investitionen) sich nicht **konträr** zur verabschiedeten **CIM-Strategie** verhalten.

- Bereits erzielte und im Planungszeitraum realisierbare **Ratio- und Einsparungseffekte** in der Unternehmensergebnisplanung berücksichtigen.

- Im Rahmen der Planung bereits ausreichend berücksichtigen, daß die **Koordination der Funktionsbereiche** bei der Integration von Teilsystemen den gewünschten und absichtlich herbeigeführten Synergieeffekt bringt.

- Bereichs- und abteilungsübergreifende Planungen, um die **Integrationsziele** zu erreichen

LANGFRISTIGES GESCHÄFTSPOLITISCHES ZIEL

- WEITERHIN MARKTFÜHRER FÜR UNSERE ERZEUGNISSE BLEIBEN
- POTENTER LIEFERANT FÜR UNSERE ABNEHMER

STRATEGIE

- AUSSCHÖPFUNG DER TECHNISCHEN MÖGLICHKEITEN BEI KONSTRUKTION FERTIGUNG, LOGISTIK U. VERWALTUNG

ZIELE

- WIRTSCHAFTLICHKEIT IN ALLEN FUNKTIONEN VERBESSERN
- TRANSPARENZ ERHÖHEN

MASSNAHME

- CIM-PROJEKTE, WENN ÖKONOMISCH SINNVOLL, REALISIEREN

⇩

LANGFRISTIGES CIM-ZIEL

- INTEGRATION, TRANSPARENZ UND WIRSCHAFTLICHKEIT VERBESSERN

STRATEGIE

- AUSSCHÖPFUNG DER MÖGLICHKEITEN VON CIM IN ALLEN FUNKTIONSBEREICHEN

MASSNAHMEN

- ENTWICKLUNG: CAD, CAM CAQ
- FERTIGUNG: CNC-TECHNOLOGIE, MDE, BDE
- LOGISTIK: VERNETZTES PPS-SYSTEM, FTS-SYSTEM HRL AUTOMATISIEREN
- VERWALTUNG: RECHNERKAPAZITÄT AUFBAUEN
  PERSONAL-QUALIFIKATION VERBESSERN
  INTEGRATION VON CONTROLLINGSYSTEMEN
  INFORMATIONSVERARBEITUNG AUSBAUEN
  INHOUSE-NETZ REALISIEREN

⇩

LANGFRISTIGES ENTWICKLUNGSZIEL

- CAD, CAM, CAQ

2.2. Auswirkungen von CIM-Projekten auf die kurz- und mittelfristige Unternehmensplanung an Hand eines Beispieles

Beispiel: Realisierung des CAD-Projektes
(Umstellung von "Brett-" auf BS-Arbeitsplätzen)
Auswirkungen:

wo	wann	wie
Konstruktionsbüro	sofort	Bildschirme werden installiert
		Mitarbeiter müssen ausgebildet
		"Akzeptanz" bei den Mitarbeitern muß herbeigeführt werden
Personalbüro	sofort	Anforderungsprofile für Konstrukteure müssen überprüft werden
		"CAD-Fachleute" müssen beschafft werden
Investitionsplan	sofort	CAD-Arbeitsplätze müssen beschafft werden
		Programme müssen gekauft werden
		Rechnerkapazität muß vorgehalten werden
		keine herkömmlichen Maschinen kaufen, sondern integrierbare Technologien

wo	wann	wie
Organisation	mittelfristig	Abläufe müssen angepaßt werden E/F
		Schnittstellen müssen definiert werden
Haustechnik	sofort	Anschlußmöglichkeiten für die neuen
		Arbeitsplätze geschaffen werden
	mittelfristig	Instandhaltungsspezialisten müssen ausgebildet werden
		Möglichkeiten für in-house-netze geprüft werden
Ausbildung	sofort	Ausbildungsprogramm für Detailkonstrukteure anpassen (CAD-Ausbildung)
		Weiterbildungsmaßnahmen planen
	mittelfristig	Ausbildungsinhalte aller Lehrberufe überarbeiten
Fertigung	sofort	Abstimmung zwischen Konstruktion und Fertigungsplanung herbeiführen
	mittelfristig	Schnittstelle Konstruktion/Fertigung definieren z. B. Stüliübergabe
		NC-Programmierer ausbilden
Datenverarbeitung	sofort	CAD-Koordinater bereitstellen
	mittelfristig	Integration techn. und administrativer DV realisieren

wo	wann	wie
Controlling	sofort	Verrechnung von CAD-Stunden bei Projektabrechnung ermöglichen
		CAD-Auslastung erfassen

Allein an diesem ganz einfachen Beispiel sehen wir, wie stark vernetzt **CIM-Projekte** wirken. Das Vernachlässigen auch nur **einer Detailfunktion** führt automatisch zu **ungewollten Synergie-effekten** und **verzögert die positiven ökonomischen Auswirkungen**. In extremen Fällen kann es die ganze Strategie in Frage stellen und die positiven Ergebnisse gefährden, bzw. diese ins **Negative** umkehren.

Unter anderem auch dem **Controlling** obliegt es, diese Auswirkungen erfolgreich zu beeinflussen indem sie mit den Beteiligten die Problemlösung in der Planung berücksichtigt, **Ratio- und Einsparungspotentiale** ausweist und aufzeigt. Voraussetzung hierzu ist jedoch eine **abgestimmte Gesamtstrategie**.

2.3.) Wirtschaftlichkeitsbetrachtungen zu CIM-Projekten

Grundsätzlich muß man vorausschicken, daß sich CIM-Wirtschaftlichkeitsrechnungen nicht mehr ausschließlich mit den **bekannten betriebswirtschaftlichen Verfahren** (statisch: ROI, buy-back usw., dynamisch: mit Zinsfuß, Kapitalwertmethode usw.) durchführen lassen.

Ich bin der Meinung, daß ein Mix aus herkömmlichen, monetären und nichtmonetären Verfahren (Nutzwertanalyse) und Bewertung strategischer Faktoren (Wettbewerbsfähigkeit, Erh. der Lieferfähigkeit, Flexibilität usw.) wahrscheinlich die beste Möglichkeit der Bewertung darstellt. Eine ausschließlich auf nicht bewertbaren Faktoren ausgerichtete Entscheidung halte ich für nicht vertretbar. So gehört auch zur Aufgabe des Controllings nicht oder schwer bewertbare Faktoren so weit als irgendmöglich vertretbar zu bewerten.

Der weitaus schwierigste Punkt ist die Bewertung der Information. Die Gründe sind sehr einfach

A) "Was kostet Information?"

= Preise für interne Informationen gibt es nicht!

B) "Welches Ergebnis bringt mir die Information?"

= die Information selber ist nur die Fixierung eines Tatbestandes

C) "Wann realisiere ich den Gewinn aus der Information?

= "wenn eine Entscheidung getroffen wird"

Also ist bei der Bewertung zusätzlich von entscheidender Bedeutung, welche Entscheidungen auf den verschiedenen Management-Ebenen mit dieser Information getroffen werden!
Und gerade darauf haben die "Informationen" und in vielen Fällen der "Informationsbeschaffer" keinen Einfluß.

Als bewertbare Größe kann jedoch aufgezeigt werden, welches Potential (z. B. Marktanteile) welche Ergebnisse (Steigerung um X % = zus. Betriebsergebnis) ermöglicht.

Ein Problem bei Wirtschaftlichkeitsbetrachtungen stellt die erwartete Kostenreduktion dar, jedoch noch schwieriger wird es nach Durchführung von komplexen, integrierten langfristigen Projekten die tatsächlichen Auswirkungen transparent darzustellen. Der wesentliche Punkt ist dabei, daß sich in Unternehmen, die sich **expansiv** entwickeln, auch **generelle Sturkturveränderungen** ergeben. Aus diesem Grund versuchen wir jetzt, die Strukturen wie sich z. Zt. der Entscheidungsfindung bestehen, zu fixieren, erwartete Einflüsse zu bewerten, um der Projektrealisierung die tatsächlichen Fakten bewerten zu können.

Ich werde versuchen, Ihnen das an einem einfachen Beispiel zu erläutern.

Auch die Kostenermittlung (bzw. Investitionsvolumen) ist nicht ohne Probleme durchzuführen, jedoch im Vergleich zur Leistungs- und Effizienzermittlung verhältnismäßig einfach. Der wichtigste Punkt hierbei ist, die komplexen Zusammenhänge zu erkennen und zu bewerten. Die Istkosten sind **transparent** erfaßbar, wenn die Einführung der Maßnahmen mit einem gut organsierten **Projektmanagementsystem** erfolgt.

EINFÜHRUNG EINES PPS-SYSTEMS

DATEN	1985	ERWARTETE EINSPARUNG	1989	TATSÄCHLICHE EINSPARUNG
PRODUKTIONSVOLUMEN				
PRODUKT-GRUPPE A	100000 STK TGL		150000 STK.TGL	
PRODUKT GRUPPE B	75000 STK. TGL.		70000 STK.TGL	
PRODUKT GRUPPE C	--		35000 STK.TGL.	
ANZAHL STÜCKLISTENPOSITIONEN	3000 STK		5000 STK.	
ANZAHL ARBEITSPLANPOSITIONEN	7000 STK		10000 STK	
WORKING-PROCESS-BESTÄNDE	1,5 MIO DM	1,3 MIO DM	1,5 MIO DM	0,00
DURCHSCHNITTL.LOSGRÖSSE	750 STK.		500 STK.	
TGL. ZU BEWEGENDE BEHÄLTER IN DER FERTIGUNG	350 STK.		500 STK	
LAGERBESTÄNDE	10,0 MIO DM	7,5 MIO DM	9,0 MIO DM	1,0 MIO DM
TGL. ZU BEWEGENDE BEHÄLTER IM VERSAND	200 STK.		400 STK.	
ANZAHL DER KUNDEN-ÄNDERUNGEN	25 MTL.		45 MTL.	
LIEFERFREQUENZ ZUM KUNDEN	1 x WÖCHENTL.		3 x WÖCHENTL.	
AUSSCHUSS	15000 DM TGL.	1000 DM TGL.	16000 TGL.	+ 1000 DM TGL.
STILLSTANDSKOSTEN AUF GRUND FEHLENDER AUFTRÄGE	5000 TGL.	2000 TGL.	4000 TGL.	- 1000 DM TGL.
N-KOSTEN (7 MITARBEITER)	1000000 DM P.A.	200000 DM	1050000 DM	+ 50000 DM
LOG-KOSTEN (5 MITARBEITER)	800000 DM P.A.	250000 DM	750000 DM	- 50000 DM
INVESTITIONEN SOFTWARE	500000 DM			
EINFÜHR.KOSTEN	1000000 DM			

> D.H. KEINE EFFEKTIVE EINSPARUNG
> JEDOCH KEINE KOSTENSTEIGERUNG
> BEI GEÄNDERTEN STRUKTUREN

3.) Zusammenfassung der für mich wesentlichen Kriterien für die Einflußnahme des Controllings bei CIM-Projekten

- **Integrieren und koordinieren**
  - damit keine "Inseln" entstehen
  - die Akzeptanz unternehmensweit hergestellt wird

- **Aussagen zu den ökonomischen Auswirkungen erstellen**
  - Wirtschaftlichkeitsbetrachtungen
  - Erfolgskontrolle

- **Die Einhaltung ablauforganisatorischer Maßnahmen sicherstellen**
  - Projektmanagement
  - Kostentransparenz erzeugen
  - richtige Reihenfolge gewährleisten (Netzpläne)
  - Terminüberwachung

Versuche zur Abschätzung der Vorteilhaftigkeit von CIM-Realisierungen – eine Bestandsaufnahme

P. Mertens
M. Schuhmann

1. Einleitung

Häufig werden der Einsatz von CIM-Komponeten und ganzer CIM-Konzepte in der Praxis und Fachliteratur unter strategischen Aspekten behandelt, die wirtschaftlichen Konsequenzen dieser beträchtlichen und risikoreichen Investitionen treten in den Hintergrund. Traditionelle Ansätze zur Bewertung individueller Investitionsobjekte sind nur bedingt anwendbar und müssen erweitert werden, um Integrationsaspekte zu berücksichtigen.

Mit dem folgenden Beitrag verfolgen wir zwei Ziele: Zum einen wird auf der Grundlage einer Literaturrecherche ein Überblick über Nutzeffekte und Kosten gegeben, die Unternehmen beim Einsatz der neuen Produktionstechniken festgestellt haben. Zum anderen werden verschiedene Verfahren dargestellt, mit denen sich die wirtschaftlichen Auswirkungen von Einzeltechnologien und Integrationskonzepten erfassen lassen.

Die im ersten Teil angeführten Erfahrungswerte können Unternehmen, die neue Anwendungen planen, als Anhaltspunkte dienen. Freilich werden solche Werte nur Tendenzen aufzeigen. Im Einzelfall sind die erzielbaren Ergebnisse von den individuellen Umgebungsbedingungen wie Organisation, Fertigungsspektrum, existierende technische Ausstattung usw. abhängig. Darüber hinaus lassen sich die vorgestellten Einzelwerte als Basisgrößen für Eigenberechnungen, beispielsweise als Zielgrößen bei "How-to-achieve"- oder als Orientierungspunkte bei "What-if"-Rechnungen benutzen.

2. Ergebnisse einer Querschnittsuntersuchung

Seit Beginn der 80er Jahre werden an der Abteilung für Wirtschaftsinformatik der Universität Erlangen-Nürnberg Querschnittsuntersuchungen zu Nutzeffekten der betrieblichen Datenverarbeitung mit Hilfe von Literaturrecherchen durchgeführt. Alle zu einem Themengebiet relevanten Artikel, die quantitative Aussagen über Kosten und Erlöse enthalten, werden gesammelt und unter Angabe von Deskriptoren in einer Datenbank gespeichert. Es handelt sich vorwiegend um Literatur aus dem deutschen und englischen Sprachraum. Auf Basis dieses Datenbestandes werden nun unterschiedliche Auswertungen vorgenommen.

Eine erste Untersuchung wurde 1982 abgeschlossen [1]. Speziell für den Fertigungsbereich haben wir diese dann 1986 fortgeschrieben [2]. In der jüngsten Zeit fanden neuere Erhebungen statt. Dazu konnten wir zusätzlich ca. 250 Quellen auswerten, die nach 1986 erschienen sind.

Kritisch ist anzumerken, daß man bei den Querschnittserhebungen weit häufiger auf gelungene als auf gescheiterte Projekte stößt, oder es wird von Anfangserfolgen berichtet, die aber später, wenn das Projekt weniger erfolgreich ist, nur in seltenen Fällen korrigiert werden. Schließlich findet man auch, daß Resultate in Hersteller-Berichten "geschönt" sind. Insofern liegt eine eher zu positive Beschreibung der Ergebnisse des Technologieeinsatzes vor.

Schwerpunkte der Nennungen lagen im CAD- und CAM-Bereich sowie bei integrierten Gesamtkonzepten. Berücksichtigung fanden dabei insbesondere Wirkungszusammenhänge und Wirkungsketten für die Kopplung von Einzeltechnologien. Wir haben zwischen quantitativen und qualitativen Effekten unterschieden. Außerdem wurde nach direkten und indirekten Wirkungen differenziert. Ein Nutzeffekt wird als direkt bezeichnet, wenn es sich um eine unmittelbare Auswirkung der Investition handelt, die auch im gleichen betrieblichen Bereich auftritt. Ein indirekter Effekt ist dagegen eine Folgewirkung der Investition in anderen Bereichen.

Für Integrationskonzepte, die das gesamte Unternehmen betreffen, wurde eine Aufteilung in Innen- und Außenwirkungen gewählt, da viele Unternehmen nach betriebsinternen Wirkungen, wie z. B. Kostensenkungen, und externen Effekten, die die Wettbewerbsposition auf dem Absatz- oder Beschaffungsmarkt verändern, unterscheiden.

Die im folgenden dargestellten Nutzenspannen spiegeln die am häufigsten vorgefundenen Nennungen wider. Extreme Ausreißerwerte wurden bei dieser Darstellung nicht berücksichtigt.

Die Verteilung der quantitativen zu den qualitativen Angaben in den untersuchten Literaturstellen beträgt ca. 45 : 55 Prozent. Eine Ausnahme bildet der CAM-Bereich, in dem sich ein Verhältnis von 60 : 40 Prozent zugunsten der quantitativen Effekte ergab.

2.1. Nutzeffekte von CIM-Komponenten
2.1.1. Computerunterstützte Konstruktion und Entwicklung

Zu diesem Themenkomplex standen 65 Quellen zur Verfügung. Die am häufigsten genannten Nutzeffekte zeigt Abbildung 2.1.1./1. Nach Branchen sortiert lag der Einsatzschwerpunkt im Automobilbereich, gefolgt von Maschinenbau, Bauwesen und Elektrotechnik.

Wie wichtig die schnelle Produktentwicklung für manche Branchen ist, veranschaulicht ein Beispiel aus der Platinenherstellung: Dabei wird von einer Produktlebensdauer von fünf

Jahren, einem jährlichen Preisverfall von 12 % sowie einem 20 %-igen Marktwachstum ausgegangen. Eine Erhöhung der Entwicklungskosten um 50 % trägt hier zu einer Reduzierung des Gewinns nach Steuern, der aus einem Produkt erwirtschaftet wird, zwischen 3 und 4 % bei. Eine Überschreitung der Produktionskosten um 9 % führt dagegen zu einer Gewinnverminderung von 22 %. Noch deutlicher ist dieser Gewinnrückgang bei einer fünfmonatigen Verzögerung der Markteinführung. Er liegt dann bei über 33 %. Dieses zeigt die hohe Bedeutung einer kurzen Produktentwicklungsdauer, mit deren Reduktion auch eine Minderung des finanziellen Risikos der Produktneuentwicklung verbunden ist [3].

Abb. 2.1.1./1	Nutzeffekte des CAD-Einsatzes (Basis: 65 Quellen)	Nennungen
	Produktivitätssteigerungen • gesamt um 30 - 50 % • Neukonstruktion um 40 - 50 %	25
	höhere Flexibilität bei der Erfüllung von Kundenwünschen	20
	Teile- und Variantenzahl gesenkt	19
	Zeitersparnis bei der Zeichnungserstellung von 40 - 80 %	18
	Reduzierung von Auftragsdurchlaufzeiten um 30 - 70 %	15
	Verkürzung der Produktentwicklungsdauer um 40 - 70 %	13

In der uns zugänglichen Literatur dominieren unter den berichteten quantifizierbaren Nutzeffekten die Zeiteinsparungen. Bei CAD-Einsatz werden Durchlaufzeitverkürzungen mit einer Spanne von 30 % bis 70 % für Konstruktionstätigkeiten genannt. In den jüngeren Veröffentlichungen sind niedrigere Werte als in den älteren angegeben. Dieses kann wohl auf anfänglich überzogene Erwartungen zurückgeführt werden.

Viele Darstellungen zielen auf die flexible und schnelle Reaktion bei neuen Kundenwünschen bzw. bei Marktveränderungen ab. So ermöglicht die schnelle Erstellung von Zeichnungen und Prototypen mit den CAD-Systemen eine stark verringerte Durchlaufzeit der Aufträge in der Konstruktion. Die Zeiteinsparung läßt im Vergleich zur manuellen Konstruktion die Ausarbeitung von mehr Varianten in der gleichen Zeit zu. Im Bereich der Arbeits- bzw. Konstruktionsproduktivität wird von einem Anstieg zwischen 40 % und 60 % berichtet. Dieser ist allerdings kaum mit Personaleinsparungen verbunden. Die

Personalkosten für diesen Bereich wurden im Durchschnitt nur um 20 % gesenkt.

Bei den qualitativen Aussagen stehen die verbesserten Planungs- und Konstruktionsunterlagen an erster Stelle. Als Ausgangspunkt für solche Verbesserungen sind das leichtere Auffinden von bereits erstellten Standardbausteinen und Wiederholdaten aus Bibliotheken zu nennen. Hinzu kommt, daß die Informationen dort zumeist in geprüfter Form vorliegen, was zu einer Verringerung der Fehlerhäufigkeit führt. Eine höhere Zeichnungsgenauigkeit wurde ebenfalls häufig erwähnt. Das automatische Übertragen von Zeichnungsdaten zur NC-Programmierung resultiert in Kostensenkungen zwischen 5 % und 25 % für diesen Aufgabenkomplex.

2.1.2. Automatisierung der Fertigung

Für die Fertigungsautomatisierung muß zwischen den Ergebnissen verschiedener Technologien unterschieden werden. Die Resultate zeigen, daß nur 60 % der Rationalisierungseffekte in den automatisierten Bereichen selbst auftreten. 40 % der Einsparungen werden erst über Integrationskonzepte erreicht. Aus den vorliegenden Nennungen läßt sich die in Abbildung 2.1.2./1 dargestellte Nutzeffektkette für den CAM-Bereich ableiten.

Weit höher als bei anderen Technologien sind hier die Personaleinsparungen mit ca. 50 %. Es ist zu beachten, daß das Einsparungspotential in den Überwachungs- und Kontrollbereichen (60 % bis 70 %) größer ist als in der Fertigung selbst (30 % bis 50 %). Durch einen weitgehend bedienerlosen Betrieb ergibt sich eine verbesserte Chance zur Pausenüberbrückung und zur Einführung einer dritten Schicht.

Die meisten Nennungen zu Flexibilitätssteigerungen fanden sich bezüglich der Umrüstfolgen und neuer Produktvarianten. Eine gesteigerte Betriebsmittelproduktivität von 40 % bis 70 % kann unter anderem auf die verbesserte Anlagenverfügbarkeit (30 % bis 50 %) zurückgeführt werden.

Für eine Blechteilefertigung der Fa. Hewlett-Packard in Böblingen beschreibt eine Studie fogende Veränderungen nach der Einführung **Flexibler Fertigungssysteme (FFS)** gegenüber der vorher eingesetzten NC-Fertigung [4]:

- die Maschinenauslastung pro Schicht stieg um 45 %,
- es trat eine Rüstzeitverringerung von 96 % auf,
- es konnte eine zusätzliche dritte Schicht eingeführt werden,
- die Mitarbeiterzahl pro Schicht wurde von durchschnittlich 30 auf 2 reduziert, und

| Abb. 2.1.2./1 | Nutzeffektkette für den CAM-Bereich |

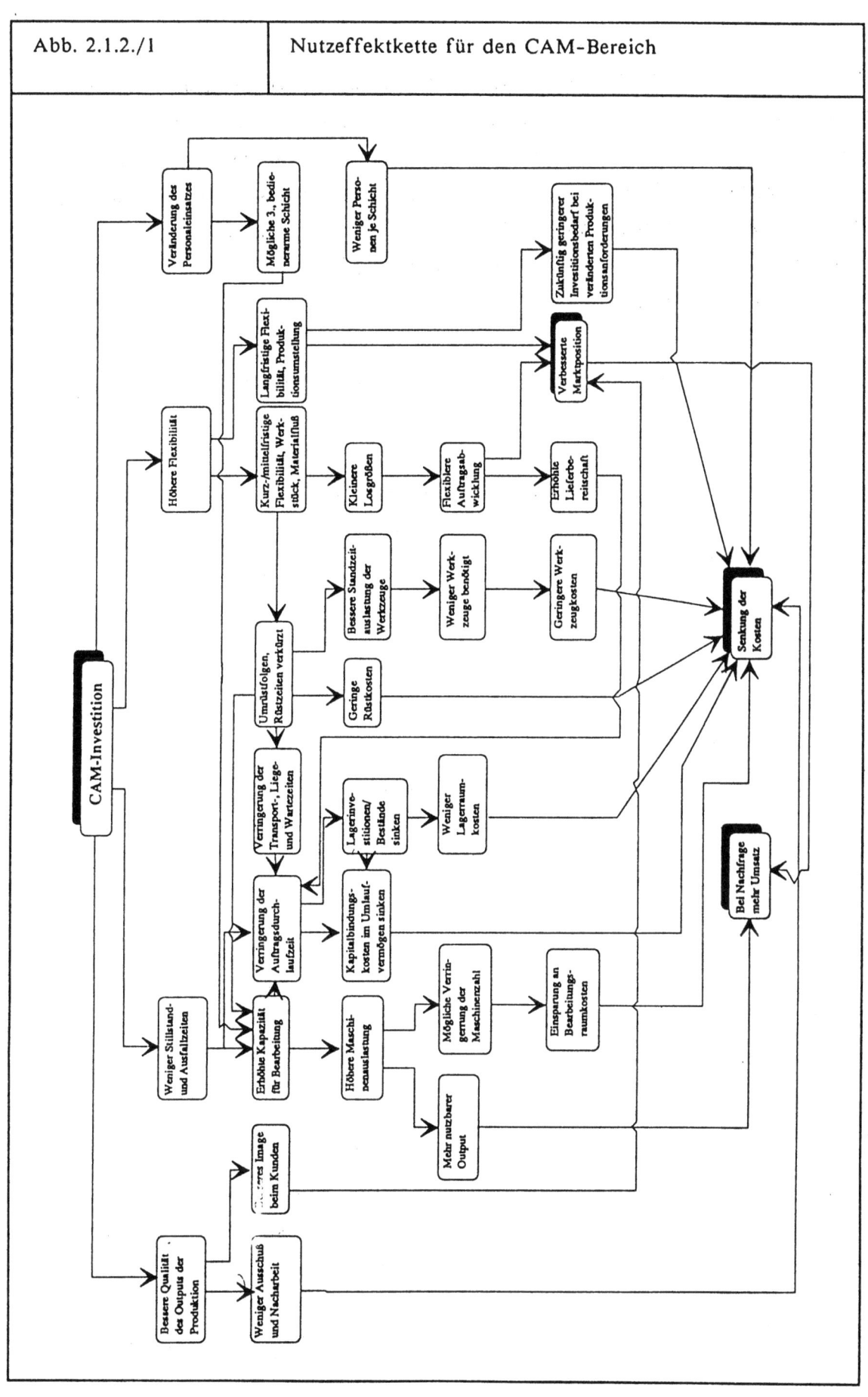

– die Größe der produzierten Lose wurde halbiert.

Allgemein konnten nach der Einführung der FFS Durchlaufzeitverkürzungen zwischen 60 % und 90 % festgestellt werden. Diese basieren im wesentlichen auf den kürzeren Umrüstfolgen. Speziell bei einer Auftragsfertigung lassen sich Durchlaufzeitverkürzungen erwarten. Gegenüber früheren Untersuchungen ist aber in letzter Zeit nicht mehr die Verringerung der Durchlaufzeit an sich der entscheidende Nutzeffekt, sondern der Abbau von Pufferlagern vor den einzelnen Anlagen und die damit verbundene Verringerung des im Umlaufvermögen gebundenen Kapitals.

Aussagen zur Verbesserung der Flexibilität mit Hilfe von FFS können folgendermaßen klassifiziert werden:

- Werkstückflexibilität für die Form und Genauigkeit des zu fertigenden Teils,
- Personalflexibilität bezüglich der Anforderungen an Arbeitszeit, Kapazität und Tätigkeitsfeld des Mitarbeiters,
- Durchlaufflexibilität in bezug auf die Festlegung des Betriebsmittels zur Auftragsbearbeitung,
- Materialfluß-/Umrüstflexibilität, mit der die Auftragsfolge, Auftragsgröße, Auftragsart usw. beeinflußt werden,
- Organisationsflexibilität zur Anpassungsfähigkeit von Anlagen an das organisatorische Umfeld bzw. die Betriebs- und Qualifikationsstruktur und
- Produktionsflexibilität zur langfristigen Anpassung an veränderte Markt- und Produktanforderungen ohne kompletten Technologiewechsel.

Die Verwendung zentraler Werkzeugspeicher und Werkzeugwechselsysteme für mehrere Maschinen kann außerdem zu einem erheblichen Abbau des Werkzeugbestandes und damit der Werkzeugkosten (10 % bis 50 %) führen.

Der wichtigste Nutzeffekt beim Einsatz von **Robotern** ist in dem vorhandenen Rationalisierungspotential zu sehen. Es treten in den Beschreibungen durchgehend Spannen zwischen 50 % und 90 % auf. Das Einsatzfeld der Roboter liegt in der schnellen Ausführung von Routinetätigkeiten. Dabei zeigt sich eine stark gestiegene Ausbringungsleistung (80 % bis 300 %). Diese ist auch mit einer höheren Anlagenverfügbarkeit verbunden. Im Durchschnitt wurden mit einem Roboter zwei Personen in der Fertigung eingespart.

Neben der hohen Steigerung der Ausbringungsleistung ist eine starke Verminderung des Ausschusses zu verzeichnen.

2.1.3. Computergestützte Qualitätssicherung

Zu dieser Technologie fanden sich 50 neuere Quellen. Ein Beispiel zur Wirtschaftlichkeit eines CAQ-Systems stammt aus der Automobilzulieferindustrie. In dem Unternehmen, das einen jährlichen Umsatz von 150 Mio. DM erreicht, wurden CAQ-Investitionen in Höhe von 1,1 Mio. DM vorgenommen [5]. Dieses führte zu folgenden Nutzeffekten:

- Reduzierung der Kosten für Ausschuß und Nacharbeit um 300.000 DM pro Jahr,
- Verringerung der Garantieleistungen um 150.000 DM pro Jahr,
- Verringerung der Kosten für Reklamationen um 50.000 DM pro Jahr,
- Einsparung bei Konstruktionsänderungen aufgrund von Qualitätsmängeln der Produkte um 90.000 DM pro Jahr sowie
- Senkung der Prüfkosten um 555.000 DM pro Jahr.

Insbesondere CAQ-Komponenten scheinen in Integrationskonzepten eine wichtige Voraussetzung bzw. wesentliche Unterstützung darzustellen. Bei den Kosten zur Fehlerverhütung und Prüfplanung liegt das Einsparungspotential (10 % bis 20 %) zumeist niedriger als bei den Prüf- und Meßkosten (20 % bis 60 %) sowie den vermiedenen Fehlerfolgekosten. Teilweise wird sogar von einer Erhöhung der Kosten bezüglich der Fehlerverhütung berichtet. Diese werden dann allerdings durch eingesparte Fehlerfolgekosten mehr als kompensiert. Auch eine schnellere Erstellung der Prüfpläne wird erwähnt.

2.1.4. Produktionsplanung und -steuerung

Die für diesen Bereich ermittelte Nutzeffektwirkungskette gibt Abbildung 2.1.4./1 wieder.

Bei den Kosteneinsparungen durch PPS-Systeme ist auffallend, daß sich die Spanne zumeist unter 50 % bewegt und damit im Vergleich zu andern CAx-Bausteinen relativ gering ist. Dieses schlechtere Ergebnis ist sicherlich auch darauf zurückzuführen, daß durch den PPS-Einsatz besonders viele indirekte Nutzeffekte entstehen, wie auch Abbildung 2.1.4./1 zeigt.

Die durchschnittliche Verkürzung der Durchlaufzeit eines Auftrages liegt im Bereich von 20 % bis 25 %. Sie weist im Vergleich zu früheren Erhebungen eine steigende Tendenz auf, die wohl auf Lerneffekten beruht. Die berichteten Zeitreduktionen waren immer dann besonders hoch, wenn Kopplungen zur Betriebsdatenerfassung und zum CAD vorlagen. Des weiteren ermöglicht die detaillierte Ermittlung des Materialbedarfs zum einen eine bessere Einkaufsbündelung und somit eine Senkung der Einkaufskosten (5 % bis 10 %). Zum

| Abb. 2.1.4./1 | Nutzeffektkette bei PPS-Investitionen |

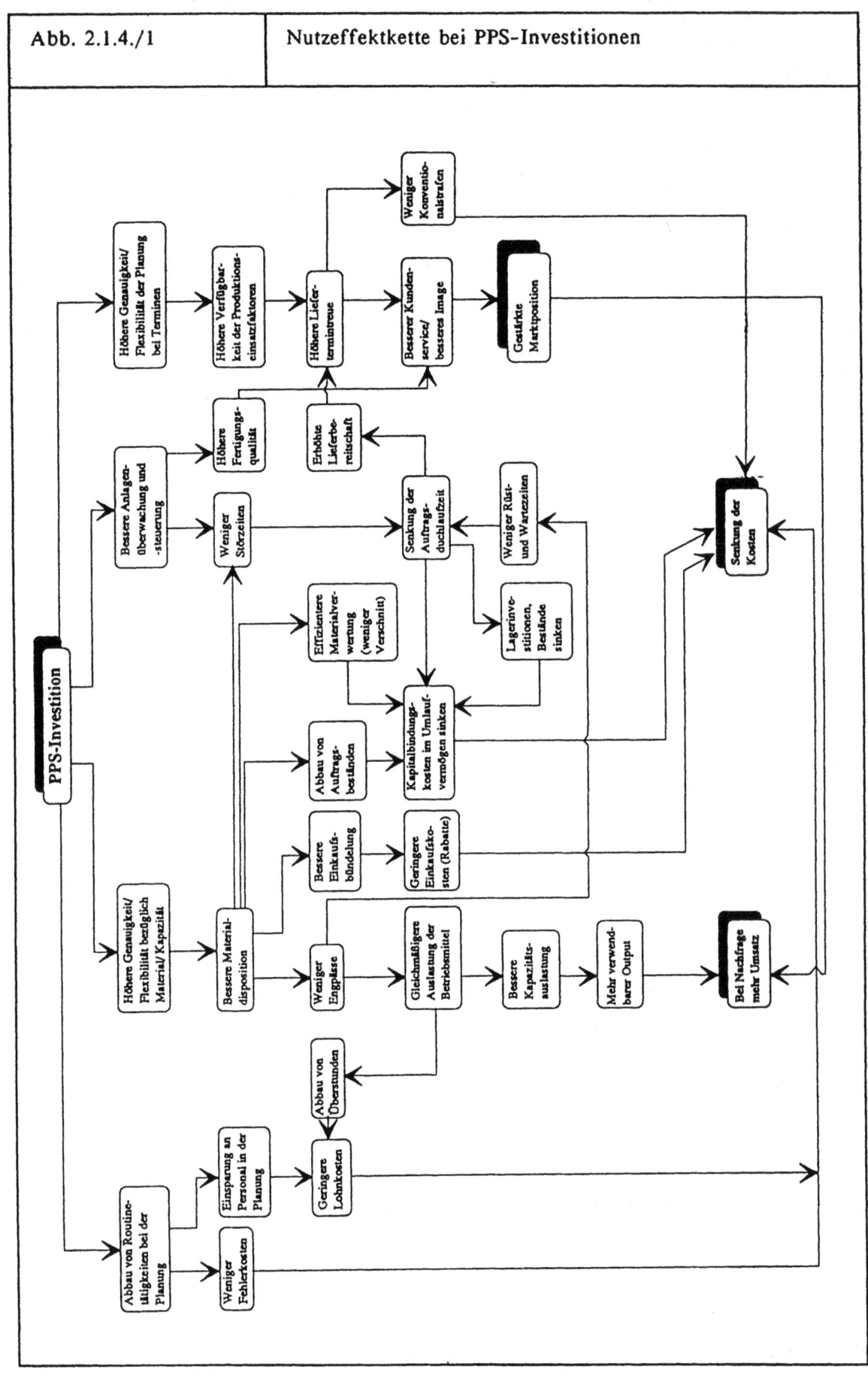

anderen können mit einer genauen Bedarfs- und Terminplanung Lagerbestände abgebaut werden, was wiederum zur Reduzierung der Kapitalbindung führt. Die erhöhte Termintreue läßt eine Verringerung der Konventionalstrafen für Terminüberschreitungen von 20 % bis 30 % erwarten. Die Kosten für Aufträge, die über die "verlängerte Werkbank" abgewickelt werden, kann man durch die genaueren Planungsfunktionen ebenfalls verringern.

2.2. Nutzeffekte der Komponenten-Integration (CIM-Konzepte)

In diesem Bereich konnten 78 Quellen gefunden werden. Die am häufigsten ermittelten Nutzeffekte gibt Abbildung 2.2./1 wieder.

Abb. 2.2./1	Nutzeffekte integrierter Fertigungstechniken (Basis: 78 Quellen)

	Nennungen
QUANTITATIV	
Reduktion der Auftragsdurchlaufzeit um 50 - 70 %	21
Reduktion der Losgrößen um 80 - 95 %	17
Reduktion des Platz- und Raumbedarfs um 40 - 70 %	15
Verringerung der gesamten Produktionskosten um 10 - 30 %	12
QUALITATIV	
Schnellere Reaktion auf Marktänderungen/-anforderungen	35
Intensiverer Kundenservice	30
Gesteigerte Lieferbereitschaft und höhere Termintreue	22

Für ein CIM-Projekt der Zwick GmbH & Co. in Ulm (400 Beschäftigte, 75 Mio. DM Jahresumsatz, 16 bis 18 Mio. DM Investitionssumme) wurden folgende Nutzeffekte berichtet [6]:

- Verkürzung der Abwicklungszeit pro Auftrag um 33 %,
- Verringerung der Kapitalkosten um 33 %,
- Verbesserung der Termintreue um 50 % und
- Reduzierung der Personalkosten um 5 %.

Bei **Durchlaufzeitverkürzungen** von Aufträgen ergaben sich Nennungen bis zu 80 %. Diese bestätigen bereits früher gefundene Werte. Demgegenüber muß jedoch im Bereich der

Produktivitätssteigerung eine gewisse Ernüchterung festgestellt werden. Die Angaben (80 % bis 120 %) liegen um nahezu 50 % niedriger, als dieses früher der Fall war. Mit zunehmender Betriebsgröße wurden tendenziell niedrigere Produktivitätseffekte festgestellt.

Bei der Verringerung von **Rüstkosten** ergibt sich im Vergleich zum CAM-Bereich ein zusätzliches Einsparungspotential von 20 %, das wohl auf dem Zusammenwirken von PPS, CAM und BDE basieren dürfte.

Viele qualitative Nennungen betreffen die schnelle **Reaktion auf Marktanforderungen**. Auch eine stark verkürzte Zeit zur Angebotserstellung beeinflußt die Kundennähe besonders positiv.

Die erreichbare Kürzung der gesamten **Produktentwicklungszeit** durch die Integration läßt sich im wesentlichen auf folgende Effekte zurückführen:

- Eine Verkürzung der Zykluszeit des Produktes von der Anregung bis zur Produktionsreife, z. B. durch ein CAD-System.
- Ein verbesserter Informationsfluß zwischen Einkäufer und Konstrukteur durch zentrale Datenbanken.
- Ein Verkürzen der Entwicklungszeit für Werkstückträger und -vorrichtungen durch die Abstimmung von Produkten und Fertigungssystemen.

Bei den **Personalkosten** ist z. B. im Gegensatz zum CAM-Bereich insgesamt ein geringes Einsparungspotential in Höhe von 15 % bis 30 % festzustellen. Dies ist insoweit überraschend, als bei der Arbeitsproduktivität eine wesentlich höhere Steigerung (70 % bis 120 %) vorlag. Eine Deutung dieser Divergenz ist allenfalls über ein erhebliches Mengenwachstum möglich. In Anbetracht der hier zu erklärenden Größenordung befriedigt dieses jedoch nicht voll, so daß eine gewisse Inkonsistenz unseres Datenbestands eingeräumt werden muß.

Im Mittel kann bezüglich der Gesamtkosten mit einem um 10 % bis 15 % höheren Kostensenkungspotential von Integrationskonzepten gegenüber Insellösungen gerechnet werden.

2.3. Kosten von CIM-Komponenten

Insbesondere die hohen Investitionen werden häufig als Hemmnis zur Einführung neuer Systeme genannt. Der langsame Mittelrückfluß, der in der Anlauf- und Lernphase oft mit einem Leistungsabfall gepaart ist, was auch Engpässe in anderen Unternehmensbereichen hervorrufen kann, stellt eine weitere Hürde dar. So läßt sich aus dem vorliegenden Material für ein CAD/CAM-System folgendes Beispiel finden: Durch Einführung eines integrierten Systems war in einem Unternehmen ein viermonatiger Leistungsabfall von bis zu 30 % zu verzeichnen. Daher konnten in dieser Phase bestimmte Aufträge nicht angenommen werden, so daß die durch die Investition reduzierte Liquidität weiter belastet wurde.

Insbesondere kann es in Teilbereichen, wie z. B. der Entwicklung und Konstruktion, beim Vergleich zwischen alten und neuen Technologien zu einem absoluten Kostenanstieg kommen (Personal), da die Abteilung nach Einführung der neuen Technologie mit zusätzlichen Aufgaben betraut wird [7].

Im Vergleich zu einem konventionellen Bearbeitungszentrum sind die **Investitionskosten** für FFS durchschnittlich zwischen 70 % und 300 % höher. Für den CAQ-Bereich muß mit einer Kostenbelastung von 4 % bis 8 % vom Umsatz gerechnet werden.

Bei der **Einführungsdauer** streuen die Werte für die Einzelkomponenten stark. Es muß jeweils berücksichtigt werden, ob es sich um eine Erstinstallation handelt und ob eine Stand-alone-Lösung oder ein integriertes Konzept vorliegt. Die kürzesten Einführungszeiten traten im CAD/CAM-Bereich auf. Tendenziell die längste Einführungsdauer muß bei PPS-Systemen angenommen werden. Dieses dürfte darauf zurückzuführen sein, daß hierbei die gesamte Fertigungsorganisation des Unternehmens betroffen ist.

2.4. Amortisationszeiten

Insgesamt streuen die ermittelten Werte zwischen ein und zehn Jahren. Auch dieses kann wieder mit den unterschiedlichen Basissituationen begründet werden. Für die betrachteten Fertigungstechnologien konnten die in Abbildung 2.4./1 dargestellten Bandbreiten ermittelt werden.

Es zeigt sich, daß der Mittelwert für alle CAx-Bausteine zwischen 3,5 und 4 Jahren pendelt. Sechs Jahre scheinen dabei für die meisten Systeme die Obergrenze zu sein. Im Vergleich zu früheren Untersuchungen kann man feststellen, daß ein hoher Anteil der CAD-Systeme Amortisationszeiten von mehr als drei Jahren aufweist. Die niedrigste Amortisationsdauer wurde für Industrieroboter gefunden. Sie liegt bei ca. 1,5 Jahren. Dieses beruht insbesondere auf der hohen Steigerung der Ausbringungsleistung und auf den verbundenen Personalkosteneinsparungen.

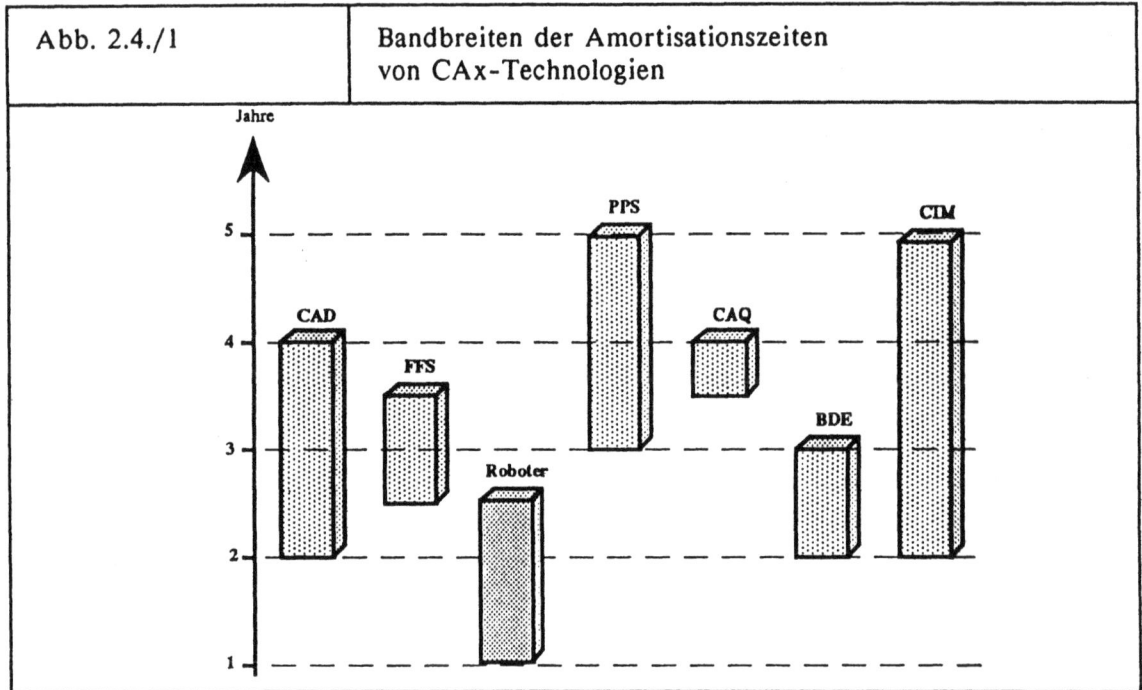

3. Methodische Ansätze zur Abschätzung der Vorteilhaftigkeit von CIM-Konzepten

Zur Bewertung einzelner CIM-Komponenten liegt ein ganzes Spektrum an Verfahren vor, das die Betriebswirtschaftslehre hervorgebracht hat. Es sind statische und dynamische Investitions-Rechenverfahren sowie kostenrechnungsorientierte Ansätze zu unterscheiden. Die Schwierigkeit der Beurteilung liegt nicht darin, daß die einzelnen Verfahren ungeeignet wären. Vielmehr bereitet die Ermittlung der relevanten Effekte und der damit verbundenen Daten die größten Probleme. Hinzu kommt, daß ein Rechenverfahren bei der Berücksichtigung unterschiedlicher betrieblicher Bereiche oft nicht ausreicht, so daß eine Kombination ausgewählter Ansätze verwendet werden muß. Bei einer solchen Verknüpfung sind Vorkehrungen zu treffen, daß keine Doppelerfassungen auftreten. In der Literatur gibt es unseres Wissens noch keine Fallstudie, in der umfassende Wirtschaftlichkeitsberechnungen für eine CIM-Realisierung vorgestellt werden. Auch Ansätze des Investitionscontrollings werden nur in wenigen Unternehmen eingesetzt. Da diese Verfahren bei Einzelinvestitionen selten durchgeführt werden, muß dieses wohl erst recht für CIM-Lösungen gelten.

3.1. Systematisierung von Verfahren zur Wirtschaftlichkeitsbewertung
3.1.1. Systematisierungsansätze

Bei der Klassifizierung von Verfahren zur Bewertung von CIM-Konzepten lassen sich verschiedene Einteilungen vornehmen:

1. Einteilung nach **Art** des Verfahrens:

- statische Investitionsrechenverfahren,
- dynamische Investitionsrechenverfahren und
- Nutzwertanalysen.

Werden **Investitionsrechnungen** als Beurteilungsinstrument herangezogen, so sollte ein dynamisches Verfahren gewählt werden, da im CIM-Bereich auch langfristige Auswirkungen zu berücksichtigen sind, wie sie z. B. durch eine veränderte Produktionsflexibilität bei wechselndem Produktionsprogramm auftreten. Dynamische Rechenmethoden bieten sich ferner an, weil man für unterschiedliche Projektphasen (z. B. Planungs-, Realisierungs-, Einführungs- und Nutzungsphase) verschiedene oder unterschiedlich hohe Wirkungen berücksichtigen muß [8].

Mit den Berechnungen ist die Schätzung zukünftiger Kosten- und Erlösveränderungen verbunden. Daher müssen die eingesetzten Eckwerte möglichst gut abgesichert sein. Als Hilfsmittel kann eine Risikoanalyse dienen, in der sich neben wahrscheinlichen auch optimistische und pessimistische Fälle berücksichtigen lassen [9].

Während die **Kosteneffekte** hauptsächlich auf Ursachen im betrachteten Unternehmen selbst zurückzuführen sind, werden **Erlösänderungen**, die als Sekundäreffekt einer Produktionstechnik-Veränderung auftreten können, maßgeblich durch die Marktbedingungen beeinflußt. Diese sind Resultate des Kundenverhaltens sowie der Reaktionen von Wettbewerbern. Zur besseren Berücksichtigung derartiger Einflüsse läßt sich z. B. die Szenario-Technik einsetzen.

2. Einteilung nach dem **Hauptzweck** des Verfahrens:

- Vorgehensweisen, die eine Datenerhebung/Wirkungsermittlung in den Vordergrund stellen, und
- Bewertungsverfahren im engeren Sinne, die eine Wirtschaftlichkeitsanalyse aufgrund des vorliegenden Datenmaterials erlauben.

3. Einteilung nach dem **Umfang** des Verfahrens:

- Bewertung von Eigenschaften/Zielsetzungen von Einzeltechnologien,
- Bewertung von Einzeltechnologien,
- Bewertung von integrierten Technologien oder
- Gesamtkonzept zur strategischen Planung und Technologieauswahl.

Bei den in der Literatur vorgestellten Methoden ist es schwierig, eine Klassifizierung nach den ersten beiden Einteilungen vorzunehmen. So können einzelne Verfahrensvorschläge verschiedene Investitionsrechenverfahren beinhalten, oder es wird neben einer Investitionsrechnung auch eine Nutzwertanalyse durchgeführt. Ebenfalls werden häufig Handlungsanweisungen zur Wirkungsermittlung mit einzelnen Rechenverfahren kombiniert. Daher wird im folgenden eine Klassifizierung nach dem **Umfang** des Verfahrens versucht.

3.1.2. Systematisierung nach dem Umfang des Verfahrens

1. Bewertung von Eigenschaften/Zielsetzungen von Einzeltechnologien
    Bei diesen Untersuchungen steht nicht die Gesamtwirtschaftlichkeit einer Anwendung im Vordergrund. Es geht vielmehr darum, Einzelaspekte der neuen Technologie zu analysieren. Damit lassen sich dann Einzel- oder Teilziele, die mit dem System verbunden sind, überprüfen. Häufig sind die Verfahren aufgrund dieses Einsatzzwecks stark technologieabhängig. Im Fertigungsbereich kann es z. B. darum gehen, die Kosten für die Produktion eines Erzeugnisses mit Hilfe der neuen Technologie um einen vorgesehenen Prozentsatz zu senken. In der Entwicklungsabteilung wäre es z. B. denkbar, daß man die Zeit für Zeichnungen reduzieren will.

Diese Einzelbetrachtungen können stellenweise als Bausteine bei der Bewertung integrierter Systeme verwendet werden. Beispiele für derartige Rechnungen sind:

a) Stückkostenrechnungen für unterschiedliche Kapazitätsgrade bei Fertigungssystemen [10].

b) Kalkulationssätze für die Erstellung von Konstruktionszeichnungen mit CAD-Systemen [11].

c) Break-even-Analysen oder Amortisationszeitberechnungen zur Abschätzung einzelner Flexibilitätsaspekte, z. B. der Umrüstbarkeit auf neue Produkte bei flexiblen Fertigungssystemen [12]. Dabei wird analysiert, wieviele produktprogrammabhängige Umrüstvorgänge pro Jahr notwendig sind, um eine flexiblere Anlage mit einer im allgemeinen höheren Investitionssumme zu rechtfertigen.

d) Durchlaufzeit-Analysen zur Untersuchung der Kapitalbindung bei Beständen oder der Abwicklung von Kundenaufträgen.

e) Untersuchungen zur Beschleunigung der Produktentwicklung mit Hilfe der neuen Technologie.

f) Kennzahlengestütztes Vorgehen zur Quantifizierung der Produktivität, Flexibilität und Informationsqualität durch den neuen Technologieeinsatz [13].

2. Bewertung von Einzeltechnologien
In dieser zweiten Gruppe werden die Ergebnisse für einzelne Technologien betimmt.

a) Kosten-Nutzen-Analysen [14]
Bei diesem für den DV-Bereich wohl am meisten verbreiteten Verfahren werden die Investitionen in das neue System und die verursachten laufenden Kosten den Einsparungen, die durch die Anwendung entstehen, gegenübergestellt. Integrationswirkungen, die in anderen Bereichen des Betriebes entstehen, bleiben dabei weitgehend unberücksichtigt. Ebenso werden Auswirkungen, die eine Anwendung indirekt auf den Absatz- oder Beschaffungsmarkt des Unternehmens haben kann, im allgemeinen vernachlässigt.

b) Vergleich von Kostenbudgets [15]
Es werden die Kosten des Bereichs, in dem die neue Technologie eingesetzt werden soll, den geplanten Kosten gegenübergestellt, wie sie durch die neue Anwendung erwartet werden. Man versucht dabei, z. B. auf Jahresbasis, Verschiebungen im Kostenbudget darzustellen. Es interessiert, ob es zu einer Erhöhung des Gesamtvolumens der Kosten kommt oder in welchem Unfang diese sinken. Außerdem sind die Einzelpositionen und eine Zusammenfassung nach Kostenklassen wichtig, beispielsweise nach dem Einzel- und dem Gemeinkostenanteil. Auf dieser Basis lassen sich Angaben darüber machen, wie die Kosten abgebaut werden können oder wie sie sich bei Kapazitätsschwankungen verändern.

c) Gegenüberstellen von Kostensätzen
Es werden Kostensätze für Outputgrößen als Entscheidungskriterium herangezogen. Diese werden für den manuellen/alten und den maschinellen/neuen Zustand bestimmt. Maßeinheiten können hier z. B. Stundensätze oder Stückzahlen sein. Es muß eine Kalkulation für die betrachteten Einheiten vorgenommen werden. Problematisch erscheint dieser Ansatz, wenn sich durch die neue Technologie beispielsweise

Kostenverschiebungen von den Einzel- zu den Gemeinkosten ergeben, wie es speziell bei modernen Fertigungssystemen der Fall ist. Außerdem kann häufig nur ein Teilergebnis für die Investition dargestellt werden.

d) Dynamische Investitionsrechenverfahren [16]

Die dynamische Investitionsrechnung orientiert sich an den Aus- und Einzahlungen, die mit der neuen Technologie verbunden sind. Auf Basis umfangreichen Datenmaterials, das z. B. mit einem vorgegebenen Schema erfaßt werden kann, wird z. B. der Kapitalwert für die neue Technologie bestimmt. Ein Ansatz dazu ist die marktinduzierte Kapitalwertberechnung von Wildemann [17]. Ebenso sind Annuitätenrechnungen oder die Bestimmung eines internen Zinssatzes denkbar. Zur Entscheidungsfindung können im Produktionsbereich beispielsweise Losgrößen, Schichten oder der Personalbedarf variiert werden. Dieses demonstriert Horváth. Aggregiert man solche Einzelergebnisse, so können sie einen wesentlichen Bestandteil bei der Bewertung eines Integrationskonzeptes bilden.

e) Nutzwertanalysen zum Vergleich alternativer Lösungen [18]

Mit Hilfe einer Nutzwertanalyse bzw. eines Scoring-Modells erfolgt eine subjektive Bewertung/Bepunktung einer neuen Technologie. Dazu müssen Kriterienkataloge vorhanden sein, die geeignet sind, die Leistungsfähigkeit der jeweiligen Technologie abzubilden und die Einsetzbarkeit des Systems für das Unternehmen abzuschätzen. In einem ersten Schritt müssen die Einzelfaktoren gewichtet werden. Im zweiten Schritt sind diese Faktoren zu bewerten. Je nach Verfahren kann man z. B. einen mit der Investitionssumme gewichteten Punktwert bestimmen. Insbesondere bei neuen Technologien, mit denen wenig Erfahrungen vorliegen, erweist sich diese Methodik als schwierig. Da keine monetären Aussagen getroffen werden, sollte das Verfahren nur in Kombination mit anderen Ansätzen verwendet werden.

3. Bewertung von integrierten Technologien:

Viele der hier dargestellten Ansätze sind allgemein für die Beurteilung von Integrationskonzepten einsetzbar und nicht auf den technischen Bereich beschränkt.

a) Ebenenansatz [19]

Es erfolgt eine Analyse der durch die neu einzusetzende Technologie betroffenen Unternehmensebenen. Dabei wird unterschieden nach den isolierten Auswirkungen auf den einzelnen Arbeitsplatz, den Veränderungen auf der Abteilungs- oder Prozeßebene, die auch funktionsübergreifend sein können, sowie den Integrationseffekten für das Gesamtunternehmen. Das Konzept bildet lediglich einen Analyserahmen. Für die einzelnen Ebenen sind jeweils die geeigneten Bewertungsverfahren auszuwählen.

b) Prozeßorientiertes Vorgehen [20]

Relevante Prozeßketten (Tätigkeitsfolgen) des Unternehmens, die sich mit dem Systemeinsatz verändern, werden abgebildet und quantitativ beschrieben. Im Extremfall kann dieses die gesamte Wertschöpfungskette eines Unternehmens sein. Die Prozesse mit und ohne die zu beurteilende Technologie werden einander gegenübergestellt. Man baut z. B. Zeit- und Mengengerüste für die Tätigkeitsketten auf. Auf dieser Basis wird eine wirtschaftliche Bewertung vorgenommen. Häufig erfolgt diese Bewertung kosten- und erlösorientiert. Es läßt sich zwischen zusätzlichen Kosten, eingesparten Kosten und zusätzlichen Erlösen bei der Abwicklung der Prozesse unterscheiden.

c) Analyse von Nutzeffektketten [21]

Ausgehend von der neuen Technologie werden die ausgelösten Effekte anhand sogenannter Wirkungsketten dargestellt. Diese beschreiben direkte und indirekte Konsequenzen des neuen Systemeinsatzes. Damit lassen sich dann auch Ursache-Wirkungsbeziehungen für sekundäre Veränderungen darstellen. Für die abgebildeten Einzelkonsequenzen kann man im nächsten Schritt Bewertungen vornehmen. Solche Abschätzungen erfassen üblicherweise zusätzliche Kosten durch die Investition, Einsparungen aufgrund der Technologie und Umsatz-/Deckungsbeitrags-Resultate.

d) Analyse finanzieller Konsequenzen [22]

Kernpunkt dieses Ansatzes bildet die finanzielle Gesamtbewertung der Investition bei unterschiedlichen Annahmen. Dazu werden die Gesamtwirkungen des neuen Systems nach jährlichem Mehraufwand, eindeutig zuordenbaren Kosteneinsparungen, Kosteneinsparungen im Umfeld der Anwendung und Deckungsbeitrags-Wirkungen differenziert. Damit ergibt sich gleichzeitig eine Ordnung der Resultate nach abnehmender Sicherheit und sinkender Quantifizierungsmöglichkeit. Die Einzelwerte lassen sich durch Teilbetrachtungen aggregieren. So fließen über Einzelrechnungen z. B. Flexibilitäts- und Durchlaufzeit-Ergebnisse ein.

e) Aufstellen von Argumentenbilanzen für qualitative Nutzeffekte [23]

Mit Hilfe einer sogenannten Argumentenbilanz können qualitative Resultate gegenübergestellt werden. Die Länge der einzelnen Bilanzseiten spiegelt die Zahl der Nutzeffekte wider. Allerdings kommt die Wichtigkeit der Einzelpositionen nur dann zum Ausdruck, wenn man eine Reihenfolge bildet. Abbildung 3.1.2./1 zeigt eine solche Argumentenbilanz.

Abb. 3.1.2./1	Argumentenbilanz für Flexible Fertigungssysteme

SYSTEMVORTEILE	SYSTEMNACHTEILE
I. Innenwirkungen *Direkte Wirkungen* Erhöhung der Fertigungskapazitäten Rüstzeitreduzierung Bessere Auslastung Reduzierung der Losgrößen Höhere Flexibilität Steigende Produktivität Höherer Planungsgrad Durchlaufzeitreduzierung Verbesserte Produktqualität Direktkosten-Reduzierung Lohngemeinkosten-Reduzierung *Indirekte Wirkungen* Kapazitätsnutzung durch bedienerarme Schichten Kontinuierlicher Materialfluß Systematisierung des Produktionsprogramms Nutzung des Leistungspotentials durch effiziente Materiallogistik Beherrschte Fertigung Erhöhte Lieferbereitschaft Qualitätssicherung durch Qualitätskontrolle Qualitätssicherung durch Selbstkontrolle Integrierter Informationsfluß Mitarbeiterausbildung Innovationsfreundlichkeit Behebung von Engpässen Technologie-Know-How-Gewinn **II. Außenwirkungen** Qualitätssteigerung Flexibilität, rasche Marktanpassung Schnelle Reaktion auf Kundenwünsche Imageeffekt Liefertreue	**I. Innenwirkungen** Taktzeiterhöhung Gemeinkostensteigerung Kapitalkostensteigerung Ausbildungskosten Instandhaltungskosten DV-Planungsaufwand Akzeptanz der Anwender Finanzielles Risiko Einführungsrisiko Risiko der nicht abgestimmten Kapazitäten **II. Außenwirkungen** Großer Anspruch an DV-Programme Programmierkapazität Zulieferprobleme **III. Argumentengewinn der neuen Technologie**

4. Gesamtkonzept zur strategischen Planung und Technologieauswahl:

Von Wildemann wird ein Konzept der Investitionsplanung und Wirtschaftlichkeitsrechnung für Flexible Fertigungssysteme und CAD-Anwendungen vorgeschlagen, das über die eigentliche Wirtschaftlichkeitsbeurteilung weit hinaus geht und den Gesamtprozeß von Technologieauswahl und -einsatz mit der strategischen Unternehmensplanung verbindet [24]. Er bietet damit wohl die umfangreichste aus der Literatur bekannte Vorgehensweise zu diesem noch recht jungen Thema. Der generelle Ablauf ist dabei so allgemein gehalten, daß es möglich erscheint, ihn auch auf andere Technologien des Produktionsbereiches zu übertragen.

Das Verfahren ist vierstufig. Einzelschritte sind die Analyse der Produkt-Markt-Potentiale, eine Normstrategieauswahl für den Technologieeinsatz, die konkrete Systemauswahl sowie schließlich die Kontrolle des Systembetriebes. Die ersten Phasen des Auswahlprozesses werden mit unterschiedlichen Portfolios sowie Chancen- und Risikoprofilen unterstützt. Die Alternativen eines frühen Technologieeinstiegs oder eines "sinnvollen Wartens" werden diskutiert. Zur Systemauswahl wird neben einer technischen Analyse alternativer Systemkonzepte ein Investitionsrechenverfahren (marktinduzierter Kapitalwert) eingesetzt. Ein solches Verfahren wird nachfolgend noch zur Beurteilung von Einzeltechnologien skizziert.

Trotz der umfassenden Darstellung von Wildemann ergeben sich viele Möglichkeiten, das Verfahren zu ergänzen oder weiter anzureichern, insbesondere im Bereich der Wirtschaftlichkeitsbewertung. Außerdem läßt sich das beschriebene vierstufige Vorgehen als Grundmuster verstehen. Für die einzelnen Stufen können die Verfahren technologieabhängig oder unternehmensindividuell ausgetauscht und angepaßt werden.

3.2. Weitere Aspekte der Wirtschaftlichkeitsbewertung
3.2.1. Integrationsbewertung

Zur Bewertung der Integration von Einzelsystemen im Fertigungsbereich könnte man vereinfachend den Standpunkt vertreten, daß ausschließlich die Kosten der Integration mit ihren Nutzeffekten zu vergleichen sind. Auf der Nutzeffektseite wären dann insbesondere der verringerte Aufwand und Zeitbedarf für die Dateneingabe, geringerer Aufwand für Prüfvorgänge, raschere Entdeckung von Fehlern und weniger Fehler bei der Datenübertragung zu nennen [25]. Diese Betrachtung beruht allerdings auf eine Reihe von Kriterien, die normalerweise nicht gegeben sind:

1. Die Einzelkomponenten besitzen üblicherweise keine universellen Schnittstellen, so daß eine einfache Kopplung nicht möglich ist.

2. Häufig muß mit dem Integrationskonzept auch noch die Einführung der Einzelmodule geplant werden.

3. Einzelsysteme können sich beim Stand alone-Einsatz als unwirtschaftlich erweisen. In einem Integrationskonzept mögen sie gleichwohl wirtschaftlich sein, da durch den gekoppelten Informationstechnik-Einsatz zusätzliche Nutzeffekte in anderen Bereichen entstehen oder das System selbst mehr Leistungen bereitstellt, nachdem es Informationen von anderen Komponenten übernehmen kann. Der umgekehrte Fall, bei dem die Kosten der Integration höher als die Nutzeffekte sind, ist ebenfalls möglich. Zur richtigen Entscheidungsfindung ist neben der individuellen Einzelsystembetrachtung eine auf das gesamte Unternehmen bezogene Analyse durchzuführen, um sämtliche Auswirkungen festzustellen.

4. Für eine Entscheidung ist es außerdem wichtig, die richtige Integrations-Reihenfolge zu bestimmen. Diese wird sowohl durch technische Rahmenbedingungen als auch durch die wirtschaftlichen Ergebnisse der integrierten Teilkomponenten bestimmt.

Außerdem müssen weitere Probleme der Integration berücksichtigt werden. Beispiele dafür sind die Gefahr der Fehlerfortpflanzung bei falschen Basisdaten, die langen Vorlaufzeiten für die Realisierung oder die hohe Qualifikation der benötigten System-Architekten [26].

3.2.2. Wahl des Investitionszeitpunktes

Die Wahl des richtigen Investitionszeitpunktes muß unter mehreren Blickwinkeln gesehen werden: Der erste Aspekt ist der technische Entwicklungsstand und die damit verbundene Gefahr der technischen Veralterung. Dabei muß man auch die Diskussion zur Standardisierung des Datenaustausches und von Datenschnittstellen berücksichtigen. Mit der Einführung globaler Normen können betriebliche Eigenentwicklungen obsolet werden oder sich Schnittstellen kostengünstiger bereitstellen lassen. Allerdings kann das Warten auf Normen auch eine Fehlentscheidung sein, wenn damit allgemeine Branchenentwicklungen nicht nachvollzogen werden. Man läuft auch Gefahr, die Systeme des falschen Herstellers einzuführen, weil sich in der Folgezeit durch das Anwenderverhalten die Kommunikationslösung eines anderen Anbieters als "Quasi-Industriestandard" etablieren mag. Ein weiterer Gesichtspunkt ist die Investition in die notwendigen CIM-Komponenten. Hier ist die zukünftige Preisentwicklung zu berücksichtigen. Im DV-Bereich tritt z. B. häufig bald nach der Einführung neuer Produkte ein Preisverfall ein. Außerdem können bei Installationen, die nach den Pilotanwendungen erfolgen, typische Einführungsprobleme vermieden werden. In der Tendenz läßt sich feststellen, daß eine technische Realisierung mit fortgeschrittenem Zeitablauf kostengünstiger wird.

Dem steht die Marktposition des Unternehmens gegenüber. Gehört es zu den Technologieführern, so mag es mit der DV-Lösung gelingen, die Wettbewerbsposition und damit auch den Umsatz maßgeblich zu verbessern [27]. Dies ist dann der Fall, wenn ein Leistungsvorteil im Vergleich zu Mitbewerbern erzielt wird, wie es z. B. mit Qualitätsverbesserungen, einer Beschleunigung der Auftragsabwicklung, einem Zusatzangebot oder auch günstigeren Preisen aufgrund von Kostenvorteilen hervorgerufen werden kann.

Daher müssen bei einer CIM-Einführung auch die Investitions-Auswirkungen auf externe Faktoren beurteilt werden, die im gesamten Unternehmenserfolg zum Ausdruck kommen. Zumindest sollte ein (finanzieller) Vergleich mit der Situation erfolgen, in der die Investition unterbleibt [28]. Außerdem kann eine Analyse, wie sich das Ergebnis beim Verschieben der Investition, z. B. um ein oder drei Jahre, verändert, zur besseren Beurteilung beitragen (vgl. dazu das Zahlenbeispiel in Abschnitt 3.4.).

3.2.3. Einsatz knapper Ressourcen

Bei der Realisierung von CIM-Lösungen ist der Einsatz knapper Ressourcen zu berücksichtigen. Dies sind speziell die Fachkräfte, auf denen die Konzipierung und Realisierung der modernen Produktionsmethoden lastet. Da die verfügbare Mitarbeiterkapazität üblicherweise geringer ist als die benötigte Anzahl für sämtliche Integrationsprojekte, müssen Prioritäten festgelegt werden. Diese Reihenfolgebildung wird auch durch die technischen Rahmenbedingungen determiniert.

Unter kostentheoretischen Aspekten sollte eine Opportunitätskostenbetrachtung für den Engpaßfaktor "CIM-Fachkraft" durchgeführt werden. Dies bedeutet, daß ein Projekt dann realisiert wird, wenn sich für die betrachtete Aufgabe ein positiver Wert ergibt, nachdem sie mit dem Ergebnis der bestmöglichen Alternative als Kostenkomponente belastet worden ist. Ebenfalls sind Kosten für die Ausbildung/Umschulung von Mitarbeitern für die neuen Tätigkeiten zu berücksichtigen.

Um die Reihung auf Basis der knappen Faktoren vorzunehmen, sind bei projektbezogenen Kosten- und Erlösbetrachtungen engpaßbezogene Deckungsbeiträge zu bestimmen. Für Investitionsrechnungen können z. B. Renditen für den Engpaßfaktor herangezogen werden.

Voraussetzung dazu ist, daß eine detaillierte Planung, z. B. für den Einsatz der Mitarbeiter, bereits im Vorfeld der Projekte erfolgt.

3.3. Ausgewählte Verfahren zur Wirtschaftlichkeitsbewertung
3.3.1. Ebenenansatz

Für den Ebenenansatz lassen sich Indikatorenkataloge aufstellen, über die eine veränderte Wirtschaftlichkeit abgeschätzt werden kann. Bei einer Systematisierung der einzelnen Betrachtungsebenen sind folgende Dimensionen von Bedeutung:

- direkte und indirekte Wirkungen,
- Kosten- und Leistungsgrößen oder Einnahmen und Ausgaben,
- einmalige oder laufende Einflüsse,
- kurz- und langfristige Resultate sowie
- quantitative und qualitative Ergebnisse.

Auf jeder Betrachtungsebene sind sowohl monetäre als auch nichtmonetäre Kosten- und Leistungsgrößen zu berücksichtigen.

Im wesentlichen sind für unsere Zwecke drei Ebenen zu unterscheiden:

Ebene 1: Hier werden die Auswirkungen einer Systemkomponente auf den isolierten Einsatzbereich analysiert. Man betrachtet primär den Arbeitsplatz. Ein Beispiel wäre CAD. Zur isolierten Betrachtung eines solchen Arbeitsplatzergebnisses könnte man eine Platzkostenrechnung einsetzen.

Ebene 2: Auf dieser Hierarchiestufe sollen die mittelbaren Auswirkungen einer CIM-Komponente auf die übrigen Funktionsbereiche bestimmt werden. Diese indirekten Effekte lassen sich z. B. mit Hilfe von Wirkungsketten funktionsübergreifend darstellen.

Ebene 3: Hier werden schließlich die Effekte aller Komponenten des gesamten Integrationskonzeptes auf das Gesamtunternehmen und dessen Umwelt (Absatz- und Beschaffungsseite) betrachtet. Damit sind auch Aussagen über zukünftige Marktentwicklungen zu treffen.

In jeder Ebene läßt sich eine Konsequenzenanalyse durchführen. Dazu werden die betroffenen Unternehmenseinheiten "top-down" möglichst tief (eventuell bis zu den einzelnen Stellen) in organisatorische Funktionsbereiche unterteilt. Zu den einzelnen Stellen werden dann Input- und Output-Größen, der Personal- und Sachmittelbedarf unter funktionalen, prozeßorientierten und strukturellen Aspekten erfaßt sowie Wirkungen aufgezeigt. Die in den einzelnen Funktionseinheiten ermittelten Ergebnisse lassen sich dann im Folgeschritt mit einem "bottom-up"-Vorgehen zum Gesamtergebnis für das Unternehmen aggregieren.

Mittlerweile existieren erste rechnergestützte Tools, die mit Hilfe einer Abbildung der relevanten Unternehmensstrukturen und dem anschließenden Versuch der Bewertung eine solche Vorgehensweise unterstützen. Ein Beispiel ist das Manufacturing Model Development Tool (MMDT), das als Untersuchungsgebiete die Marktbeziehungen des Unternehmens, den eigentlichen Produktionsprozeß und die finanzielle Bewertung unterscheidet. Zur Konstruktion der Prozesse werden aus dem Software-Engineering bekannte Verfahren, wie z. B. SADT, eingesetzt [29].

Bei der Erfassung und Dokumentation der Wirkungen empfehlen sich Systemmatrizen bzw. Erfassungsbögen [30]. Als Kostenkomponenten werden auf jeder Ebene die einmaligen und laufenden Kosten bestimmt. Kostenreduzierungen gegenüber dem Ist-Zustand sind als Nutzeffekte auszuweisen. Auf der Unternehmensebene ist zusätzlich die veränderte Erlössituation, die auf die CIM-Realisierung zurückgeführt wird, zu erfassen. Abbildung 3.3.1./1 zeigt als Ergebnis einer Konsequenzenanalyse einen möglichen Indikatorenkatalog zu den Auswirkungen einer CAD-Integration. Dabei wurde eine Unterteilung nach Kosten- und Leistungskomponenten vorgenommen.

Eine mögliche Schwäche dieser Vorgehensweise liegt in dem Aufwand, der mit der Analyse verbunden sein kann. Daher bietet es sich an, auf jeder Ebene exemplarisch vorzugehen. Dazu sollten ausgewählte Arbeitsplätze auf der Ebene 1 oder Teilprozesse auf der Ebene 2 gewählt werden. Liegt eine repräsentative Selektion vor, kann aufgrund der Resultate für die einzelnen Teilkomponenten das Gesamtergebnis hochgerechnet werden.

3.3.2. Vergleich von Kostenbudgets

Bei einer Budgetbetrachtung oder Kostenwirkungsanalyse wird die im Unternehmen existierende Kostensituation dem geplanten Kostenanfall, den man bei der Integration oder dem Einsatz einer neuen Technologie erwartet, gegenübergestellt. Die Ergebnisse werden zum einen von dem bereits erreichten Automatisierungsniveau und zum anderen von den geplanten Kopplungen mit anderen Teilsystemen bestimmt.

| Abb. 3.3.1./1 | Indikatorenkatalog für den CAD-Einsatz |

EBENE 1
Isoliert-technikbezogene, funktionsbereichsbezogene Betrachtungsweise einer Technologie
(direkte Effekte)
z. B. CAD-Arbeitsplatz

EBENE 2
Betrachtung der Auswirkungen einer Technologie für die betroffenen Funktionsbereiche
(indirekte Effekte)
z. B. Auswirkung des CAD-Einsatzes für den Funktionsbereich Fertigung

EBENE 3
Betrachtung des Gesamtkonzeptes aller Systemkomponenten (Gesamtorganisation)
(Integrationseffekte)

Kosten (Ebene 1)
- Systemgestaltung, Planung
- Systempflege, Instandhaltung
- Ausstattung (Soft-/Hardware)
- Qualifikation
- Einführung
- laufende Personalkosten

Kosten (Ebene 2)
- Folgekosten für Fertigungsanlagen, z. B. zur Umsetzung der durch CAD erstellten Zeichnungen in NC-Programme
- Qualifikation (veränderte Anforderungen), Lohnniveau
- Abstimmung, Anpassung (neue Normen, Vorgaben)

Kosten (Ebene 3)
- Datenübermittlung, Schnittschnellen, Datenbanken
- Herstellung der Kompatibilität einzelner Systeme
- Organisation
  - Aufbauorganisation
  - Ablauforganisation

Leistungen (Ebene 1)
- Detailliertere Zeichnungen
- Zusätzliche Berechnungen
- Vollständigere Stücklisten
- Reduzierung der Zeit zur Zeichnungserstellung
- Möglichkeit von Simulationen am Rechner
- Entlastung von Routinetätigkeiten durch wiederverwendbare Bausteine in "Bibliotheken"

Leistungen (Ebene 2)
- Reduzierung der Teilevielfalt
- Verkürzte Produktanlaufzeit in der Fertigung
- Sparsamerer Materialeinsatz in der Fertigung
- Geringere Werkstattprogrammierkosten (NC-Programme)
- Gesteigerte Produktqualität (dreidimensionale Volumenmodelle mit CAD-Einsatz)

Leistungen (Ebene 3)
- Steigerung der langfristigen Flexibilität (anderes Produkt)
- Verkürzung der Entwicklungszeiten (Marktpräsenz)
- Verringerung von Redundanzen bei der Datenerhebung
- Gesteigerte Termintreue
- Verringerung der Verarbeitung fehlerhafter Daten, von Übertragungsfehlern
- Schnellere Rückkopplung bei Soll-Ist-Regelkreisen z. B. CAD/CAM/BDE

Bei der Untersuchung sollte die Produktions- und Absatzmenge zunächst als konstant angesetzt werden, um die Kosten abzuschätzen, mit denen die heutige Produktionsleistung unter Einsatz der neuen Technologie künftig erbracht werden kann.

Wegen des hohen Kapitaleinsatzes ist es in einem zweiten Schritt dann insbesondere bei Investitionen in moderne Fertigungstechnologien erforderlich, eine Break-even-Analyse durchzuführen. Als Ergebnis erhält man die kritische Ausbringungsmenge. Diese Auslastungsplanung ist damit ein weiterer Eckpfeiler der Wirtschaftlichkeitsrechnung.

Neben den reinen kostensenkenden bzw. -erhöhenden Effekten sind Kostenverlagerungen darzulegen. Veränderte Gemeinkosten können durch geänderte Maschinenkosten oder neue Kostenarten, z. B. solche für Software, auftreten. Ebenso beeinflussen die veränderten Arbeitsinhalte des Funktionsbereichs den Kostenanfall.

Als Beispiel sei hier die Veränderung des Budgets für die Fertigungsabteilung bei Einführung eines Flexiblen Fertigungssystems herausgegriffen. Im technischen Bereich wären folgende Effekte denkbar:

- Einsparungen an Materialkosten durch höhere Fertigungspräzision der Anlage,
- Reduzierung des Bedienungspersonals,
- Verringerung des Budgets für den Lagerbereich durch Direktanlieferung an die Montageanlage (weniger Pufferlager und dadurch geringere Kapitalbindung sowie verminderte Lagerraumkosten),
- weniger Platzbedarf für die Maschinen,
- Abbau der Kosten für Werkzeuge, deren Zahl geringer wird,
- sinkende Energiekosten durch Abschaltbetrieb und höheren Wirkungsgrad der Antriebssysteme,
- Kosten für den Systementwurf,
- erhöhte Kosten für die Wartung der Flexiblen Fertigungssysteme,
- steigender Kapitaldienst (höhere Abschreibungen auf die kapitalintensiveren Neuanlagen).

Beim Plan-/Ist-Kostenvergleich sind für abgeschriebene Anlagen ebenfalls kalkulatorische Abschreibungen anzusetzen.

Daneben müssen die funktionsübergreifenden bzw. durch Wechselwirkungen entstehenden Kosteneffekte untersucht werden. Diese Betrachtung kann man anhand von Zielgrößen, wie z. B. Durchlaufzeit oder Qualität, vornehmen. Für jeden Funktionsbereich sind dazu, je nach Zielgröße, Wirkungsketten aufzustellen, um die Veränderung der automatisierungsrelevanten Kostenarten abzuleiten bzw. Budgetveränderungen der Bereiche zu planen.

In einer weiteren Stufe können die **Kapazitätsänderungen** eingeführt werden [31]. Beim

Einsatz Flexibler Fertigungssysteme kann das z. B. der Übergang vom Zwei- zum Drei-Schicht-Betrieb sein. Für den Personalstand läßt sich ein Budgetplan, der die Umschichtung der Personal-Struktur und die Veränderung durch die mögliche dritte Schicht darlegt, aufstellen.

Mit Hilfe dieser Budgetuntersuchungen können nun schrittweise Wirtschaftlichkeitsziele hinterfragt werden. Die Gegenüberstellung der jährlichen Mehraufwendungen und der laufenden Kosten zeigt, ob aufgrund einer reinen Kostenbetrachtung eine Unter- oder Überdeckung vorliegt, die Wirtschaftlichkeit also bereits nachgewiesen werden kann. Als Hilfsmittel dient z. B. eine Grafik wie in Abbildung 3.3.2./1. Es werden der kumulierte jährliche Mehraufwand und die kumulierten Kosteneinsparungen abgetragen. Die Veränderung der Kurvensteigung resultiert aus den unterschiedlichen Projektphasen (Entwicklungs-, Einführungs- und Nutzungsphase).

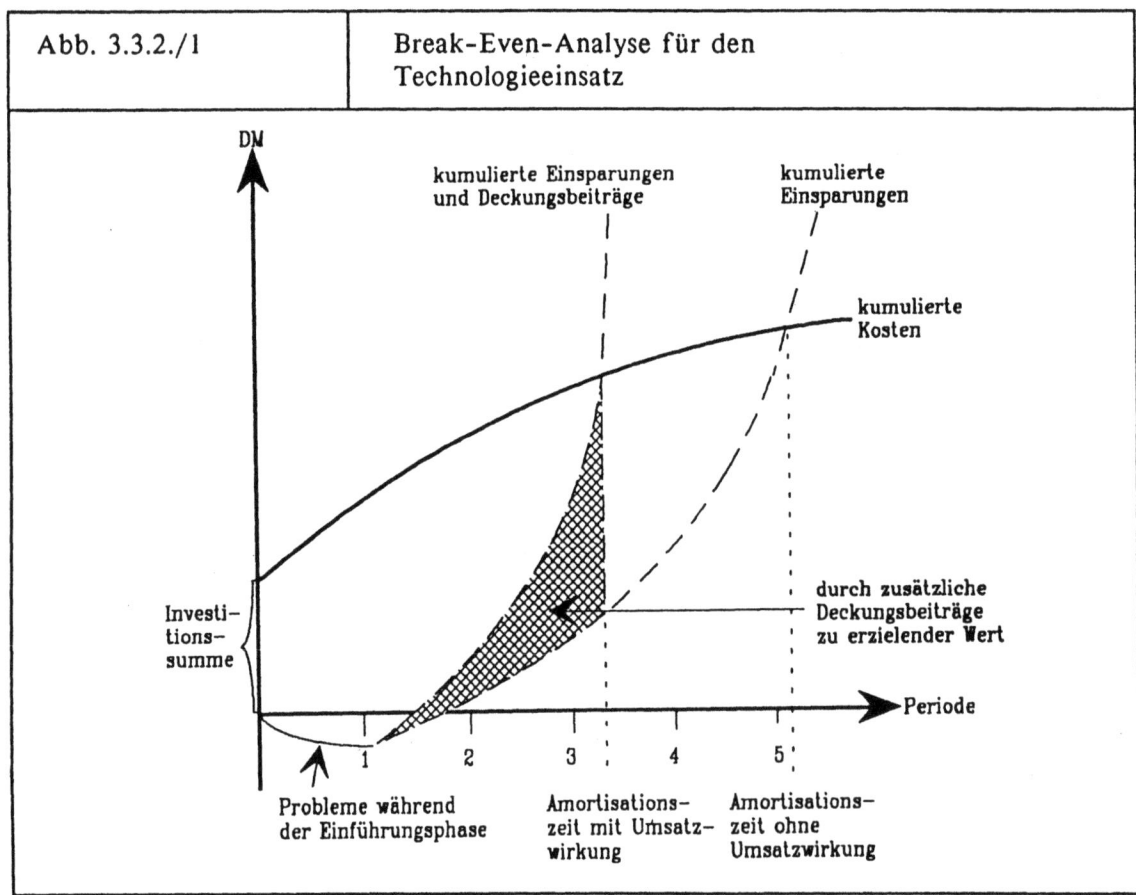

Es lassen sich nun alternative Amortisationszeiten vorgeben. In der Grafik kann man aufzeigen, welche Erhöhung des Deckungsbeitrags durch Umsatzsteigerungen oder zusätzliche Gewinnanteile auftreten muß, um diese Amortisationszeit zu erreichen. Hier können nun Management-Beurteilungen ansetzen, ob dieser notwendige Zuwachs realistisch ist oder ob der fehlende Deckungsbeitrag durch den Einfluß des Systems auf die Unternehmensstrategie als gerechtfertigt erscheint. Somit kann bei diesem Verfahren neben der Kostenbetrachtung ein Markteffekt, der durch die Investition erreicht werden muß, in die Diskussion eingeführt werden.

3.3.3. Bewertung schwerquantifizierbarer Nutzeffekte

Einflußgrößen wie die Auftragsdurchlaufzeit, Flexibilität oder Qualität lassen sich nicht direkt monetär erfassen. Üblicherweise treten als Maßgrößen Zeiteinheiten, Ausschußanteile oder Losgrößen auf. Will man eine Wirtschaftlichkeitsbeurteilung vornehmen, so muß man diese Ersatzgrößen geeignet transformieren. Anhaltspunkte dazu werden im folgenden beschrieben.

3.3.3.1. Reduzierung der Auftragsdurchlaufzeit

Ermittelte Durchlaufzeitverkürzungen können auf die Technologie selbst oder auf organisatorische Effekte (z. B. Fertigungssegmentierung) [32] zurückgeführt werden. Dabei ergeben sich folgende Quantifizierungsaspekte [33]:

1. Geringere Kapitalbindungskosten im Umlaufvermögen werden durch eine Senkung der Lagerbestände erreicht. Hier kann die aus dem Rechnungswesen gewonnene Wertzuwachskurve für einzelne Produkte Hinweise zur Abschätzung liefern [34].
2. Es treten weniger Lagerraum- und Handlingkosten auf, da Lagerzeiten verkürzt werden oder Zwischenlager sogar ganz entfallen. Dabei ist anzumerken, daß diese Einsparungen nur zum Teil monetarisierbar sind. Flächenfreisetzungen führen z. B. nicht notwendigerweise zu Kostensenkungen.
3. Aufgrund der kleineren Lagerbestände werden auch die Bestandsrisiken herabgesetzt. Risikozuschläge müssen nur noch für geringere Mengen vorgenommen werden.
4. Durch kürzere Regelstrecken und kleinere Lose werden Fehler früher erkannt. Damit lassen sich Nachbesserungskosten vermeiden.
5. Am schwierigsten ist die verbesserte Marktposition aufgrund der günstigeren Auftragsdurchlaufzeit zu bewerten. Kürzere Durchlaufzeiten können z. B. zu höheren Umwandlungsraten für Angebote führen. Dieser Effekt kann auch aus einer schnelleren Reaktion auf kundenindividuelle Anfragen resultieren. Wird beispielsweise für die kundenindividuelle Konstruktion ein CAD-System mit einem Modul zur Kalkulation auf Basis einer analytischen Kostenermittlung eingesetzt, so kann damit sehr schnell ein Angebot abgegeben werden.

3.3.3.2. Flexibilitätssteigerungen

Ein Versuch zur Quantifizierung besteht darin, die Flexibilitätswirkungen zeitlich zu systematisieren und primär eine technisch orientierte Einteilung vorzunehmen. Diese ist speziell für die Fertigungsautomatisierung geeignet. Dabei lassen sich zumindest vier Flexibilitätseffekte mit kurz- bis langfristigen Auswirkungen unterscheiden:

1. Veränderte Pausenüberbrückungszeiten, Einsparungen durch bedienerarme Schichten und beim Überwachungspersonal oder der Abbau von Pufferlagern können als Bewertungsgrundlage dienen, wenn die kurzfristige zeitliche Anpassungsfähigkeit beurteilt werden soll.
2. Als Ersatzgrößen für eine Abschätzung der Umstellungs- und Umrüstfähigkeit sowie Vielseitigkeit der eingesetzten Technologie lassen sich Umrüst-, Warte- oder Liegezeiten sowie Stillstandszeiten heranziehen. Ebenfalls sollte man versuchen, Vorteile, die kleinere Losgrößen bei der Auftragsakquisition mit sich bringen, zu bewerten. In den kleineren Losgrößen können weitere Ursachen für eine veränderte Kapitalbindung liegen, die z. B. durch kürzere Umrüstfolgen hervorgerufen wird.
3. Mittel- bis langfristige Flexibilitätspotentiale werden dagegen maßgeblich von den Anforderungen des Marktes bestimmt. Produktlebenszyklen oder veränderte technische Anforderungen sind abzuschätzen. Einfluß haben die Reaktionsdauer auf veränderte Marktanforderungen, Zeitbedarf für Umstellungen auf neue Produkte, Opportunitätskosten durch Gewinnentgang bei den Fertigungsumstellungen sowie der Umfang, in dem die Fertigungsanlagen umgebaut werden müssen.
4. Schließlich ist die langfristige Verwendung neuer Anlagen in bezug auf Innovationsschübe oder veränderte Marktanforderungen zu untersuchen. Hier geht es insbesondere um die Wiederverwendbarkeit einzelner Module [35]. Einen ersten Anhaltspunkt dafür bieten sogenannte Wiederverwendungsgrade für verschiedene Technologien. Bei Berücksichtigung dieser Größen müssen zukünftige Investitionspotentiale analysiert werden.

Die Beurteilung und Quantifizierung der Flexibilität innerhalb von Integrationskonzepten darf nicht nur auf Einzelbausteine abgestellt werden. Es sind vielmehr Untersuchungen für das Gesamtsystem anzustellen, da ansonsten Flexibilitätspotentiale unberücksichtigt bleiben.

3.3.3.3. Qualitätsverbesserungen

Zur Bewertung der Qualitätssteigerungen durch neue Produktionsmethoden kann folgende

Systematisierung herangezogen werden:

1. Die Senkung der Fehlerkosten.
   Hier können z. B. die Fehlmengen mit ihren jeweiligen Herstellkosten bewertet werden.
2. Die anfallenden Prüfkosten in der Fertigung und der Qualitätssicherung.
   Es lassen sich Einsparungen für rechtzeitige Fehlererkennung ansetzen.
3. Eine kleinere Anzahl qualitativ minderwertiger Erzeugnisse ruft weniger Beschädigungen und damit geringere Instandhaltungs- und Reparaturkosten an den Fertigungsanlagen hervor.
   Es können Erfahrungswerte und Statistiken zur Abschätzung dienen.
4. Der Einfluß von Qualitätsverbesserungen auf die Marktposition.
   Dabei geht es z. B. um empirische Untersuchungen, die für einzelne Branchen Aussagen vornehmen, wie sich der Umsatz verändert, wenn Qualitätsvorteile gegenüber Mitbewerbern auftreten.

Kosteneinsparungen für die eigentlichen Prüfvorgänge sollten an dieser Stelle nicht in Ansatz gebracht werden, da diese beim Vergleich des Ist- und Plan-Kosten-Budgets einbezogen werden.

3.4. Szenariotechniken zur Wirtschaftlichkeitsbewertung

In Anlehnung an eine von uns in einem Unternehmen der Verpackungsindustrie durchgeführte Analyse sollen nachfolgend drei kleinere Szenarien aufgebaut werden, die eine Wirtschaftlichkeitsermittlung für die Einführung integrierter Produktionstechnologien unterstützen. Es wird die Einführung eines integrierten CAD-Systems zum Entwurf von Kunststoffverpackungen für hochpreisige Konsumgüter analysiert. Das CAD-System soll beim Design der Verpackung und zur Konstruktion der für die Produktion benötigten Formen verwendet werden. Speziell bei Eilaufträgen, die häufig in Verbindung mit Aktions- oder Promotionsverkäufen der Kunden anfallen, werden die benötigten Produktionsformen im Unternehmen selbst hergestellt. Darüber hinaus wird ein Teil der Formenaufträge nach außen vergeben. Das Unternehmen produziert mit CNC-Maschinen.

Von einer CAD-Anwendung werden folgende Effekte erwartet:

1. Die Zeichnungszeiten für Einzelprodukte werden reduziert.
2. Neue Produkte können mit dem Kunden am CAD-System konstruiert werden. Die Kunden erhalten noch am gleichen Tag ein Konstruktionsmuster; der Service wird damit beträchtlich gesteigert.

3. In Verbindung mit einem Postprozessor können automatisch die NC-Programme, die bisher von der Arbeitsvorbereitung erstellt wurden, generiert werden.
4. Aus den CAD-Daten lassen sich die Zeichnungen für den Formenbau ableiten.
5. Standardbibliotheken tragen zur Vereinheitlichung des Produktprogramms bei, so daß weniger Formen benötigt werden.
6. Die CAD-Unterstützung führt zu einer Verkürzung der Auftragsdurchlaufzeiten, die insbesondere bei Eilaufträgen von entscheidender Bedeutung für die Auftragsakquisition sind.

Für das Unternehmen werden zwei Realisierungsstufen unterschieden:

- Das CAD-System wird im Stand alone-Betrieb eingesetzt.
- Das CAD-System wird mit anderen Komponenten der Fertigung, speziell der NC-Steuerung und Verfahren der Arbeitsvorbereitung, gekoppelt.

Im ersten Fall ergeben sich hauptsächlich die Veränderungen aus 1. und 2. Bei der Integrationslösung treten dagegen sämtliche Effekte auf. Es werden die folgenden Szenarien aufgestellt:

- Das Unternehmen führt eine Investition zum jetzigen Zeitpunkt durch.
- Das Unternehmen plant die Durchführung einer solchen Investition in drei Jahren.
- Es wird auf die CAD-Investition verzichtet.

Folgende Annahmen sind mit diesen Szenarien verbunden:

- In zwei bis drei Jahren werden die Investitionskosten für den CAD-Einsatz nur noch ca. 40 % des heutigen Wertes betragen. Dies ist darauf zurückzuführen, daß man erwarten kann, dann große PCs als CAD-Stationen einsetzten zu können. Heute ist eine Workstation-Lösung oder ein System der mittleren Datentechnik notwendig.

- Ohne die CAD-Nutzung wird das Segment der Eilaufträge langfristig, d. h. nach ca. 5 Jahren, vollständig wegfallen. Dieser Bereich macht ca. 25 % des Umsatzes aus. Der Gesamtumsatz beläuft sich auf 80 Mio. DM pro Jahr. Die durchschnittliche Umsatzrendite beträgt 3 %. Bei einer Stand alone-Lösung würden langfristig ca. 10 % des Umsatzes wegfallen, da Eilaufträge nicht maximal beschleunigt werden können. Führt man das CAD-System erst in drei Jahren ein, so ist davon auszugehen, daß einige Mitbewerber einen Wettbewerbsvorteil erzielen können und damit Marktanteile gewinnen. Kurzfristig können damit ca. 4 % vom Umsatz verlorengehen. Bei einer sofortigen CAD-Einführung ist dagegen eine Marktanteilssteigerung aufgrund des besseren Kundenservices zu erwarten. Durch die schnellere Auftragsabwicklung kann langfristig ein Umsatzzuwachs von 1,5 % erhofft werden. Die Auswirkungen der CAD-Investitionsalternativen auf den Umsatz für die ersten sechs Jahre zeigt Abbildung 3.4./1.

Abb. 3.4./1	Umsatzwirkungen durch die CAD-Investition (in % v. Umsatz)					
	Jahr	1	2	3	4	5	6
Sofort	CAD integriert	-	1,5%	3%	1,5%	1,5%	1,5%
Sofort	CAD Stand alone	-	-	-4%	-8%	-10%	-10%
	CAD integriert in drei Jahren	-	-2%	-4%	-4%	-2%	-
	keine CAD-Investition	-	-2%	-5%	-10%	-15%	-20%

- Durch die schnellere Zeichnungserstellung lassen sich mittelfristig zwei Personen im Konstruktionsbereich freisetzen (entspricht 170.000 DM pro Jahr).

- Bei der integrierten Lösung reduzieren sich außerdem die Kapitalkosten um 15.000 DM pro Jahr, da die Zahl der Formen gesenkt wird. Außerdem entstehen in der Arbeitsvorbereitung Einsparungen in Höhe von 80.000 DM pro Jahr.

Bei sofortiger Investition beträgt die Investitionssumme für das integrierte CAD-System 550.000 DM, für die Stand alone-Lösung 350.000 DM. Für die integrierte PC-Lösung sind in drei Jahren 210.000 DM aufzuwenden.

Abbildung 3.4./2 stellt die finanziellen Wirkungen der integrierten CAD-Lösung auf der Basis von sechs Jahren dar. Aufgrund analoger - hier aus Platzgründen nich näher detaillierter - Rechnungen für die drei anderen Alternativen ergibt sich folgendes Bild:

Die schlechteste Lösung ist der Verzicht auf sämtliche Investitionen, da dann ein katastrophaler Umsatzrückgang zu verzeichnen wäre (Kapitalwert minus 190.000 DM).

Auch die Stand alone-CAD-Lösung weist einen negativen Kapitalwert mit minus 66.000 DM auf. Dieses ist ebenfalls auf den langfristigen Umsatzrückgang zurückzuführen. Bei der Investition in drei Jahren wird ein möglicher Umsatzzuwachs durch einen technologischen Früheinstieg in dieser Branche verschenkt. Der Kapitalwert beläuft sich hier auf 130.300 DM. Am höchsten ist er bei der Integrationslösung, die sofort in Angriff genommen wird. Er beträgt rund 435.000 DM (vgl. Abb. 3.4./2).

Abb. 3.4./2	Ergebnisse der integrierten CAD-Lösung (in DM)					
Jahr Finanzielle Konsequenzen	1	2	3	4	5	6
Jährlicher Mehraufwand *Investitionssumme* *Wartung/Systemkosten*	-550.000	-62.000	-62.000	-62.000	-62.000	-62.000
Eindeutig zuordenbare Kosteneinsparungen *Personalkosten*		170.000	170.000	170.000	170.000	170.000
Indirekte Ergebnisse/ Einsparungen *Kapitalkosten* *Arbeitsvorbereitung*		15.000 80.000	15.000 80.000	15.000 80.000	15.000 80.000	15.000 80.000
Erhöhung des Deckungsbeitrags		36.000	72.000	36.000	36.000	36.000
Ergebnis	-550.000	239.000	275.000	239.000	239.000	239.000
Kalkulationszins Kapitalwert	8 % 435.122					

Allerdings ist zu hinterfragen, ob eventuell in zwei Stufen vorgegangen werden soll. Dabei würde zuerst die Stand alone-CAD-Investition stattfinden, wobei die spätere Integration bereits zu berücksichtigen wäre. Diese erfolgte dann in einem zweiten Schritt. Ein solches Vorgehen hätte auch den Vorteil, daß die Einführung in Teilschritten geschehen könnte und somit insbesondere eine Überlastung der Spezialisten vermieden würde.

4. Zusammenfassung

Das Kapitel 2. hat gezeigt, daß mit der Einführung moderner Produktionsmethoden bedeutende Wirtschaftlichkeitspotentiale erschlossen werden können. Erfahrungswerte veranschaulichen, daß diese bei Integrationslösungen noch deutlich über Einzelanwendungen liegen. Daher erscheint es angezeigt, derartige Lösungen bereits bei der Planung von Stand alone-Anwendungen in Erwägung zu ziehen.

Bei der Integration von DV-Systemen ist allerdings die Wirtschaftlichkeitsrechnung noch komplexer als bei unabhängigen Systemen, da verschiedene Wirkungsebenen und auch indirekte Effekte berücksichtigt werden müssen. Allgemein sollte man unterschiedliche Szenarien auf der Basis verschiedener Annahmen generieren. Für knappe Einsatzfaktoren sind Opportunitätskosten anzusetzen. Zusätzlich sollte für eine solche Rechnung der Einführungszeitpunkt variiert werden. Für die eigentliche Analyse bietet sich dann eine Ebenenbetrachtung nach einer arbeitsplatz-, prozeß- oder abteilungsbezogenen/abteilungsübergreifenden und gesamtunternehmensbezogenen Einteilung an. Auf der ersten Stufe lassen sich Kostenvergleichsrechnungen vornehmen. Wirkungsketten können für abteilungsübergreifende Untersuchungen oder einzelne Prozesse eingesetzt werden. Bezogen auf das Gesamtunternehmen sollte man Marktwirkungen in einer Berechnung berücksichtigen.

Das damit verfügbare Instrumentarium kann zwar wirtschaftliche Unsicherheiten, die mit CIM-Realisierungen verbunden sind, nicht vollständig klären, trägt aber dazu bei, mit der Investition verbundene Risiken zu reduzieren.

1. Mertens, P., Anselstetter, R., Eckardt, T. und Nickel, R., Betriebswirtschaftliche Nutzeffekte und Schäden der EDV - Ergebnisse des NSI-Projekts, Zeitschrift für Betriebswirtschaft 52 (1982) 2, S. 135 ff.; Anselstetter, R., Betriebswirtschaftliche Nutzeffekte der Datenverarbeitung, 2. Aufl., Berlin u.a. 1986, S. 78 ff.

2. Rösch, U., Untersuchungen zu betriebswirtschaftlichen Nutzeffekten der EDV in den Jahren seit 1983, Diplomarbeit, Nürnberg 1986.

3. Vgl. dazu Brockhoff, K. und Urban, Ch., Die Beeinflussung der Entwicklungsdauer, in: Brockhoff, K., Picot, A. und Urban, Ch., Zeitmanagement in Forschung und Entwicklung, Schmalenbachs Zeitschrift für betriebswirtschaftliche Forschung (1988) Sonderheft, S. 1 ff.

4. Hewlett Packard (Hrsg.), Rechnerunterstützte Blechfertigung (CAM) - Studie Hewlett Packard Werk 1, Informationsmaterial, Böblingen 1988.

5. Witerhalder, L., Mit CAQ die wirtschaftliche Zukunft sichern, MEGA (1987) 7, S. 19 ff., insbes. S. 22.

6. Böhmer, R., Ohne HIM kein CIM, Wirtschaftswoche 43 (1989) 13, S. 74 ff.

7. Vgl. dazu auch: Hottoway, L., Was bei Datenbank- und Netzwerkdesign im CAD/CAM-Umfeld zu beachten ist, Management Zeitschrift 57 (1988) 1, S. 53 ff.

8. Von Schreuder und Fuest werden speziell die Kosten für die einzelnen Projektphasen der CAD-Nutzung detailliert gegliedert. Vgl. Schreuder, S. und Fuest, N., CAD/CAM für mittelständische Unternehmen - Leitfaden zur Planung und wirtschaftlichen Beurteilung einer CAD/CAM-Einführung, Köln 1988, S. 81 ff.

9. Vgl. Horváth, P. und Mayer, R., CIM-Wirtschaftlichkeit aus Controller-Sicht, CIM-Management 4 (1988) 4, S. 48 ff., insbes. S. 51 f.

10. Vgl. Schlingensiepen, J., Wirtschaftlichkeitsrechnungen und kostenrechnerische Kalküle für flexible Fertigungssysteme (FFS), Kostenrechnungspraxis o.J. (1987) 5, S. 179 ff.

11. Encarnacao, J., Hellwig, H. E., Hettesheimer, E., Klos, W. F., Lewandowski, S., Messina, L. A., Poths, W., Rohmer, K. und Wenz, H. (Hrsg.), CAD-Handbuch, Auswahl und Einführung von CAD-Systemen, Berlin u. a. 1984, insbes. S. 132 ff.

12. Vgl. Schünemann, T. M. und Lehnen, H., Berücksichtigung unterschiedlicher Flexibilitätsgrade bei der Investitionsplanung von Industrierobotern, Zeitschrift für wirtschaftliche Fertigung 78 (1983) 11, S. 501 ff.

13. Vgl. Hettesheimer, E., Quantifizierung des Nutzens beim Einsatz rechnergestützter Verfahren im Entwicklungsbereich, in: Horváth, P. (Hrsg.), Wirtschaftlichkeit neuer Produktions- und Informationstechnologien - Tagungsband Stuttgarter Controller-Forum 14.-15.9.1988, Stuttgart 1988, S. 235 ff.

14. Für den Fertigungsbereich finden sich hier umfangreiche Beispiele bereits in den siebziger Jahren. Vgl. Wiese, M., Wirtschaftlichkeitsbeurteilung EDV-gestützter Fertigungssysteme, Berlin 1979.

15. Vgl. Herrmann, P., Wirtschaftlichkeitsaspekte und Chancen einer flexiblen Fertigung aufgezeigt an Beispielen aus dem Maschinenbau, in: Horváth, P. (Hrsg.), Wirtschaftlichkeit ..., a.a.O., S. 143 ff.

16. Vgl. z. B. zu Investitionsrechenverfahren allgemein: Blohm, H. und Lüder, K., Investition, 6. Aufl., München 1988, S. 54 ff.

17. Wildemann, H., Investitionsplanung und Wirtschaftlichkeit für flexible Fertigungssysteme, Stuttgart 1987, S. 169 ff.

18. Ein umfangreiches Beispiel zur CAD/CAM-Einführung findet sich bei: Eversheim, W., Dahl, B. und Spenrath, K., CAD/CAM Einführung, Köln 1989, S. 130 ff.

19. Reichwald, R., Einsatz moderner Informations- und Kommunikationstechnik, CIM-Management 3 (1987) 3, S. 6 ff.; Eberle, M. und Schäffner, G. J., Analyse und Bewertung von CIM-Investitionen, Zeitschrift für wirtschaftliche Fertigung 83 (1988) 3, S. 118 ff.

20. Vgl. z. B. Zangl, H., CIM-Konzepte und Wirtschaftlichkeit, Wegweiser von der isolierten zur ganzheitlichen Wirtschaftlichkeitsbetrachtung, Office Management 36 (1988) 5, S. 14 ff.

21. Vgl. Anselstetter, R., Betriebswirtschaftliche ..., a.a.O., z. B. S. 109; Mertens, P., Forschungsergebnisse zum Nutzen-Kosten-Verhältnis der computergestützten Informationsverarbeitung, in: Ballwieser, W. und Berger, K.-H. (Hrsg.), Information und Wirtschaftlichkeit, Wiesbaden 1985, S. 49 ff., insbes. S. 70 ff.

22. Horváth, P. und Mayer, R., CIM-Wirtschaftlichkeit ..., a.a.O., S. 48 ff.

23. Vgl. Wildemann, H., Investitionsplanung und Wirtschaftlichkeitsrechnung ..., a.a.O., S. 162.

24. Wildemann, H., Investitionsplanung für CAD/CAM, ..., a.a.O.; Wildemann, H., Investitionsplanung und Wirtschaftlichkeitsrechnung ... a.a.O.

25. Vgl. z. B. Mertens, P., Industrielle Datenverarbeitung 1, 7. Aufl., Wiesbaden 1988, S. 1 f.; Miller, J.-G. und Vollmann, Th. E., The Hidden Factory, Harvard Business Review 62 (1985) 5, S. 142 ff., hier S. 149 f.

26. Vgl. Mertens, P. Industrielle ..., a.a.O., S. 5 ff.

27. Vgl. dazu z. B. Wildemann, H., Investitionsplanung für CAD/CAM, ..., a.a.O., S. 21 ff.

28. Vgl. Wildemann, H., Strategische Investitionsplanung - Methoden zur Bewertung neuer Produktionstechnologien, Wiesbaden 1987, S. 195 f.

29. Vgl. Quint, W., Integriertes Investitionsanalysesystem, CIM-Management 5 (1989) 3, S. 53 ff.

30. Eberle, M. und Schäffner, G. J., Analyse und Bewertung ..., a.a.O., S. 118 ff., hier S. 120.

31. Vgl. z. B. Lienert, J. und Wieß, P. S., Wirtschaftlichkeitsbeurteilung komplexer Fertigungsanlagen, Zeitschrift für wirtschaftliche Fertigung 73 (1978) 2, S. 59 ff., hier S. 62; Horváth, P., Kleiner, F. und Mayer, R., Dynamische Investitionsrechnung für flexibel automatisierte Werkzeugmaschinen, Die Betriebswirtschaft 47 (1987) 1, S. 69 ff., insbes. S. 80 ff.

32. Vgl. Wildemann, H., Die modulare Fabrik - Kundennahe Produktion durch Fertigungssegmentierung, München 1988.

33. Vgl. auch Horváth, P., Grundprobleme der Wirtschaftlichkeitsanalyse beim Einsatz neuer Informations- und Produktionstechnologien, in: Horváth, P. (Hrsg.), Wirtschaftlichkeit ..., a.a.O., S. 1 ff., hier S. 12.

34. Vgl. Förderkreis Betriebswirtschaft an der Universität Stuttgart e.V., Budgetierung von Ergebniseffekten logistischer Maßnahmen in der Fertigung - Ergebnisse eines Pilotversuchs, Die Betriebswirtschaft 48 (1988) 3, S. 347 ff., insbes. S. 349 ff.

35. Wildemann, H., Investitionsplanung und Wirtschaftlichkeitsrechnung ..., a.a.O., S. 175.

Wege zu CIM in einer Prozeßfabrik

R. Vielhaber

1. EINLEITUNG: "FACTORY WITH NO FUTURE?" ZUR "FACTORY OF THE FUTURE!"

Enger werdende Märkte begleitet vom rasanten Preisverfall der offerierten Produkte zwingen auch Großkonzerne ihren Produktionsbetrieben die "Fabrik der Zukunft" als Herausforderung abzuverlangen. Produktionsstätten, die sich dieser Entwicklung verschließen, müssen damit rechnen, als "Fabrik mit keiner Zukunft" gehandelt zu werden.

Die Chance, diese Herausforderung erfolgreich zu beantworten, wird im wesentlichen von der Einstellung zur Anwendung von Informationstechnologien abhängig werden. Das Ziel, nämlich die integrierte Informationsverarbeitung im Rahmen hochautomatischer Fertigungs-, Materialfluß-, und Montageprozesse, ist jedoch für viele Betriebe nach wie vor eine Utopie. Die Frage nach der Wirtschaftlichkeit sowie das Risiko, die richtige Technologie auszuwählen, stellen eine bedeutende Hürde beim Aufbau einer rechnerintegrierten Produktion (CIM) dar. Wer die falsche Technologie wählt, "muß zahlen". Daher ist der Umfang, in welchem die neuen Technologien genutzt bzw. eingeführt werden, entsprechend gering. Er beschränkt sich im wesentlichen auf Insellösungen in den traditionellen EDV-Anwendungsgebieten wie Administration, Materialwirtschaft und Produktentwicklung. Die hier getätigten Investitionen basieren auf effektiven Einsparungen, die mit konventionellen Rationalisierungsberechnungen überprüft werden konnten.

Die unzureichende Kenntnis bzw. die mangelnden Erfahrungen hinsichtlich der wirtschaftlichen Wirkungen bei funktionsübergreifenden und integrierten Systemen führen daher in der Praxis zu den unterschiedlichsten Beurteilungen. Sie reichen von "zu teuer - nettes Spielzeug" bis zu "äußerst gewinnbringend - unabdingbare Notwendigkeit".

Trotz all dieser Zweifel versucht ein Betrieb des Philips-Konzerns verstärkt diese Technologie für sich zu nutzen. CIM wird als kritischer Erfolgsfaktor zur Erhöhung der Wettbewerbsfähigkeit, die letztlich für die langfristige Existenzsicherung notwendig ist, angesehen.

Ausgehend von einem CIM-Konzept, das unter Zuhilfenahme von Modellen und Erfahrungen aus praktischen Pilotversuchen entstand, soll die rechnerintegrierte Produktion (CIM) realisiert werden. Die Anwendung von Modellen vereinfachte die Definition, Strukturierung und Abgrenzung des integralen Informationsbedarfes. Dies eröffnete die Möglichkeit, die benötigten Technologien gezielt und mit großer Sicherheit auszuwählen und somit das Investitionsvolumen klar festzulegen und abzusichern. Die Wirksamkeit (der Nutzen) der eingestzten Technologien soll auf Grund der realisierten Unternehmensziele, die dem Konzept zu Grunde gelegt wurden, überprüft werden. Der Beitrag versucht nun nicht neue theoretische Erkentnisse zu vermitteln, sondern beschreibt die Vorgangsweise aus der Praxis.

2. DAS UNTERNEHMEN

Das Bildröhrenwerk Lebring ist ein Internationales Produktionszentrum des Philips-Konzerns in Österreich mit ca. 900 Mitarbeitern. Das Werk erzeugt kleine Farbbildröhren in einer Größenordnung von 1,8 Mio Stk/Jahr. Die Produktionspalette umfaßt Typen der neuen Generation im Flat-Square-Standard in den Größen 36 cm und 41 cm in mehreren Varianten. Die Produkte sind für den europäischen Markt bestimmt und werden in ca. 9 Länder exportiert.

Die Charakteristik der Fertigung stellt sich wie folgt dar:

- 3-Schichtbetrieb,
- weitgehende homogene Produktstruktur mit Varianten (geringe Diversität am Fertigungbeginn, zunehmende Diversität am Fertigungsende),
- mehrteilige Produkte mit einfacher Struktur,
- einstufige Fertigung: 1 Hauptproduktionslinie, die physisch an verschiedenen Stellen aus Kapzitätsgründen in mehrere Linien unterteilt ist,
- anlagenbezogene, teilweise hochautomatisierte Fertigung,

o prozeßorientiertes Fließprinzip, wobei der Bereich mit den teuersten Anlagen und dem schwierigsten Prozeß den Engpaß darstellt,
o sowohl Kundenauftragsfertigung als auch Lagerfertigung ("Running Types"),
o angewendete Verfahren (in der Reihenfolge der Anwendung):
  - Physikalisch (pressen, montieren)
  - Chemisch (waschen, Farbaufbringung im Flowcoat-Verfahren, lackieren, aluminisieren, ...)
  - Thermisch (Schmelzprozesse, Pumpverfahren, ...)
  - Physikalisch (montieren, prüfen)
o Lieferservice sehr bedeutend

Die derzeitige Informationslandschaft ist geprägt durch unterschiedliche Hardware und viele Insellösungen, die hauptsächlich die Anlagenwirtschaft, den Produktausstoß (Produktqualität) und die administrativen Belange des Betriebes unterstützen.

3. AUSGANGSSITUATION

3.1. "Das negative Szenario" - Die Probleme

Steigende Anforderungen des Marktes hinsichtlich Qualität und Flexibilität und vor allem der hohe Druck auf den Produktpreis (speziell durch koreanische Produzenten) brachten das Bildröhrenwerk in eine schwierige Situation. Der Wechsel auf neue Produkte bzw. Produktionstechnologien verstärkten den Druck auf die Fertigung. Die Folgen waren stark wechselnde Produktionsergebnisse mit zeitweise hohen Ausschußraten und unregelmäßigem Ausstoß. Für momentan auftretende Instabilitäten im Prozeß fehlten in vielen Fällen plausible Erklärungen. Der Prozeß war nicht vollständig unter Kontrolle.

Diese Probleme erhöhten die Kosten, die den angestrebten Marktpreis der Röhren, dem bereits die Konkurrenz gewaltig zusetzte, immer wieder in Frage stellten. Auf Grund von Kosteneinsparungswellen stand auch nur sehr wenig Personalkapazität für rasche, durchgreifende Verbesserungsmaßnahmen zur Verfügung.

Die Addition der externen Anforderungen und der internen Probleme führte somit zu einer ansteigenden Dynamik im Produktionsbereich. Komplexität und Vernetzung von Aufgabenstellungen sind die Folge, gilt es doch Zeitverluste, Doppelarbeiten und Fehlerquellen zu vermeiden. In diesem Kontext wird die Notwendigkeit von Integration klar erkenntlich.

Die derzeit eingesetzten Informationssysteme können diese Anforderungen nicht bzw. nur unvollständig unterstützen. Die vorhandene Informationslandschaft ist geprägt durch nicht eindeutig definierte Begriffe - idente Begriffe werden von einzelnen Stellen der Organisation unterschiedlich benannt. Dies begünstigt die nicht integrierten Informationssysteme und die daraus resultierende hohe Redundanz der Datenbestände. Die unterschiedlichen, nicht harmonierenden Systeme erzielen auch bei vielen Anwendern den Effekt der Informationsüberflutung - Computerlistenberge mit teilweise redundantem Inhalt. Die ein-gesetzte Hardware, von unterschiedlichen Herstellern, ist technologisch teilweise veraltet und durchwegs inkompatibel. Daraus entstanden zwei Informationswelten, die sich grundsätzlich unterscheiden. Der Anwender, der von beiden Welten Unterstützung benötigt, hat somit zwei Bildschirme am Schreibtisch, die in der Bedienbarkeit (Tastatur, Benutzeroberfläche) stark differieren. Versuche, diese Mißstände zu beseitigen, scheiterten zum Teil an den Kosten, zum anderen Teil am steigenden Bedarf an neuen EDV-Systemen. Die Kapazität des Informationspersonals wurde durch diese Realisierungen zur Gänze gebunden. Dies verschärfte die Situation am Informationssektor. Die Komplexibilität und der Umfang der Systeme nahm rasch zu, sie ließen eine generelle Lösung immer schwieriger erscheinen.

3.2. "Die Veränderung" - Lösungsansätze

Der Problemstellung bzw. der notwendigen Veränderungen bewußt, entwickelte die Fabrik Strategien zur Lösung der Probleme und zur Anpassung an die geänderten Bedingungen. Richtungsweisend waren die Unternehmensziele - für Heute und für die Zukunft - und die daraus resultierenden kritischen Erfolgsfaktoren. Ein systematischer Analyseprozeß, der alle 4 Ressourcen des Produktionsprozesses wie Methodik - Mensch - Maschine - Material gleichermaßen einbezog, sollte Aufschluß über Verbesserungsmöglichkeiten geben.

Das Ergebnis, ein Maßnahmenpaket mit Aktivitätsschwerpunkten am Sektor

- o **Methodik**
  - Qualitätssicherung
    (Qualitätshandbuch, statistische Prozeßkontrolle,
    interne Prüfung der Abläufe und deren Ausführung, etc.)
  - Prozeßkontrolle
  - Fertigungssteuerung
    (auf der "OPT-Philosophie" basierte Steuerung mit
    exaktem Puffermanagement, besserem Umrüstverhalten, etc.)
- o **Mensch**
  - Organisationsentwicklung
    (Teamorganisation mit hoher Eigenverantwortlichkeit und
    multifunktionalen Mitarbeitern)
  - Ausbildung und Weiterbildung der Mitarbeiter
- o **Maschine**
  - produktorientiertes Layout
  - hohe Anlagenverfügbarkeit
    (präventive Wartung, Effizienz der Instandsetzung, etc.)
  - Einsatz moderner Produktionstechnologien (Roboter)
- o **Material/Produkt**
  - Comaker-Philosophie
  - durchgängige Planung
  - Logistik-Konzept

ist Grundlage für die einsetzende Reorganisation.

Ein zügiges und durchgreifendes Realisieren der vorgenommenen Aktivitäten wurde durch das Fehlen von wesentlichen Informa-tionen behindert, ein Ergebnis der Unzulänglichkeit der beste-henden

Informationssysteme. Dieser Umstand erzeugte zwei günstige Strömungen
für den Einsatz von Informationstechnologien - zum einem wurde der
Bedarf nach CIM klar erkannt, und motivierte so das Management -
zum anderen erreichte die Organisation durch die fortschreitende
Inangriffnahme und Durchführung der erwähnten Maßnahmen den Status
"CIM-fähig".

So initierte das Management ein CIM-Projekt mit der Aufgabenstellung,

> ein Informationssystem zu entwickeln, das allen Mitarbeitern
> und Entscheidungsträgern auf allen Ebenen der Fertigung und
> den unterstützenden Abteilungen, aktuelle, vollständige,
> bedarfsgerechte und übersichtlich dargestellte Informationen
> möglichst rasch zur Verfügung stellt. Dadurch soll ein verbesserter Überblick über das vergangene, laufende und künftige
> Produktions(Prozeß-)geschehen erzielt werden. Die Verkürzung
> sämtlicher Regelkreise und somit eine kontinuierliche Beherrschung
> der Fertigungsprozesse ist anzustreben. Die Organisation ist
> umfassend in das Projekt einzubinden, um alle zukünftigen Anwender
> des Systems für dieses entsprechend zu motivieren.

4. DAS CIM-KONZEPT

4.1. Der Inhalt

Der Konzeptumfang ergibt sich aus dem gesamthaft gewählten Löungsansatz. Versteht man unter dem Produktionsprozeß das planvolle Zusammenwirken von Betriebsmitteln, Menschen und Material entsprechend
einer Produktionsvorschrift zur Herstellung von Produkten in geforderter Qualität und Quantität zum nachgefragten Termin, so sind
damit die relevanten Inhalte umrissen.

4.2. Das Vorgehen

Die Größenordnung und Komplexität der Aufgabenstellung bzw. die Erfahrungen aus bisherigen Vorgangsweisen bei EDV-Projekten, führten zu einem Vorgehen, das im wesentlichen der ISP-Methodik (Information Strategy Planning) entsprach. Sie unterstützt, ausgehend vom Unternehmen und seinen Strategien unter Berücksichtigung der verfügbaren Informationstechnologie, eine Informationsstrategie zu entwickeln. Die angestrebte Informationsstrategie wird in der Informationsarchitektur, Systemarchitektur, Technologiearchitektur und einem Projektplan abgebildet und festgeschrieben.

Ausgangspunkt der Untersuchung war das Unternehmen mit seiner Aufbau- und Ablauforganisation. Es galt die Unternehmensstrukturen richtig zu erfassen und die zukünftig geplanten Veränderungen entsprechend einzuordnen. Hierfür wurden Modelle zur Unterstützung herangezogen. Sie ergaben Vereinfachungen und sicherten die Gesamtheit des Ansatzes.

Die Modelle ermöglichten:

- o die existierenden und sehr komplexen Ablaufstrukturen des Betriebes so zu gliedern, daß sie weitgehend interpretationsfrei analysierbar wurden,
- o die derzeitige Situation den zukünftigen Erfordernissen gegenüberzustellen,
- o die Kluft zwischen der geplanten Veränderung und dem Istzustand zu erkennen,
- o das Unternehmen unter geänderten Strategien zu betrachten und neue Strategien zu entwerfen,
- o eine Neugruppierung von Geschäftsfunktionen auf Grund der Möglichkeiten der Integration zu finden,
- o eine "Top down" - bzw. "Bottom up"-Strategie verfolgen zu können,
- o die zu unterstützende Funktionalität darstellbar und kommunizierbar machen zu können.

Nach der Devise "Die vollautomatisierte Fabrik soll nicht realisiert werden - Wir wollen sie aber denken" analysierte das Bildröhrenwerk die Geschäftsfunktionen mit Hilfe der genannten Methodik.

4.3. Die Analyse

Abgeleitet aus dem CAM-Modell wurde das Unternehmen unter den drei verschiedenen Aspekten:

- Qualität
- Logistik
- Ressourcen,

unter der Berücksichtigung der hierarchischen Ebenen (Verantwortungsstrukturen) des Unternehmens:

- Fabrik
- Abteilungen
- Fertigungslinien/-zellen
- Arbeitsbereiche
- Anlagen

und des Verrichtungsprinzips:

- vorbereiten
- durchführen
- kontrollieren

betrachtet.

In Kombination mit dem Regelkreismodell ergaben sich daraus jene Geschäftsfunktionen, die durch ein Informationssystem unterstützt werden sollen.

Beispielhaft seien hier einige wesentliche angeführt:

- **QUALITÄTS-FUNKTIONEN:**
  - Produkt-/Prozeß umfassend beschreiben
  - Qualität planen und vorgeben

- Prozeß überwachen
- Produktqualität messen
- statistische Prozeßkontrolle
- Produktverfolgung
- Kundenretouren verwalten und analysieren
- Qualitätsanalysen

o LOGISTIK-FUNKTIONEN:
- Kundenauftragsverwaltung
- Produktionsplanung/Beschaffungsplanung
- Lagerverwaltung
- Fertigungsplanung und -steuerung
- Steuerung von Umstellungen
- Produktflußsteuerung (Routing, Transport)
- Abrufen und Bereitstellen von Produktionsmaterial
- Produkt- und Materialpuffer verwalten
- Versandplanung und Versandsteuerung

o RESSOURCING-FUNKTIONEN:
- Anlagen beschreiben
- Planung von Umbau- bzw. Erweiterungsmaßnahmen
- Steuerung von Umbau- bzw. Erweiterungsmaßnahmen
- Planung von Instandhaltungsmaßnahmen
- Steuerung von Instandhaltungsmaßnahmen
- Anlagen überwachen
- Anlagen-Historie und Schwachstellenanalyse
- Schnittstelle zu Anlagensteuerungen

Die so erstellten Geschäftsfunktionen ermöglichen es, auf Grund der Detailierung und Darstellung mit den zukünftigen Anwendern die Informationsbedarfe und deren Strukturen zu bestimmen. Die Informationsarchitektur ergab sich aus den Verknüpfungen der erhobenen Daten, dem CIM-Modell und dem Entity-Relationship-Modell.

4.4. Die Synthese

Der analytischen Betrachtung der Fabrik, die die Geschäftsfunktionen und deren Informationsanforderungen ergab, folgte die Zusammenfassung der Funktionen zu Systemen (Applikationen) unter Berücksichtigung der

- o Aufgabenstellung (Logistik, Qualität, Ressourcen),
- o Vermeidung unnötiger Schnittstellen,
- o Hierarchie-Ebenen,
- o Verfügbarkeit,
- o Software-Pakete am Markt,
- o Verrichtung,
- o Vorhandenen Systeme,
- o Einführungsstrategie,
- o Rentabiliätsüberlegungen.

Die so ermittelte Systemarchitektur wird im wesentlichen durch 3 Hauptsysteme - **Logistik** - **Instandhaltung** - **Fertigungssteuerung** bestimmt, deren Kern die systemübergreifende Fabriksdatenbank darstellt.

Basis ist eine für alle Funktionen einheitliche Betriebs- und Maschinendatenerfassung, die sich auf eine durchgängige, automatische Identifikation der Produkte über den gesamten Produktionsprozeß hinweg stützt. Weiters soll ein hierachisch gegliedertes Monitoring- und Reporting-System, das alle Systeme einschließt, gezielt und standardisiert Steuerungsinformationen liefern.

Diese Ergebnisse versetzen den Betrieb in die Lage, die Technologie-Anforderungen (Hardware und Software) zu spezifizieren. Die Festlegung von Hardware und Software richtet sich prinzipiell nach geltenden Konzernvorschriften und orientiert sich wiederum am CIM-Modell. Die ausgewählte Technologie mußte den speziellen Anforderungen der Produktion entsprechen. Bei der Erarbeitung des Konzeptes wurden folgende Grundsätze berücksichtigt, deren Aus-prägung je Ebene des CIM-Modells unterschiedlich anzuwenden sind:

o **Verfügbarkeit/Betriebssicherheit**
  - Wegen der negativen Beeinflußung der Fertigung durch Systemausfälle sind solche unbedingt zu vermeiden,
  - Komplexität ist in Produktionsumgebung zu vermeiden (gute Bedienbarkeit, einfache und automatisierte An- und Auslaufsteuerung),

o **Modularität/Ausbaufähigkeit**
  - Die hohe Komplexität integrierter Systeme und die Änderungsdynamik, die auf den Betrieben lastet, verlangen einen modularen Aufbau der Systeme sowie eine Aufbaufähigkeit (Leistungsbreite) der Hardwarekomponenten

o **Integrationsfähigkeit**
  - Im Sinne des gesamthaften Lösungsansatzes darf die Integrationsfähigkeit kein Diskussionsthema sein,
  - die Schnittstellen zu den Anlagen bzw. zur Umwelt sind vordringlich zu beachten,

o **Erfahrung/Vorhandene Systeme**
  - Erfahrungen der Organisation bezüglich Hardware- und Softwarekomponenten, sowie das vorliegende "Know-How" des EDV-Personals sind im Auswahlverfahren mitzuberücksichtigen,
  - Marktstellung, die Produktqualität und das Service der Lieferanten sind zu beurteilen,
  - die Integration bzw. Ablöse vorhandener Systeme sind in den Entscheidungsprozeß miteinzubeziehen,

o **Wirtschaftlichkeit**

Die Erfüllung all dieser Anforderungen durch die geplante Hardware und Software, soll die benötigte Flexibilität in der Basisstruktur ergeben, um auch zukünftige, noch nicht bekannte Bedarfe abdecken zu können. Dadurch kann ein weitgehender Investitionsschutz erreicht werden.

Aufgrund der genannten Kriterien wurden ein Hardware- und Softwarekonzept (Technologiearchitektur) festgeschrieben. Am Sektor Hardware wird eine "Ein-Hersteller"-Lösung angestrebt. Die Ebene der Arbeitsbereiche und der Fertigungslinien wird mit mehreren kleineren Rechnern, die als fehlertolerante Systeme ausgelegt sind, ausgestattet. Auf der Ebene der Abteilungen bzw. der Fabrik werden mittelgroße Maschinen mit dazugehörenden Plattenstationen inklusive "Optical-Disk-Stationen" zum Zweck der Datenarchivierung installiert. Die Integration der Rechner erfolgt über ein lokales Netzwerk. Die Arbeitsbereiche werden mit nachstehendem Equipment ausgestattet:

- o Bildschirmterminal mit zweitem Monitor (Leitstand)
- o Erfassungsgeräte (automatische und manuelle) für Produktidentifikation
- o Mobile Datenerfassungsgeräte
- o Stationäre Datenerfassungsterminals

Die Software basiert auf einem auf allen Rechnern verfügbaren Betriebssystem und hat nachstehende Anforderungen zu erfüllen:

- o Datenbankorientiert (ADABAS)
- o Modularer Aufbau mit eindeutigen Schnittstellen (funktionsorientiert!)
- o Einfaches Andienen von Schnittstellen
- o Source-Code muß dem Betrieb zu Verfügung stehen
- o Portabel (bevorzugt wird Software auf Basis 4. Generation)
- o "Multi-User" bzw. "Multi-Tasking" fähig
- o Ermöglichen des elektrischen Datenaustausches mit Externen ("EDI")
- o Dokumentierte Informationsbestände
- o Anpaßbare (an den Standard des Betriebes) Benutzeroberfläche bzw. Erfüllen der Mindesterfordernisse bezüglich Benutzeroberfläche wie:
    - . menügetrieben (funktionsorientiert!)
    - . einheitliche Maskenbehandlung
    - . einheitliche Eingabeunterstützung
    - . Hilfefunktionen
    - . Suchfunktionen

Die Datenbank ist so zu organisieren bzw. zu dokumentieren, daß sie für die zukünftigen Anwender zugänglich wird. Diese sollen das vorhandene Datenangebot mit "benutzerorientierten" Abfrage-sprachen individuell nutzen können.

5. DIE ABSICHERUNG DES CIM-KONZEPTES

Begleitend bzw. vorbereitend zur Konzeptphase wurden Pilotversuche durchgeführt. Diese sollten die theoretischen Technologiekonzepte mittels praktischer Erfahrungen auf Machbarkeit untersuchen und absichern. Außerdem konnte den zukünftigen Anwendern die Wirkungsweise der angestrebten Unterstützung angedeutet werden. Dadurch konnte für die Realisierung Vertrauen und Motivation gewonnen werden. Die Ergebnisse dieser Versuche lieferten auch wesentliche Erkenntnisse über die Grenzen der am Markt befindlichen Technologien. So war es möglich, der Organisation Visionen, die sich auf diesem Gebiet eröffneten, näher zu bringen - CIM wurde in Ansätzen "sichtbar".

6. DAS CIM-PROJEKT

Das Unternehmen, angeregt durch das CIM-Konzept, erwartet nun eine rasche Umsetzung. Die definierte Technologie sollte in einem akzeptablen Zeitrahmen zur Verfügung stehen. Die Erreichung der formulierten Zielsetzungen, der erwartete Nutzen und die geplanten Veränderungen geben der Realisierung einen hohen Stellenwert innerhalb der Organisation.

6.1. Umfang und Ablauf

Der Systemarchitektur folgend, wurde die Realisierung in den folgenden drei parallelen Projektschritten begonnen:

- o Instandhaltung
- o Logistik
- o Fertigungssteuerung

Diese Teilung ergab sich aus den organisatorischen Zuständigkeiten und bereits geleisteten Vorarbeiten. Das Projekt Instandhaltung wurde während der Erstellung des CIM-Konzeptes bereits realisiert. Der kontinuierliche Fertigungsbetrieb setzt eine hohe Verfügbarkeit der Anlagen voraus. So ist dieses Vorhaben mit den Inhalten

- Strategie und Maßnahmenplanung,
- Kapazitätsplanung,
- Materialplanung,
- Auftragsverwaltung,
- Technische Anlagenkartei,
- Leistungszielplanung,
- Kostenplanung,
- Schwachstellenanalyse

heute bereits vollständig implementiert.
Das Projekt Logistik, das ein in Teilfunktionen vorhandenes System ablösen soll, zerfällt in zwei Teil-Projekte:

- Logistik Produktionsmaterial
  Unterstützung der gesamten logistischen Kette von Auftragseingang bis Versand,
- Logistik Nichtproduktionsmaterial
  Unterstützung der Ersatzteilbeschaffung und -haltung

Ein voll operationsfähiges Logistiksystem soll bis 1991 fertiggestellt werden.

Das Fertigungssteuersssystem MACOS stellt den größten Umfang im CIM-Projekt dar. Die hohe Komplexität, vorhandene Systeme, die harmonisch abzulösen sind, und die Aufnahmebereitschaft der betroffenen Organisation machen ein Vorgehen in Teilschritten unbedingt erforderlich. Die einzelnen Teilprojekte wurden auf Grund der

- technologischen Abhängigkeiten,
- vorhandenen Systeme,
- Priorität durch das Management,

o Nutzenerwartung,

gebildet.

Zum gegenwärtigen Zeitpunkt ist folgender Projektablauf geplant:
- o Erarbeiten einer Lösung für eine prozeßbeständige Produktidentifikation
- o Konzept für eine Fabriksdatenbank
- o Produktqualität
- o Produktverfolgung (vom Entstehungsprozeß bis zum Kunden)
- o Prozeß- und Anlagenüberwachung
- o Materialflußsteuerung auf Fertigungsebene
- o Steuerung des Produktflusses auf Grund der Fertigungsbeauftragung
- o Statistische Prozeßkontrolle

MACOS soll in diesem Umfang Mitte 1992 fertiggestellt und implementiert sein.

Die einzelnen Projekte werden in Phasen abgearbeitet, wobei nach jeder Phase über die Weiterarbeit entschieden wird. Integrierte Systeme beanspruchen ab dem ersten Implementierungsschritt die gesamte technische Infrastruktur, wodurch ein Projekt notwendig wurde, diese gezielt zu erstellen.

6.2. Einbindung der Organisation

Die Diskussion um CIM und dessen Einführung verschiebt das Schwergewicht von der Technologie auf Fragen nach der Rolle der Mitarbeiter in diesem Umfeld. Das Projekt muß vom Management und den Mitarbeitern gleichermaßen getragen werden. Das erfordert jedoch von allen entspechendes "Know-How" und eine offene Einstellung für diese neuen Technologien und deren Wirkungsweise.

Aus diesem Grund wird die Organisation mit Hilfe externer Berater sowohl auf den Aspekt der Integration als auch auf die neue Technologie vorbereitet. In der Folge soll bei den Mitarbeiter entweder durch aktive Mitarbeit im Projekt oder durch umfangreiche Schulungen eine Identifikation mit den neuen Systemen erzielt werden. Alle Eingaben der Mitarbeiter in das Projekt sollen genutzt werden, um eventuelle Fehler zu vermeiden bzw. keine Ablehnung entstehen zu lassen. Konsens und Partizipation sollen das Projektgeschehen prägen. Dieser Ansatz erforderte eine Projektorganisation, die alle Hierarchieebenen in das Geschehen einschließt.

6.3. Projektorganisation

Die erzielten Ergebnisse des CIM-Konzeptes werden in den entsprechenden Teilprojekten durch Arbeitsgruppen detailliert und in Form von Pflichtenheften der EDV-Abteilung zur Realisierung übergeben. Die Koordination der Arbeitsgruppen erfolgt durch die Projektleitung. Der Projektfortschritt wird in festgelegten Abständen, zumindest vor Realisierung der jeweiligen Pflichtenhefte, an ein Entscheidungsgremium (Projektsteuergruppe) berichtet. Die Koordination aller in der Fabrik laufenden Projekte erfolgt durch das Fabriksmanagement (IT-Ausschuß). Die Einhaltung der Rahmenbedingungen, die das CIM-Konzept vorgibt, werden vom Projektteam (Berater, EDV, Projektleiter) kontrolliert. Um eine durchgängige Informationsvermittlung aus dem Projekt zu gewährleisten, wurde ein Projektinformationsteam, dem das mittlere Management angehört, installiert. Dieses Gremium wird laufend über den Stand der Projekte informiert.

7. SCHLUSSBETRACHTUNG

Die Erfahrungen der zurückliegenden Konzept- und Projektarbeit zeigen, daß Lösungen am Sektor CIM nur durch Umstellung der gesamten Infrastruktur zu erreichen sind. Dies erfordert, daß mehrere Projekte gleichzeitig in Angriff genommen werden müssen. Das zuständige Management muß kreative Kapazitäten aus dem Tagesgeschäft abzweigen, um alle Projektbedürfnisse erfüllen zu können. Der umfassende Ansatz des Projektes, resultierend aus dem CIM-Konzept, bindet sehr viel Kapazität für Koordination und Information.

Trotz vieler Unsicherheiten, die mit dem Blick in die Zukunft verbunden sind, ist der Weg zur rechnerintegrierten Fabrik vorgezeichnet. Die ersten Schritte wurden gesetzt. Die bisher erzielten Ergebnisse geben Anlaß zum Optimismus.

Die Chance, die angestrebten Unternehmensziele mit Hilfe der Informationstechnik tatsächlich zu realisieren, wird neben der Technologie verstärkt von den noch notwendigen Umdenk- und Anpassungsprozessen der Mitarbeiter aller Hierarchieebenen abhängig sein.

"Systeme entstehen nicht schicksalhaft, sondern als Ergebnis gestalterischer Entscheidungen von Menschen".

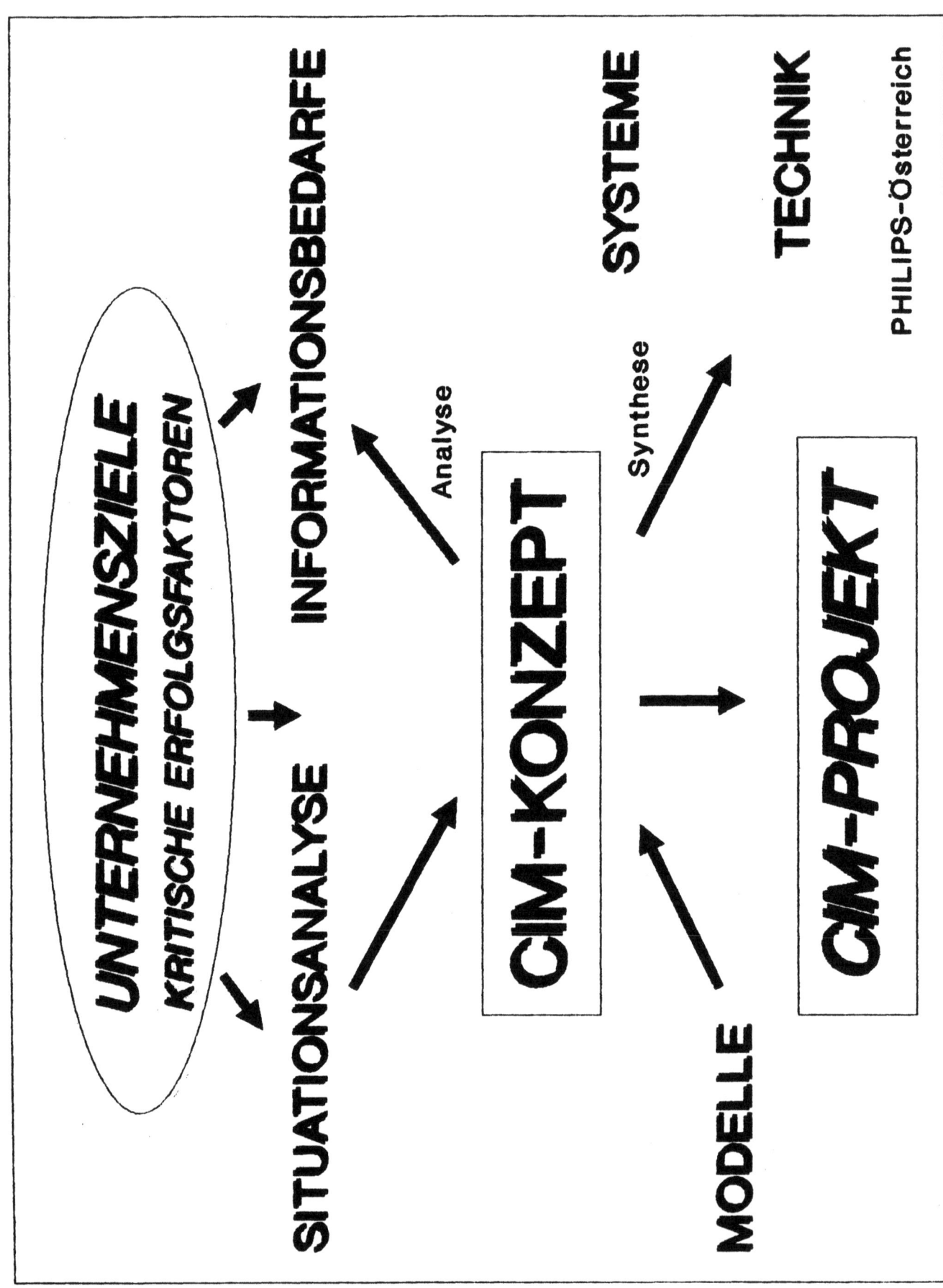

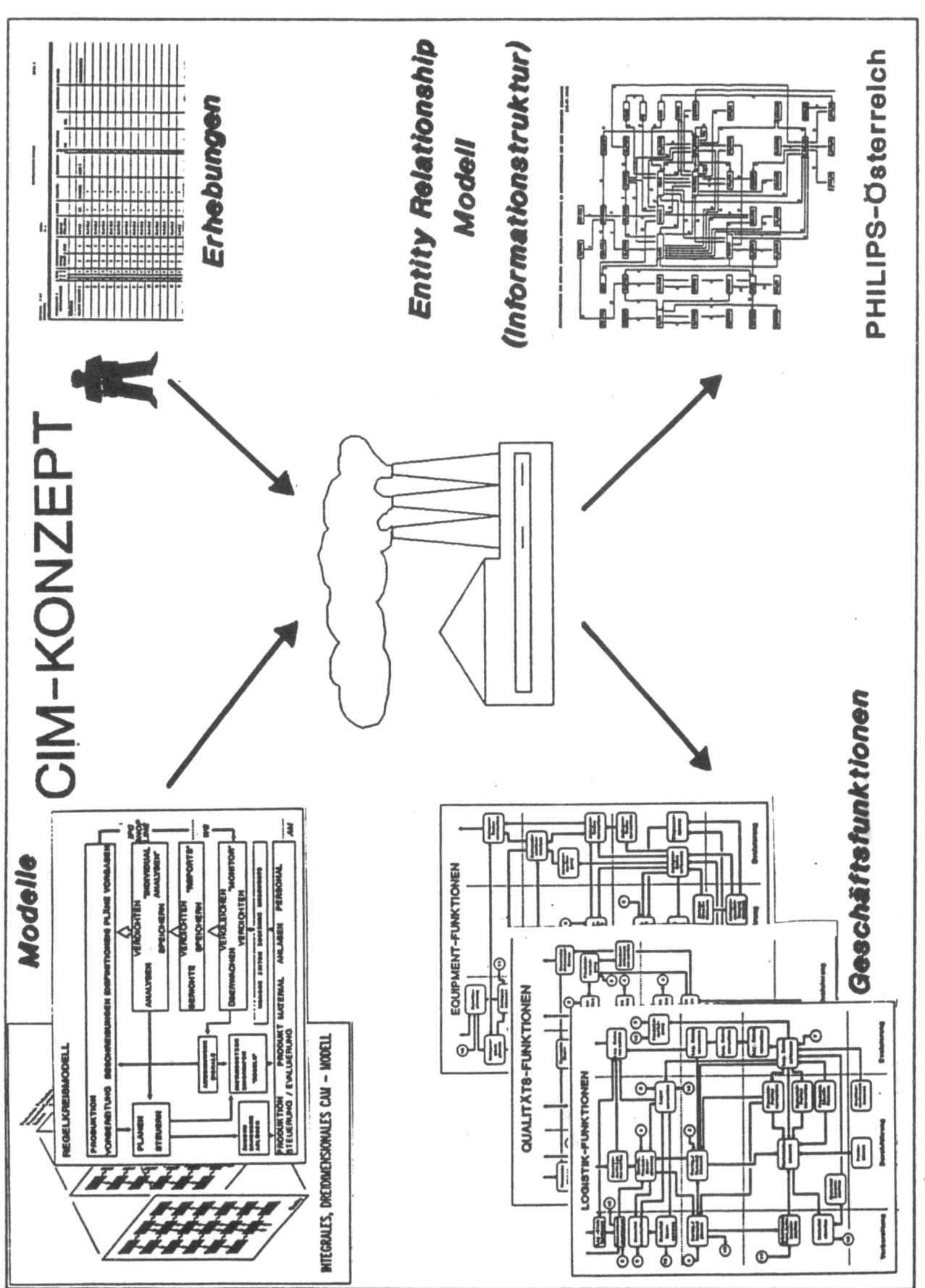

Kostenstrukturen des CIM-Konzeptes und Erwartungen (Nutzen) in CIM:

M. Moor

1. EINLEITUNG

Die Weiterentwicklungen in der Produktions-, Steuerungs- und Informations-Technologie haben zu der Möglichkeit geführt, in den Unternehmungen ein "Computer Integrated Manufacturing" (CIM), oder auch Rechnerintegrierte Fertigung genannt, aufzubauen. CIM ist ein modernes Schlagwort geworden, daß sowohl in der Literatur als auch in der Praxis mit sehr unterschiedlichen Inhalten belegt wird.

Im allgemeinen bedeutet CIM die rechnergestützte Integration aller mit der Herstellung von Produkten zusammenhängenden betrieblichen Funktionen sowie die Synchronisation von Informations- und Materialfluß. CIM wird oftmals aber auch als strategisches Konzept zur Unterstützung der Erfolgspotentiale einer Unternehmung mit den Hilfsmitteln der Informations- und Kommunikationstechnologie dargestellt /1/.

Auch das Farbbildröhrenwerk Lebring der Österreichischen Philips Industrie GesmbH hat sich entschlossen, ein solches CIM-Konzept zu verfolgen und schrittweise einzuführen.

Die Fabrik ist ein Internationales Produktionszentrum des Philips-Konzerns und erzeugt mit ca. 900 Mitarbeitern im 3-Schicht-Betrieb jährlich ca. 1,8 Mio Farbbildröhren in den Größen 36 cm und 41 cm im modernen Flat-Square-Standard. Die Produkte sind für den europäischen Markt bestimmt und werden in ca. 9 Länder exportiert.

Hauptaufgabe der Fabrik ist die Fertigung und Distribution von Bildröhren. Bildröhren sind mehrteilige Produkte mit einfacher Struktur, aber hohen Anforderungen an Produktionsprozeß und Qualität. Die Erzeugung erfolgt nach einem prozeßorientierten Fließprinzip auf teilweise hochautomatisierten Spezialanlagen. Die Produktstruktur ist weitgehend als homogen zu bezeichnen (Basistypen mit Varianten). Entwicklung und Konstruktion sowie Marketing und Verkauf sind zentral in der Produktdivision eingegliedert und nicht Aufgabe der Fabrik.

Im folgenden Beitrag wird nun versucht, ausgehend von den Anforderungen des Marktes und den relevanten Wettbewerbsfaktoren der Fabrik, CIM als Lösungsansatz zur Verbesserung der Marktposition darzustellen. Anhand des geplanten CIM-Funktionsumfanges werden beispielhaft erwartete Wirkungsketten aufgezeigt. Es wird erläutert, welche Bereiche und Funktionen der Fabrik CIM unterstützen soll, welche Kosten für die Realisierung angenommen werden und welche Erwartungen bzw. welchen Nutzen die Fabrik an die Einführung von CIM knüpft.

2. AUSGANGSSITUATION

Der Erfolg einer Unternehmung hängt wesentlich von deren Wettbewerbsfähigkeit ab. Die Befriedigung der Anforderungen des Marktes bildet die Existenzgrundlage für jede Unternehmung. Diese sehr allgemeine Aussage gilt natürlich auch für das Farbbildröhrenwerk der Österreichischen Philips Industrie Ges.m.b.H in Lebring.

Für unsere Fabrik äußern sich die heutigen und künftigen Marktbedürfnisse konkret in

- o hohen Erwartungen an die logistische Leistungsfähigkeit hinsichtlich Lieferzeit und Lieferzuverlässigkeit im Sinne des JIT-Gedankens,
- o gesteigerten Qualitätsanforderungen unserer Kunden,
- o größerer Ausführungsvielfalt mit kundenspezifischer Gestaltung der Produkte mit möglichst kurzer Einführungszeit,
- o zunehmenden direkten Kommunikationsbeziehungen mit unseren Kunden und vor allem in
- o hohem Preisdruck.

Diese steigenden Anforderungen an die Produkte und die Lieferkonditionen sowie der internationale Wettbewerb mit Konkurrenten aus sogenannten Billig-Ländern des Fernen Ostens erfordern eine laufende Optimierung und Anpassung der Produktionsfaktoren.

Neben diesen externen Anforderungen verstärkten eine Reihe interner Schwachstellen, wie z.B. lange Einführungszeiten neuer Produkte und Technologien, hohe Ausschußraten und erforderliche Nacharbeiten, ein wenig stabiler Prozeß, niedrige Anlagenverfügbarkeiten, hohe Lagerstände, Probleme mit Lieferanten u.ä den Kostendruck.

Diese Ausgangssituation machte eine Reihe von Reorganisationsmaßnahmen notwendig, um ein langfristiges Überleben der Fabrik im Wettbewerbsprozeß sicherzustellen.

3. RELEVANTE WETTBEWERBSFAKTOREN DER FABRIK

Die zu treffenden Maßnahmen und Lösungsansätze orientieren sich an den Fabrikszielen und streben eine Verbesserung und Beschleunigung des Wertschöpfungsprozesses an. Sie können auf die Grundpfeiler steigender Wertschöpfung /2/ zurückgeführt und im Sinne von Wettbewerbsfaktoren auch als kritische Erfolgsfaktoren der Fabrik angesehen werden. Als solche sind hier zu nennen:

- o Steigerung der logistischen Leistungsfähigkeit ausgedrückt durch eine wesentliche Verkürzung der Auftragsdurchlaufzeit, hohe Lieferzuverlässigkeit und flexible Anpassung an Kundenwünsche,
- o Verbesserung der Qualität der Produkte im Sinne der vom Kunden geforderten Spezifikationen,
- o Erhöhung der Produktivität der eingesetzten Produktionsfaktoren durch
  - Verbesserung der Prozeßbeherrschung,
  - Erhöhung der technischen und organisatorischen Anlagenverfügbarkeit,
  - Senkung von Reparaturen und Nacharbeiten,
  - Steigerung der Materialausbeute und Senkung der Materialkosten,
  - weitgehend stückzahlgenaue Erfüllung des geforderten Produktionsprogrammes,

o Rasche und problemfreie Einführung neuer bzw. Anpassung bestehender Produkte und Technologien.

Die dargestellten Faktoren zielen vor allem auf eine Senkung der Herstellkosten, aber auch auf eine Steigerung des Umsatzes. Insbesonders die Verbesserung der logistischen Leistungsfähigkeit der Fabrik muß im europäischen Markt als strategischer Wettbewerbsvorteil gegenüber der Konkurrenz aus Fern-Ost angestrebt werden, um die sich aus dem Standort ergebenden Kostennachteile durch die größere Nähe zum Kunden kompensieren zu können.

4. CIM ALS ANSATZ ZUR VERBESSERUNG DER WETTBEWERBSFÄHIGKEIT

Ein Ansatz zur Verbesserung der Wertschöpfungsprozesse und damit zur Erhaltung der Wettbewerbsfähigkeit wird in der integrierten Computer-Unterstützung der Fabrik gesehen. Natürlich werden heute schon Computer in der Produktion und in anderen Teilbereichen der Fabrik eingesetzt, aber stets als isolierte Insellösungen. Mit dem nun initiierten CIM-Konzept streben wir aber einen durchgängigen Informations- und Materialfluß an. Die Integration und eine möglichst gesamtheitliche Betrachtungsweise stehen also im Mittelpunkt unserer Bemühungen.

Unter Integration verstehen wir dabei vorallem die Vereinheitlichung von Begriffen, Beschreibungen, Strukturen, Aufgaben und Abläufen. Wir haben es vorerst also mit organisatorischen Problemstellungen zu tun und erst in zweiter Linie mit Fragen der Datenverarbeitung, wie z.B. Datenbankstrukturen, Hardware-Architekturen, Benutzeroberflächen u.ä, wenngleich wir auf weitgehende Vereinheitlichung auf diesem Gebiet ebenfalls unser Augenmerk legen.

Aus dem organisatorischen Aufbau und der Aufgabenstellung der Fabrik sowie aus den oben dargelegten Wettbewerbsfaktoren ergeben sich die folgenden betrieblichen Bereiche, auf die sich unser CIM-Konzept vorwiegend bezieht:

o Logistik: Auftragsabwicklung, Beschaffung/Material-
wirtschaft, Produktionsplanung, Versandabwicklung
o Fertigung: Prozeßbeschreibung, Fertigungs-/Materialfluß-
steuerung, Prozeß- und Anlagenüberwachung,
Dokumentation
o Qualität: Qualitätsplanung, -sicherung
o Technischer Dienst: Instandhaltung, Anlagenplanung und
-installation

Übersetzt auf die in der Literatur gebräuchlichen CA-Technologie-Begriffe bedeutet dies die Integration der Bereiche PPS, CAM, CAQ (includierend den in der CIM-Literatur bisher weniger beachteten Bereich der Instandhaltung der Produktionsanlagen), sowie eine für die Prozeßfabrik spezifische Art von CAP, das sich weniger in der Form klassischer Stücklisten oder Arbeitspläne des Werkstattfertigers, sondern vielmehr als eine vollständige Beschreibung des Prozesses darstellt. Alle Bereiche stützen sich auf ein einheitliches BDE-/MDE-Konzept, das sich in der Hauptsache auf eine über den gesamten Produktionsprozeß ausgedehnte Produktidentifikation konzentriert. Dabei verstehen wir unter Produktidentifikation die produkt-, sprich röhrenspezifische Sammlung einer Vielzahl von fertigungsrelevanten Informationen. Die datentechnische Integration von CAD/CAE wird wegen der nicht innerhalb unserer Fertigungsorganisation angesiedelten, sondern, wie bereits erwähnt, zentral geführten Entwicklungs- und Konstruktionsabteilung vorerst nicht realisiert, aber im Sinne einer Datenaustauschmöglichkeit ansatzweise im Gesamtkonzept mitangedacht. Saubere Schnittstellen zu den bereits implementierten administrativ orientierten Systemen, wie z.B. Kalkulation, Kostenrechnung, Fakturierung und Buchhaltung werden ebenfalls in unsere Realisierungen miteinbezogen.

Im Rahmen des vorgesehenen CIM-Konzeptes werden also eine Reihe von betrieblichen Funktionen unterstützt bzw. neue Informationsquellen eröffnet. Dadurch werden eine Vielzahl von positiven Auswirkungen auf die genannten Wettbewersfaktoren erwartet. Beispielhaft seien hier, ohne Anspruch auf Vollständigkeit, drei dieser Wirkungsketten aufgezeigt:

Beispiel 1:
Die detailliert Aufnahme des Prozeßgeschehens über BDE/MDE und Produktidentifikation ermöglicht in Verbindung mit der Prozeßbeschreibung (Sollstand) einerseits eine laufende, detaillierte Übersicht über das aktuelle Prozeßgeschehen (Monitoring), anderseits eine vollständige Dokumentation des gesamten Produktionsprozeßes.

Mit Hilfe der aktuellen Informationen können Regelkreise verkürzt und somit ein rasches Eingreifen und eine genaue Lokalisierung von Störungen ermöglicht werden. Dies führt wiederum zu einer Senkung von Ausschuß und Nacharbeiten. Dadurch wird eine Verbesserung der Materialausbeute und eine Steigerung des Produktionsausstoßes, also eine Erhöhung der Produktivität und eine Senkung der Kosten erreicht. Das gesteigerte Qualitätsniveau führt zu einer Senkung der Kundenretouren und damit zu einer Senkung der Gewährleistungskosten, gleichzeitig zu einer Steigerung der Kundenzufriedenheit.

Die vollständige Dokumentation des Prozeßgeschehens eröffnet zahlreiche Analysemöglichkeiten, deren Ergebnisse wiederum eine Reihe von Verbesserungsmaßnahmen auslösen können, die ihrerseits mittelfristig zu einer Steigerung der Produktiviät beitragen. Die aus solchen Analysen gewonnen Erkenntnisse können aber auch als Feedback an die Prozeß- und Produktentwicklung weitergegeben werden, um dadurch langfristig wirksame Rationalisierungsansätze erkennen zu können.

Bei auftretenden Qualitätsproblemen können derartige Informationen im Sinne von Comaker-Beziehungen auch rasch an Kunden und Lieferanten weitergegeben werden.

Beispiel 2:
Mit Hilfe der Informationen aus dem geplanten Instandhaltungssystem kann der Anteil der präventiven Wartungsaktivitäten erhöht und die Steuerung aller Instandhaltungsmaßnahmen verbessert werden. Dies führt zu einer Erhöhung der technischen Verfügbarkeit der Anlagen, zu einer Verminderung von Ausschuß und einer Stei-

gerung des Produktionsausstoßes, also wiederum zu einer Produktivitätsverbesserung.

Durch die Unterstützung der An/Aus- und Umstellungssteuerung und insgesamt der Materialflußsteuerung in der Fertigung wird die organisatorische Verfügbarkeit der Anlagen erhöht. In Verbindung mit der im ersten Beispiel erwähnten verbesserten Prozeßbeherrschung und der Senkung von ungeplanten Maschinenstillständen wird die termin- und stückzahlgenaue Erfüllung des nachgefragten Produktionsprogrammes sichergestellt. Dies stellt wiederum eine notwendige Bedingung für die Erreichung der angestrebten Lieferzuverlässigkeit dar.

Beispiel 3:
Mit Hilfe des geplanten Logistik-Systems kann u.a. die Materialdisposition unterstützt und die Planungsgenauigkeit erhöht werden. Dadurch wird einerseits eine Absenkung des Lagerstandes an Zukaufteilen möglich, vor allem aber eine Vermeidung von Feuerwehr-Aktionen oder Fehlmengen erreicht. Somit können zusätzliche Kosten vermieden und eine hohe Lieferzuverlässigkeit sichergestellt werden.

Dazu wird neben der im Beispiel 2 dargestellten Sicherstellung des Produktionsprogrammes aus fertigungstechnischer Sicht auch eine geeignete Unterstützung der Versandsteuerung benötigt, welche wiederum auf aktuelle Informationen aus der Auftragsabwicklung zurückgreift.

Aus der angedeuteten Komplexität der Wirkungszusammenhänge wird der enorme Vorteil eines integralen Ansatzes deutlich. Durch die angestrebte Transparenz der Informationen entlang der gesamten logistischen Kette, vom Lieferanten über das Teilelager, die Fertigung und den Versand bis hin zum Kunden wird eine wesentliche Verkürzung der Auftragsdurchlaufzeit, eine rasche Reaktion auf geänderte Kundenwünsche oder Störungen im Prozeß und insgesamt eine erhöhte Informationsbereitschaft der Organisation erreicht.

Durch den Einsatz integrierter Computer-Technologie in den oben dargestellten Bereichen erwarten wir also einen wesentlichen Beitrag zur angestrebten Verbesserung der schon bekannten Wettbewerbsfaktoren. Dabei ist sich das Management aber bewußt, daß trotz aller Fortschritte in der Informationstechnik die zentrale Rolle des Menschen, also aller Mitarbeiter der Fabrik, nach wie vor gegeben, ja sogar gewünscht ist. Mit ihren Erfahrungen, ihren Zusatzinformationen und Zusatzwahrnehmungen sowie durch die Nutzung der menschlichen Kreativität sind die Mitarbeiter weitaus besser in der Lage, die gestellten Anforderungen zu bewältigen. Ein geeignetes Informationssystem befähigt die Mitarbeiter jedoch, ihre Entscheidungen rascher, fundierter und transparenter zu treffen sowie durch Simulation und Dokumentation die Auswirkungen ihres Handelns zu verdeutlichen /3/. Es entläßt sie jedoch keinesfalls aus der Verantwortung für die Erreichung der Fabrikszielsetzungen.

Das CIM-Konzept besteht eben nicht nur aus Komponenten der CA-Technologien, sondern wir verstehen CIM darüberhinaus als ein Mensch-Maschine-System, dessen wichtigster Aspekt das Zusammenwirken von Menschen, Organisation, Software und Hardware ist /4/. Dies gilt sowohl für die Planungs- und Realisierungsphase, als auch für die Anwendungsphase von CIM. Man könnte anstelle von CIM durchaus auch die Begriffe "C/PIM" für Computer-Personen-Integriertes-Manufacturing /5/ oder in Abwandlung "CHIM" für Computer-Human-Integrated-Manufacturing verwenden. Die Informations-Technologie wird somit zwar als bedeutendes, aber eben vorwiegend unterstützendes Element zur Stärkung der Wettbewerbsfähigkeit angesehen.

5. CIM-KONZEPT UND WIRTSCHAFTLICHKEIT

Die Problematik der Beurteilung der Wirschaftlichkeit von CIM-Lösungen liegt sicher in der Schwierigkeit begründet, den gesamthaften Charakter dieser integrativ wirkenden Investition zu quantifizieren /6/. Fragestellungen über die Bewertung von Informationen an sich und deren Integration werden in Theorie und Praxis vielfach diskutiert. Aufgrund der Komplexität, der stra-tegischen Bedeutung, des langen

Planungs- und Realisierungszeitraumes und den damit verbundenen Unsicherheiten in der Prognose, sowie infolge der vielfältigen, vernetzten und schwer quantifizierbaren Auswirkungen auf die Organisation lassen sich die bekannten klassischen Methoden der Wirtschaftlichkeitsrechnung nur bedingt anwenden. Als Entscheigungsgrundlage für oder gegen CIM werden sie daher niemals allein herangezogen werden können, was aber nicht dazu führen darf, daß darauf gänzlich verzichtet wird. Die Probleme in der Praxis liegen dabei nicht in der Anwendung der Methoden an sich, sondern vielmehr in der Quantifizierung der dafür erforderlichen Input-Daten.

Wie allgemein bekannt, ist CIM kein Produkt, das man "von der Stange" kaufen kann, sondern muß vielmehr unternehmungsspezifisch konzipiert und realisiert werden. Keine CIM-Lösung wird daher einer anderen gleichen. Somit ist auch kein Urteil über die Wirtschaftlichkeit von CIM übertragbar.

Vor allem der Einstieg in die CIM-Technologie wird daher vielfach durch eine unternehmerische Entscheidung des Managements aufgrund strategischer Überlegungen zu erfolgen haben. Dies war auch im Farbbildröhrenwerk Lebring der Fall.

Nach Abschluß der Konzept-Phase, d.h. vor der Freigabe der Mittel für Hard- und Software, wurde jedoch versucht, eine Quantifizierung der Wirtschaftlichkeit im Sinne einer dynamischen Ergebnisrechnung (Einnahmen-/Ausgabenrechnung, Cash-Flow-Profil) vorzunehmen. Die Schwierigkeiten bei der Festlegung der Ausgabenströme lagen vor allem im schwer abschätzbaren Aufwand für Dienstleistungen (Software, Orgware) und in den zu erwartenden Maintenance-Kosten. Auf der Einnahmenseite konnten die durch die Realisierung von CIM zu erwartenden Absatzwirkungen zu nur teilweise quantifiziert werden. Daneben gingen naturgemäß eine Reihe von monetär nicht bewertbaren Nutzenpotentialen nicht in die Rechnung ein. Trotz dieser Schwierigkeiten und der in manchen Teilen erheblichen Unschärfe der getroffenen Annahmen halten wir eine solche Abschätzung der Wirschaftlichkeit für unbedingt notwendig, einerseits um dem Management eine bessere Basis für die Investitionsentscheidung zu liefern, anderseits um in der Projektdurchführung für Kontrollzwecke über entsprechende

Vorgaben, zumindest auf der Ausgabenseite, zu verfügen. Die Nachrechnung der erwarteten Einsparungen und Erlössteigerungen gestaltet sich schwierig, da ein solches CIM-Konzept im Rahmen eines gesamten Maßnahmenpaketes realisiert wird. Daher ist die exakte Abgrenzung der Wirkungen jeder einzelnen Maßnahme kaum möglich, noch dazu, wo zweifelsohne gewisse Synergie-Effekte zu erwarten sind. Letztlich müssen jedoch alle Anstrengungen, in niedrigeren Stück-kosten und gesteigertem Absatz, also in einer verbesserten Ertragslage der Fabrik ihren Niederschlag finden, um das angestrebte Ziel, nämlich die Erhaltung der Wettbewerbsfähigkeit zu erreichen.

5.1. Erwartete Ausgaben

Das durch meinen Vorredner beschriebene gesamthafte CIM-Konzept der Fabrik mit dem gewählten Funktionsumfang und der geplanten System- und Hardware-Architektur ermöglichte es, die zu erwarteten Ausgaben - mit den schon erwähnten Unsicherheiten - weitgehend vollständig darzustellen. Die Festlegung der zeitlichen Abfolge der Ausgabenströme wurde mit Hilfe der sogenannten IT-Masterplanung vorgenommen. In deren Rahmen werden alle IT-Projekte der Fabrik abgestimmt und terminlich sowie kapazitätsmäßig verplant.

Als Investionsausgaben wurden berücksichtigt:
- o die Anschaffung sämtlicher Hardware-Komponenten (Rechner, Peripherie, Netzwerk) inklusive der Lizenzen für Betriebssystemsoftware,
- o die Anschaffung sämtlicher Komponenten zur prozeßbeständigen Produktidentifikation (Aufbringen der Identifikation, Codierung, Decodierung),
- o die Installation des Gesamtsystems,
- o die Einbindung der vorhandenen Anlagensteuerungen zur Maschinendatenerfassung,
- o die Erstellung bzw. der Zukauf von Applikationssoftware,
- o Organisationsberatung, Engineering.

Die so ermittelten Investitionsausgaben verteilen sich auf die folgenden Bereiche anteilsmäßig wie folgt:
- Hardware-Komponenten ca. 32 %
- Komponenten zur Produktidentifikation ca. 17 %
- Installation/Einbindung der Anlagen ca. 11 %
- Engineering, Software, Beratung ca. 40 %

Der Anteil der Hardware-Komponenten an den Gesamtausgaben ist im Vergleich zu anderen Konzepten deshalb relativ groß, weil der Schwerpunkt des gewählten CIM-Lösungsansatzes, bedingt durch das gegebene Fertigungsverfahren, deutlich im Prozeßbereich liegt. Die hohen Anforderungen an die Verfügbarkeit der Hardware, die flächendeckende Ausstattung mit Datenerfassungs- und -ausgabe-Geräten sowie die notwendigen Komponenten zur durchgängigen, prozeßbeständigen Produktidentifikation lassen die Ausgaben für Hardware-Anschaffungen überproportional steigen (vgl. dazu auch /3/), obwohl durch den integralen Ansatz und die Vereinheitlichung der Datenerfassungsebene für alle Funktionalitäten der zu tätigende Aufwand minimiert wird.

Das in der Fabrik bereits vorhandene Netzwerk sowie Teile der installierten Peripherie (Speicher, Terminals) werden künftig weiter genutzt.

An laufenden Ausgaben wurden angesetzt:
  o Hardware- und Software-Wartung durch Lieferfirmen,
  o eigene Software-Maintenance sowie Operating,
  o Wartung und Instandhaltung der anlagennahen, peripheren Hardware-Komponenten.

Nicht bewertet wurde der Aufwand für die Mitarbeit der Anwender bei der Realisierung und Einführung. Durch die angestrebte starke Einbindung derselben ist der erforderliche Kapazitätseinsatz erheblich, kann aber gesamthaft zum heutigen Zeitpunkt nicht quantifiziert werden, weil uns dazu sowohl Erfahrungswerte als auch Bewertungsansätze fehlen. Aus denselben Gründen ebenfalls nicht berücksichtigt wurde der auf Anwenderseite notwendige Aufwand zur Betreuung der Systeme im laufenden Betrieb.

5.2. Erwarteter Nutzen

Die bis zum Jahre 1992 im Hinblick auf die schon mehrfach erwähnten Wettbewerbsfaktoren konkret angestrebten Zielsetzungen der Fabrik wurden unter der Annahme vereinbart, daß CIM bis dahin - zumindest in wesentlichen Teilbereichen - realisiert ist.

Für die Beurteilung der Wirtschaftlichkeit wurden auf der Einnahmenseite vornehmlich Einsparungsgrößen, aber auch Umsatzsteigerungen angesetzt und zwar jener Anteil, den wir auf den Einsatz von Informationstechnologie zurückführen können. Aufgrund der mittelfristigen Absatzprognosen wurde davon ausgegangen, daß die durch CIM erreichbare Steigerung des Produktionsausstoßes am Markt absetzbar ist. Weiters kann davon ausgegangen werden, daß infolge der gesteigerten logistischen Leistungsfähigkeit ein höherer Marktpreis erzielbar ist. Die Frage, ob durch die angestrebte Auftragsdurchlaufzeitverkürzung und Qualitätsverbesserung eine zusätzliche Absatzsteigerung erreicht werden kann, wurde nicht näher untersucht.

Konkret wurden folgende Nutzenpotentiale monetär beurteilt:

- o Senkung des Ausschusses
- o Senkung der Reparaturen und Nacharbeiten
- o Steigerung der technischen und organisatorischen Anlagenverfügbarkeit
- o Senkung des Personaleinsatzes und der Kosten für Instandhaltung und Installation von Anlagen
- o Senkung des Lagerstandes an Zukaufteilen, Ersatzteilen und Fertigwaren
- o Senkung der Kundenretouren
- o Sonstige Kosteneinsparungen in der Fertigung

Neben diesen quantifizierbaren Faktoren sind noch eine Reihe anderer Nutzenpotentiale und Wirkungen erkennbar, wie z. B.:

- o CIM bildet eine Voraussetzung zur notwendigen Steigerung der Fertigungsflexibilität und zur Durchführung weiterer Automatisierungsvorhaben.

o CIM bildet weiters eine Voraussetzung zur Erfüllung der logistischen Anforderungen hinsichtlich Verkürzung der Auftragsdurchlaufzeit und Lieferzuverlässigkeit (taggenaue bis stundengenaue Anlieferung der Produkte beim Kunden).

o Durch CIM bietet sich die Möglichkeit einer erhöhten Transparenz von Informationen für alle Mitarbeiter, wodurch die Informationsbereitschaft der gesamten Organisation steigt, die Reaktionszeit verkürzt und Feuerwehr-Aktionen vermieden werden.

o Durch CIM wird eine sinnvolle Standardisierung vorangetrieben. Abläufe in der Planung und in der Fertigung werden teilweise formaler.

o Durch die Realisierung von CIM werden die Fachabteilungen gezwungen, verstärkt miteinander zu kommunizieren. Dadurch weichen starre Bereichsgrenzen auf, und engstirniges Abteilungdenken wird in Richtung einer integralen Gesamtschau erweitert.

o Durch die im Rahmen der CIM-Realisierung gemeinsam mit den Fachabteilungen notwendigen Analysen von Strukturen und Abläufen werden Rationalisierungsreserven in Bereichen aufgezeigt, die unmittelbar nicht Gegenstand der Untersuchungen sind. Dadurch ergeben sich an oft ganz anderen Stellen zusätzliche positive Auswirkungen /7/.

o Durch die notwendige datentechnische Integration, den Abbau von Redundanzen und die angestrebte Vereinheitlichung der Benutzerschnittstellen sowie durch die verstärkte Auseinandersetzung mit Informationstechnologie auf Anwenderseite steigt generell die Akzeptanz von EDV-Lösungen.

Vermutlich muß man die soeben dargestellten Effekte beinahe ebenso hoch bewerten wie die quantifizierten Nutzenpotentiale.

Aufgrund der angenommen Ausgaben- und Einnahmenströme konnte die Wirtschaftlichkeit des CIM-Konzeptes nachgewiesen werden, jedoch wirken sich die notwendigen Vorleistungen in die Konzepterstellung, in die Hardware-Infrastruktur und in die Projektrealisie-rung negativ auf die Pay-Back-Periode aus. Neben der Komplexität der Aufgabenstellung liegt in der Zeitdauer von CIM-Projekten der größte

Risikofaktor /2/. Bis die ersten positiven Auswirkungen zählbar werden, ist bereits ein erheblicher Anteil der notwendigen Investitionsausgaben zu tätigen. Für den skizzierten Funktionsumfang gehen wir von einem Realisierungszeitraum von ca. 5 Jahren (inklusive Planungsphase) aus, wobei wir mit den ersten Rückflüssen nach ca. 2-3 Jahren rechnen.

6. ZUSAMMENFASSUNG

Als Reaktion auf die steigenden Anforderungen des Marktes und den hohen Konkurrenzdruck wurde im Farbbildröhrenwerk Lebring ein CIM-Konzept initiiert, das als ein Lösungsansatz zur Verbesserung der Wettbewerbsfähigkeit angesehen wird. Dieses Projekt ist eingebettet in ein Maßnahmenpaket und darf nicht isoliert betrachtet werden. Im Vordergrund steht der Integrationsgedanke - vor allem organisatorisch, aber auch informationstechnisch. Anhand der beispielhaft dargestellten Komplexität der erwarteten Wirkungen von CIM wird der Vorteil eines integralen Ansatzes deutlich.

Das CIM-Konzept wird als Mensch-Maschine-System verstanden, dessen wichtigster Aspekt im Zusammenwirken von Menschen, Organisation und Informationstechnologie liegt. Die zentrale Rolle der Mitarbeiter wird betont. CIM kommt eine vorwiegend unterstützende Bedeutung zu.

Trotz der Schwierigkeit der Bewertung wird versucht, die Wirtschaftlichkeit von CIM aus der Gegenüberstellung von erwarteten Ausgaben und Einnahmen bzw. Einsparungen nachzuweisen. Viele zusätzliche positive Effekte bleiben dabei naturgemäß unberücksichtigt. Wunder dürfen jedoch nicht erwartet werden. Ein Risikofaktor liegt in der langen Realisierungszeit und in den notwendigen hohen Vorleistungen. Dieses Risiko kann nur durch klare Unternehmungszielsetzungen, ein umfassendes Konzept und eine kontrollierte Realisierung in Teilschritten gemindert werden. Als strategisches Konzept zur Erhaltung der Wettbewerbsfähigkeit wird CIM jedoch nie abgeschlossen sein, denn die Marktbedürfnisse werden sich auch künftig laufend ändern.

Verwendete Literatur:

/1/ siehe dazu: Busch, R.; Lindner, O.: Integrierte Produktionsplanung und -steuerung auf dem Weg zum CIM, ÖAF-Seminarunterlage, Graz 1988

/2/ Zangl, H.: CIM-Konzept und Wirtschaftlichkeit, in: Office Management, Heft 5/1988, S. 14-20

/3/ Vgl. Adelberger, W.: Informationstechnik in der Produktion, in: Der Wirtschaftsingenieur 20(1988)3, S. 27-30

/4/ Vgl. Mandl, E. Ch.: PPS und CIM-Markt und Chancen, in: Tagungsband Produktionsplanung und -steuerung als CIM-Baustein, Wien 1988, S. 5-16

/5/ Vgl. Bauer, H.: PPS und CIM -eine Bestandsaufnahme in: Tagungsband Produktionsplanung und -steuerung als CIM-Baustein, Wien 1988, S. 127-146

/6/ Zeichen, G.: Rentabilitätskriterien für die Automatisierung mit CIM, in: Referate zum 3. Kooperationssymbosium über moderne Montagetechnologien mit "CIM-beeinflußter" Unternehmenskultur an der TU-Wien, 1989, S. 39-47

/7/ Vgl. dazu auch: Kraft, R.: CIM-Organisation bei der Großserienmontage, in: Referate zum 3. Kooperationssymposium über moderne Montagetechnologien mit "CIM-beeinflußter" Unternehmenskultur an der TU-Wien, 1989, S. 1-10

Bank und Innovation

P. Kürn

Das Thema "Bank und Innovation" hat mehrere Aspekte. Für mich sind die beiden wichtigsten

1. das Entwickeln von neuen Ideen, innovativen Produkten, um damit den Unternehmen behilflich zu sein, ihren Aufgaben entsprechen zu können und

2. das Begleiten innovativer Unternehmer durch die Bank, in der Regel in Form von Finanzierungen.

Ich möchte nun keineswegs selbstgefällig so tun, wie wenn beides für uns kein Problem wäre, auch möchte ich nicht den Eindruck erwecken, wie wenn dies Herausforderungen unserer jüngsten Zeit wären. Mit diesen Aufgaben hat sich der Banker im Grunde immer schon auseinandersetzen müssen, nur das Tempo der Entwicklung hat sich beschleunigt und die Voluminas, mit denen wir es zu tun haben, haben sich weit überdurchschnittlich vergrößert. Beide Entwicklungen kennen Sie als mittelständische Unternehmer ebenso wie wir als Banker. Nur ein kleines Beispiel zum Thema "Volumen". Als ich vor 20 Jahren als junger Filialleiter unseres Hauses tätig wurde, da hat sich die durchschnittliche Finanzierung eines mittelständischen Unternehmens im produzierenden Gewerbe in einer Größenordnung von DM 100.000,-- abgespielt, heute ist mindestens das Zehnfache üblich.

Zu beiden eingangs genannten Themen möchte ich Ihnen einiges vortragen. Ich möchte versuchen darzulegen, wie wir uns heute diesen Herausforderungen stellen. Die Aufgabe der Entwicklung innovativer Produkte heißt für die Bank Dienstleistungsangebote. Ich werde versuchen, dies an zwei Beispielen aufzuzeigen, um dann auch die Überlegungen eines Bankers darzulegen, der die Aufgabe hat, innovative Unternehmer zu begleiten. Zuvor aber, sozusagen aus aktuellem Anlaß, ein paar wenige Sätze zum Thema "Allfinanz". Um klarzustellen bzw. Mißverständnisse zu vermeiden, möchte ich kurz ausführen, daß es sich bei den sog. Allfinanzangeboten keineswegs um innovative Produkte handelt. Alle Welt tut so, wie wenn hier etwas gänzlich neues auf den Markt gebracht werden soll. Dies ist natürlich nicht so. Es werden auch damit keineswegs neue Bedürfnisse von Unternehmen oder auch Privatleuten befriedigt. Es ist nichts anderes, als die Kombination bekannter Produkte und der Versuch der Banken, Versicherungen, Bausparkassen und Immobilienunternehmen, sich neue Kundengruppen zu erschließen. Soviel in aller Kürze zu diesem heiß diskutierten Thema, das natürlich einen eigenen Vortrag wert wäre, nachdem es gerade in den letzten beiden Jahren den Markt der Finanzierungsbranche so kräftig in Bewegung gebracht hat. Denken Sie beispielsweise an die

Situation der beiden großen der Bank- bzw. Versicherungsbranche in der BRD, die Deutsche Bank und die Allianz.

Aber nun zurück zum Thema "Bank und Innovation".

Es ist für viele ein Reizthema. Das Urteil, wir Banken seien etwas "verschlafen" und nicht gerade besonders innovativ, ist verbreitet - vorsichtig formuliert. Nur gestatten Sie mir, daß mich - der ich eine langjährige Erfahrung in diesem Geschäft habe -, daß mich dieser Vorwurf schon ein wenig wundert. Denn wir haben uns, und das sage ich nicht nur für die Bayerische Vereinsbank, in den vergangenen Jahren auf vielen Innovationsfeldern bewährt. Auf welchen, will ich Ihnen im folgenden sagen, und auch, was Sie, die Unternehmer, davon haben.

Lassen Sie mich eines gleich festhalten: Uns als Bank geht es nun einmal nicht anders als Ihnen, als jedem Unternehmer heutzutage: Markt und Technik wandeln sich, und das Tempo ist - wie bereits erwähnt - mittlerweile alles andere als gemütlich. Wie das in Ihrer Branche ist, wissen Sie, und ich will Ihnen auch keinen Vortrag über den Finanzmarkt halten. Doch zwei Trends illustrieren ganz gut, worum es mir geht. Seit einigen Jahren zum Beispiel steigt - bei allen Banken -

die Nachfrage der mittelständischen Firmen nach Rat und Tat in allgemein-unternehmerischen Fragen. Dies hat zur Folge, daß die Beratungs- und Betreuungskapazität der Banken wächst. Prognosen erwarten für die 90er Jahre einen Anteil der Kundenberater am Gesamtpersonal von 40 bis 50 Prozent. Und nennen will ich zweitens den stark expandierenden Zahlungsverkehr. Bei uns im Hause waren es zuletzt weit über 100 Millionen Posten im Jahr, die wir mit ganz wenigen Mitarbeitern bewältigen.

Wir in der BV stehen mitten im Wandel der Geschäftsstruktur. Immer mehr Kunden nehmen neuartige Angebote in Anspruch - vor allem im Bereich der Finanzdienstleistungen. Nehmen Sie die Auslandsmärkte, die wir für und gemeinsam mit unseren mittelständischen Firmenkunden in den letzten Jahren erschlossen haben. Ich nenne nur das Stichwort "EG 92" - das Service-Angebot von unserer Seite, rund um die Europawährung ECU, das steht. Sie können mit uns nun den Zahlungsverkehr, Devisen-Transaktionen, Garantien und Bürgschaften in ECU abwickeln oder, wenn Sie wollen, auch Ihr Geld in ECU anlegen. Ich halte es darüber hinaus auch für eine runde Innovation, wenn heute der Mittelständler fast überall in der Welt seine Geschäfte machen und nach Wunsch die finanziellen Risiken an uns abtreten kann - von der Kundenforderung per Forfaitierung bis zum Wechselkursrisiko per Devisenoption. - Wo hier die Innovation ist? Nun, solche Optionen, die Ihnen das Recht zur Kurssicherung von Fremdwährungsmitteln geben, Sie aber nicht verpflichten, davon auch Gebrauch zu machen, wenn der Kursverlauf wider Erwarten günstig war, solche Optionen standen bisher wegen der Marktzutrittsbedingungen eigentlich nur Großunternehmen offen. Wir haben nun ein Angebot für den Mittelstand daraus gemacht.

Sicherheit ist das eine, Schnelligkeit das andere. Ich habe vorhin die steigenden Konten- und Postenzahlen im Zahlungsverkehr angesprochen. Wir haben uns darauf eingestellt, mit der Bank-Technik. Das heißt, daß bei uns ohne Electronic Banking nichts mehr geht. Die Datenmenge im Zahlungsverkehr bewältigt eine der größten EDV-Anlagen, die am Markt ist.

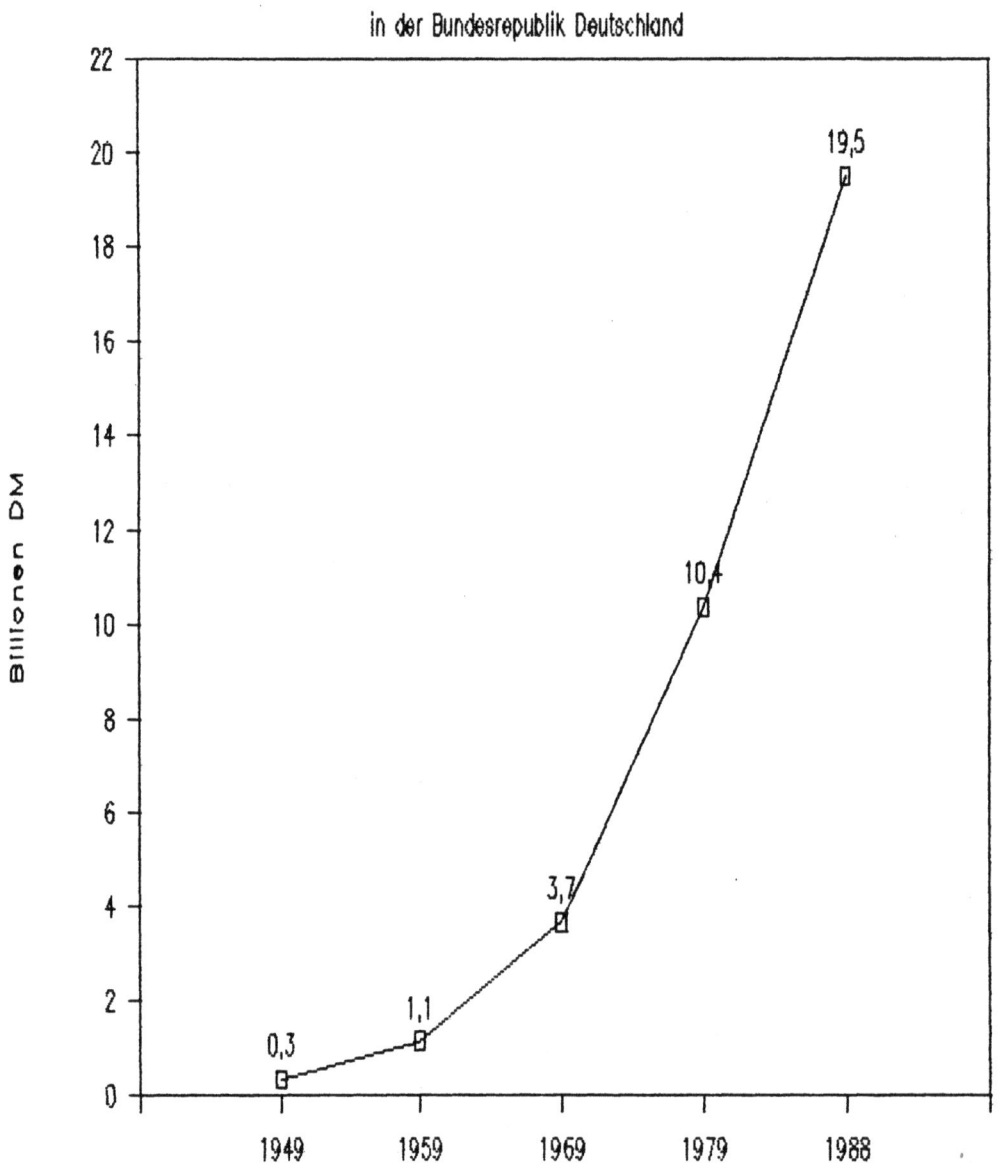

Bild 1-1

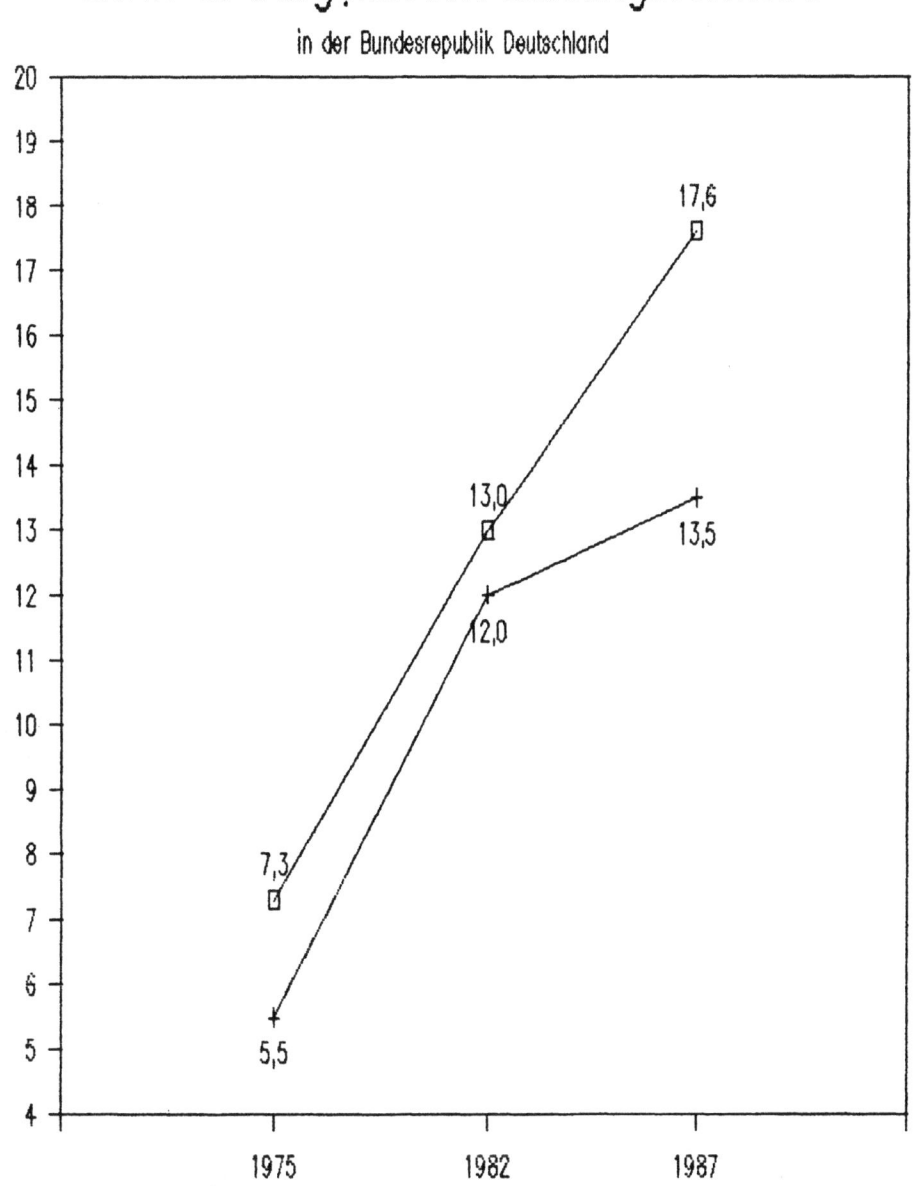

Bild 1-2

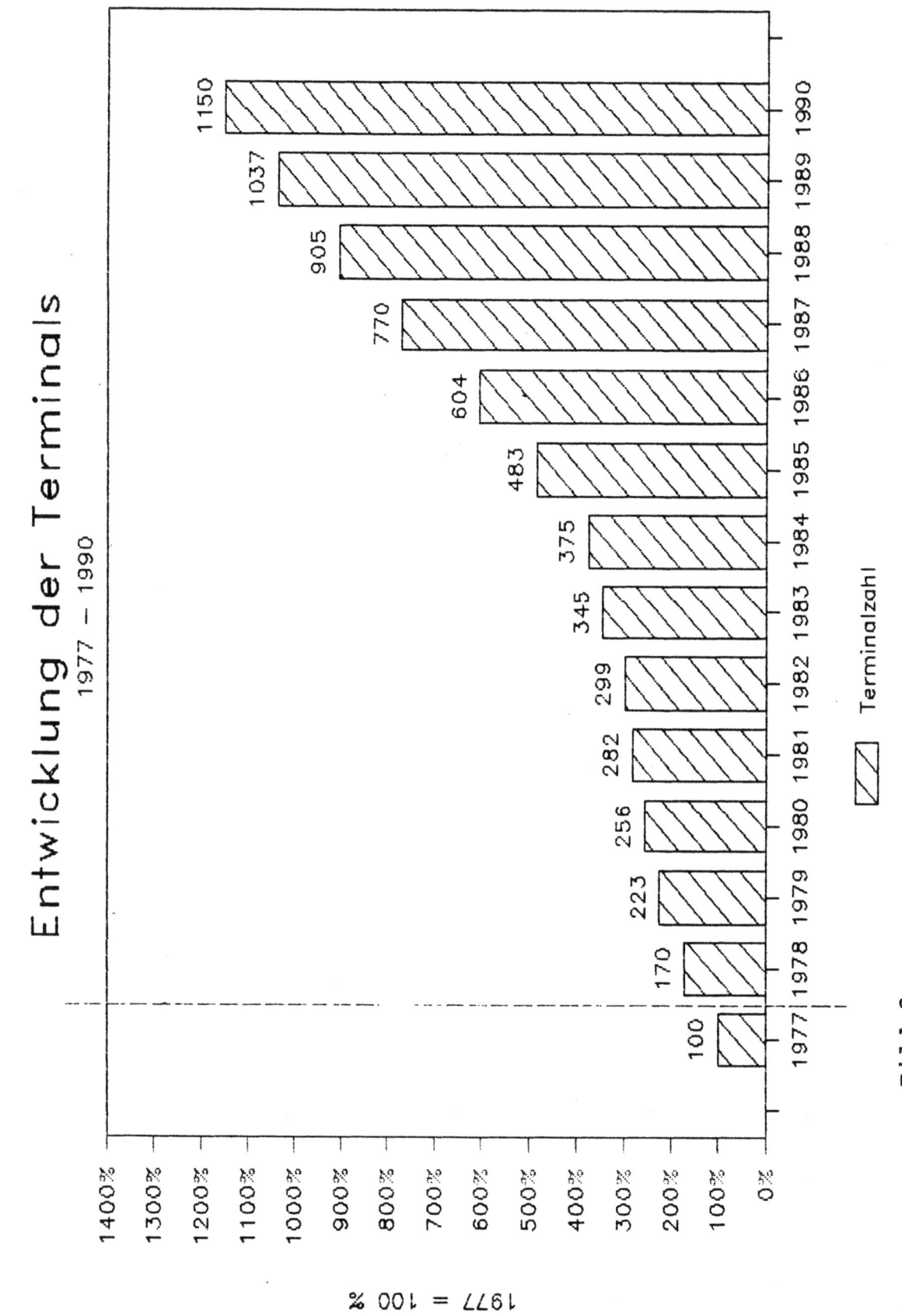

Bild 2

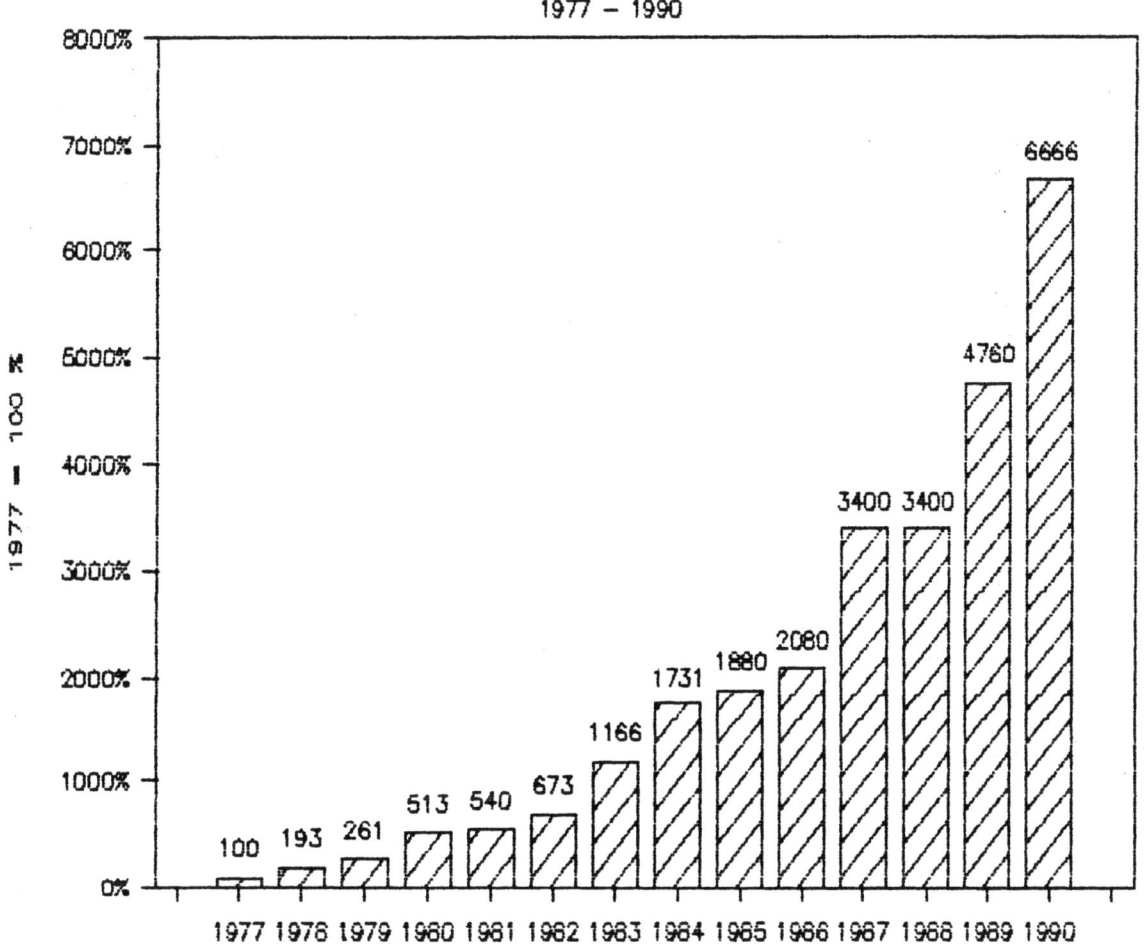

Bild 3

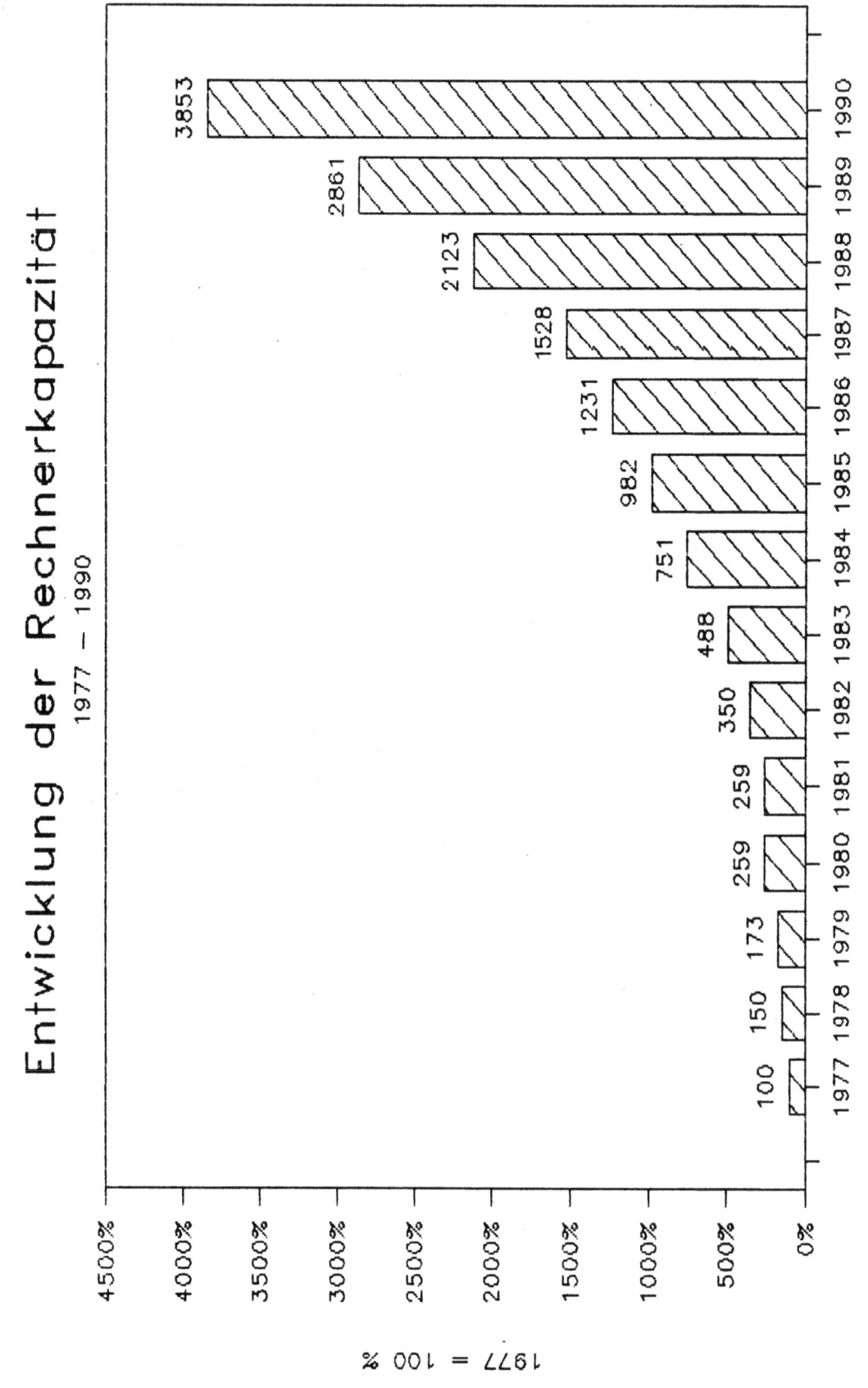

Bild 4

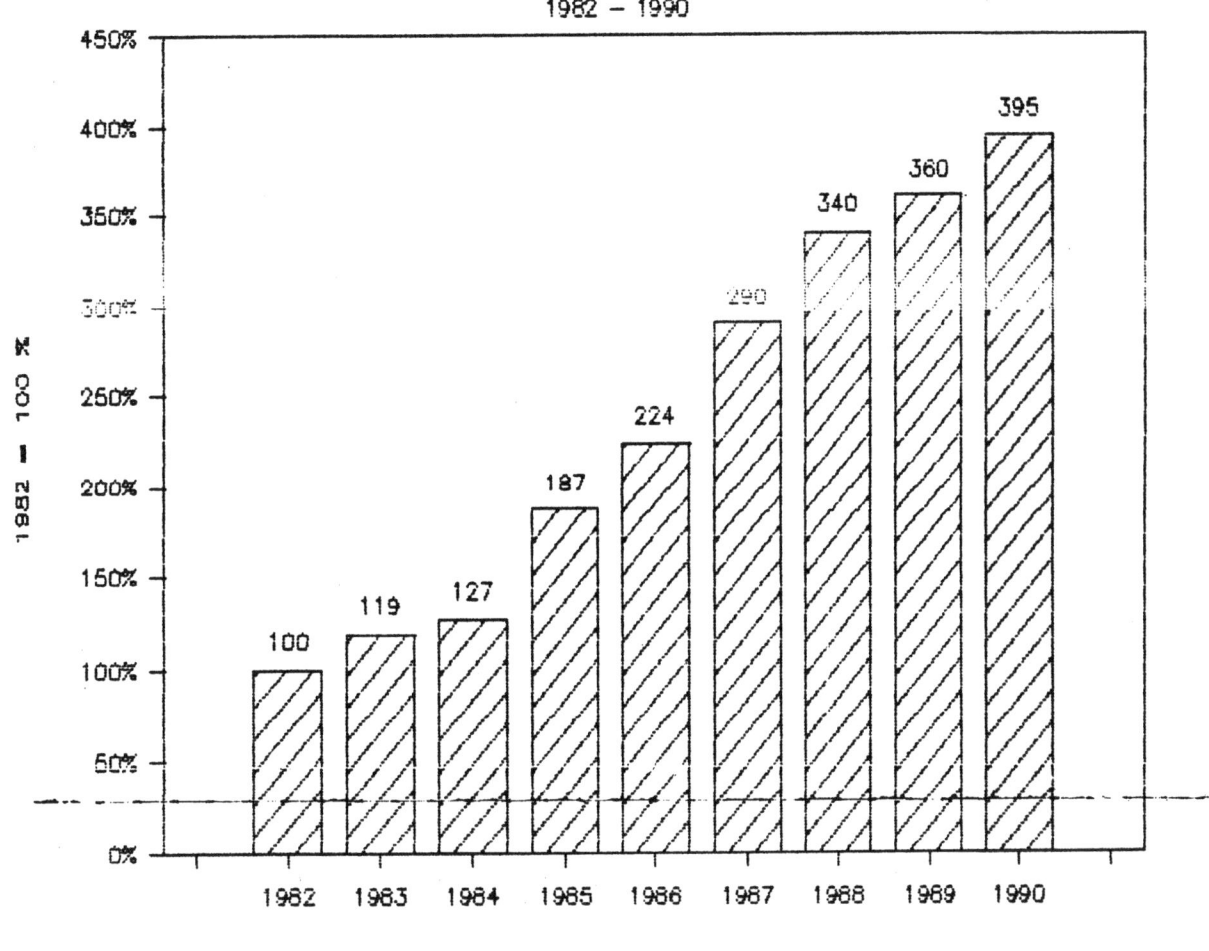

Bild 5

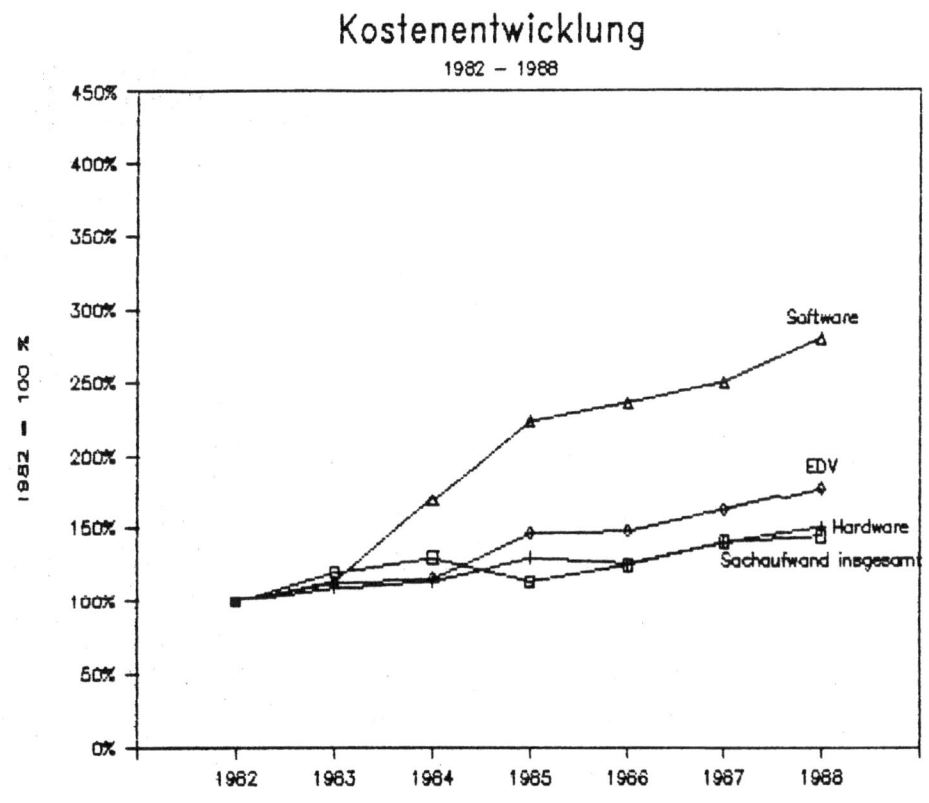

Bild 6

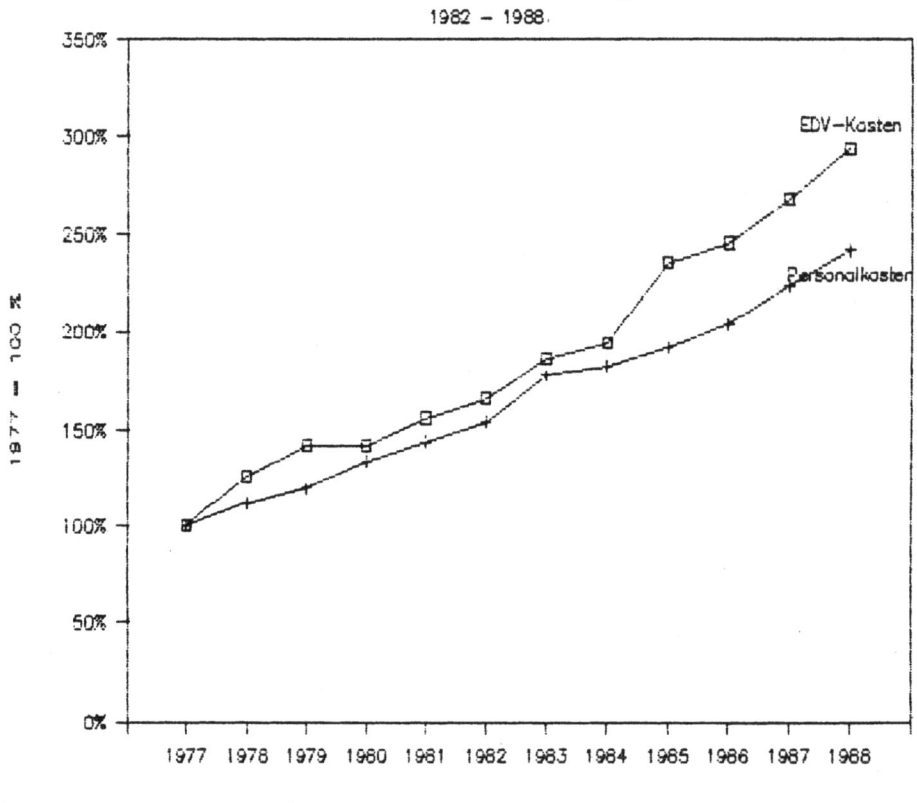

Bild 7

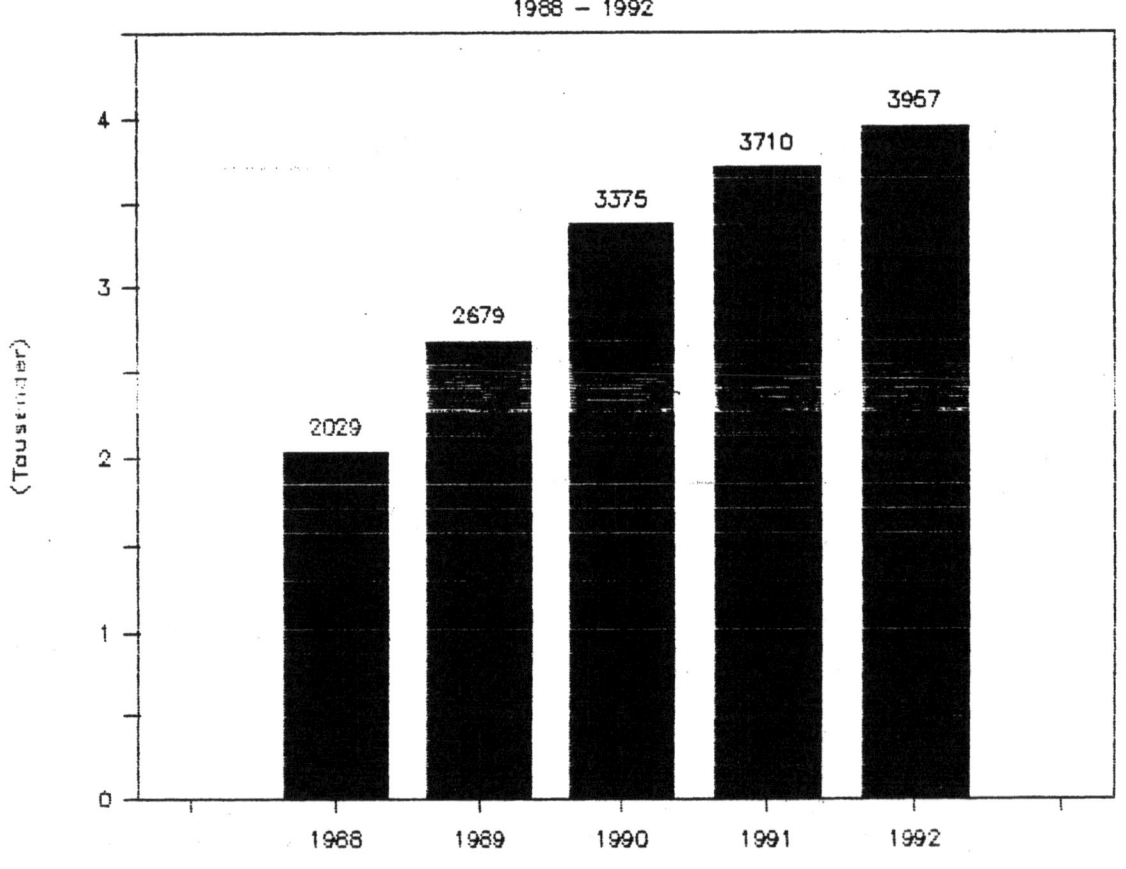

Bild 8

Zur Zeit investieren wir in ein noch größeres Rechenzentrum.
Bald steht an jedem 2. Arbeitsplatz in unserer Bank ein
PC-Terminal. Und zur technischen Innovation gehört, daß wir
das Knowhow unseren Kunden zugänglich machen. Wenn Sie
wollen, können Sie heute mit uns den Zahlungsverkehr ausschließlich pc-gestützt abwickeln: Telekonto, Datenträger-Austausch oder die neue Software "Z1", die Ihnen die Mühe
beim Ausfüllen des gleichnamigen Formulars für Auslandszahlungen abnimmt, sollen hier als Stichworte genügen.
Kundennahes Electronic Banking also, das Ihnen Zeit spart
und uns auch.

Glauben Sie mir: All das sage ich Ihnen nicht um uns selbst
zu loben. Sondern deswegen, weil ich glaube, daß nur jemand,
der selbst Erfahrung mit Innovationen hat, weiß, wie man
anderen mit ähnlichen Problemen am besten hilft. Wir müssen
alle kundennäher werden! Wir in der Bank machen Electronic
Banking, weil wir erkannt haben, daß für unser Geschäft
Information der entscheidende Produktionsfaktor ist. Und ich
bin der festen Überzeugung, daß das im Grundsatz heute für
alle Unternehmen gilt, die sich am Markt behaupten wollen.
Die Informationskette muß reibungslos laufen, vom Kunden und
seinen Wünschen in den Betrieb hinein und von dort über das
Produkt wieder an den Markt zurück. Das Unternehmen ist umso
besser, je mehr es von seinen Kunden weiß. Und hierbei hilft
uns die EDV, die heute eben mehr ist als eine bloße Organisationstechnik: Die EDV ist heute ein Marketing-Instrument.

Ein Beispiel: die rasante Entwicklung der Fertigungstechnik. Bei der Diskussion um die vollautomatisierte Fabrik, das "Computer Integrated Manufacturing" oder kurz CIM, bei dieser Diskussion geht es um weit mehr als bloße Rationalisierung. Preislich wettbewerbsfähig bleiben, ist nur die eine Seite der Medaille. Die andere, die für das Verbleiben im Markt entscheidende, ist kundennah und schneller zu produzieren. Der Widerspruch, der bisher zwischen Kosten und kleinen Serien bestand, der löst sich nun mit den neuen Computertechniken zur Fertigungssteuerung auf; ob sie CAD, PPS oder "just in time" heißen.

Wer kompetent entscheiden will, braucht alle nötigen Informationen, und die möglichst aktuell. Um im Bild zu bleiben: Der Firmenbetreuer der Bank braucht deswegen den Überblick über die Kundenverbindung, und zwar "just in time". Ich meine, das ist mehr als eine bloße Analogie: Auch eine Bank muß "Produktionsplanung und -Steuerung" betreiben, wenn die Kette des innerbetrieblichen Informationsflusses möglichst kurz und ohne Umwege auf den Berater zulaufen soll. Wie beim Fertigungsbetrieb geht es darum, die Informationen vom Markt in die Produktgestaltung, sozusagen die Konstruktion einfließen zu lassen. Statt von CIM kann man bei uns von "CIB" sprechen, vom "Computer Integrated Banking". Die Bank lebt von und mit der Information.

Eine solche offene Informationspolitik ist meiner Meinung nach keine Einbahnstraße. Denn die Erfahrungen der Bank - das ist ja der Zweck der Übung - fließen an Sie zurück. Electronic Banking soll ja das "Personal Banking" unterstützen, soll dabei helfen, Sie bankmäßig besser als bisher zu beraten. Wir verstehen uns eben nicht nur als Finanzier Ihrer Projekte. Wir wollen Innovationen auch anregen und begleiten. Wir geben dazu Ratschläge, von der Art und Weise, wie man zu brauchbaren Ideen kommt, bis hin zum Innovationsmanagement. Beispielsweise dafür sind die Colleg-Broschüren - Berichte über Seminare, in denen wir seit vielen Jahren zusammen mit Unternehmern, Wissenschaftlern und Beratern über Märkte, Branchenperspektiven und Unternehmensführung diskutieren. Meiner Meinung nach liegt der Unterschied zwischen einem "guten" und einem bloß "gut gemeinten" Rat in der praktischen Umsetzbarkeit. Inwieweit wir diesem Anspruch gerecht werden, können Sie selber entscheiden, zum Beispiel, wenn Sie sich einmal die Innovations- oder die Maschinenbau-Colleg-Broschüre genauer ansehen, die am Informationstisch ausliegt.

Zweitens: Zur erfolgreichen Innoviation gehört die betriebswirtschaftliche Kompetenz. Meine Damen und Herren, ich habe eben in 25 Berufsjahren noch keine Pleite erlebt bei einem Unternehmen, bei dem das Rechnungswesen in Ordnung war. Wer nicht weiß, wo er steht, wem das Rüstzeug fehlt für den Überblick über Liquidität und Ertrag, aktuell und in Form von Planzahlen, bei dem ist der Mißerfolg in der Regel vorprogrammiert. Beratungsgespräche, gestützt auf die Erfahrungen der Bank, können da rechtzeitig helfen. Wir werden - und auch das ist ein wichtiger Aspekt des Electronic Banking für den Unternehmer - wir werden in Zukunft diese Beratung verstärkt mit Software unterstützen, in allen zentralen Bereichen der Unternehmensplanung. Demnächst bieten wir Ihnen für die Strategische Planung ein PC-Programm an. Sie können damit dann auf Ihrem eigenen Computer Szenarien aufstellen, wie sich Ihre G+V, Ihre Bilanz, Ihre Liquidität und Ihr Ertrag in Abhängigkeit von bestimmten Investitionen und Markttrends entwickeln.

Ich betone nochmal: Dies kann und wird die persönliche Beratung durch den Firmenbetreuer nicht ersetzen. Aber die Grundlage für das Gespräch ist dann besser, die persönliche Beratung wird effizienter. Auch die Gespräche mit professionellen Unternehmensberatern. Wir stehen durchaus nicht auf dem Standpunkt, daß wir alles alleine machen können. Wir vermitteln deswegen - falls Sie das wünschen - den individuellen Kontakt zu qualifizierten Unternehmensberatern, Wirtschaftsprüfern und Steuerberatern. Das gilt auch für die Beurteilung Ihrer Innovation im wirtschaftlichen Umfeld und für eine anschließende, begleitende Beratung.

Zum dritten zahlt sich der reibungslose Informationsfluß bei der Finanzierung von Innovationen aus - sicher unsere Hauptaufgabe. Dazu brauchen wir fundierte Kenntnisse über Märkte und Technologien. Dennoch besteht hier natürlich die Gefahr - und das will ich gar nicht verschweigen -, daß wir Risiken in unsere Bücher bekommen oder bereits drin stehen haben, denen wir uns im einzelnen noch nicht bewußt sind. Das Risiko wiederum bekommen wir nur dann in den Griff, wenn wir uns an Sie, den Unternehmer, halten können, wenn wir neben der Finanzkraft auch die Qualität des Unternehmenskonzeptes und die unternehmerischen Fähigkeiten beurteilen können. Das Instrumentarium für eine solche "qualifizierte" Beurteilung haben wir in den letzten Jahren entwickelt. Und - so meine ich - auch das ist ein wesentlicher Beitrag zur Förderung von Innovationen.

Der Unternehmer kann mit uns sein Projekt realisieren, auch wenn er nicht für alles und jedes Sicherheiten stellt. Nur, lassen Sie es mich so sagen: Das große Problem des Bankiers ist es nicht, Geld zu geben, sondern es bitte auch gelegentlich wieder zurückzubekommen. Es wäre im übrigen auch für den Unternehmer wenig hilfreich, wenn die Bank ihm Geld gibt, ohne daß sie den Eindruck hat, daß er sein Vorhaben verkraftet und - was ja normal ist - seine Schulden zurückzahlen kann. Realismus und Euphorie sind zweierlei Dinge, gerade beim Thema Innovation. Haben Sie deswegen bitte Verständnis dafür, wenn die Bank hin und wieder "nein" sagt, wenn sie denn glaubt, daß jemand über das Ziel hinausschießt und Risiken eingeht, die nicht vertretbar sind - nicht vertretbar für ihn und damit auch nicht vertretbar für uns.

Selbstverständlich sind wir uns in der BV schon seit langem darüber im klaren, daß die Entwicklung unserer Unternehmen im sog. high tech-Bereich in den vergangenen Jahrzehnten eine solch rasante Geschwindigkeit bekommen hat, daß auch die Banken insgesamt und damit auch wir, gefordert waren und unverändert sind, sich darauf einzustellen.

In der Folge möchte ich Ihnen an einigen Statistiken aufzeigen, welche Wandlung die Unternehmenslandschaft in der Bundesrepublik und hier ganz besonders - wie schon erwähnt - in Baden-Württemberg und Bayern, erfahren hat, mit welcher Dynamik diese Entwicklung abläuft und daß damit auch die Unternehmen der Kreditwirtschaft natürlich zu besonderen Leistungen herausgefordert werden. So zeigt z.B. die Entwicklung des F + E-Kapitalstocks in den Sektoren Luft- und Raumfahrzeugbau, Chemie, Elektrotechnik und Büromaschinen folgende Entwicklung:

1970 insges. DM 62 Mrd.; dieser Kapitalstock wurde im Jahre 1986 knapp verdreifacht.

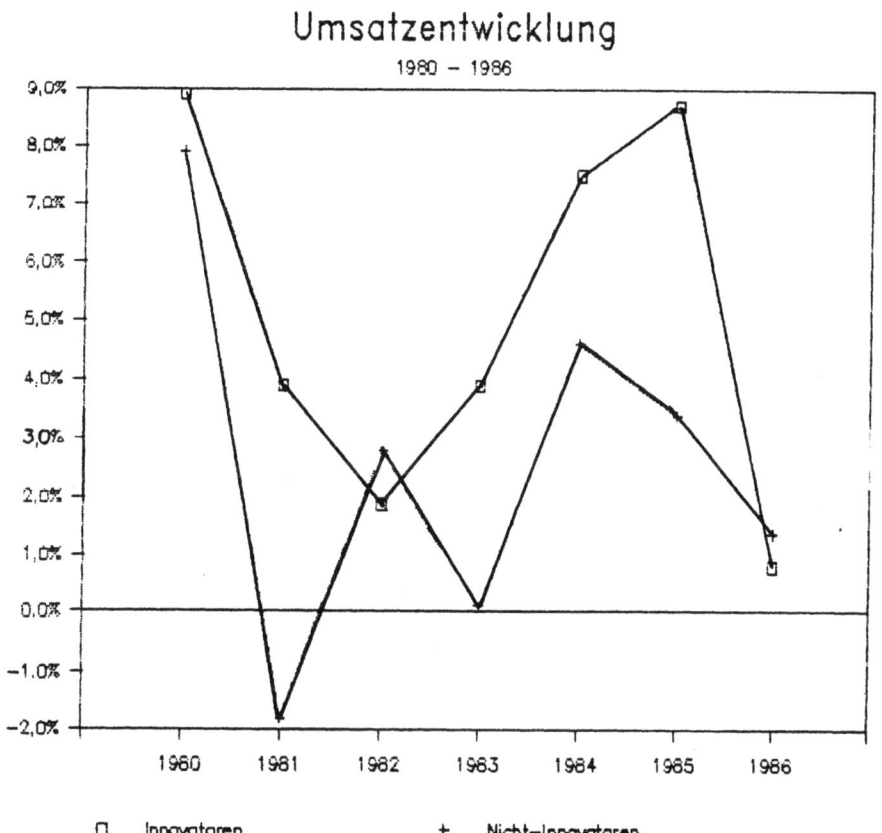

Bild 9-1

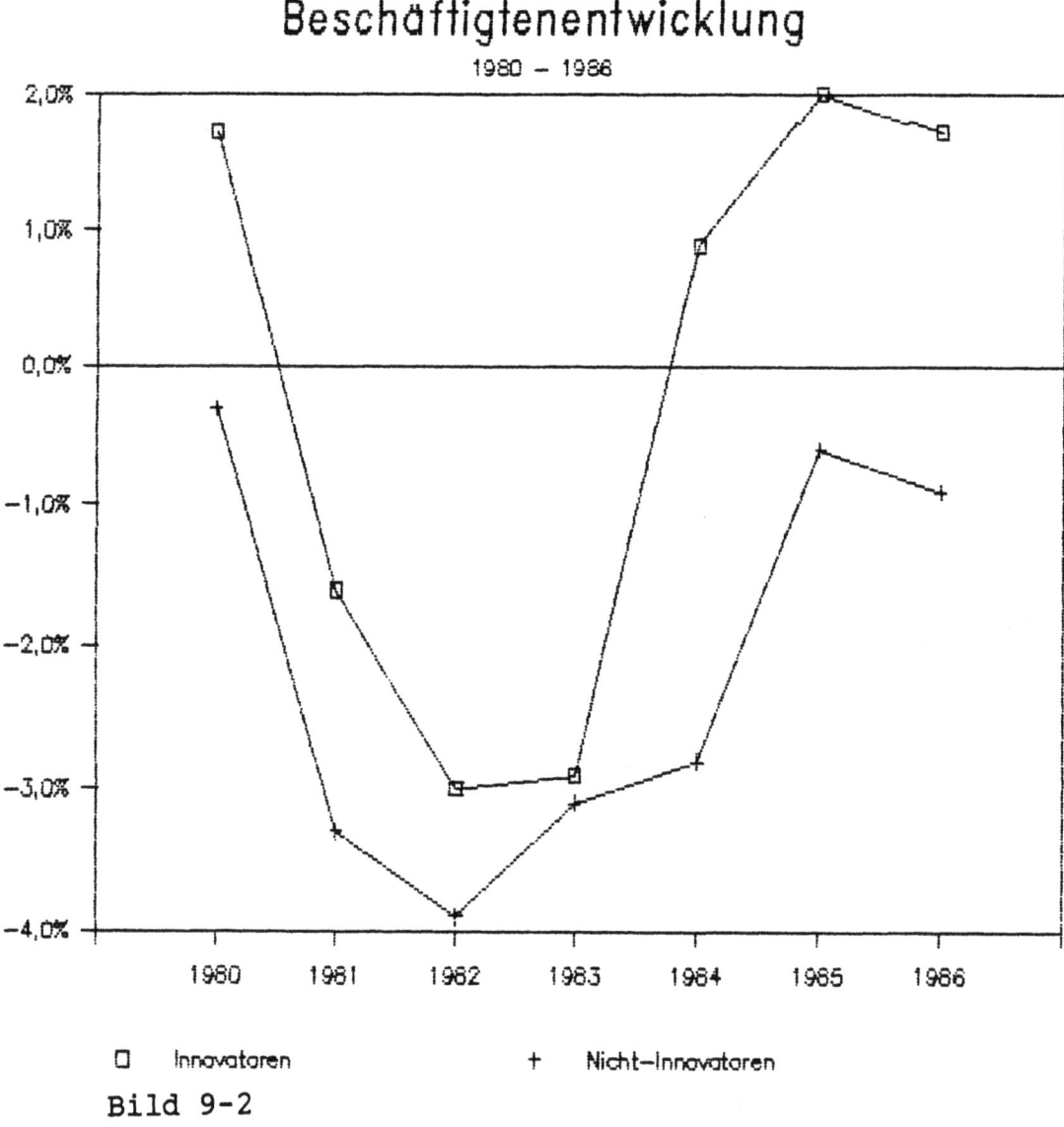

Bild 9-2

Diese Folie zeigt die Entwicklung der Umsätze bei innovativen und nicht innovativen Betrieben. Die Zahlen sprechen, wie ich meine, eine klare Sprache, auch wenn einzelne Jahre mit dabei sind, die Nachteile der innovativen Betriebe aufzeigen. Insgesamt gesehen spricht aber alles für die innovativen Unternehmen.

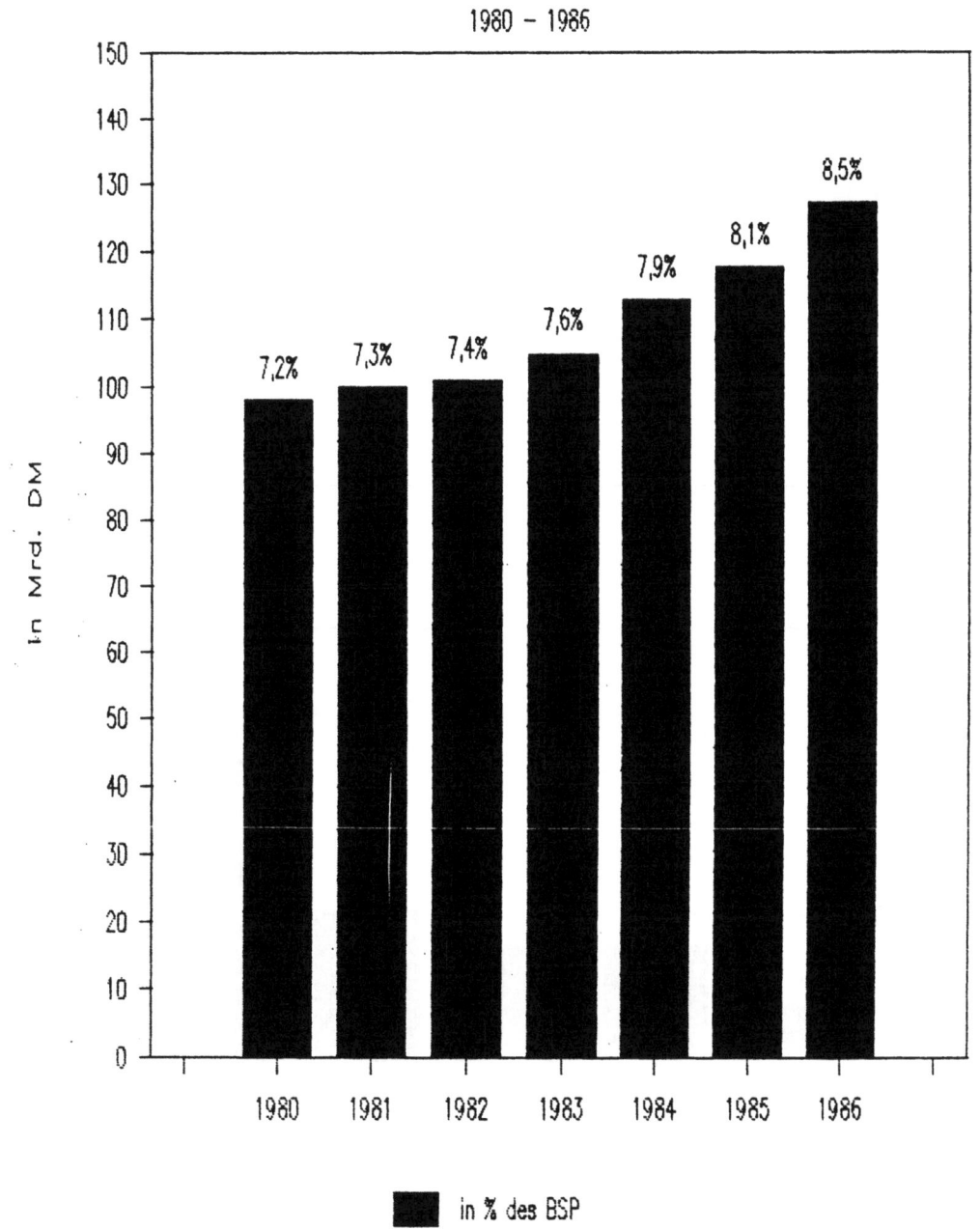

Bild 10

Diese Folie zeigt die innovativen Aufwendungen im Verhältnis zum Bruttosozialprodukt in den Jahren 1980 - 1986.

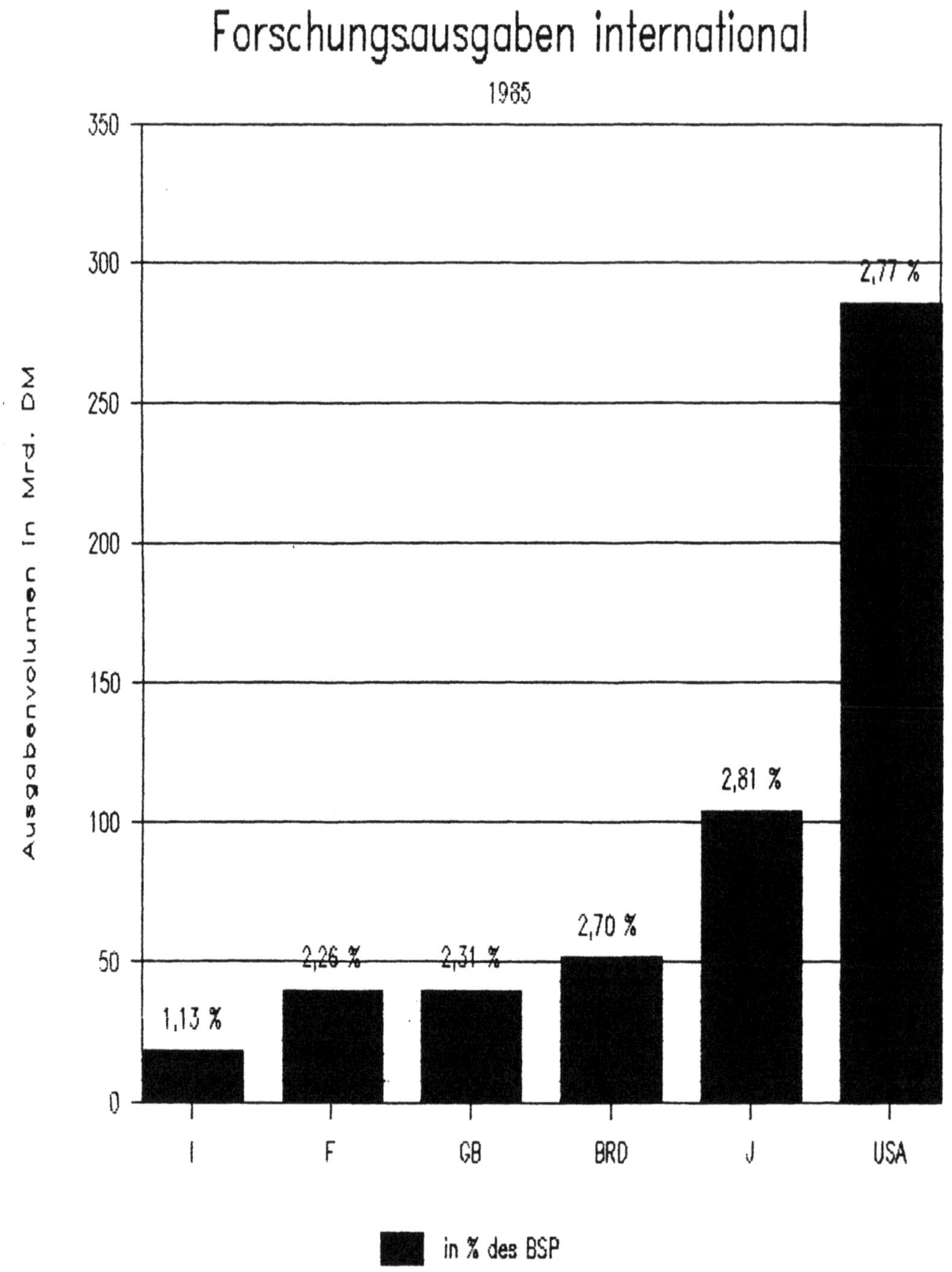

Forschungsausgaben international

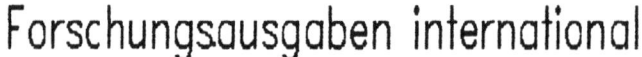

Bild 11

Diese Folie zeigt die Forschungsausgabenstruktur international. Hier besonders bemerkenswert, daß z.B. der Anteil der F + E-Entwicklungskosten am BIP in Deutschland mit 2,7 % in etwa gleich mit dem amerikanischen Aufwand ist. In absoluten Zahlen zeigt sich aber, daß die Amerikaner mehr als 5 mal soviel in diesen Bereich investieren, als die deutschen Unternehmen.

Finanziert werden von diesen Kosten durch die Unternehmen selbst in Deutschland 61 %, in Frankreich und Italien die geringsten Prozentsätze mit ca. 41 %.

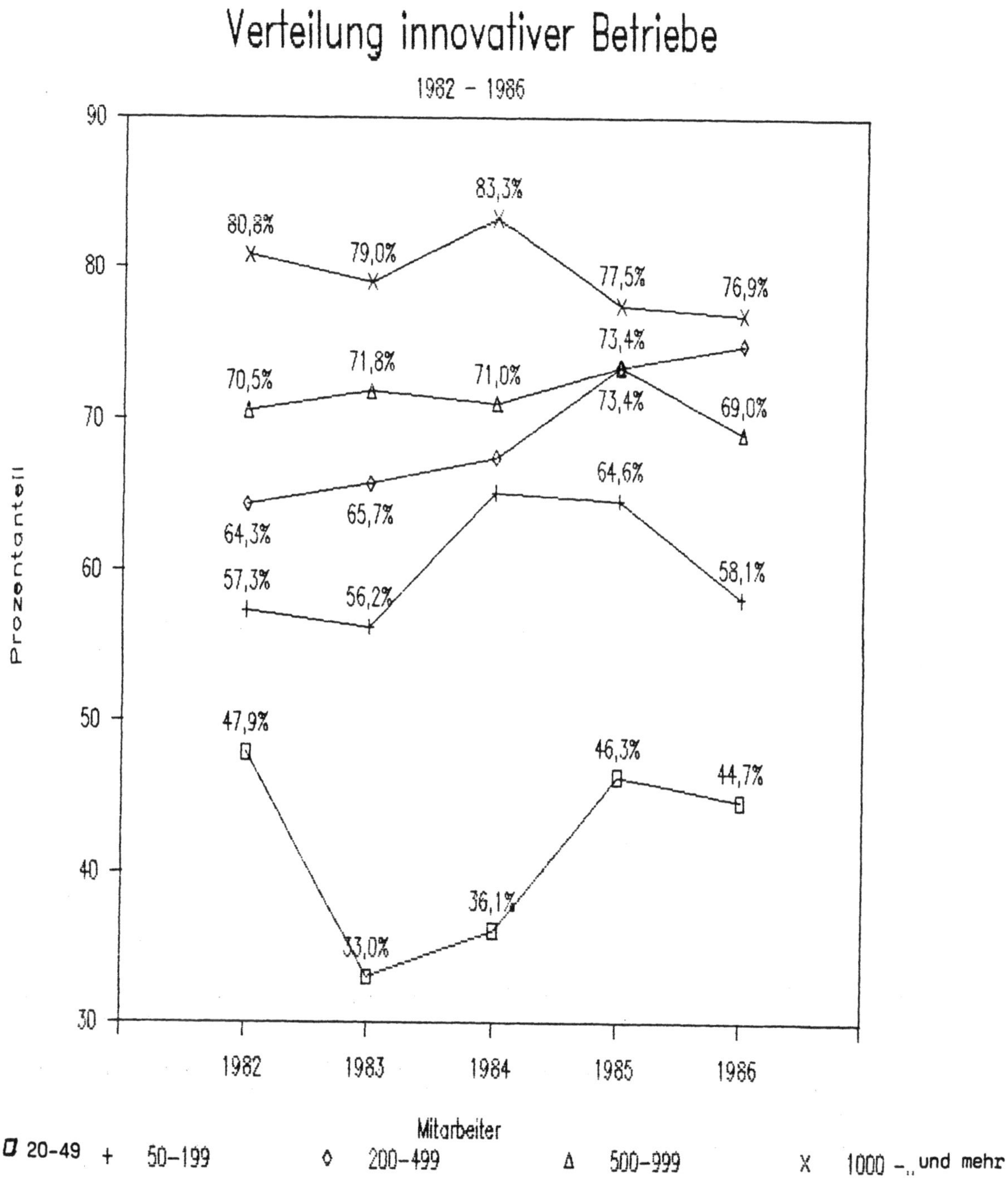

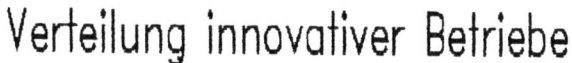

Verteilung innovativer Betriebe
1982 - 1986

Bild 12-1

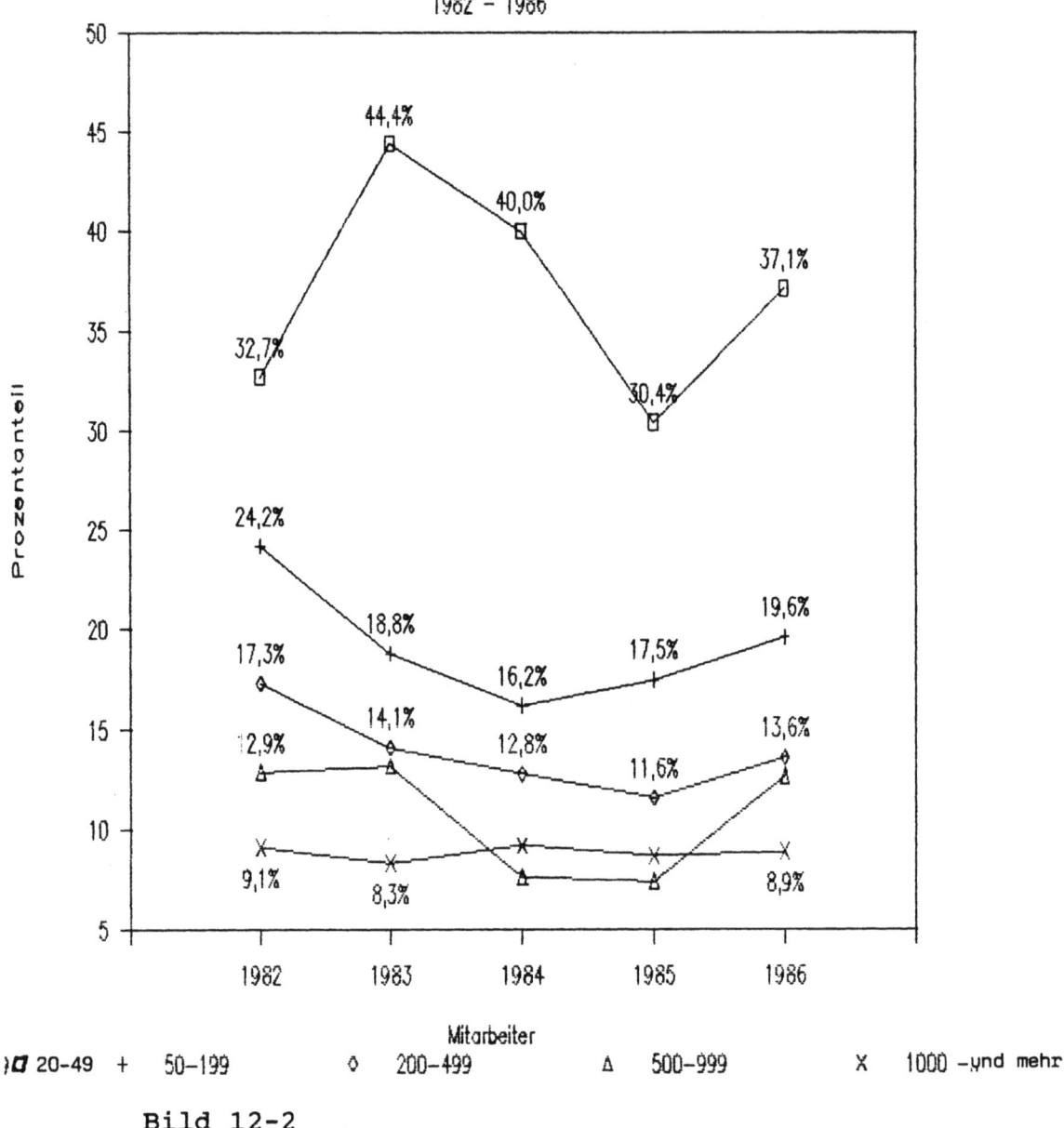

Bild 12-2

Diese Folie zeigt eine Aufteilung von innovativen und nicht innovativen Betrieben im verarbeitenden Gewerbe und deren Entwicklung über die Jahre 1982 - 1986. Das Verhältnis innovative und nicht innovative Betriebe ist in diesen Jahren in etwa gleich geblieben. Eine deutliche Verschiebung hat sich lediglich in der Betriebsgröße mit Mitarbeitern zwischen 200 und 500, also der mittelständische Bereich, ergeben, wo der Anteil der innovativen Betriebe von 64 % auf 75 % angestiegen ist.

Bestand an Numerisch gesteuerten Werkzeugmaschinen
(NC- und CNC-Maschinen)
in ausgewählten westlichen Industrieländern

Länder	Jahre	Anzahl in 1.000	Anteil am gesamten Werkzeugmaschinenbestand in %
BR Deutschland	1976	8	0,5
	1985	64	5,7
Frankreich	1976	4	0,4
	1985	31	5,0
Großbritannien	1976	10	1,1
	1982	26	3,3
	1987	55	7,1
Italien	1975	3	0,6
	1981	11	2,1
	1985	82	15,2
Japan	1974	11	1,3
	1980	28	2,8
Schweden	1973	1	0,7
	1980	4	3,0
USA	1973	27	0,4
	1983	103	4,7

Bild 13

Eine gerade für Sie besonders interessante Information zum Thema "was aus Innovation geworden ist" wird am Beispiel des Bestandes numerisch gesteuerter Werkzeugmaschinen aufgezeigt. Diese Folie zeigt, daß zwar Deutschland in 10 Jahren eine beachtliche Entwicklung erlebt hat, der Bestand an NC-gesteuerter Maschinen am gesamten Maschinenpark von 76 auf 85, von 0,5 % auf 5,7 % gestiegen ist. Eine viel rasantere

Entwicklung hat allerdings Italien genommen; hier von 0,6 % auf 15,2 %. Auch in absoluten Zahlen stehen in Italien deutlich mehr NC-gesteuerte Maschinen als in der BRD. Dies gilt selbstverständlich auch für die USA. Die Zahl für Japan, die allerdings nicht ganz vergleichbar ist, weil sie aus dem Jahre 1980 stammt, erscheint dagegen recht gering.

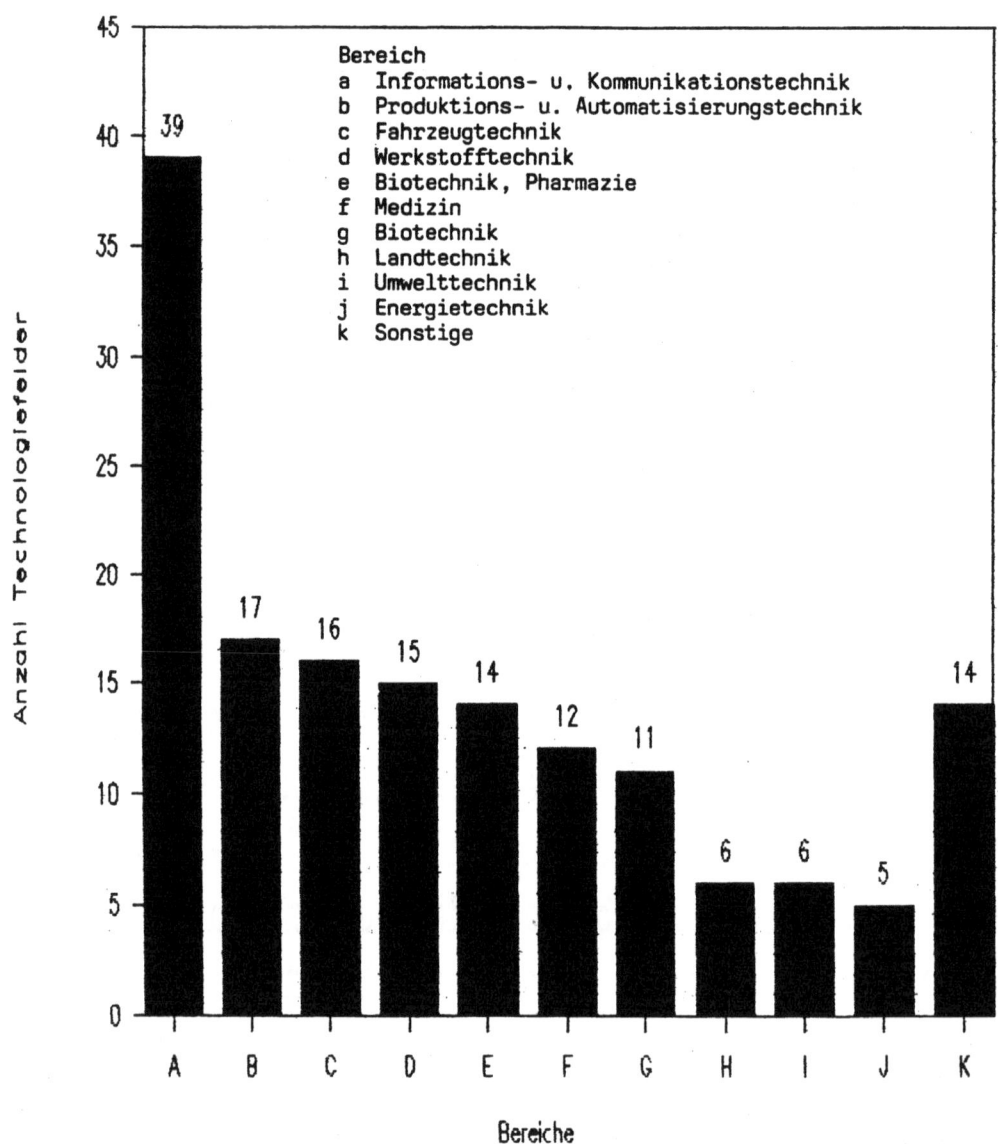

Bild 14

Auch für uns als Bank und unsere strategische Ausrichtung auf einzelne Branchen sind wichtig die Bereiche, die zukunftsträchtig sind. Hier eine Statistik, die aufzeigt, in welchen Branchen zukunftsträchtige Technologien gegeben sind.

Trotz der aufgezeigten, beachtlichen Erfolge in der BRD, die noch durch folgende Statistik den Anteil der Arbeitnehmer in den high tech-Berufen unterstreichen wird, gibt es und das ist Ihnen sicherlich nicht neu, einige Faktoren, die die Entwicklung hemmen bzw. beeinträchtigen. Ein ganz wesentlicher Faktor ist der Faktor Kapital. Insbesondere wird das fehlende Eigenkapital wie auch zu wenig Fremdkapital beklagt.

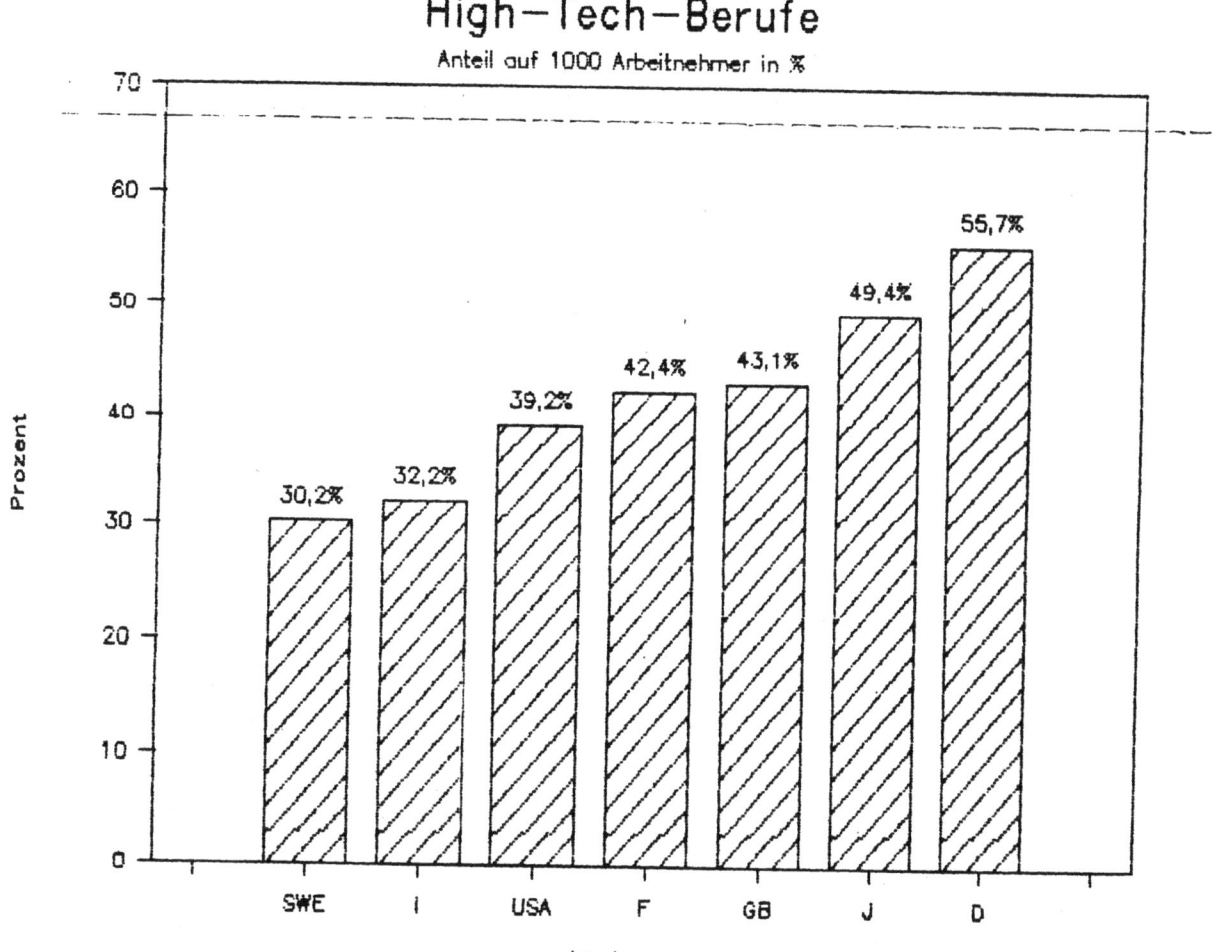

Bild 15-1

Der Eigenkapitalanteil der deutschen Unternehmen hat sich in den Jahren 1965 - 1987 von seinerzeit 29,5 % auf 19,5 % ermäßigt; entsprechend sind die Verbindlichkeiten angestiegen. Ein ähnliches Bild, wenn auch in der Relation etwas günstiger, zeigt sich für die deutschen Aktiengesellschaften.

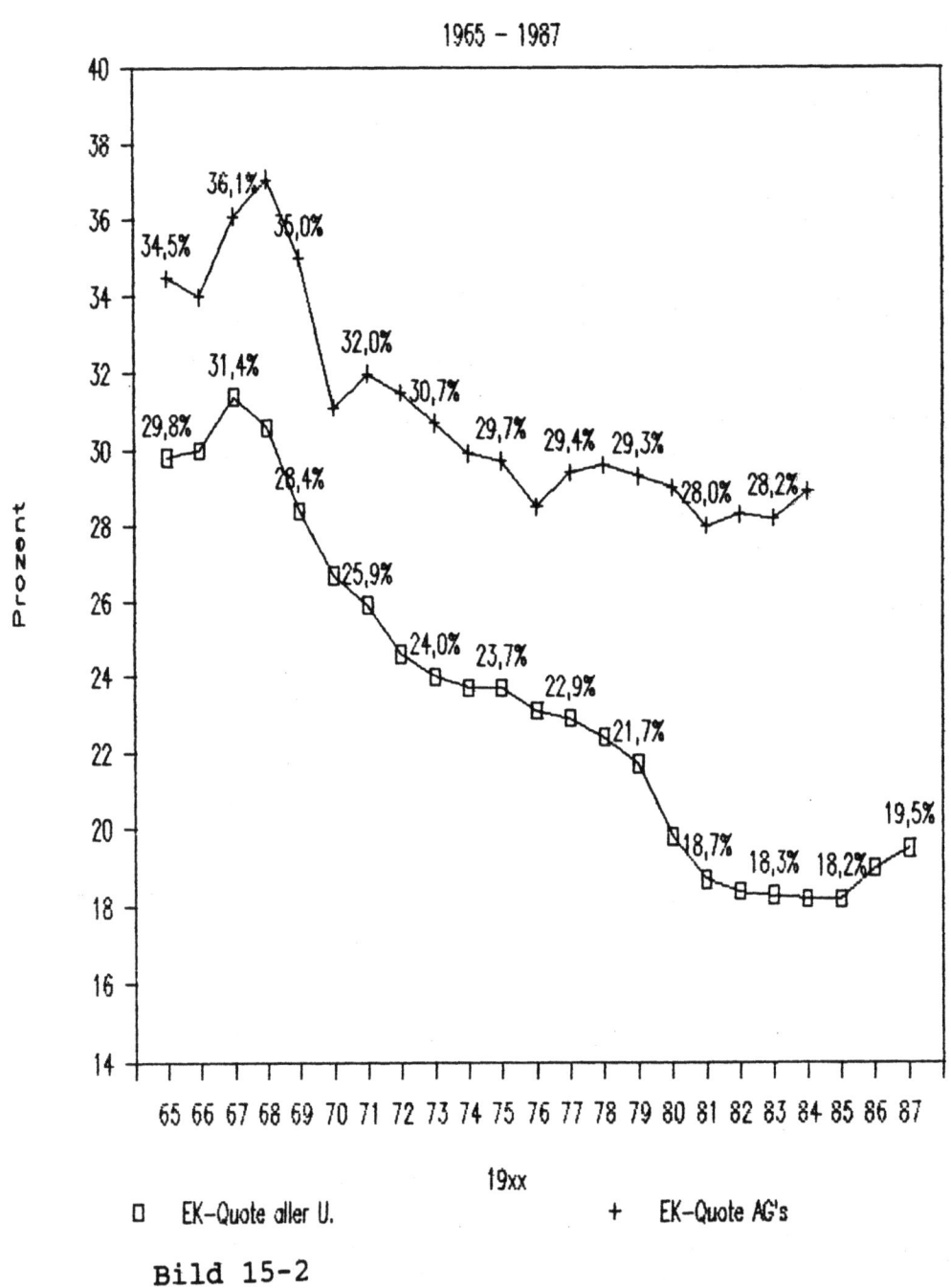

Bild 15-2

Hier ist der Eigenkapitalanteil von 34,5 % auf 28,9 % gesunken. Ursachen für diese Entwicklung sind bekannt. Es fehlt an Möglichkeiten und Anreizen, Eigenkapital zu bilden, was weiter zur Folge hat, daß auch die innovative Tätigkeit dadurch stärker beeinträchtigt wird. Hier ist eine ganz wesentliche Aufgabe der deutschen Kreditinstitute gegeben, dieses Problem mit lösen zu helfen.

Sie haben nun viel über die Entwicklung innovativer Unternehmen in der Bundesrepublik gehört, auch im Vergleich zur ausländischen Konkurrenz. Die Probleme und die Chancen wurden von mir kurz aufgezeigt und insbesondere aufgeführt, wo die Aufgaben der Banken einzusetzen haben. Sagen möchte ich, daß diese Probleme natürlich nicht leicht zu lösen sind und wir ganz klar zu trennen haben, zwischen innovativen Vorhaben, die von bekannten, also etablierten Unternehmen angegangen werden und solchen Unternehmen, die eben noch nicht in den Kreis der etablierten zu zählen sind.

Innovative Vorhaben von <u>bewährten Unternehmen</u> lassen sich eigentlich fast immer ohne größere Probleme finanzieren. Das Paket, das es zu schnüren gilt, aus Krediten, Zuschüssen und Sonderkrediten, ist dann auch im Hinblick auf konventionelle Sicherheiten problemlos. Allerdings bin ich auch der Meinung, daß hier Bedarf besteht für Eigenkapital, in Form von Beteiligungen. Wir als Bank, aber auch die Industrie und die öffentliche Hand, suchen hier nach neuen Wegen.

Diese neuen Wege möchte ich nur ganz kurz ansprechen. Sie sind deshalb erforderlich geworden, weil insbesondere kleinere und mittlere Unternehmen bisher kaum Zugang zum organisierten Kapitalmarkt hatten und nach wie vor haben. Wir haben deshalb eine Kapitalbeteiligungsgesellschaft gegründet, die gerade die Aufgabe hat, Eigenkapital für einen bestimmten Zeitraum an innovative Unternehmen zur Verfügung zu stellen, damit eine erfolgreiche Entwicklung sichergestellt werden kann und wir haben darüber hinaus zur Finanzierung High-Tech-Investionen uns an zwei Venture-Kapital-Gesellschaften beteiligt. Seit es den geregelten Markt gibt, können im übrigen auch mehr mittelständische Unternehmen mit uns den Weg an die Börse gehen. Und wenn Sie für den Binnenmarkt den "richtigen" Partner für Beteiligungen oder Kooperationen suchen - Sie tun sich nun einmal in Frankreich, Italien, England oder Spanien leichter, wenn Sie mit jemandem zusammenarbeiten, der das Markt-Knowhow hat -, dann hilft Ihnen möglicherweise unsere "Partnervermittlung", im Bank-Deutsch Mergers & Acquisitions genannt. Wir verstehen dies im übrigen, unter dem Vorzeichen der Kundennähe, nicht als bloßes Vermittlungsgeschäft, sondern als Beratung, als aktive Hilfestellung bei der gezielten Suche von Unternehmen, die zu Ihnen passen. Ein kurzer Blick nach Japan genügt, um Ihnen die Bedeutung von Auslandsbeteiligungen vor Augen zu führen. 1988 haben japanische Unternehmen dafür rund 13 Mrd. DM aufgewendet. Noch gehen diese Gelder, was Europa betrifft, überwiegend nach Großbritannien. Aber die Bundesrepublik wird als Zielland zunehmend interessanter und nun werden Sie vielleicht die Frage stellen, wie es um die Finanzierungsmöglichkeiten

neu in den Markt drängender Unternehmen steht. Natürlich ist
dies viel problematischer als bei neuen Vorhaben von
bewährten Unternehmen. Offenkundig bestätigt dies die
Statistik über die Lebensdauer sog. "Existenzgründer".
Bekanntlich überstehen 4/5 dieser Unternehmen keine 5 Jahre.
Viele davon haben mit innovativen Ideen auch im High-Tech-
Bereich den Versuch der Existenzgründung unternommen. Der
nur bescheidene Erfolg bereitet uns Bankern natürlich Probleme. Wir sind, ich habe dies schon erwähnt, darauf ange-
wiesen, unsere Mittel von unseren Kunden wieder zurückzu-
erhalten. Wie steht es also mit der Chance von "Newcomern",
eine Bank zu finden, die bereit ist, zu finanzieren oder
Kapital zur Verfügung zu stellen? Wann begleiten wir diese
innovativen Unternehmen, auch die jungen, nicht nur die
bewährten und wann begleiten wir sie nicht? Es gilt ein
Prinzip für beide, für bewährte wie für junge Unternehmen.

Wenn das Produkt bzw. der Markt und die Unternehmerpersön-
lichkeit überzeugen, gibt es immer eine Lösung. Die wirtschaftliche Entwicklung in der Bundesrepublik Deutschland in
den letzten 20 Jahren und hier ganz besonders in Süddeutsch-

land, Bayern und Baden-Württemberg, ist der allerbeste Beweis dafür.

Meine Damen und Herren, ich fasse zusammen: Das Thema "Bank und Innovation" hat aus meiner Sicht die zwei Aspekte, die ich eingangs angesprochen habe.

1. Der Wettbewerb am Markt fordert von uns neue, bessere Dienstleistungen, und wir nehmen diese Herausforderung gerne an. Sie werden in Zukunft eine deutlich breitere Palette von EDV-gestützten Dienstleistungen nutzen können - mit dem Ergebnis, daß die Qualität und Intensität der persönlichen Betreuung steigen kann.

2. Gerade Sie, die innovativen Unternehmer, sind es, die von der Bank diese besondere Leistungsfähigkeit fordern. Damit wir diese Leistungen bei Beratung und Finanzierung erbringen können, brauchen wir im Gegenzug die offene Information von Ihrer Seite; ausreichend nicht nur über den Ist-Zustand im Unternehmen, sondern gerade über das Soll, über Ihre Pläne, über das Unternehmenskonzept. Ich

habe vom "Produktionsfaktor Information" gesprochen, und der entfaltet seine Leistung nur im Dialog. Ein solcher partnerschaftlicher Dialog ist, meine ich, ertragreich für beide Seiten - aus unserer Sicht schon deswegen, weil wir ausgesprochen gerne mit Unternehmen zusammenarbeiten, die selbst gut geführt werden und gut verdienen. Für uns gilt der Leitsatz: "Nur wer offen miteinander redet, kann auch gut miteinander arbeiten." Nutzen Sie dieses Angebot!

- Ich danke Ihnen.

CIM – Am Beispiel des IBM-Werkes Mainz

M. Brendel

In diesem Vortrag soll nicht auf die inzwischen allgemein bekannten Vorteile von CIM eingegangen werden, die da sind: Flexibilität, Schnelligkeit bei Einführung neuer Produkte/Technologien, Wettbewerbsvorteile usw.

Vielmehr soll versucht werden, einige Schwerpunkte anzusprechen, die bei der Implementierung von CIM zu beachten sind, und die zusammengenommen eine Herausforderung für jedes Unternehmen darstellen. Aber was ist eigentlich CIM? Natürlich die computerintegrierte Produktion. Es ist aber mehr als die Summe der sattsam bekannten CADs, PPS, CAMs, CAQs usw. Das wäre die rein benutzerfunktionale Sicht. Für ein effizientes Endergebnis einer computerintegrierten Fertigung muß CIM die Informations-Infrastruktur bilden, inkl. Netzwerke und Daten bzw. Datenbanken als Basis für den Ablauf der Geschäftsprozesse eines Unternehmens. Aus dieser Definition ergeben sich folgende Forderungen:

1. Vor der Einführung von CIM-Software müssen die betrieblichen Abläufe analysiert und optimiert - meistens vereinfacht - werden. In fast allen Unternehmen der Fertigungsindustrie hat sich in den letzten Jahrzehnten der Taylorismus, d. h. die stark arbeitsteilige Ablauforganisation etabliert. Diese Strukturen müssen bei der Einführung von CIM aufgebrochen werden, weil sonst die Implementierung von CIM-Software die in der Taylor'schen Ablauforganisation etablierten Abläufe lediglich "elektrifiziert. Hier werden heute große Produktivitätspotentiale verschenkt.

   Es gibt inzwischen zur Unterstützung dieser Ablaufanalysen computerunterstützte Methoden und Werkzeuge. Wichtig ist die "Top Down"-Vorgehensweise, d. h. über die Schaffung eines "Business Models" die wichtigen Funktionen bzw. Anforderungen eines Unternehmens zu beschreiben. Hier ist einerseits die Geschäftsleitung gefordert - durch Vergabe der wichtigen Geschäftsparameter - und andererseits die Experten der Ablauf-/Systemanalyse und die Benutzer, die dafür Sorge tragen müssen, daß alle relevanten Abläufe so verkettet sind, daß alles zusammen ein integriertes Ganzes ergeben.

2. Es hat sich in der Praxis gezeigt, daß die angesprochenen Prozesse der Umorientierung und Infragestellung lange geübter Ablaufpraktiken und stärkerer Computerunterstützung erhebliche Widerstände und Unruhe in allen Hierarchien eines Unternehmens zur Folge haben. Eine entsprechende Information bzw,. die Einbeziehung aller Mitarbeiter ist deshalb unbedingte Voraussetzung für die erfolgreiche Einführung von CIM. Je nach Größe des Unternehmens ist die Etablierung dedizierter CIM-Schulungen für die Mitarbeiter inkl. Management vorzusehen bzw. sollte selektiv die Möglichkeit zum zum Besuch firmenexterner Schulung gegeben werden. Entscheidend für die Motiva-

tion aller Hierarchien ist die sichtbare "Bannerträger"-Funktion der Geschäftsleitung.

3. Die Umstrukturierung des Unternehmens sollte folgende Schwerpunkt haben:

   - Aufbauorganisation und Ablauforganisation:
     Flache Hierarchie, möglichst wenige Ebenen zwischen Unternehmensleitung und Fertigungslinien, eindeutige Verantwortungsabgrenzung, möglichst optimale Widerspiegelung der Ablaufkette der Geschäftsprozesse, wenige Schnittstellen
     (Insel zu Insel), sondern integrierte Gesamtabläufe.

   - Unternehmensstruktur:
     Voraussetzung für den Erfolg ist letztlich eine Null-Fehler-Kultur innerhalb des Unternehmens und bei den Zuliefer-Unternehmen. Nur so sind die Anforderungen von neuen Fertigungsphilosophien wie Just-in-Time zu realisieren.

   - Mitarbeiterstruktur:
     Das erfolgreiche CIM-Unternehmen braucht einen neuen Typus von MA: höherqualifiziert, ganzheitlich denkend, mit dem Computer vertraut. Hier haben die Unternehmen aber auch Schulen und Hochschulen und nicht zuletzt die Mitarbeiter auf die neuen Anforderungen zu reagieren.

4. Die teilweise sehr komplexen Zusammenhänge erfordern die Anwendung neuer Methoden:

   Bei der Analyse der Geschäftsprozesse kommen computergestützte Modellierungs- und Dokumentationsmethoden zum Einsatz. Problemstellungen im Bereich der Planung und Installation von Fertigungslinien werden durch benutzerfreundliche Simulations-Software unterstützt und bei der Optimierung von Fertigungsprozessen kommt moderne Statistiksoftware zum Einsatz. Expertensysteme werden überall da eingesetzt, wo Entscheidungen mit komplexen Hintergrund schnell und reproduzierbar getroffen werden müssen.
   Hier ist die Herausforderung an das Unternehmen, sich Mitarbeiterpotential heranzubilden, das sich dieser Werkzeuge/Techniken intelligent bedienen kann.

5. Wie eingangs erwähnt, soll an dieser Stelle nicht über die Anwenderbausteine von CIM gesprochen werden. Allerdings gibt es für deren intelligente Implementierung eine entscheidende Hürde: Das Unternehmen, das in der Regel seit Jahren, in vielen Fällen Jahrzehnten, EDV betreibt, hat heute im Rechenzentrum oder der EDV-Abteilung das Ergebnis jahrelanger EDV-Entwicklung installiert. Es ist in den meisten Fällen das Spiegelbild unserer tayloristischen Ablauforganisation, hier in Form von Hunderten oder gar Tausenden von individuellen Datenelementen bzw. Datenbanken.
Dieser für den Benutzer oft nicht sichtbare Wirrwarr ist der Hauptgrund für den heute sprichwörtlichen Anwendungsstau und den Ruf nach Endbenutzter - EDV.
Hier gilt es vor der weiteren Implementierung der CIM-Bausteine Ordnung zu schaffen. Ansonsten müssen die Applikationen über viele Schnittstellen verbunden werden und Netzwerke und Rechner werden durch unnötigen System-Ballast verstopft bzw. aufgebläht. Für diesen Problemkreis gibt es Methoden und Werkzeuge der Datenmodellierung sowie gute Ansätze zur Auflösung des Anwendungsstaus, z. B. das Konzept eines CIM DATA WAREHOUSE.

6. Da der Weg eines Unternehmens in eine CIM-Welt nur von oben nach unten zu bewerkstelligen ist und viele Belange wie Logistik, System-Know-how und MA-Ausbildung zu koordinieren sind, sollte eine dedizierte Organisation mit der Ausarbeitung einer Implementierungs-Strategie beauftragt werden.

<u>Auf einen Nenner gebracht, ergibt sich die Schlußfolgerung</u>:

<u>Die Herausforderung von CIM besteht aus dem Management der Geschäftsprozesse und dem Aufbau der dazu notwendigen Informations-Infrastruktur durch Hardware- und Softwarekomponenten.</u>

<u>Beispiele und Vorgehensweisen dazu werden im Rahmen des Referats vorgestellt.</u>

IBM DEUTSCHLAND GMBH

EINE HERAUSFORDERUNG

FUER DIE

INDUSTRIE

4571/CIMHFG1   APRIL 1989

| IBM DEUTSCHLAND GMBH |  |

CIM DEFINITION

Nachdem die Geschaeftsprozesse des Fertigungsunternehmens verstanden und optimiert worden sind, ist

CIM

die Anwendung der Informationstechnologie, um Produktivitaet und Flexibilitaet des Unternehmens zu erhoehen.

IBM DEUTSCHLAND GMBH

Traditionelle Betrachtungsweise

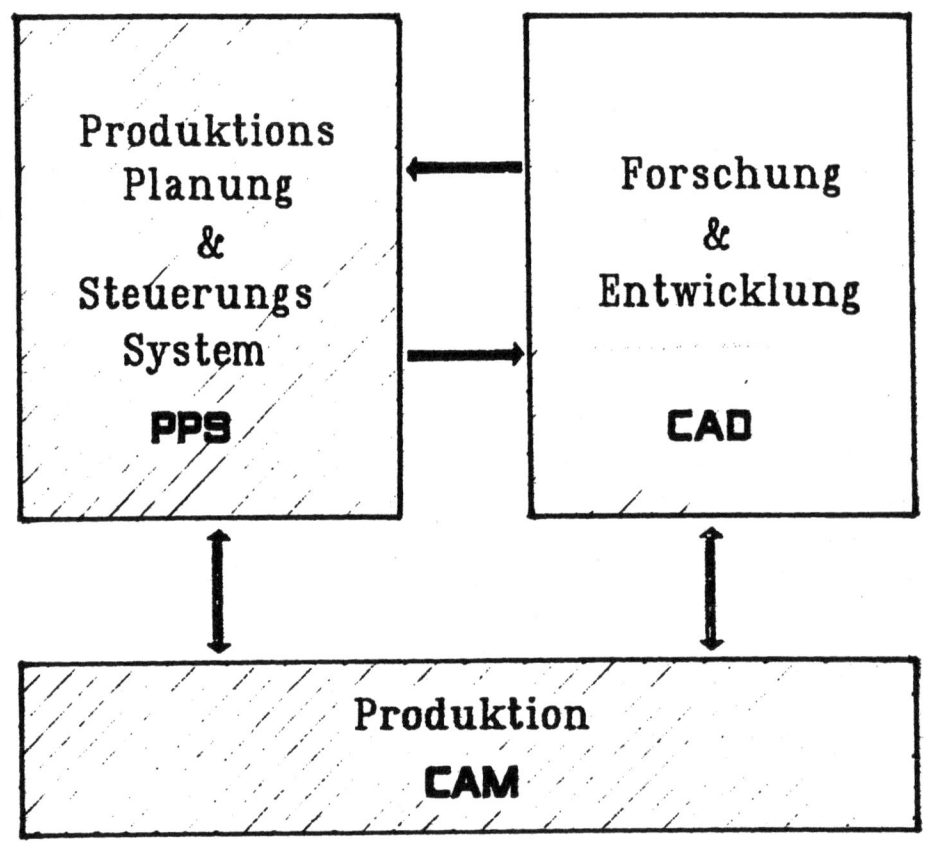

PPS + CAD + CAM = CIM

| IBM DEUTSCHLAND GMBH | CIM |

IBM's Betrachtungsweise

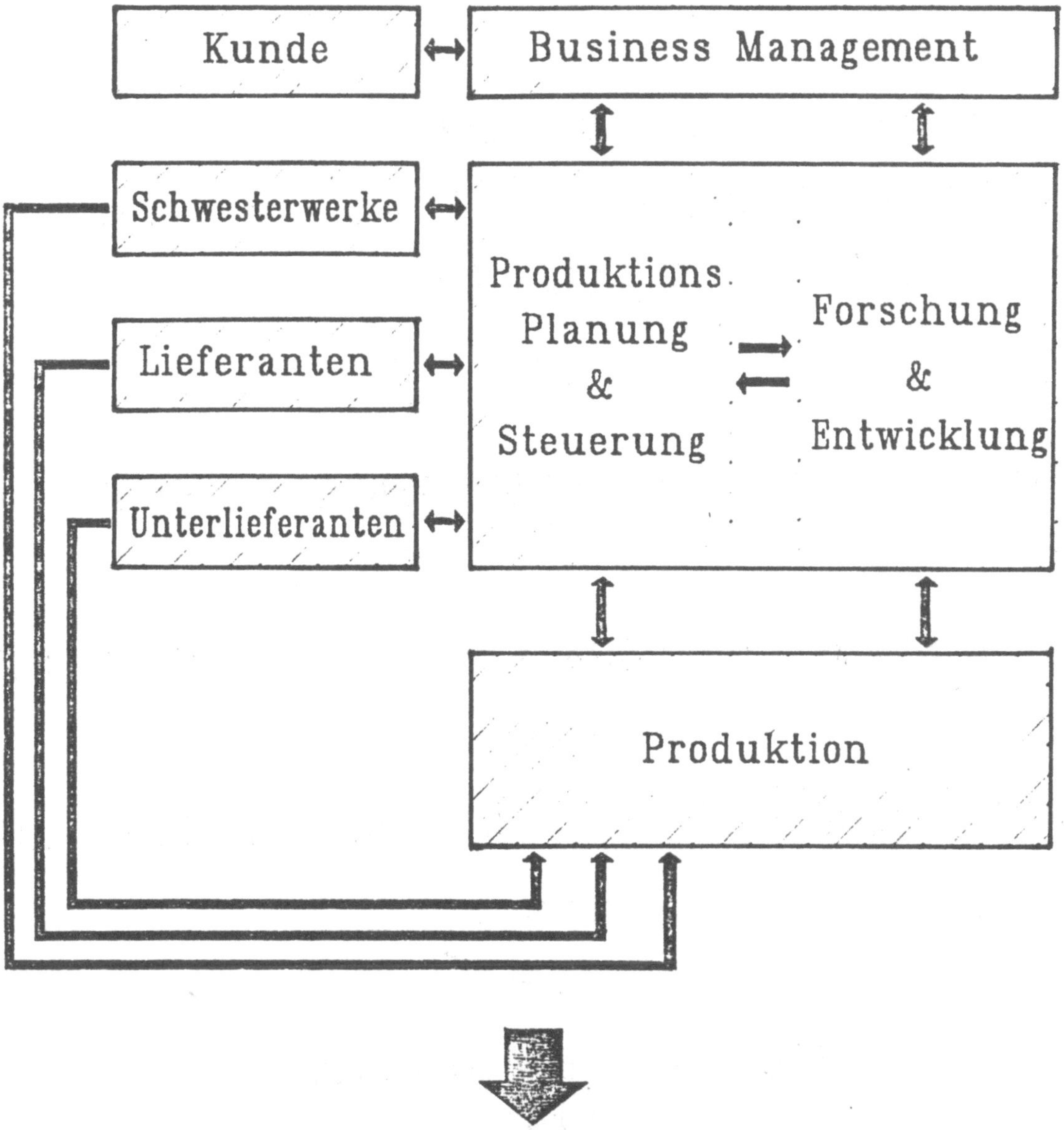

Management der Daten

Innerhalb und ausserhalb des Unternehmens

IBM DEUTSCHLAND GMBH

CIM IN IBM

- o 39 WERKE
- o Vom MB CHIP ---> 3090 MAINFRAME
- o Von NC ---> Robotertechnik ---> Halbleiter Technologie
- o CAD / CAE / PPS / CAM / CAQ / CAO ...

INDIVIDUELLE CIM LOESUNGEN DER WERKE

GEMEINSAME "CORPORATE" – CIM ARCHITEKTUR

GESCHAEFTSPROZESSE   INFORMATIONSTECHNOLOGIE

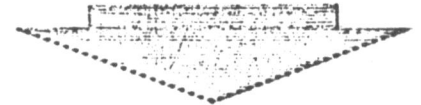

STUFENWEISE EVOLUTION
zum

" USE WHAT WE SELL + SELL WHAT WE USE "

4571/CIM010   APRIL 1989

| IBM DEUTSCHLAND GMBH |  |

CIM braucht als Voraussetzung

den OPTIMIERTEN / VEREINFACHTEN
GESCHAEFTSABLAUF

"KULTURVERAENDERUNG"

vom TAYLORISMUS (Segmentierung)
zur INTEGRATION !

IBM DEUTSCHLAND GMBH — CIM

* vereinfachung der Ablaeufe
* Verantwortung in einer Hand
* Eindeutige Kostenverantwortung
* Autonomie der Fertigungslinien
* JIT / PULL
* Integration der Zulieferanten und Kunden
* Qualitaet (Null Fehler – SPC)
* Mitarbeiterqualifikation (breit)
* "Real Time" – Berichtswesen
* Einsatz von Experten Systemen / Simulations- u. Modellierungs-Verfahren
* Kostenoptimierte Entwicklung / Wartung

CIM bringt die INFORMATIONS – INFRASTRUKTUR

IBM DEUTSCHLAND GMBH

ORGANISATIONSSTRUKTUR

SEGMENTIERUNG ➡ **INTEGRATION**
➡ **AUTONOME PRODUKTION**

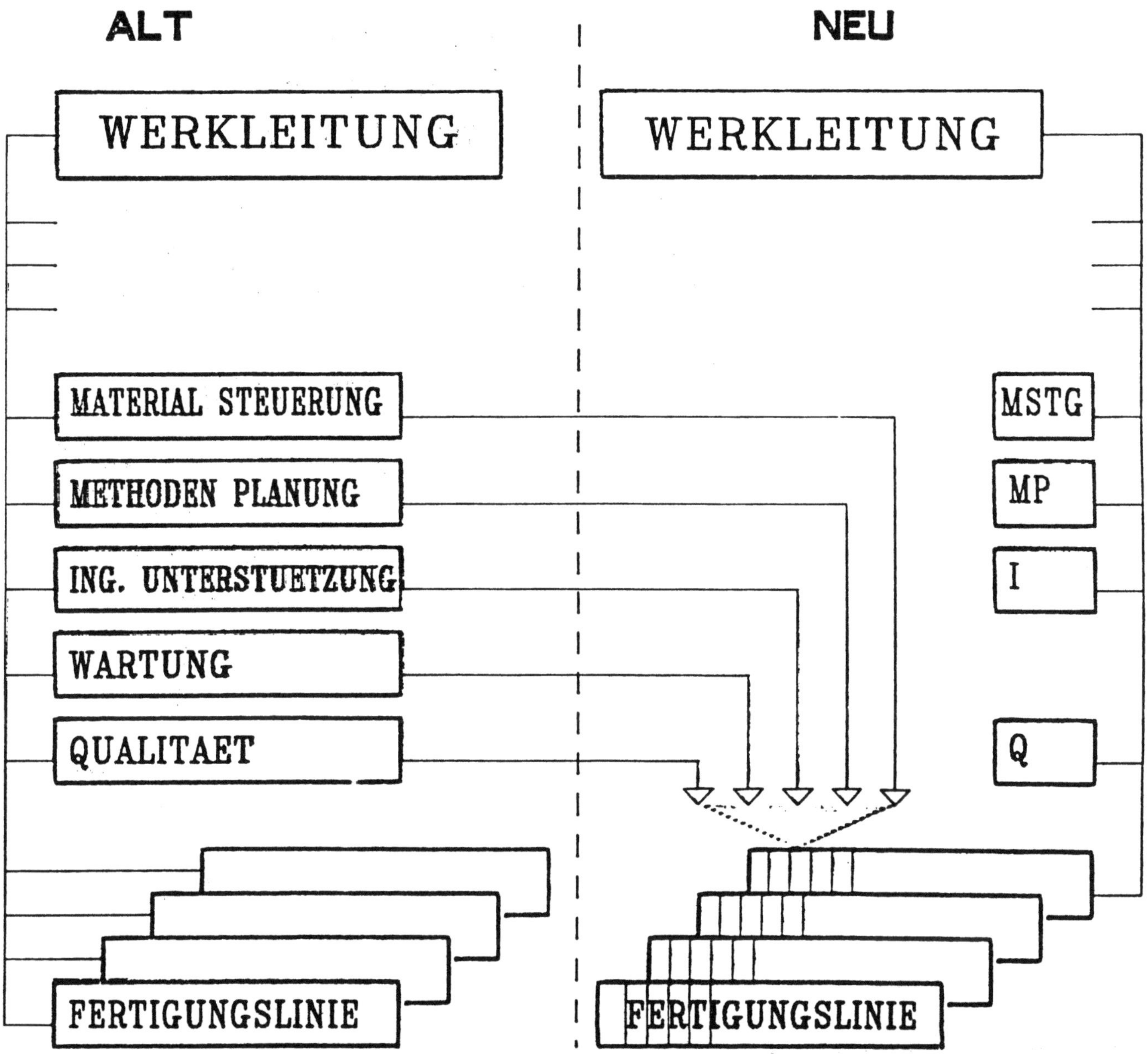

ALT | **NEU**

WERKLEITUNG | WERKLEITUNG

ALT	NEU
MATERIAL STEUERUNG	MSTG
METHODEN PLANUNG	MP
ING. UNTERSTUETZUNG	I
WARTUNG	
QUALITAET	Q

FERTIGUNGSLINIE | FERTIGUNGSLINIE

4571/CIM009 APRIL 1989

IBM DEUTSCHLAND GMBH

MAGNETKOPF CFM PROJEKT

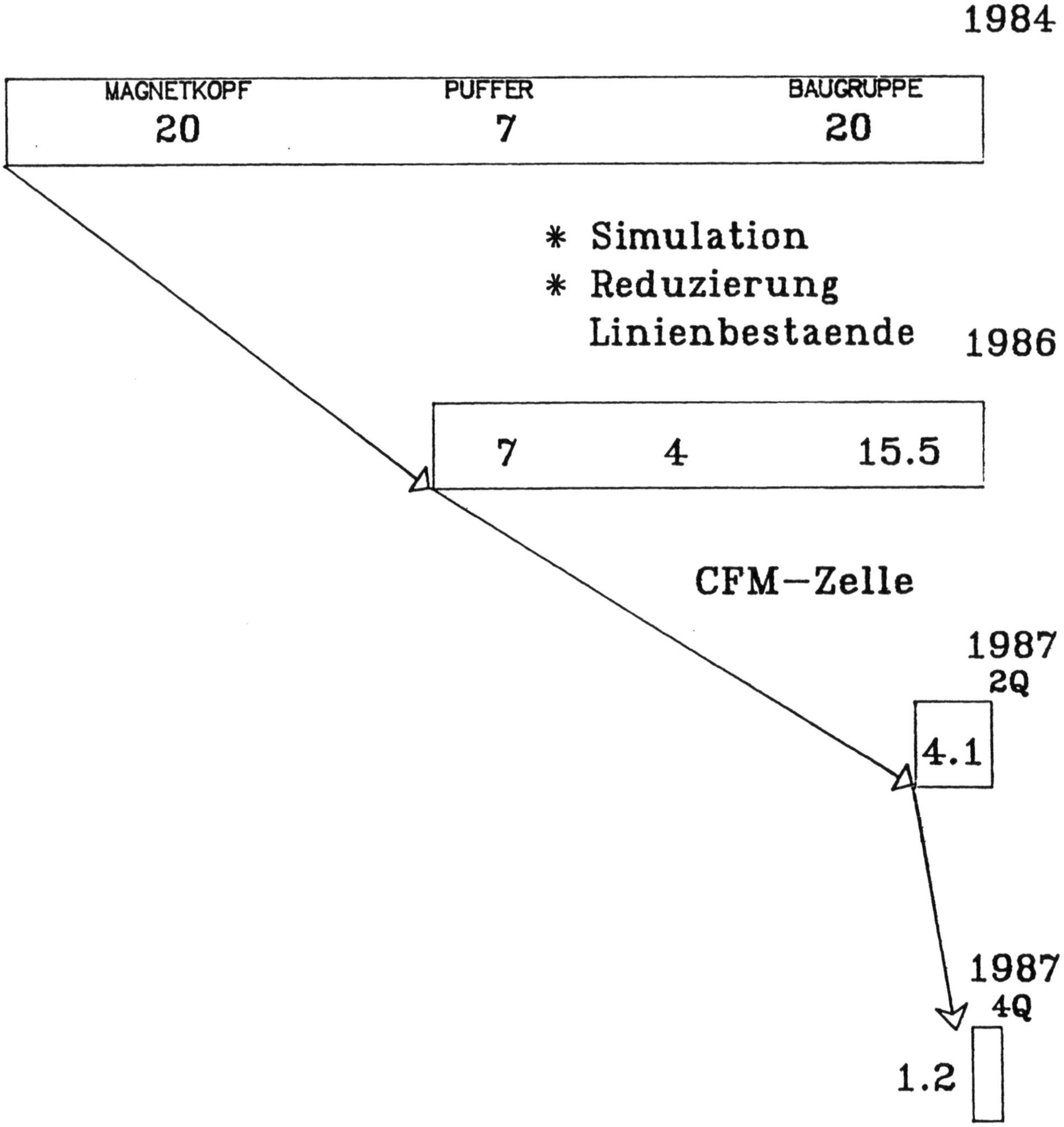

1984

MAGNETKOPF	PUFFER	BAUGRUPPE
20	7	20

* Simulation
* Reduzierung Linienbestaende

1986

7	4	15.5

CFM−Zelle

1987 2Q

4.1

1987 4Q

1.2

IBM DEUTSCHLAND GMBH

BESTAENDE PLATTENSPEICHER IN %
(WERTAUFLAUF - PROFIL)

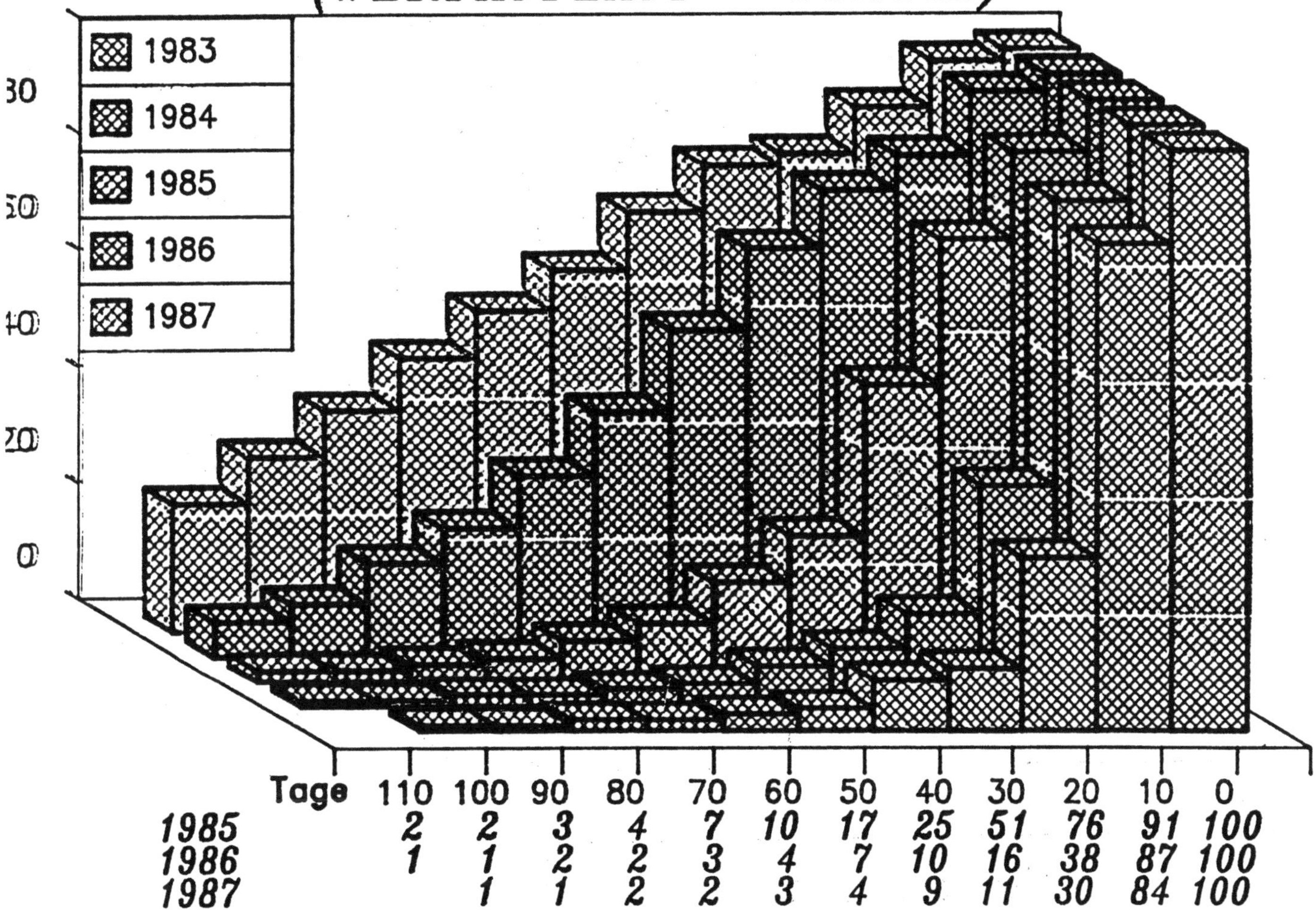

Tage	110	100	90	80	70	60	50	40	30	20	10	0
1985	2	2	3	4	7	10	17	25	51	76	91	100
1986	1	1	2	2	3	4	7	10	16	38	87	100
1987		1	1	2	2	3	4	9	11	30	84	100

4571/CIMANW APRIL 1989

IBM DEUTSCHLAND GMBH

CIM

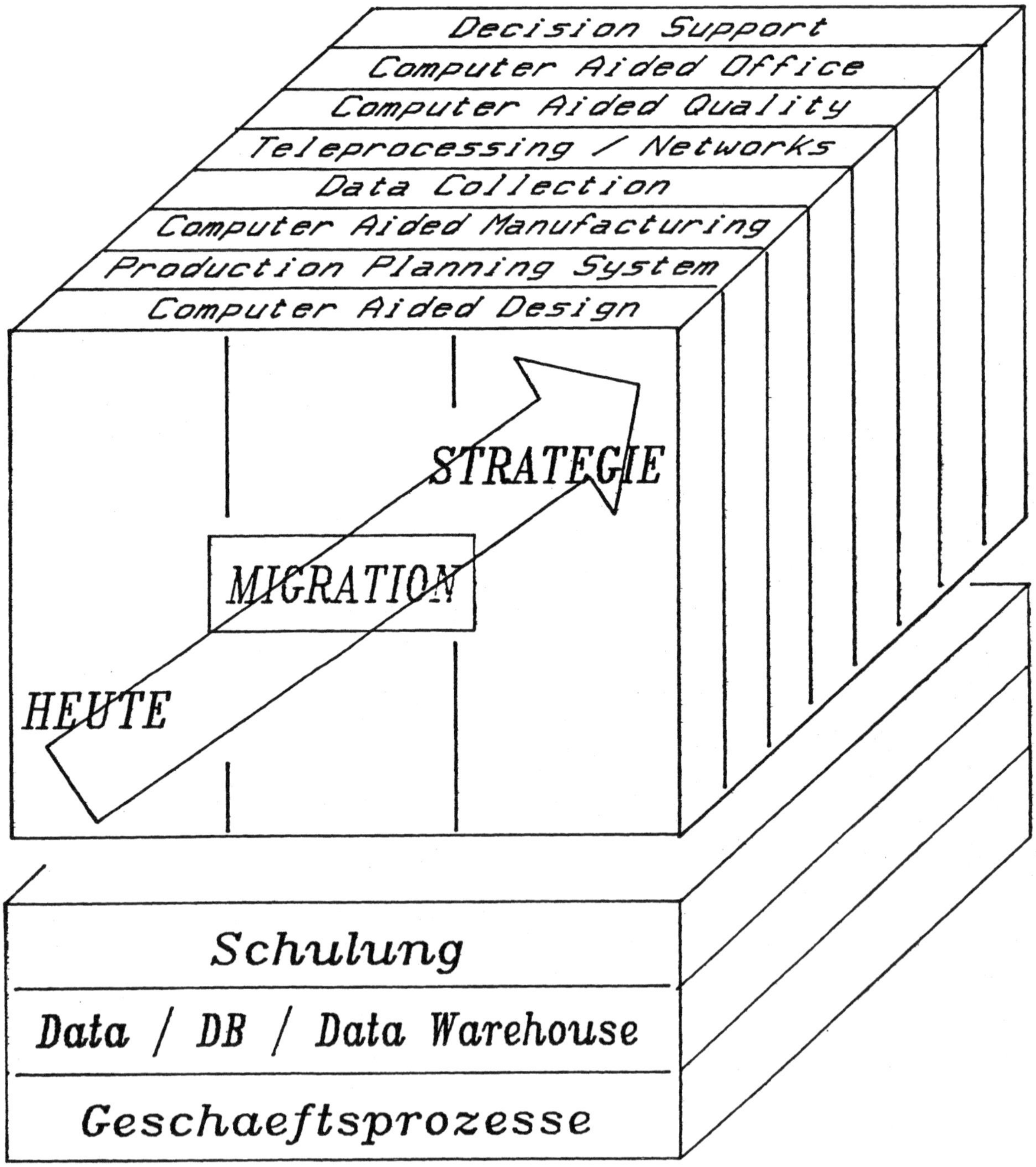

- Decision Support
- Computer Aided Office
- Computer Aided Quality
- Teleprocessing / Networks
- Data Collection
- Computer Aided Manufacturing
- Production Planning System
- Computer Aided Design

HEUTE → *MIGRATION* → *STRATEGIE*

- Schulung
- Data / DB / Data Warehouse
- Geschaeftsprozesse

4571/CIM007   APRIL 1989

IBM DEUTSCHLAND GMBH

HEUTE   MORGEN

HOST — DATEN FUNKTIONEN → DATEN → BERICHTS-DATENBANK

AREA CTLR. — DATEN   ENABLERS

OPERATIONALE DATEN

WORK STAT. — FERTIGUNGSLINIEN

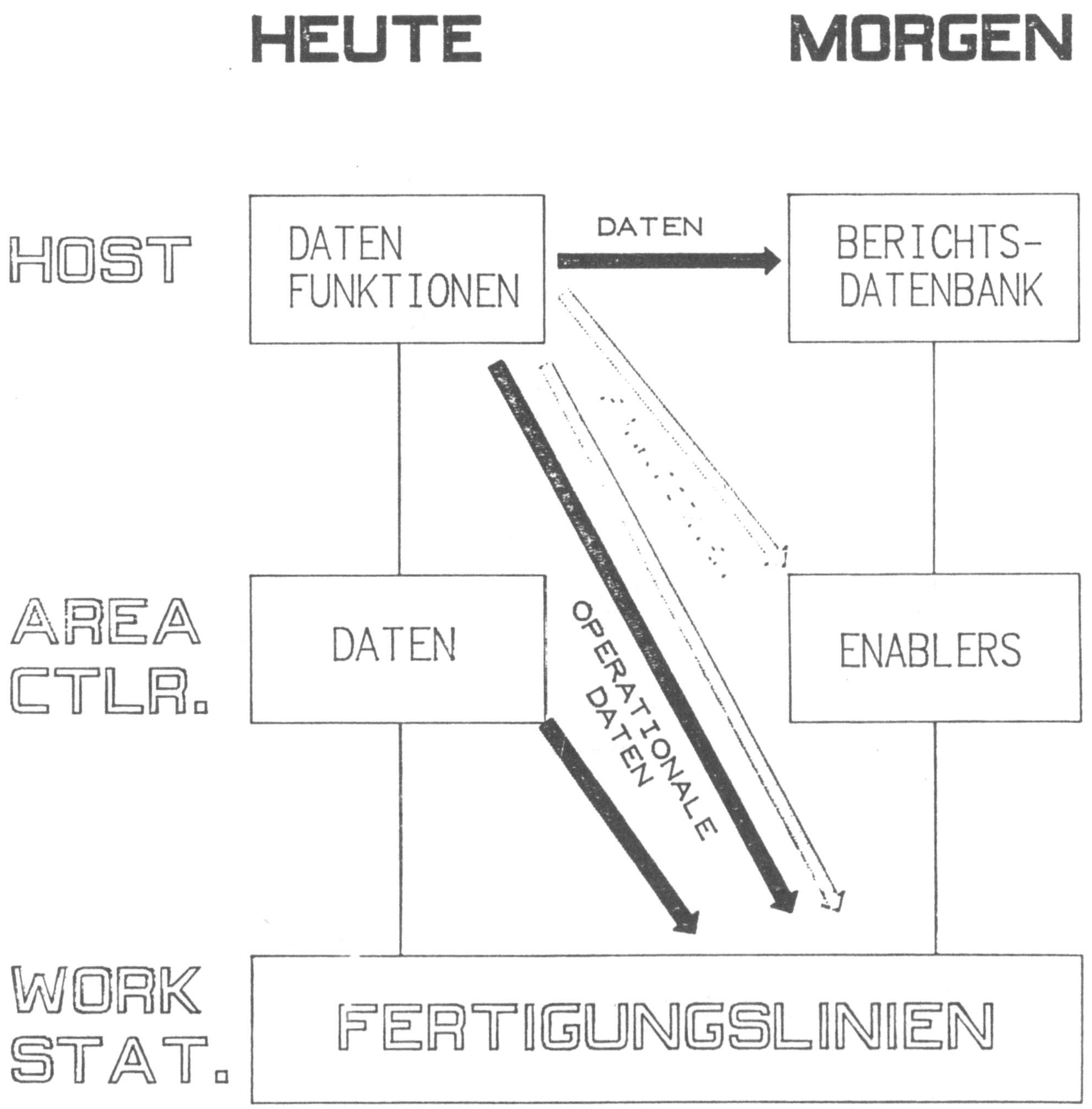

IBM DEUTSCHLAND GMBH

LOGISTIK UND VERWALTUNG

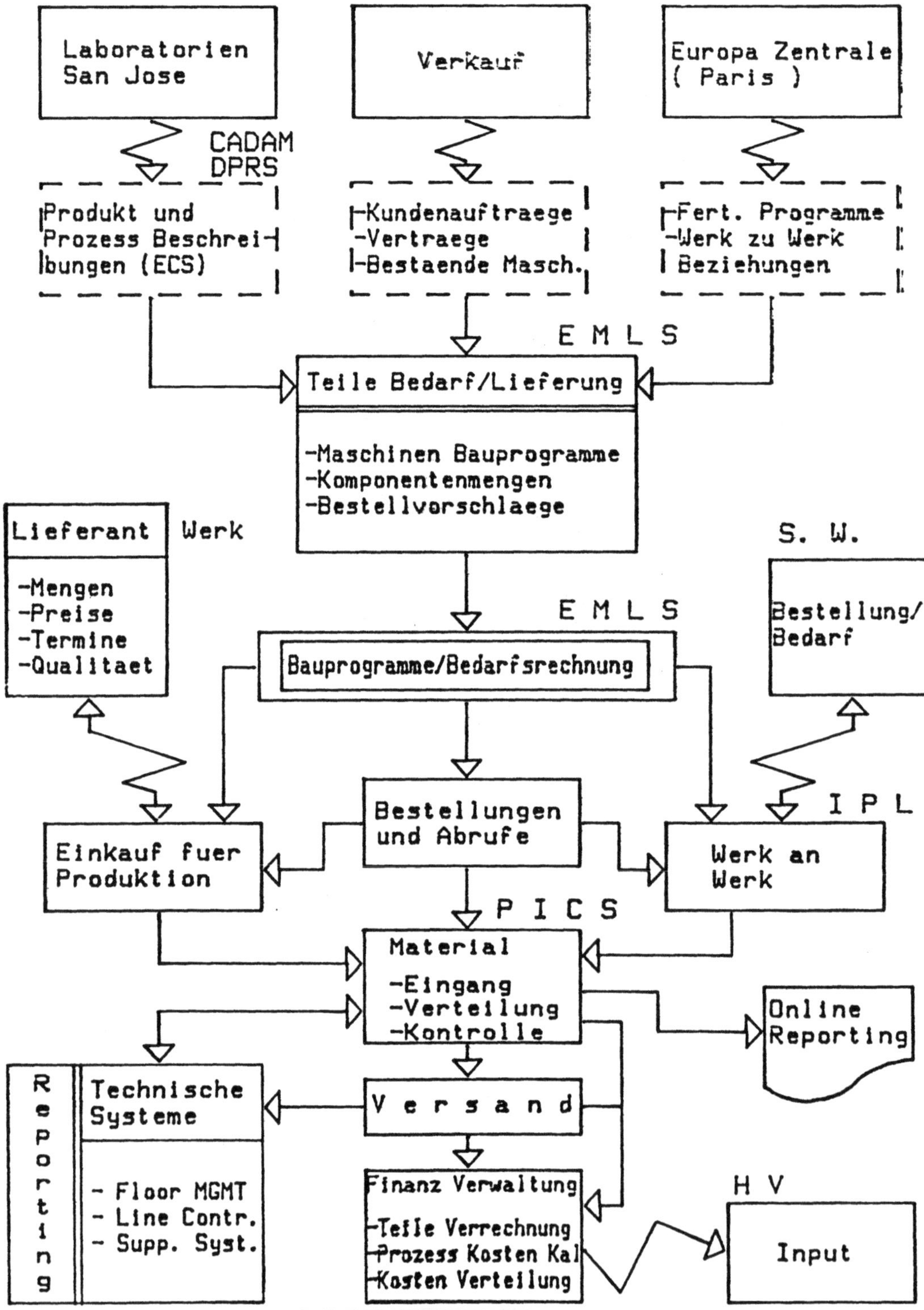

```
┌─────────────────┐    ┌─────────────┐    ┌─────────────────┐
│ Laboratorien    │    │  Verkauf    │    │ Europa Zentrale │
│ San Jose        │    │             │    │   ( Paris )     │
└─────────────────┘    └─────────────┘    └─────────────────┘
         ⇃ CADAM              ⇃                    ⇃
           DPRS
   Produkt und          -Kundenauftraege    -Fert. Programme
   Prozess Beschrei-    -Vertraege          -Werk zu Werk
   bungen (ECS)         -Bestaende Masch.    Beziehungen
```

EMLS — Teile Bedarf/Lieferung

- Maschinen Bauprogramme
- Komponentenmengen
- Bestellvorschlaege

Lieferant Werk
- Mengen
- Preise
- Termine
- Qualitaet

S. W. — Bestellung/Bedarf

EMLS — Bauprogramme/Bedarfsrechnung

Bestellungen und Abrufe

Einkauf fuer Produktion

IPLS — Werk an Werk

PICS — Material
- Eingang
- Verteilung
- Kontrolle

Online Reporting

Reporting — Technische Systeme
- Floor MGMT
- Line Contr.
- Supp. Syst.

Versand

Finanz Verwaltung
- Teile Verrechnung
- Prozess Kosten Kal
- Kosten Verteilung

H V — Input

4571/CIM006 APRIL 1989

IBM DEUTSCHLAND GMBH

CIM

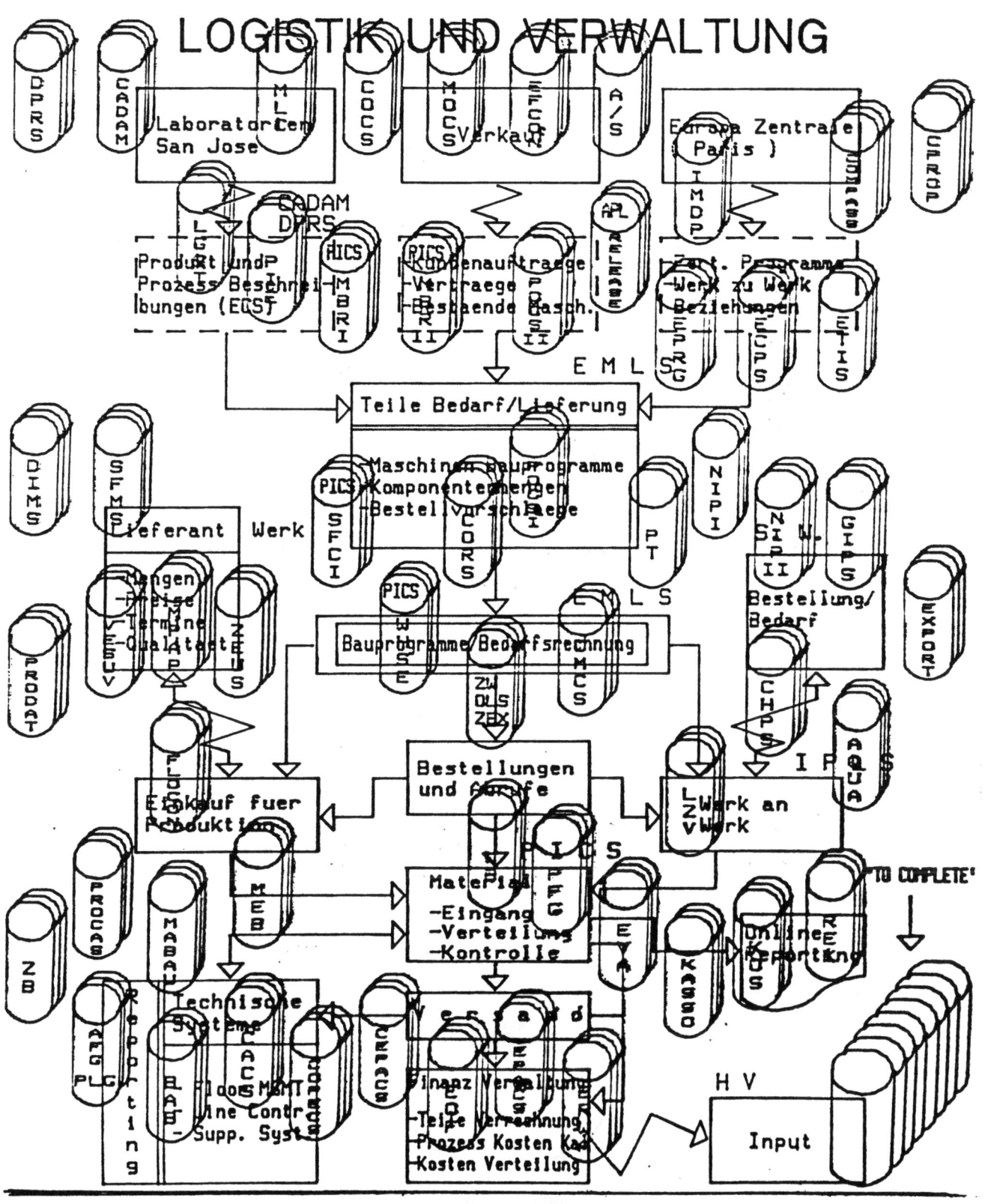

IBM DEUTSCHLAND GMBH

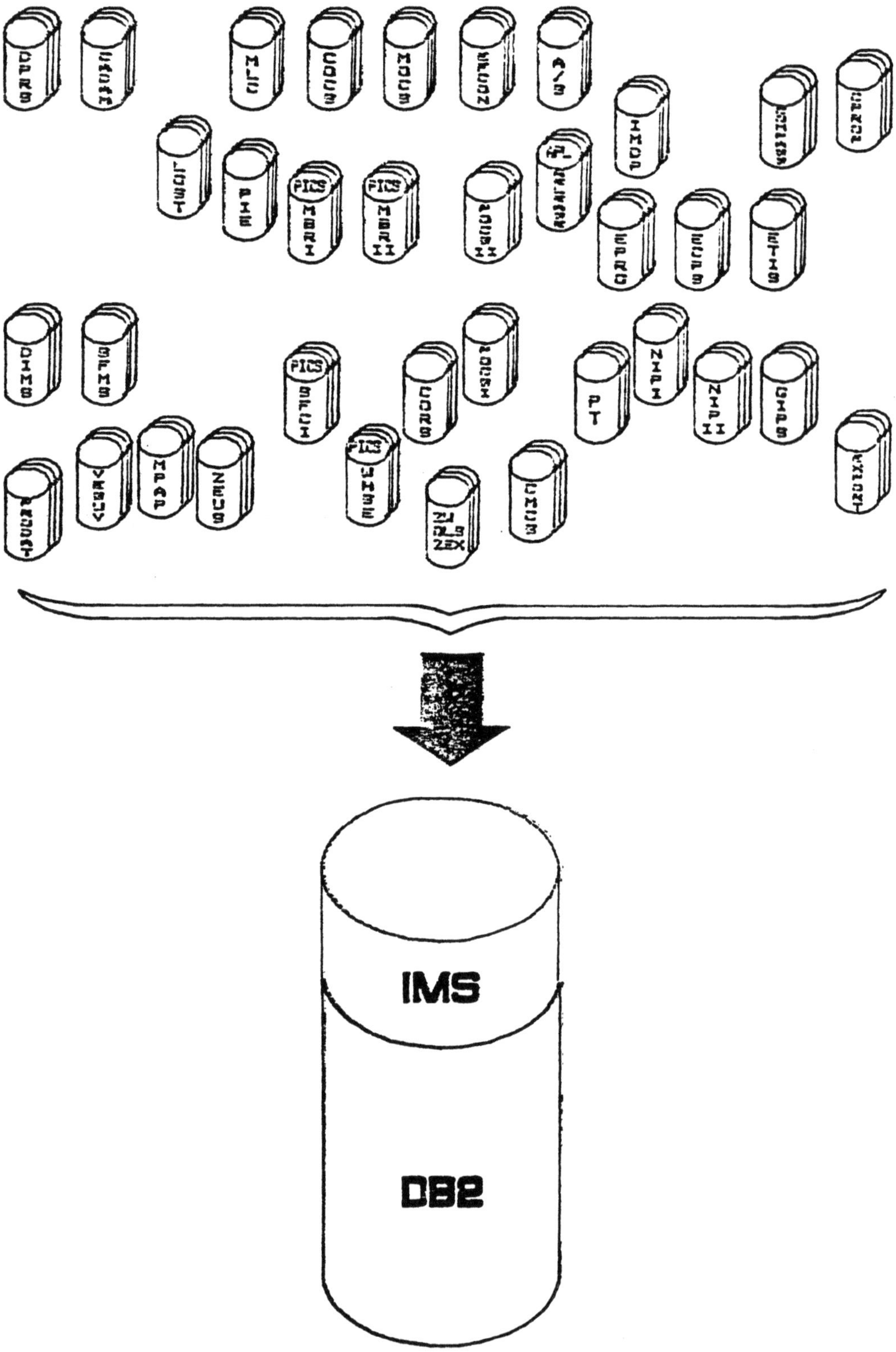

IBM DEUTSCHLAND GMBH

BUSINESS DATA WHSE (1988/89)

```
'HEUTE'
OPERATIONALE WERKS IMS D.B.'S
= 9000 DATEN ELEMENTE
= 2500 DATENBANKEN
```

NORMALISIERUNG DER WERKS DATEN

```
WERKS DB-2 DATEN MODELL
- 2000 DATEN ELEMENTE
- 400 TABELLEN
  DB 2
```

MATERIAL
TECHNIK
PLANUNG
FINANZ
etc

```
WERKS DATEN SICHT

• MENUE GESTEUERTER ZUGRIFF
• 'AKTIVE' DATEN BESCHREIBUNG
```

4571/CIM008 APRIL 1989

IBM DEUTSCHLAND GMBH

Extraktion der Operationalen Daten

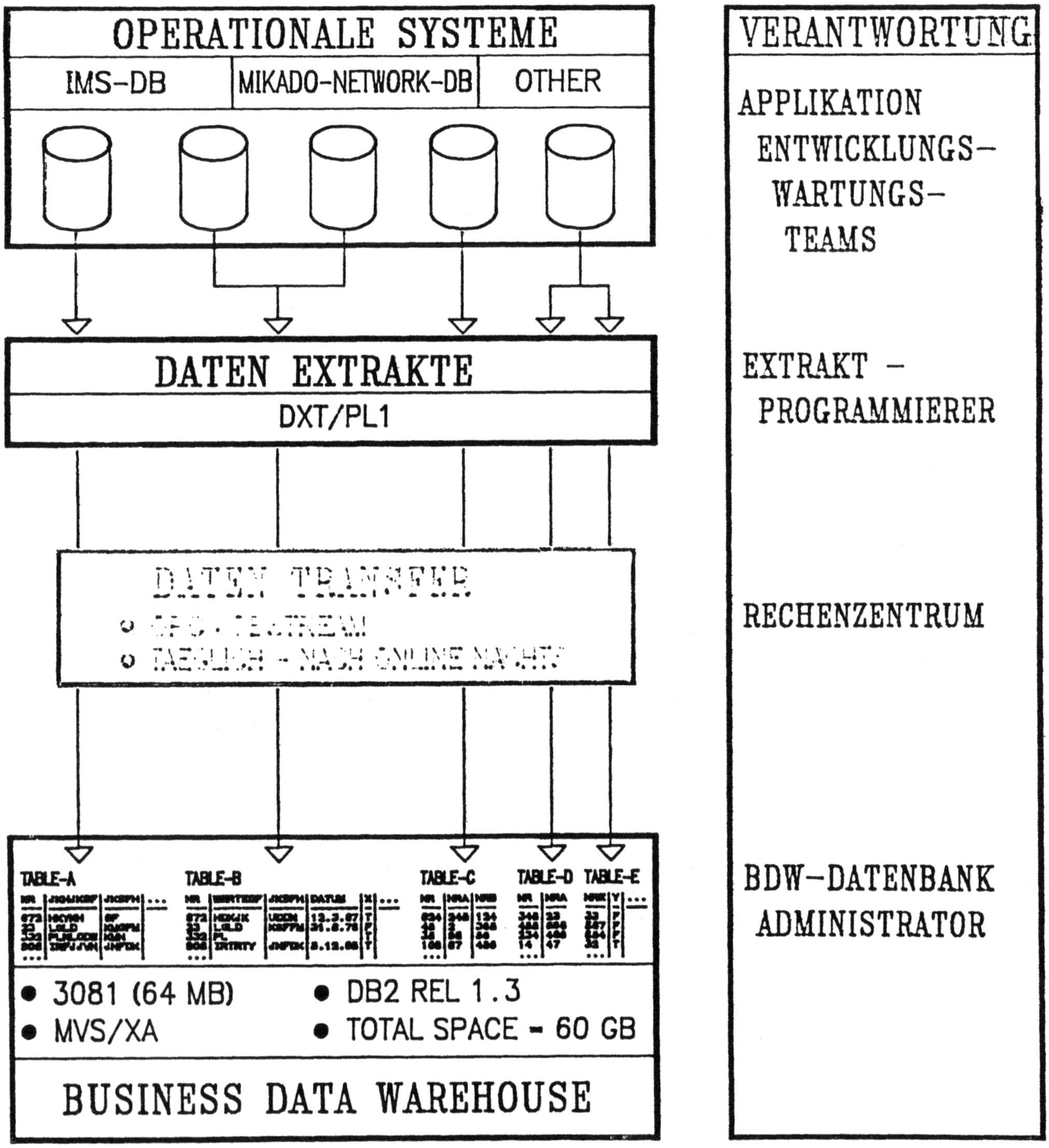

	VERANTWORTUNG
OPERATIONALE SYSTEME IMS-DB — MIKADO-NETWORK-DB — OTHER	APPLIKATION ENTWICKLUNGS- WARTUNGS- TEAMS
DATEN EXTRAKTE DXT/PL1	EXTRAKT- PROGRAMMIERER
DATEN TRANSFER ○ SFS - ??STREAM ○ TAEGLICH - NACH ONLINE NACHTS	RECHENZENTRUM
TABLE-A TABLE-B TABLE-C TABLE-D TABLE-E • 3081 (64 MB) • DB2 REL 1.3 • MVS/XA • TOTAL SPACE = 60 GB **BUSINESS DATA WAREHOUSE**	BDW-DATENBANK ADMINISTRATOR

4571/CIMANW6 — APRIL 1989

IBM DEUTSCHLAND GMBH — CIM

T E V A
(TEILE EINDECKUNG + VERTRAGS ABRUF)

ENDUSER COMPUTING
- AUFTRAGSLOSE FERTIGUNG
- JIT PULL KONZEPT
- LEITSTAND - UNTERSTUETZUNG
- MATERIALVERRECHNUNG NACH FERTIGSTELLUNG

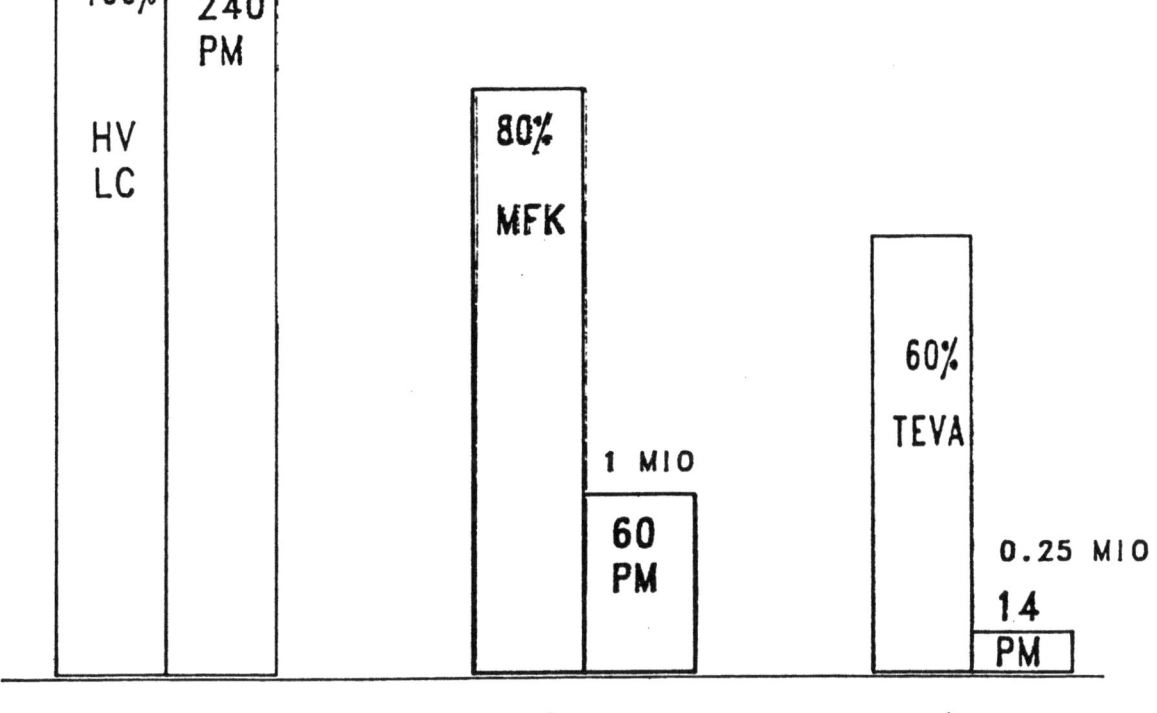

4.3 MIO / 100% HV LC / 240 PM	80% MFK / 1 MIO / 60 PM	60% TEVA / 0.25 MIO / 14 PM

TRADITIONELLE IS ENTWICKLUNG

BUSINESS DATA WAREHOUSE ENTWICKLUNG

4571/CIMANW10 APRIL 1989

IBM DEUTSCHLAND GMBH

BDW - Unterstuetzung Fuer die CIM Daten Migration

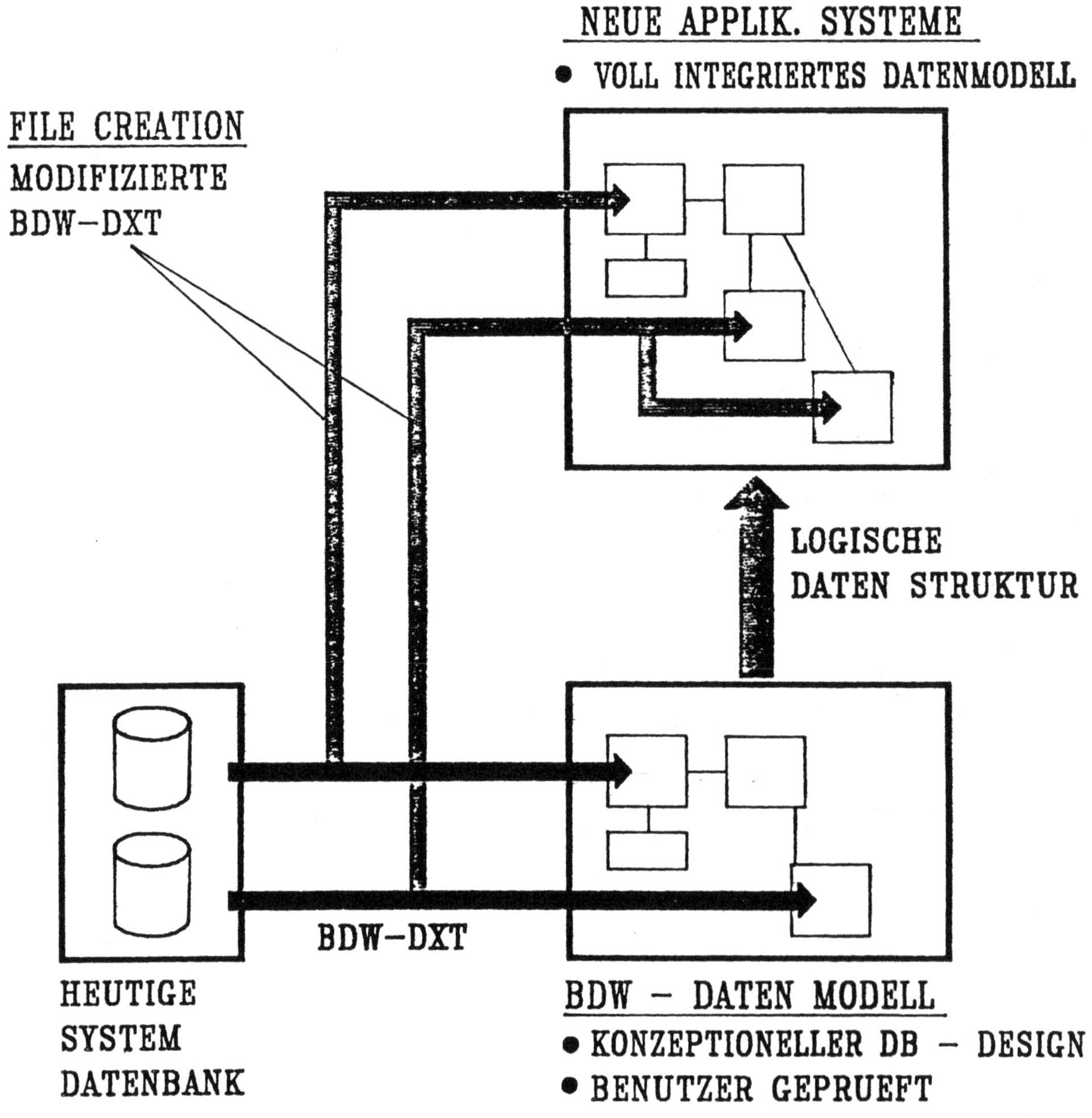

NEUE APPLIK. SYSTEME
- VOLL INTEGRIERTES DATENMODELL

FILE CREATION
MODIFIZIERTE
BDW-DXT

LOGISCHE
DATEN STRUKTUR

BDW-DXT

HEUTIGE
SYSTEM
DATENBANK

BDW - DATEN MODELL
- KONZEPTIONELLER DB - DESIGN
- BENUTZER GEPRUEFT

4571/CIMANW7   APRIL 1989

CIM – Eine Strategie zur Erhaltung der Wettbewerbsfähigkeit

E. Sänger

Das Werk Mainz ist eine Produktionseinheit, die im Verband mit den anderen europaeischen Fertigungsstaetten der IBM, die Datenverarbeitungsprodukte fuer den Vertrieb in Europa und die angrenzenden Regionen herstellt.

Die Werke Mainz und Berlin arbeiten engverbunden miteinander als Speicherwerke. Die Mission, d.h. die Produkte, die wir im Rahmen der Gesamtprodukt-Palette in diesen beiden Werken fertigen, umfasst die Magnetspeichereinheiten und zusaetzlich in Berlin die Geldausgabe- und Informationsprodukte.

In Mainz haben wir uns ueber die Jahre zu einem Werk entwickelt, das Komponenten wie Magnetplatten und -koepfe produziert, die zusammen mit Teilen von Schwesterwerken oder Lieferanten, im Endstadium zu Magnetplattenstapeln montiert und getestet werden. Diese Magnetplattenstapel werden dann in Berlin in die Plattenspeicher-Produkte integriert und gelangen montiert von dort zur Kundenauslieferung.

Die im Werk Mainz gefertigten Elemente verkoerpern das technologische 'know how' der Speichereinheiten. Eine weitere Produkteinheit stellt die zentrale Versorgungsstelle fuer Netzgeraete unserer DV Maschinen dar, in Mainz einkaufsmaessig zentralisiert, fuer alle europaeischen Schwesterwerke arbeitend.

Parallel dazu haben wir in den letzten Jahren einen neuen Aufgabenbereich aufgebaut, der ausserhalb des Bereiches der sogenannten Hardware liegt, das Internationale Entwicklungszentrum fuer IS Anwendung in der Produktion. Hiermit wird auch bei uns im Bereich der Produktion sichergestellt, dass durch eine Integration von Hardware, wie auch Software, eine bestmoegliche Produktivitaet erreicht wird. (Blatt Nr. 1 - Aufgaben).

Die Situation in unserem Herstellungsbereich ist gepraegt durch eine extreme Wettbewerbssituation, massgeblich beeinflusst durch japanischen Firmen. Es muss daher die Zielsetzung sein, unsere Wettbewerbsfaehigkeit durch technologische Kompetenz und wirtschaftlichen Einsatz der Mittel zu erhalten und zu verbessern. Ein Schritt auf diesem Wege ist das Optimieren bestehender Verfahren bzw. Vorgehensweisen.

Im Rahmen unseres jaehrlichen Planungszyklus fuehren wir entsprechende strategische Ueberlegungen durch, um sie im Anschluss in entsprechenden Detailplaenen zu bewerten. Eine dieser Strategien, mit der wir im Internationalen Verbund durch Einfuehrung von Software und Integration der bestehenden Verfahren, die 'Fabrik der Zukunft' erreichen wollen, ist CIM. (Blatt Nr. 2 - Zielsetzung)

Bereits im Jahre 1983 haben wir begonnen, sehr systematisch, die Unternehmenssituation im Umfeld mit Wettbewerbern zu analysieren und im Rahmen der zyklischen Planungen immer wieder Ansaetze aufgezeigt, wie wir unsere Wettbewerbsfaehigkeit sichern und entwickeln koennen. Es ist in diesem Zusammenhang darauf hinzuweisen, dass besonders die Funktionalen Strategien, die all das Gedankengut ueber moegliche Entwicklungen und Veraenderungen reflektieren, basierend auf der Arbeit der einzelnen Produktgruppen oder unterstuetzenden Funktionen, ueber die Jahre entwickelt wurden und heute die Sammlung der Moeglichkeiten darstellen, mit denen wir fuer die naechsten 3 - 5 Jahre weitere wesentliche Produktivitaetsverbesserungen erreichen werden. (Blatt Nr. 3 - Weg zur Sicherung der Wettbewerbsfaehigkeit)

Selbstverstaendlich befinden wir uns bereits heute in einem Umfeld der staendig wachsenden Integration der unterschiedlichsten Systeme und Anwendungen. Diese helfen uns die Produktion so zu gestalten, dass wir Produkte markt- und kundengerecht ausliefern koennen. Es bleibt aber das Ziel, getrieben durch CIM, alle Systeme der Produktion, Logistik, des Engineering Bereiches und der Administration im Zeitraum der naechsten 3 - 5 Jahre zu verzahnen, um ein Gesamtkonzept zu erreichen.

Wenn wir von der Fabrik der Zukunft sprechen, dann vergleichen wir, aus der Vergangenheit kommend, eine Produktion, die arbeitsteilig war, was sich auch in einer entsprechenden organisatorischen Gliederung spiegelte, mit der Zukunft, in der wir diese Arbeitsteiligkeit aufloesen und einzelne eigenverantwortliche Produktionsbereiche schaffen, in denen alle unterstuetzenden Aktivitaeten eingegliedert sind. (Blatt Nr. 4)

Diese Umgliederung und Neuformation, mit der entsprechenden Vereinfachung der Ablaeufe und Prozesse, muss gestuetzt sein durch eine Reihe von Strategien, die alle dazu fuehren, dass ein neues 'Gewebe' entsteht, das arbeitsfaehig ist. Dazu gehoeren Vereinfachungen der Geschaeftsablaeufe, dazu gehoeren CIM/CFM-Ansaetze, dazu gehoert eine entsprechende effektive Nutzung aller Anlagen, die benoetigt werden, und dazu gehoert auch eine Produktgestaltung fuer die zukuenftige Produktion, die sich auf technische Strategien und ein Resource Management stuetzt. Das alles fuehrt auch dazu, dass einer der wesentlichen Aspekte, Qualitaet der Produkte, dabei verbessert wird. Das Endergebnis, verbesserte

Produktionskosten, Qualitaet des Produktes, und Lieferbereitschaftsfaehigkeit, sind heute gefordert, um in einem Markt, der einem sehr schnellen Wandel unterliegt und eine entsprechende Reaktionsfaehigkeit bedingt, die Voraussetzung zu schaffen, Marktanteile abzusichern. (Blatt Nr. 5 - Strategien)

Diese Strategien sind heute in unseren Plaenen verarbeitet, und es draengt sich die Frage auf, wie lassen sich all diese Ansaetze im Sinne einer Produktivitaet planen und ueberpruefen. Ich moechte deshalb ganz kurz darauf eingehen, wie sich in der Vergangenheit der letzten 4 Jahre unsere Produktivitaet verbessert hat und welchen Ausblick wir ueber unsere Plaene bis in die 90er Jahre hinein haben. Es laesst sich erkennen, dass wir bereits ab 1985 kontinuierlich, bei steigendem Produktionsausstoss, gemessen in Speichereinheiten, mit reduziertem Mitarbeiteraufwand in den Servicebereichen und der Fertigung operiert haben, was sich in reduzierten Produktkosten wiederspiegelt. Das Ganze erfaehrt noch eine Beschleunigung, wenn wir konsequent auf die Fabrik der Zukunft, Anfang der 90er Jahre, zusteuern und laesst sich ebenfalls an den von uns geplanten Daten und Verbesserungen ablesen. (Blatt Nr. 6 - Entwicklung der Resourcen/Kosten)

Auch wenn wir hier mit unseren Ansaetzen der letzten Jahre und der Spiegelung in der Ist-Entwicklung bzw. mit der pauschalen Betrachtung in die Zukunft, bis in die 90er Jahre, demonstrieren, dass mit den geplanten Ansaetzen eine Produktivitaet vorhanden ist, stellt sich die Frage, wie koennen wir in einzelnen Beispielen aufzeigen, wie sich z.B. CIM-Aktivitaeten konkret auswirken und ggf. auch nachrechnen lassen.

Ich habe deshalb ein Beispiel herausgegriffen, ein Beispiel einer Insel-Loesung, die den CIM-Ansatz, der Integration von Planung, Entwicklung bis hin zum fertigen Endprodukt sehr gut verdeutlicht. Sie ist bereits im Werk Mainz verwirklicht und laesst sich konkret mit Ist-Daten nachrechnen. Es handelt sich hierbei um unsere Betriebsmittelfertigung, in der zur Produktion hochwertiger technologischer Komponenten, wie Magnetplatten und Magnetkoepfe, benoetigte praezise Betriebsmittel im Bereich der Montage und des Test hergestellt werden.

Ich moechte Ihnen kurz die Arbeitsweise dieser Betriebsmittelfertigung erklaeren: Wir haben hier die Produktionsfunktionen, wie auch IBM Schwesterwerke, die als Auftraggeber fungieren und fuer die Projekte abgewickelt werden, von der Planung ueber die Konstruktion, Dokumentation, Beschaffung, Fertigung und Installation, d.h. hier werden Komplett-Loesungen fuer den "Kunden" erarbeitet, durchgefuehrt und installiert. (Blatt Nr. 8 - Betriebsmittelfertigung Arbeitsweise)

Wenn wir uns die Organisation anschauen, dann sehen wir, dass sich diese Aufgabenstellung dort spiegelt. (Blatt Nr. 9 - 10 Organisation/Aufgaben)

Im Laufe der letzten Jahre hat hier nun eine Umstrukturierung stattgefunden, die sehr weitgreifend ist. Aus den einzelnen Elementen, die unabhaengig voneinander gearbeitet haben, ist eine integrierte Systemorganisation geworden, in der die Daten von der Konstruktion ueber die Produktionssteuerung bis hin zur Maschinensteuerung vernetzt sind. Dieses hat wesentliche Veraenderungen in der Organisation wie auch im Maschinenpark hervorgerufen und wesentlich die Produktivitaet erhoeht. Die Entwicklung des Maschinenparks zeigt sehr deutlich, dass in einem Zeitraum von 6 Jahren, mit dem Ziel eines Abschlusses im Jahre 90, von der konventionellen Maschinenbearbeitung groesstenteils auf CNC Maschinen umgestellt wird. (Blatt 11 - 14)

Weil wir hier eine solch abgeschlossene und ueberschaubare Einheit vorliegen haben, moechte ich Ihnen demonstrieren, welche Einflussgroessen bei der CIM Einfuehrung zu sehen sind und wie sich eine betriebswirtschaftliche Bewertung darstellt.

Bei der Bewertung ist zugrundegelegt, dass einige Voraussetzungen in Form von installierten CAD- und PPS-Anwendungen sowie ein NC-Maschinenpark bestehen.

Es galt nun durch Vernetzung und Verbesserung der einzelnen Komponenten eine Optimierung des Produktionsprozesses zu erreichen. Bei den durchzufuehrenden Massnahmen handelt es sich im Wesentlichen um Anpassungen der Steuerungsverfahren untereinander, der Einfuehrung/Entwicklung verbindender Anwendungen/Software und um diverse Hardware Installationen wie PC's, Steuereinheiten, eine Daten-Netzwerkinstallation (Token Ring) und die Einbindung der Werkzeugmaschinen. (Blatt 15)

Das Ergebnis all dieser Aktionen schlug sich in finanziellen und nicht bewertbaren Vorteilen nieder. Auf der Kostenseite waren es in erster Linie die Produktivitaetsgewinne bei den Werkzeugmaschinen und den CAD/NC Programmeinsaetzen durch erhoehte Ausnutzung der Kapazitaeten und z. B. geringere Stillstandszeiten.

Darueberhinaus wurden Vorteile auf den Gebieten des Mitarbeiter- und des Raumbedarfs erzielt.

Ueberschlaeglich betrachtet ergab sich, dass die einmaligen Aufwaende durch die Einsparungen eines Jahres ausgeglichen wurden und somit eine Wirtschaftlichkeit der Projekte vorlag. (Blatt 16)

Auf eine "Return on Investment Rechnung" wurde verzichtet.

Die nicht bewertbaren Vorteile ergaben sich hauptsaechlich durch weniger Eingabefehler an den NC-Maschinen unter Verwendung von CAD-Zeichnungsgeometrien, schnelleren Reaktionen bei Aenderungen, Reduzierung von Durchlaufzeiten zwischen Konstruktion und Fertigung sowie universellen Mitarbeitereinsatz durch einheitliche Maschinen-Steuerung. Abschliessend bleibt festzustellen, das CIM Projekt hat sich gelohnt und wird zur Nachahmung empfohlen.
(Blatt 17 + 18)

IBM DEUTSCHLAND GMBH

CIM STRATEGIE

CIM

EINE STRATEGIE ZUR ERHALTUNG DER WETTBEWERBSFAEHIGKEIT

Juli 1989

IBM DEUTSCHLAND GMBH **CIM STRATEGIE**

AUFGABEN DES WERKES MAINZ

o Produktion Magnetplattenstapel

  – High- and Low End

o Komponenten

  – Magnetplatten

  – Magnetkoepfe

o Netzgeraete fuer DV Maschinen

o Internationales Entwicklungszentrum fuer IS-Anwendungen Produktion

IBM DEUTSCHLAND GMBH — **CIM STRATEGIE**

ZIELSETZUNG DES WERKES

o Erhalten und verbessern
- Technologie Kompetenz
- Wettbewerbsfaehigkeit

D U R C H

o Optimieren bestehender Verfahren und Vorgehensweisen
- Vereinfachen von Ablaeufen
- Restrukturieren der Produktion/Organisation
- Technische/Funktionale Strategien
- Transparente Bestandsfuehrung
- Logistik-Konzepte --> CFM

o Entwicklung Strategien
Einfuehren CIM Software im internationalen Verbund fuer die Fabrik der Zukunft

IBM DEUTSCHLAND GMBH

CIM STRATEGIE

**WEG ZUR SICHERUNG
DER WETTBEWERBSFAEHIGKEIT**

ZEITRAUM MASSNAHMEN

- CIM / CFM
- 1989/90
  - PRODUKTION 90
  - STRAT. KONZEPTION
  - JAPAN ANALYSEN
  - UNTERN. BERATER STUDIE
  - AUTARKE PROD. LINIEN
- 1988
  - HOEHERQUAL. PROD. MITARB.
- 1987 ARBEITSWERT-ANALYSE
- 1986 OPTIMIERTE ORGANISATION
- 1985 WETTBEWERBSANALYSE
- 1984 ABTEILUNGS-WERT-ANALYSE
- 1983 FUNKT. STRATEGIEN

CIM03 — 3 — Juli 1989

IBM DEUTSCHLAND GMBH

CIM STRATEGIE

FABRIK DER ZUKUNFT

VERGANGENHEIT --> PROD. ABHAENGIG VON 'AUSSEN'

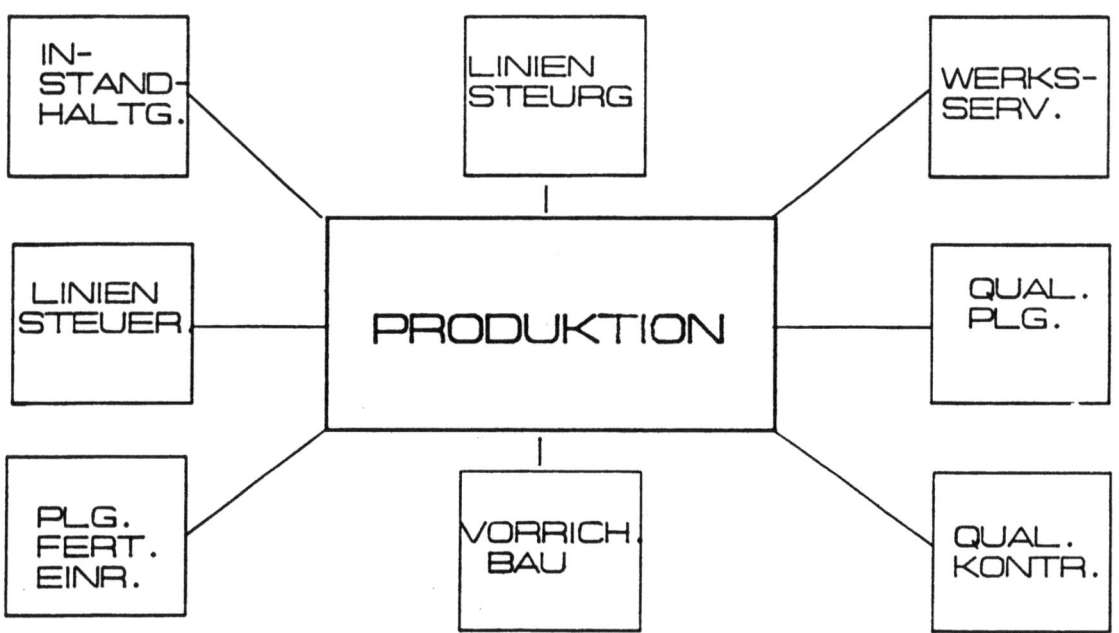

ZUKUNFT --> AUTARKER PROD. BEREICH

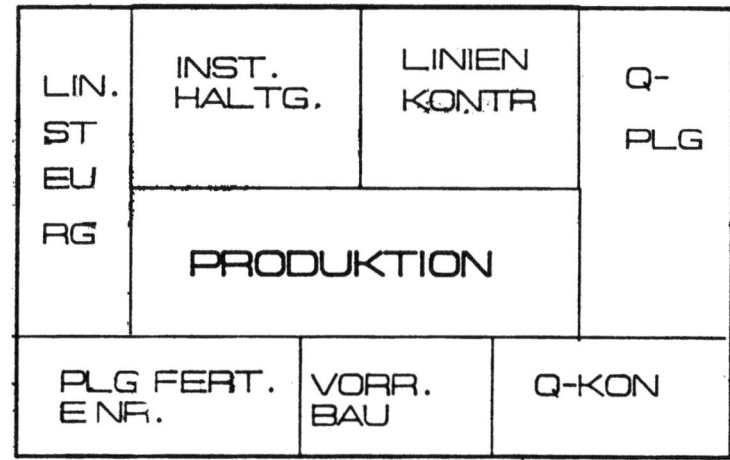

IBM DEUTSCHLAND GMBH

CIM STRATEG

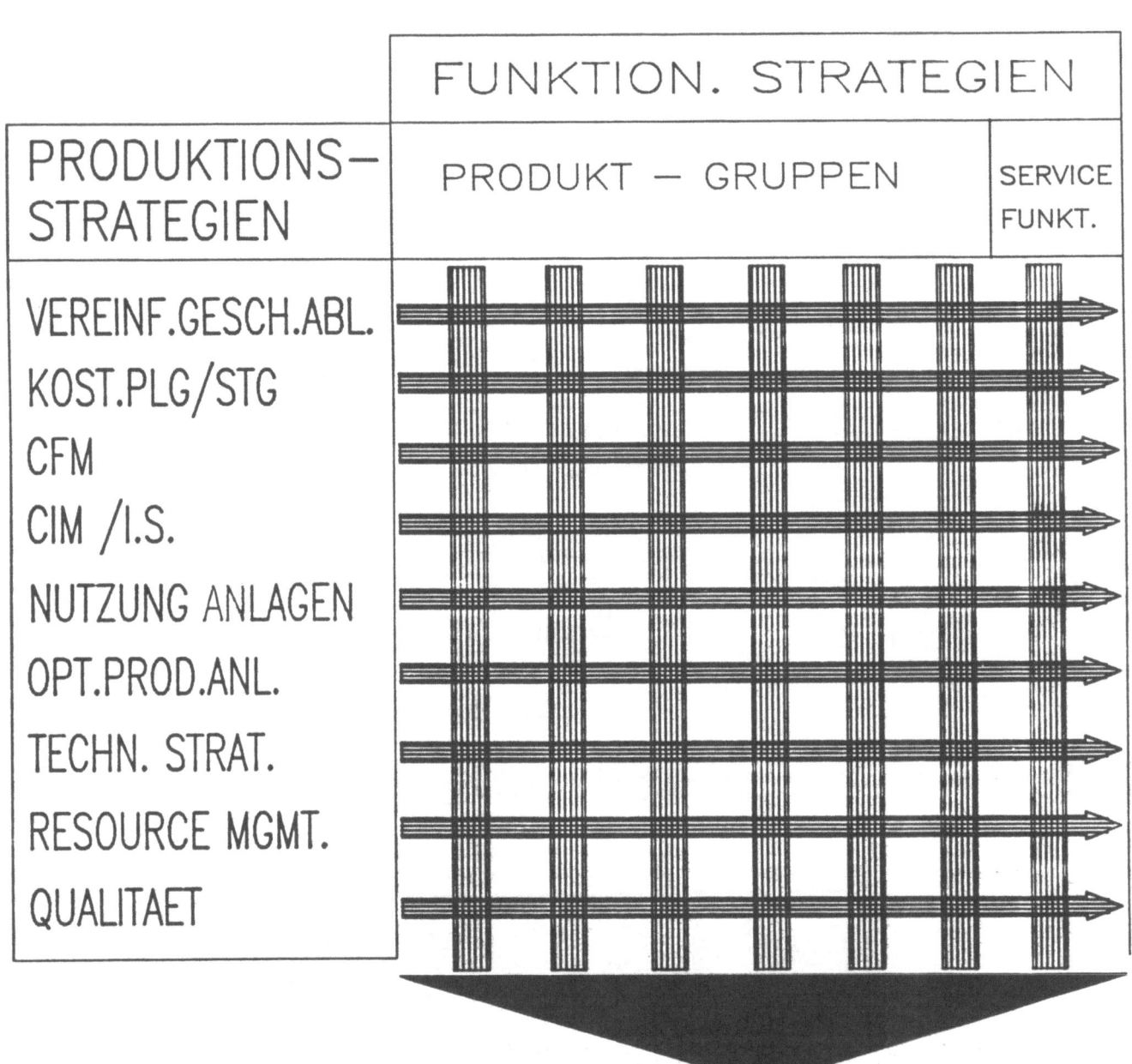

PRODUKTIONS-STRATEGIEN	FUNKTION. STRATEGIEN	
	PRODUKT – GRUPPEN	SERVICE FUNKT.
VEREINF.GESCH.ABL.		
KOST.PLG/STG		
CFM		
CIM /I.S.		
NUTZUNG ANLAGEN		
OPT.PROD.ANL.		
TECHN. STRAT.		
RESOURCE MGMT.		
QUALITAET		

KOSTEN

QUALITAET

LIEFERBEREITSCHAFT

CIM05　　　5　　　Juli 1989

IBM DEUTSCHLAND GMBH

CIM STRATEGIE

Entwicklung Resourcen / Kosten

Prod. Volumen in Speichereinheiten
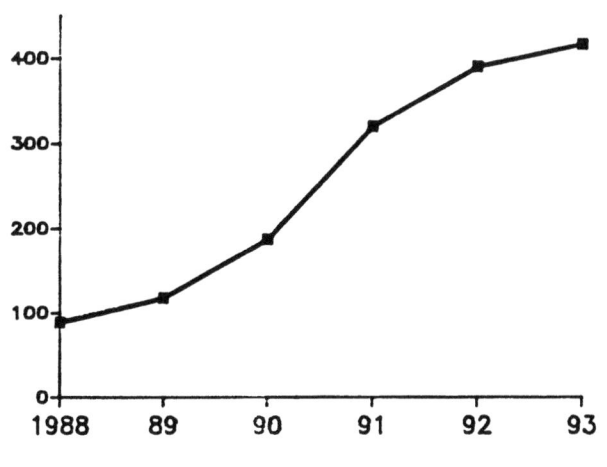

Mitarbeiter – Service Bereiche
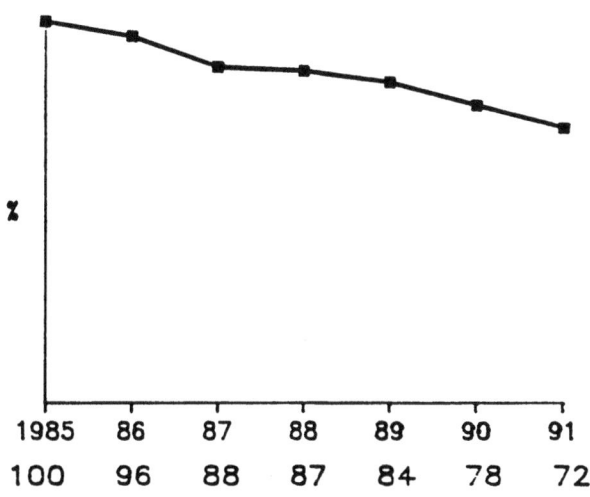

1985	86	87	88	89	90	91
100	96	88	87	84	78	72

Mitarbeiter Produktion
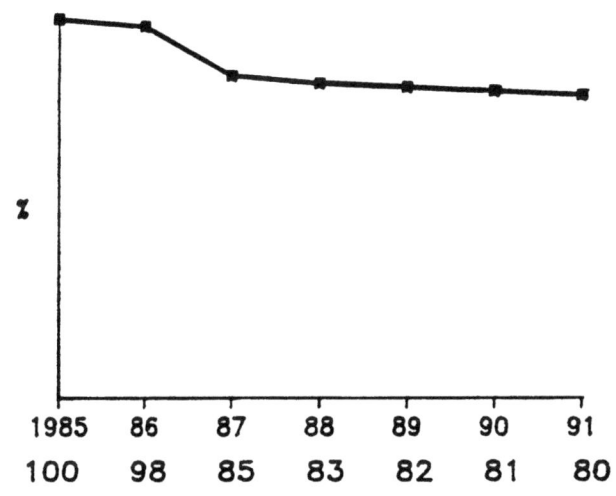

1985	86	87	88	89	90	91
100	98	85	83	82	81	80

Produkt – Kosten
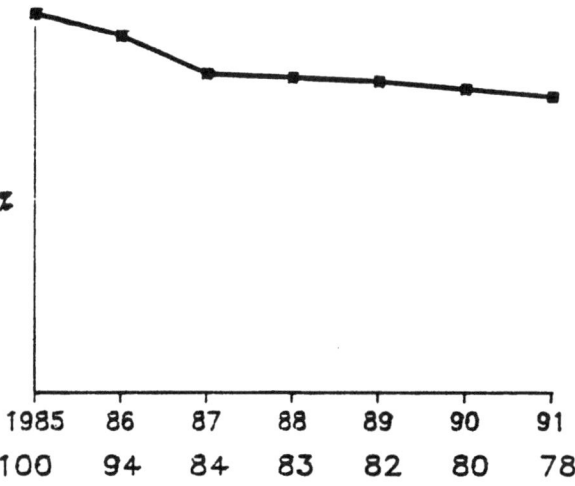

1985	86	87	88	89	90	91
100	94	84	83	82	80	78

Juli 1989

IBM DEUTSCHLAND GMBH	CIM STRATEGIE

C I M

AM BEISPIEL
BETRIEBSMITTEL-FERTIGUNG
WERK MAINZ

CIMBMF1 — 7 — Juli 1989

IBM DEUTSCHLAND GMBH — CIM STRATEGIE

BETRIEBSMITTELFERTIGUNG – ARBEITSWEISE

AUFTRAGGEBER

- PRODUKTIONS-FUNKTIONEN WERK MAINZ
- IBM SCHWESTERWERKE

* PLANUNG (AUTOMATION)
* KONSTRUKTION
* DOKUMENTATION
* BESCHAFFUNG
* FERTIGUNG
* INSTALLATION

KOMPL. LOESUNG

CIMS — 8 — Juli 1989

IBM DEUTSCHLAND GMBH — CIM STRATEGIE

BETRIEBSMITTELFERTIGUNG – ORGANISATION

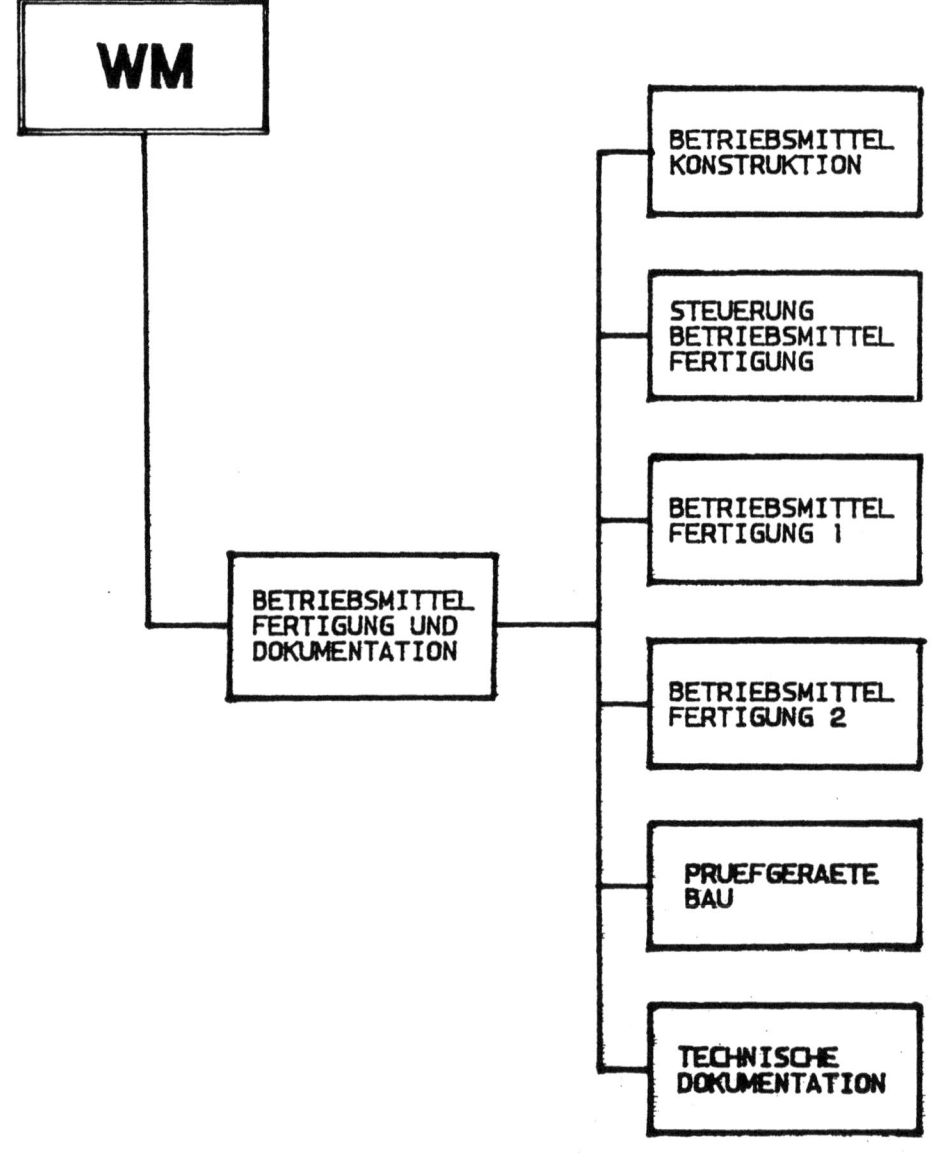

IBM DEUTSCHLAND GMBH — **CIM STRATEGIE**

Betriebsmittelfertigung – Aufgaben

Neubau von :

- o Fertigungs- und Testgeraeten
- o Werkzeugen und Vorrichtungen
- o Automationsprojekten

Unterstuetzung der Produktgrupppen bei :

- o Linienstillstand infolge von mechanischen Geraeteausfaellen
- o kurzfristig durchzufuehrenden Reparaturen und Umbauarbeiten
- o Schneller Ersatzteilbeschaffung
- o Geplanten Umbauarbeiten an Fertigungs- und Testequipments
- o Nacharbeit an Produktionsteilen

IBM DEUTSCHLAND GMBH

CIM STRATEGIE

BETRIEBSMITTELFERTIGUNG - SYSTEMORGANISATION

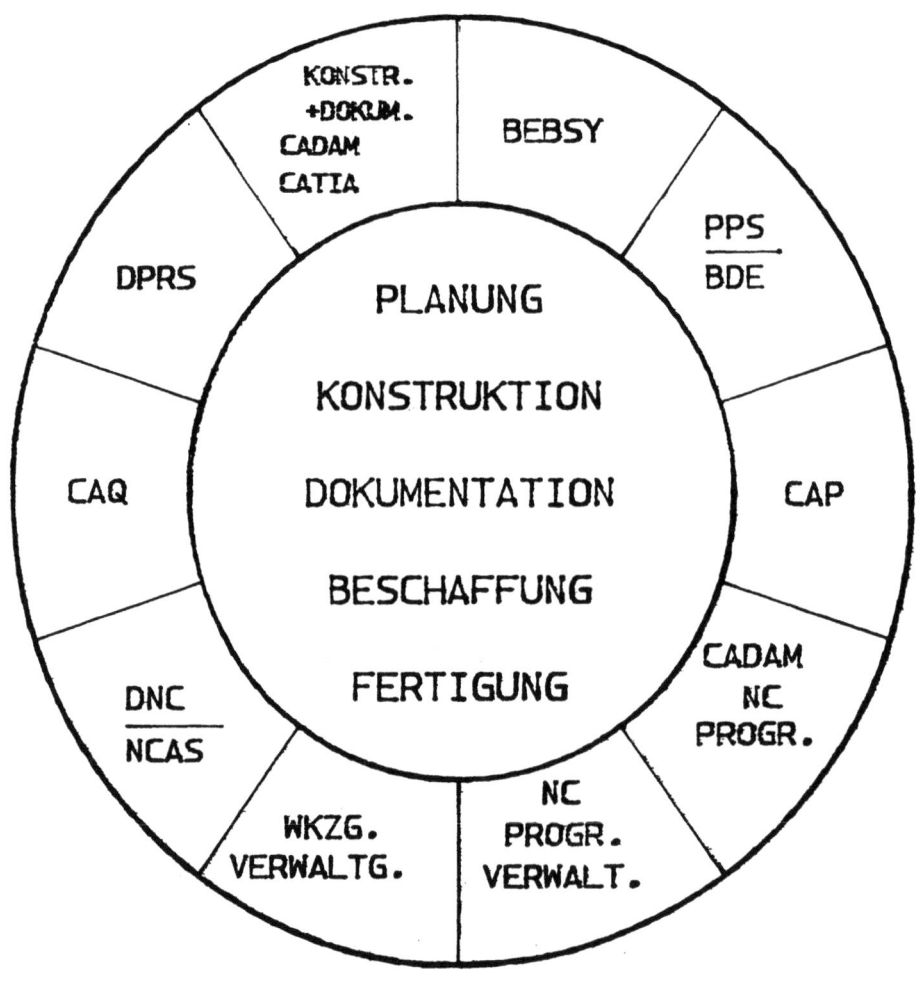

CIM11   11   Juli 1989

BM DEUTSCHLAND GMBH

CIM STRATEGIE

LEGENDE

BEBSY	=	Betriebsmittel-Beschaffungs-System
PPS	=	Produkt Plg.- + Steuerungs-System
TOKEN RING	=	Netzwerk / Datenverbund
NCAS	=	NC Anwender-System fuer Programmspeicherung
IC	=	Informations-Centrum
APT	=	A Programming Tool
BDE	=	Betriebs-Daten-Erfassung
CAP	=	Computer Aided Planning
DNC	=	Direct Numeric Control
CAQ	=	Computer Aided Quality
DPRS	=	Development Product Record System
CADAM	=	Computer Aided Design (2 D)
CATIA	=	Computer Aided Design (3 D)

IBM DEUTSCHLAND GMBH

CIM STRATEGIE

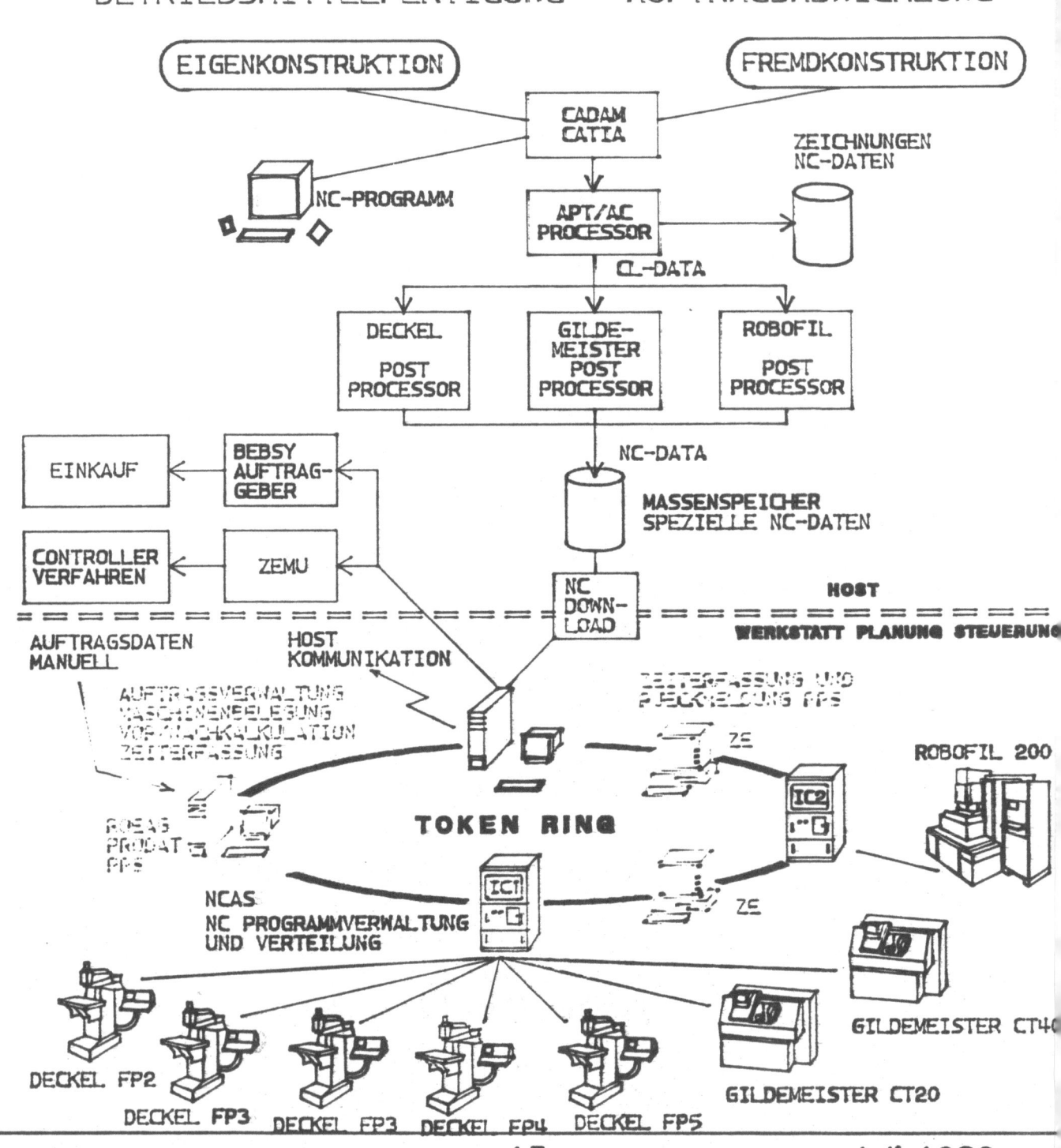

IBM DEUTSCHLAND GMBH — CIM STRATEGIE

Betriebsmittelfertigung

– Maschinenpark-Entwicklung

	1984 Konv.	1984 CNC		Ziel 1990 Konv.	Ziel 1990 CNC	
Fraesmaschinen	15	1	16	8	5	13
Drehmaschinen	9	–	9	4	2	6
Schleifmaschinen	10	–	10	3	2	5
Sondermaschinen	7	–	7	4	1	5
Sonst.Maschinen	32	–	32	15	1	16
Total	73	1	74	34	11	45

CIM14 — Juli 1989

IBM DEUTSCHLAND GMBH — CIM STRATEGIE

PROJEKT-STRUKTUR

> vorhanden

Entwicklung/Konstruktion --> CAD

Planung / Steuerung --> PPS

Produktions-Masch. --> NC

```
┌─────────────┐
│  Vernetzung │
│     der     │
│   Systeme   │
└─────────────┘
```

C I M

IBM DEUTSCHLAND GMBH — CIM STRATEGIE

FINANZIELLE BEWERTUNG DES PROJEKTES

- Einfuehrungskosten

    o Hardware/Software

    o Planung/Entwicklung

          Total   400 TDM

- Einsparungen / Jahr

    o Produktivitaetsgewinne

    - Werkzeugmaschinen
    - CAD/NC-Programme

          130 TDM

    o Personalkosten   170 TDM

    o Raumkosten   120 TDM

          Total   420 TDM

IBM DEUTSCHLAND GMBH

CIM STRATEGIE

NICHT BEWERTBARE VORTEILE

- Vermeidung von Eingabefehlern durch Verwendung der Zeichnungsgeometrie

- Schnelle Reaktion bei Aenderungen

- Flexibles Handeln bei kurzfristigem Bedarf

- Simulation der Fertigung schon bei der Konstruktion mittels Bildschirm

- Reduzierung der Durchlaufzeiten zwischen Konstruktion und Fertigstellung

- Universellerer Einsatz der Mitarbeiter in der Betriebsmittelfertigung durch einheitliche Maschinen-Steuerung

IBM DEUTSCHLAND GMBH

CIM STRATEGIE

FAZIT

CIM

EINE ERFOLGREICHE STRATEGIE FUER DIE ZUKUNFT

MIX
Papier aus verantwortungsvollen Quellen
Paper from responsible sources
FSC® C105338

If you have any concerns about our products,
you can contact us on
ProductSafety@springernature.com

In case Publisher is established outside the EU,
the EU authorized representative is:
**Springer Nature Customer Service Center GmbH
Europaplatz 3, 69115 Heidelberg, Germany**

Printed by Libri Plureos GmbH
in Hamburg, Germany